二维相关谱技术及其应用

杨仁杰　刘海学　单慧勇　著

科 学 出 版 社

北　京

内容简介

本书全面阐述了二维相关光谱的概念、特点、最新发展及其应用。全书由两大部分组成：第一部分（第 1 章、第 2 章）分析了二维相关光谱技术的产生、特点，详细介绍了近年来二维相关光谱技术发展的新理论和方法；第二部分（第 3～6 章）重点阐述了二维相关光谱技术在乳制品、食品安全、医药学和环境检测等领域中的应用。

本书可供光谱传感、过程检测、监控诊断技术等相关专业的教师、研究生和科研人员参考阅读。

图书在版编目（CIP）数据

二维相关谱技术及其应用 / 杨仁杰，刘海学，单慧勇著. —北京：科学出版社，2022.3

ISBN 978-7-03-071933-1

Ⅰ. ①二… Ⅱ. ①杨… ②刘… ③单… Ⅲ. ①光学分析法－光谱分析 Ⅳ. ①O657.3

中国版本图书馆 CIP 数据核字（2022）第 044949 号

责任编辑：任 静 / 责任校对：胡小洁

责任印制：吴兆东 / 封面设计：迷底书装

科学出版社 出版

北京东黄城根北街 16 号

邮政编码：100717

http://www.sciencep.com

北京中石油彩色印刷有限责任公司 印刷

科学出版社发行 各地新华书店经销

*

2022 年 3 月第 一 版 开本：720×1 000 B5

2022 年 3 月第一次印刷 印张：18 3/4

字数：378 000

定价：168.00 元

（如有印装质量问题，我社负责调换）

前　言

相对于常规的光谱技术，二维相关光谱技术具有高的选择性、灵敏度和图谱解析能力，可与近红外、中红外、紫外-可见、荧光等光谱技术结合，同时可根据研究目标的不同，选择不同外扰，如时间、浓度、温度和压力等来进行研究，因此，二维相关光谱技术自提出以来已被广泛地应用于各个领域。为了更好地发展和应用二维相关光谱技术，二维相关光谱技术提出者Noda组织了国际二维相关谱会议(2年一次)，到目前为止已经召开了11届，得到国内外相关领域专家的积极参与和讨论。

虽然二维相关光谱技术已被广泛地应用于各种领域。但纵观国内外，对二维相关光谱技术原理和应用系统介绍的书籍，仅有Noda在2004年出版的《Two-dimensional correlation spectroscopy-applications in vibrational and optical spectroscopy》英文专著。在近十年来，二维相关光谱新的理论和方法、预处理方法、特征信息提取方法、外扰方式，与多种光谱技术结合，其应用范围得到了极大的发展。由于缺乏相关书籍，读者无法系统、便捷地获得近十年来二维相关光谱技术的发展和应用，只能通过多方查阅国内外文献才能获得，且相关出版的内容基本都是针对二维相关光谱技术在某一领域的应用，缺乏对二维相关谱技术原理、最新进展以及应用的系统介绍。本书的目的是系统地介绍二维相关光谱技术的原理、最新发展和应用，以让更多的人更好地应用二维相关光谱技术，解决实际产品质量和过程控制等遇到的问题。

全书共分为6章，第1章主要对二维相关谱技术的产生、特点以及在各个领域的应用做简要介绍。第2章介绍了广义二维相关谱的基本理论和近些年来该技术的最新发展，包括Pareto二维相关、样品二维相关、杂化二维相关、移动窗口二维相关、投影二维相关、Double二维相关、2DCDS相关和2T2D相关等技术，并对其算法进行了详细介绍。第3章～第6章分别介绍了二维相关谱技术在乳制品、食品安全、医药和农业环境检测中的应用。其中第3章的二维相关谱技术与化学计量学相结合检测方法是作者近几年的研究成果，Noda在加拿大举行的第九届和中国举行的第十届国际二维相关光谱会议上做了专题报告，指出该方法是二维相关光谱技术的最新发展，将其称为2T2D(two-dimensional two trace)相关谱技术；第4章～第6章以大量实例系统分析了二维相关谱技术在食品品质、中药结构分析和鉴定、土壤、水和大气环境污染物分子之间相互作用及检测等方面的研究和应用情况。

本书出版获得了国家自然科学基金项目(项目编号：41771357、31201359、

81471698)、天津市自然科学基金项目(项目编号：14JCYBJC30400、18JCYBJC96400)、天津市科技特派员项目(项目编号：16JCTPJC475000)的支持。

本书写作过程中，得到了美国特拉华大学材料与工程学院 Noda 教授、天津大学精仪学院徐可欣教授和刘蓉副教授、吉林大学理论化学研究所吴玉清教授、清华大学孙素琴教授和周群副教授、北京大学化学与分子工程学院徐怡庄副教授等知名专家的帮助，作者表示衷心感谢。

由于作者水平有限，书中难免有纰漏和不足之处，敬请各位读者和相关专家批评指正。

目　　录

第 1 章　绪　　论

1.1　传统光谱技术

随着光谱检测新器件、新数学手段的不断发展，光谱分析检测技术和光谱仪器以其特有的高灵敏度、高分辨率、高速度、无损伤、无污染、抗干扰、可遥感等优点广泛应用于食品、制药、材料和环境等领域[1]。

在传统的光谱学分析方法中，光谱图通常用平面图形来表征，即通常用波长、波数或频率等为横坐标，研究体系相应于此变量变化的光谱学特性，通常用吸光度、透过率、反射率或发光强度等为纵坐标。由于传统的光谱技术仅能提供研究体系光谱学特性随单变量的变化情况，因此，传统的光谱技术无法对研究体系中微弱变化的、覆盖的、重叠的峰进行特征信息提取，无法表征不同变量下光谱学性质之间的关系，无法对光谱学性质进行有效解析，无法提供研究体系中分子之间的相互作用信息。而对于复杂研究体系，由于与研究体系光谱学性质有关的变化量常常不止一个，当研究体系同时受到多个因素(外扰)影响，且这些因素之间又存在相关性时，传统的光谱技术就显得无能为力了[2]。

1.2　二维相关光谱技术

二维相关光谱的概念最早来源于核磁共振波谱分析(nuclear magnetic resonance spectroscopy，NMR)领域，并得到广泛应用。直到 1986 年，日本化学家 Noda 对二维 NMR 技术进行概念性突破，即将核磁实验中多脉冲技术作为一种对研究体系的外部扰动。在此基础上，1989 年，Noda 在对红外信号时间分辨检测的基础上，首次将该技术应用于红外光谱，提出了二维红外相关谱的概念[3]。1993 年，Noda 又对原有的理论进行了改进，打破了外扰波形仅可为正弦波形的局限，将其拓展到能引起光谱信号变化的任何外扰，如：温度、浓度、pH 值等，并且用 Hilbert 变换代替了原来的 Fourier 变换，缩短了二维相关计算的时间，提出了广义二维相关光谱理论，自此二维相关光谱技术的应用领域得到了进一步的扩展。近二十年来，Noda 多次对二维相关光谱的发展和应用进行综述[4-8]。

1.2.1　二维相关光谱的特点

在二维相关光谱学分析中，相关图谱具有 x 和 y 两个独立的变量轴，以及表征研究体系相关谱学性质的因变量 z 轴，所形成的三维光谱图。在相关图谱中这两个独立的变量可以相同，也可以不同，常用的变量有波长、波数或频率、温度、压力等。因此，二维相关光谱可以表征研究体系光谱学性质随两个变量变化的情况，以及两个变量之间的相关性。

与传统的光谱技术相比，二维相关光谱技术将研究体系光谱学信号扩展到第二维上，可提供研究体系中不同组分官能团吸收峰之间的相关信息，可有效地对弱峰、覆盖峰、偏移峰进行解析，具有较高的光谱分辨率。二维相关光谱体现的是研究体系中各组分相应于“特定外扰”的变化情况，以及这些变化之间相互的联系。所谓的“特定外扰”指的是根据研究目标有目的地选择一种方式对光谱进行调制[9]。外扰—研究体系的变化—二维相关光谱是一一对应的。即使是同一种体系，采用不同的“外扰”就会得到不同性质的二维相关图谱。因此，二维相关光谱技术具有较好的选择性，可根据研究的目标，选择合适的“外扰”，以便体现所需的信息。同时，通过同谱或异谱二维相关光谱交叉峰的正负和有无可以分析信息来源，提高了光谱的解释能力[10]。

随着二维相关光谱技术的发展，应用领域的不断扩大，会不断出现新理论和相关算法[11,12]，如在第 2 章介绍的样品-样品二维相关分析、杂化二维相关分析、移动窗口二维相关谱分析、投影二维相关分析、Double 二维相关分析、2D-CDS（two-dimensional codistribution spectroscopy）、修订二维相关分析和 2T2D（two-trace two-dimensional）相关分析等，这些新的相关分析技术都有自己的特点和优势[13]。

1.2.2　二维相关光谱探针的多样性

Noda 将二维相关技术从狭义拓展到广义之后，二维相关光谱计算的应用范围也从最初的二维核磁谱拓展到多种光谱探针领域，包括中红外光谱、近红外光谱、拉曼光谱、紫外-可见光谱、荧光光谱、NMR、X 射线等，以及上述两种探针相结合的异谱相关分析。

1. 中红外光谱

中红外光谱是二维相关光谱技术最广泛使用的探针[8]，其表征的是研究体系中分子官能团基频振动信息，能提供聚合物、蛋白质和其他材料结构变化与性能之间的关系，这些是传统光谱技术无法提供的。Noda 统计了从 2015 年 7 月 1 日到 2017 年 5 月 31 日期间国内外发表的 302 篇二维相关论文中，其中 59%采用的是二维中红外相关谱技术，包括衰减全反射光谱、中红外反射吸收光谱、漫反射中红外傅里叶变换光谱、表面增强红外吸收光谱、光声光谱、红外二向色性、显微红外光谱等。同时也有将中红外光谱技术与其他探针相结合异谱二维相关的研究，如近红外光谱、拉曼光谱、NMR、紫外-可见吸收光谱、荧光光谱、和频振动光谱、质谱和色谱等。

2. 近红外光谱

近红外光谱是二维相关光谱技术常用的探针，其表征的是研究体系中 C—H、O—H、N—H 等含氢基团的合频和倍频信息，能提供研究体系的组成、构象、结晶、分子内和分子间氢键之间的相互作用。二维近红外相关谱技术结合化学计量学也被应用于复杂体系的定性定量分析。同时，近红外光谱技术经常与中红外光谱技术探针相结合，通过中红外光谱指纹信息，对近红外重叠的、覆盖的合频和倍频信息进行确认。

3. 拉曼光谱

拉曼光谱也是研究者在使用二维相关光谱技术时比较欢迎的探针，其表征的是研究体系中分子振动和转动方面的特征信息。302 篇二维相关论文中，其中 10%采用的是二维拉曼相关谱技术，包括表面增强拉曼光谱、紫外可见共振拉曼光谱、拉曼显微成像、拉曼光活性、飞秒受激拉曼光谱、共焦显微拉曼和空间偏移拉曼光谱等。同时也有将拉曼光谱技术与其他探针相结合异谱二维相关的报道，如：中红外、质谱、和频振动等。由于拉曼光谱与中红外光谱具有互补性，即凡是具有对称中心的分子或基团，如果有红外活性，则没有拉曼活性；反之，如果没有红外活性，则拉曼活性比较明显。因此，异谱二维拉曼-红外光谱常在研究中被采用。

4. 荧光光谱

荧光光谱相对于其他光谱技术，具有较高的灵敏度和选择性，也被用于聚合物、生物材料、食品和环境等领域的二维相关分析中。在异谱相关应用中，荧光光谱常与紫外-可见吸收光谱相结合来进行分析。

5. 其他探针

随着二维相关光谱技术应用范围和领域的不断扩大，其可选择的探针不仅仅局限于上述光谱探针。X 射线和散射探针，包括 X 射线小角散射(small angle X-ray scattering，SAXS)、广角 X 射线衍射(wide angle X-ray scattering，WAXS)、X 射线光电子能谱(X-ray photoelectron spectroscopy，XPS)以及异谱相关：XRD-NMR、XRD-质谱、SAXS-紫外可见光谱、SAXS-拉曼光谱，WAXS 与红外光谱等。此外，也有使用质谱、高效液相色谱、电子自旋共振、介质弛豫、热重分析和差示扫描量热法等作为探针进行二维相关分析。

1.2.3 二维相关光谱外扰的多样性

当任意外扰作用于样品体系时，样品的各种化学组成会发生“独特的”“选择性”

的变化。二维相关谱反映的是复杂化学体系在特定的外扰作用下的变化，因此外扰—体系变化—二维相关谱图是一一对应的。在采用二维相关光谱技术研究样品时，外扰的选择至关重要，不同的外扰方式，会得到不同的二维相关光谱图。如果需要研究样品体系在某种条件下发生的变化，就可以选择这种变化作为外扰手段，比如要研究土壤理化参数(含水率、粒径大小、有机质含量)对多环芳烃(PAHs)荧光特性的影响，就可以选择这些参数为外扰构建二维荧光相关谱，此时二维荧光相关谱表征的就是 PAHs 荧光特性随土壤理化参数变化的特征信息，这个正是研究所需要的。基于二维相关光谱的这一特点，可根据研究目标来选择特定的外扰，产生相对应的二维相关光谱。

1. 温度外扰

温度是目前二维相关分析中采用最广的外扰方式[11]，即通过采集研究体系随温度变化的一维动态光谱，通过对动态光谱进行相关分析。温度外扰的二维相关光谱广泛研究了蛋白质的结构变化、氢键相互作用、聚合物在熔融结晶过程中的结构变化、相变温度等。国内清华大学孙素琴团队采用温度为外扰，建立了中药的相关谱指纹库，对各类中药材进行鉴定[14,15]。

2. 时间外扰

时间，作为最容易实现的外扰方式，也被广泛地应用于二维相关分析中[8]，特别是在研究体系的化学反应动力学过程，如热氧化、分解、水解、氧化还原过程和电化学反应；物理反应动力学过程，如蒸汽吸附过程、等温结晶过程、吸附过程、转化过程、等温退火等；以及生物反应和生物学过程。

3. 浓度外扰

浓度，也是二维相关分析中常采用的外扰方式[8]。根据研究目标，通过改变混合体系各组分浓度的变化，可实现复杂体系中微弱的、被覆盖的、重叠的特征峰有效解析。以浓度为外扰的二维相关光谱表征的是研究体系随该组分浓度变化的特征信息，这些变化的特征信息所对应的波长或波数区间，正是化学计量学建模所需要的变量，因此，浓度外扰的二维相关谱技术常用于定性定量分析建模波段的选择[16-21]。

4. 激发波长外扰

在二维荧光相关分析中，选择激发波长为外扰，可对研究体系中重叠的荧光峰进行有效解析。激发波长外扰下的二维荧光相关谱结合化学计量学也被用于环境污染物的检测分析中[22, 23]。

5. 偏振角外扰

以偏振角为外扰的二维荧光相关谱，可对研究体系中不同偏振度组分进行区分[24]，其原理是偏振度大的物质对角度变化敏感，出现强的相关峰，而偏振度小的物质则出现弱峰。以偏振角度为外扰方式不仅较好地克服了以加热温度或时间为外扰时，试验周期长不易操作、重现性差等缺点，而且外扰附件简单，容易实现，便于在线操作，不破坏样品，无需前处理[25]。

6. PH 外扰

PH 外扰的二维相关光谱可用来研究体系中酸碱程度对组分状态和结构变化的影响。陆峰等[26]通过 pH 二维表面增强拉曼相关谱对止咳平喘中药中是否添加茶碱、咖啡因或可可碱进行了鉴别。Chae 等[27]人报道了表面固定化聚谷氨酸对 pH 依赖性，表现出侧链羧酸的质子化。Zhou 等[28]研究了在不同的 pH 条件下，通过络合和离子交换从活性污泥中去除细胞外生物高聚物的方法。Cao 等[29]人报道了脱氨基和脱羧胶原纤维在不同酸碱度下与铝或锆无机盐的结合行为。

7. 其他形式的外扰

除了上述提到的最常用的外扰之外，电压、磁场、压力、空间分布等也被应用于研究体系的二维相关分析研究。电压外扰的二维相关谱能提供研究体系随电压变化结构组成和分子间相互作用的变化等信息。磁场是研究各种水热合成金属-有机杂化材料常采用的外扰方式，这类研究通常同时使用热扰动来探测系统的氢键相互作用。机械扰动常被用于聚合物材料拉伸变形的二维相关分析[7]。

1.3 二维相关光谱技术的应用

正是由于二维相关光谱技术的上述特点、探针的多样性和外扰选择的多样性，自广义二维相关光谱理论提出后，二维相关光谱技术已被广泛地应用于物理、化学、食品、材料、环境、生物和医学等各个领域[3,30]。本书主要就二维相关光谱在食品、医药和环境领域的应用进行详细介绍。

参 考 文 献

[1] 杨仁杰. 基于二维相关谱掺杂牛奶检测方法研究[D]. 天津: 天津大学, 2013.

[2] 胡鑫尧，王琪，孙素芹，等. 二维相关光谱技术的研究进展[J]. 广西师范大学学报，2003, 21(2): 242-243.

[3] Noda I, Ozaki Y. Two-dimensional Correlation Spectroscopy: Applications in Vibrational and

Optical Spectroscopy[M]. New Jersey: John Wiley&Sons, 2004.

[4] Noda I. Two-dimensional correlation spectroscopy-biannual survey 2007-2009[J]. Journal of Molecular Structure, 2010, 974: 3-24.

[5] Noda I. Frontiers of two-dimensional correlation spectroscopy. Part 1. New concepts and noteworthy developments[J]. Journal of Molecular Structure, 2014, 1069: 3-22.

[6] Noda I. Frontiers of two-dimensional correlation spectroscopy. Part 2. Perturbation methods, fields of applications, and types of analytical probes[J]. Journal of Molecular Structure, 2014, 1069: 23-49

[7] Park Y, Noda I, Jung Y M. Novel developments and applications of two-dimensional correlation spectroscopy[J]. Journal of Molecular Structure, 2016, 1124: 11-28.

[8] Park Y, Jin, S, Noda I, et al. Recent progresses in two-dimensional correlation spectroscopy（2D-COS）[J]. Journal of Molecular Structure, 2018, 1168: 1-21.

[9] 杨仁杰，杨延荣，刘海学，等. 二维相关谱在食品品质检测中的研究进展[J]. 光谱学与光谱分析, 2015, 35(8): 2124-2129.

[10] Yang R J, Liu R, Xu K X. Determination of melamine of milk based on two-dimensional correlation infrared spectroscopy[C]. Proc. of SPIE, 2012, 8229(1): 29.

[11] Qi J, Huang K, Gao X, et al. Orthogonal sample design scheme for two-dimensional synchronous spectroscopy: Application in probing lanthanide ions interactions with organic ligands in solution mixtures[J]. Journal of Molecular Structure, 2008, 883: 116-123.

[12] Li X, Pan Q, Chen, J, et al. Asynchronous orthogonal sample design scheme for two-dimensional correlation spectroscopy（2D-COS）and its application in probing intermolecular interactions from overlapping infrared（IR）bands[J]. Applied Spectroscopy, 2011, 65(8): 901-917.

[13] 连增艳，杨仁杰，董桂梅，等. 二维相关谱技术的研究进展及应用[J]. 天津农学院学报，2018, 25(4): 77-82+93.

[14] 孙素琴，周群，秦竹. 中药二维相关红外光谱鉴定图集[M]. 北京：化学工业出版社, 2003.

[15] Sun S Q, Zhou Q, Chen J B. Infrared Spectroscopy for Complex Mixtures[M]. Beijing: Chemical Industry Press, 2011.

[16] 杨仁杰，刘蓉，徐可欣. 二维相关光谱结合偏最小二乘法测定牛奶中的掺杂尿素[J]. 农业工程学报，2012, 28(6): 259-263.

[17] Wang C, Xiang B, Wei Z. Application of two-dimensional near-infrared（2D-NIR）correlation spectroscopy to the discrimination of three species of Dendrobium[J]. Journal of Chemometrics, 2010, 23(9): 463-470.

[18] Gu C, Xiang B, Xu J. Direct detection of phoxim in water by two-dimensional correlation near-infrared spectroscopy combined with partial least squares discriminant analysis[J]. Spectrochimica Acta Part A: Molecular and Biomolecular Spectroscopy, 2012, 97(6): 594-599.

[19] Balabin R M, Smirnov S V. Variable selection in near-infrared spectroscopy: Benchmarking of feature selection methods on biodiesel data[J]. Analytica Chimica Acta, 2011, 692(1-2): 63-72.

[20] Wang Y, Tsenkova R, Amari M, et al. Potential of two-dimensional correlation spectroscopy in analyses of NIR spectra of biological fluids. I. Two-dimensional correlation analysis of protein and fat concentration-dependent spectral variations of milk[J]. Analusis, 1998, 26(4): 64-68.

[21] 胡潇, 吴瑞梅, 朱晓宇, 等. 表面增强拉曼光谱结合二维相关谱快速检测茶叶中的毒死蜱残留[J]. 光学学报, 2019, 39(7): 440-449.

[22] Yang R J, Dong G M, Sun X, et al. Feasibility of the simultaneous determination of polycyclic aromatic hydrocarbons based on two-dimensional fluorescence correlation spectroscopy[J]. Spectrochimica Acta Part A: Molecular and Biomolecular Spectroscopy, 2018, 190: 342-346.

[23] 杨仁杰, 王斌, 董桂梅, 等. 基于二维相关荧光谱土壤中 PAHs 检测方法研究[J].光谱学与光谱分析, 2019, 39(3): 818-822.

[24] Nakashima K, Fukuma H, Ozaki Y, et al. Two-dimensional correlation fluorescence spectroscopy V: Polarization perturbation as a new technique to induce intensity change in fluorescence spectra[J]. Journal of Molecular Structure, 2006, 799(1-3): 52-55.

[25] 田萍. 二维相关荧光光谱分析技术在食用植物油掺杂鉴别中的应用研究[D]. 镇江: 江苏大学，2013.

[26] 陆峰, 武媚然, 柴逸峰, 等. 一种鉴定止咳平喘类中药中是否添加茶碱咖啡因可可碱中的一种或多种化学药品的方法[P]: 中国, 106525809A. 2017-03-22.

[27] Chae B, Son S H, Kwak Y J, et al. Two-dimensional (2D) infrared correlation study of the structural characterization of a surface immobilized polypeptide film stimulated by pH[J]. Journal of Molecular Structure, 2016, 1124: 192-196.

[28] Zhou Y, Xia S, Zhang J, et al. Insight into the influences of pH value on Pb(II) removal by the biopolymer extracted from activated sludge[J].Chemical Engineering Journal, 2017, 308: 1098-1104.

[29] Cao S, Zeng Y, Cheng B, et al. Effect of pH on Al/Zr-binding sites between collagen fibers in tanning process[J]. Journal-American Leather Chemists Association, 2016, 111(7): 242-249.

[30] Park Y, Noda I, Jung Y M. Two-dimensional correlation spectroscopy in polymer study[J]. Frontiers in Chemistry, 2015, 3: 14.

第 2 章　二维相关光谱学原理

2.1　广义二维相关光谱理论

传统光谱一般来说是将光谱强度作为某一变量(如波长、波数或频率等)的函数技术，光谱图通常用平面图形来表征。对于一个复杂的研究体系，反映体系光谱性质的变量往往不是单一的，当研究多个变量作用于体系时，传统的平面光谱就难以进行分析。而三维光谱学方法的出现，较好地解决了这一问题[1]。在三维光谱学分析中，光谱图具有两个独立的变量轴和一个表示体系光谱学性质的因变量轴，从而形成三维立体图形。从三维立体图中可以清晰地看出体系的光谱学性质分别随两个变量变化的情况，以及两个变量之间的相关性。

三维光谱大体上可以分为两大类：二维相关光谱和三维非相关光谱。它们在测定方法、物理意义等各方面都有较大的区别。二维相关光谱从数学上讲，也是一种三维光谱学方法，它的核心在于将交叉相关分析方法运用到动态光谱数据中，从而得到一系列非常有用的二维相关谱图。它的两个变量可以是同一物理量，也可以是不同物理量，但两个变量之间是相关的。如沿着某一波数变量对二维相关谱进行相切，得到的截面图常被称为切谱，该谱描述的就是该波数变量与第二个变量之间的相关性，常用来辅助二维相关光谱来确定弱的、难以分辨的相关峰信息；而三维非相关光谱则不然，其变量一般是两个独立的物理量，如三维荧光光谱，一个变量是激发波长，另外一个变量是发射波长。如果沿着某一变量对其进行相切，得到的截面图是一个二维谱图，具有实际的物理意义，如对三维荧光光谱，沿着某一激发波长相切，得到的就是该激发波长下的荧光谱；若沿着某一发射波长相切，得到的就是该发射波长下的激发谱。

二维相关光谱学是以光谱数据的测定为基础，同时又与实验设计和数据处理相结合[2]。对于每一种样品体系，需要根据研究目的，设计合适的实验方案(选择特定的外扰)。二维相关谱图反映的是样品中各种组成成分或者微观结构单元相应于“特定外扰”的变化情况，以及这些变化之间相互的联系。因此即使是同一种体系，采用不同的实验设计方案就会得到不同性质的二维相关图谱。与传统的光谱方法相比，二维相关光谱具有较高的选择性，即将“特定的外扰”与“特定的二维相关图谱”(特定分析组分光谱特征)一一对应起来，因此可以灵活地应用二维相关光谱技术来达到特定的研究目的[3]。

2.1.1　二维相关光谱理论的提出

二维相关光谱的概念最早来源于核磁共振领域[4]。通过多脉冲技术激发核自旋，并采集其弛豫过程随时间变化的衰减信号，然后经傅里叶变换得到相应的二维核磁矩阵[5,6]。但是在将二维相关谱从核磁共振拓展到其他光谱技术时却受到了限制，其原因是分子光谱振动弛豫时间短，信号难以被检测，因此该技术没能很快应用到光谱仪器上。直到 1986 年，Noda 在二维核磁相关谱理论的基础上，提出了基于外扰方法的二维红外相关光谱的概念[7,8]，并在 1993 年提出了“广义二维相关光谱”的概念，用 Hilbert 变换代替 Fourier 变换，极大缩短了二维相关计算的时间，并将其从红外光谱推广到近红外光谱、拉曼光谱、荧光光谱和紫外-可见吸收光谱等各种光谱技术[9]。

2.1.2　二维相关光谱的计算

图 2-1 所示是基于外扰的二维相关光谱实验示意图。在光谱测量的过程中，对研究系统施加一种特定的外部扰动，这种外部扰动可以是任何合理的物理或化学量，如电场、磁场、光、热、压力、浓度和 pH 值等。它会诱发系统成分状态、结构或背景环境的变化，从而引起测量光谱的变化，这种由外部扰动诱发的光谱变化称作动态光谱。对获得的一系列动态光谱进行二维相关计算，即可得到二维相关光谱。

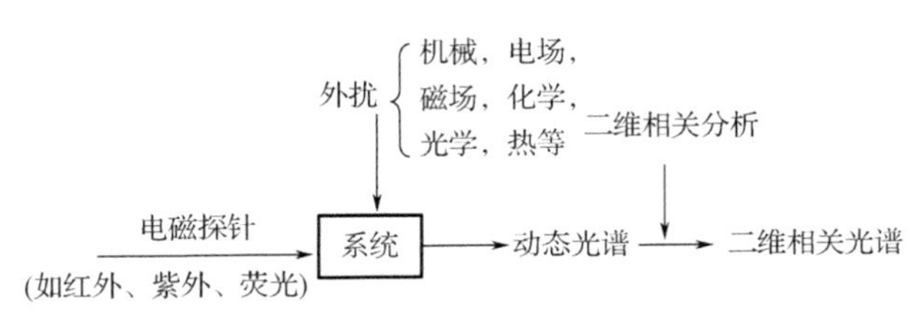

图 2-1　获得二维相关谱方法示意图

假设由外扰引起的外扰变量 t 在 $T_{\min}\sim T_{\max}$ 间变化时光谱强度为 $y(v,t)$，其中外扰变量 t 常被当作时间，但它也可以是浓度、压力等其他合理的量，变量 v 可以是任意合适的光谱量化参数，如拉曼频移、红外和近红外波数、紫外波长、X 射线散射角、中子束等。系统受外扰所诱发的动态光谱 $\tilde{y}(v,t)$ 可定义为：

$$\tilde{y}(v,t)=\begin{cases} y(v,t)-\overline{y}(v), & T_{\min}\leqslant t\leqslant T_{\max} \\ 0, & \text{其他} \end{cases} \tag{2-1}$$

其中，$\overline{y}(v)$ 是系统的参考光谱，参考光谱的选择并不是唯一的，$\overline{y}(v)$ 常被设置为平均光谱：

$$\overline{y}(v)=\frac{1}{T_{\max}-T_{\min}}\int_{T_{\min}}^{T_{\max}} y(v,t)\mathrm{d}t \tag{2-2}$$

二维相关光谱强度 $X(v_1,v_2)$ 是指外扰变量 t 在 T_{min}～T_{max} 间变化时，对不同光学变量 v_1 和 v_2 下的光谱强度变化 $\tilde{y}(v,t)$ 进行定量比较。为方便计算，将 $X(v_1,v_2)$ 表示为复数形式：

$$X(v_1,v_2)=\Phi(v_1,v_2)+\mathrm{i}\,\Psi(v_1,v_2) \tag{2-3}$$

组成复数的相互垂直的两个部分(实部和虚部)即为同步和异步二维相关光谱。同步二维相关光谱强度 $\Phi(v_1,v_2)$ 表示随着 t 在 T_{min} 和 T_{max} 间变化，两个在不同光学变量 v_1 和 v_2 下测得的光谱强度的相似或一致性变化。反之，异步相关光谱强度 $\Psi(v_1,v_2)$ 表示光谱强度的相异性变化。

广义二维相关光谱函数定义如下：

$$\Phi(v_1,v_2)+\mathrm{i}\,\Psi(v_1,v_2)=\frac{1}{\pi(T_{max}-T_{min})}\int_0^{\infty}\tilde{Y}_1(\omega)\cdot\tilde{Y}_2^{*}(\omega)\mathrm{d}\omega \tag{2-4}$$

其中，$\tilde{Y}(\omega)$ 是光谱强度变化 $\tilde{y}(v,t)$ 的傅里叶变换：

$$\tilde{Y}_1(\omega)=\int_{-\infty}^{+\infty}\tilde{y}(v_1,t)\,\mathrm{e}^{-\mathrm{i}\omega t}\mathrm{d}t \tag{2-5}$$

$$\tilde{Y}_2^{*}(\omega)=\int_{-\infty}^{+\infty}\tilde{y}(v_2,t)\,\mathrm{e}^{\mathrm{i}\omega t}\mathrm{d}t \tag{2-6}$$

实际测量中的动态光谱数据一般为离散形式。在外扰 t 变化范围 T_{min}～T_{max} 内等间隔地选取 m 条动态光谱，动态光谱可表示为：

$$\tilde{A}(v_j,t_k)=A(v_j,t_k)-\overline{A}(v_j)\,,\qquad 1\leqslant k\leqslant m \tag{2-7}$$

其中，$\overline{A}(v_j)$ 为平均谱，可表示为：

$$\overline{A}(v_j)=\frac{1}{m}\sum_{k=1}^{m}A(v_j,t_k) \tag{2-8}$$

离散形式的二维相关光谱强度可以表示为：

$$\Phi(v_1,v_2)=\frac{1}{m-1}\sum_{j=1}^{m}\tilde{A}(v_1,t_j)\cdot\tilde{A}(v_2,t_j) \tag{2-9}$$

$$\Psi(v_1,v_2)=\frac{1}{m-1}\sum_{j=1}^{m}\tilde{A}(v_1,t_j)\cdot\sum_{i=1}^{m}N_{ij}\tilde{A}(v_2,t_i) \tag{2-10}$$

式中的 N 为 m 阶方阵(m 是光谱的个数)，称为 Hilbert-Noda 矩阵，其矩阵元为：

$$N_{ij}=\begin{cases}0, & i=j\\ \dfrac{1}{\pi(j-i)}, & i\neq j\end{cases}$$

实际测量中的动态光谱数据一般为离散形式，其常用下列向量形式表示：

$$\tilde{y}(v)=\begin{bmatrix} y(v,t_1) \\ y(v,t_2) \\ \cdots \\ y(v,t_m) \end{bmatrix} \tag{2-11}$$

此时，平均参考谱可表示为：

$$\overline{y}(v)=\frac{\sum_{j=1}^{m} y(v,t_j)}{m} \tag{2-12}$$

同步光谱强度 $\Phi(v_1,v_2)$ 等于不同波数 (v_1,v_2) 的动态光谱强度的矢量积：

$$\Phi(v_1,v_2)=\frac{1}{m-1}\tilde{y}(v_1)^{\top}\tilde{y}(v_2) \tag{2-13}$$

异步光谱强度 $\Psi(v_1,v_2)$ 则等于 (v_1,v_2) 处动态光谱强度的 Hilbert-Noda 矩阵的矢量积：

$$\Psi(v_1,v_2)=\frac{1}{m-1}\tilde{y}(v_1)^{\top}N\tilde{y}(v_2) \tag{2-14}$$

2.1.3　二维相关光谱的表示形式

为了更好地说明二维相关谱的表现形式、特点及优势，计算机模拟了 10 组光谱数据(见图 2-2)。为了方便下节说明二维相关谱的特性，表 2-1 给出了 6 个峰：1242cm^{-1}(峰 A)、1250cm^{-1}(峰 B)、1300cm^{-1}(峰 C)、1370～1372cm^{-1}(峰 D)、1450cm^{-1}(峰 E)和 1555.2cm^{-1}(峰 F)强度的变化关系。

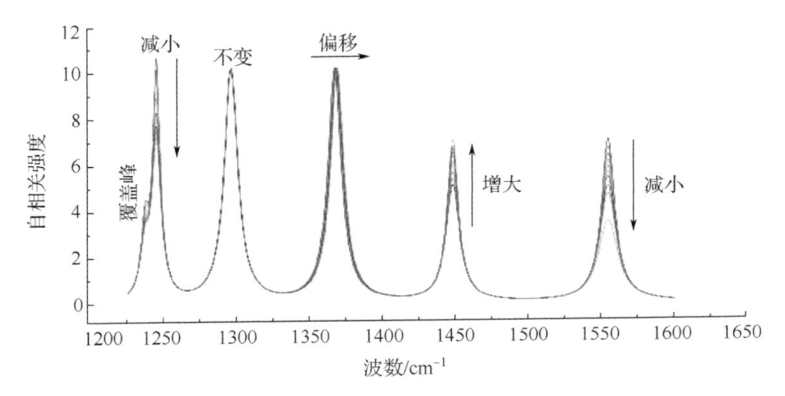

图 2-2　计算机模拟的 10 组光谱数据图

表 2-1　模拟光谱峰值变化情况

峰值位置/cm^{-1}	起始峰值	终止峰值	峰值变化幅度	峰值变化速率
1242 (A)	4.46	3.45	–1.02	–0.102
1250 (B)	10.55	7.19	–3.36	–0.336
1300 (C)	10.12	10.11	0	0
1370～1372 (D)	–	–	–	–
1450 (E)	5.06	7.03	1.97	0.197
1555.2 (F)	7.02	3.53	–3.49	–0.349

1. 三维投影图

三维投影图反映的是从立体图的任一角度所观察到的投影图，一般以波数或波长作为 x 轴和 y 轴(不同种类的相关谱图，其 x 轴和 y 轴坐标不同)，相关强度作为 z 轴构成三维投影图，如图 2-3 所示。三维投影图比较直观，容易从图上观察到相关峰的位置、高度以及相关谱的某些特性，但不容易直接提供不同波数交叉峰所对应的特征信息[10]。

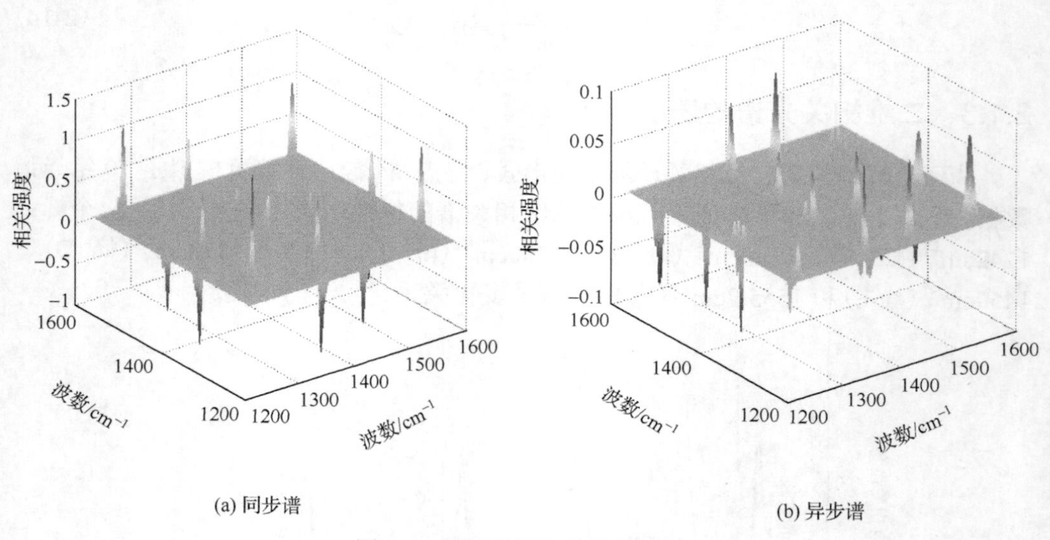

(a) 同步谱　　(b) 异步谱

图 2-3　模拟数据相关谱投影图

2. 等高线图

等高线图反映的是随着波数改变所对应相关强度的等高图，能反映较多的信息，是二维相关谱图常用的表示形式，如图 2-4 所示。等高线相关谱图可以很直观地提供任意一对波数 (v_1, v_2) 所对应的相关强度信息，容易体现各波数处吸收峰之间的关系，可作为光谱指纹技术进行物质的判定和识别。与三维投影图相比，等高线光谱图克服了三维投影图中许多小相关峰被大峰遮蔽的问题，更能清晰地揭示各分子、各官能团之间的相互作用，因而可表达更为丰富的特征信息。

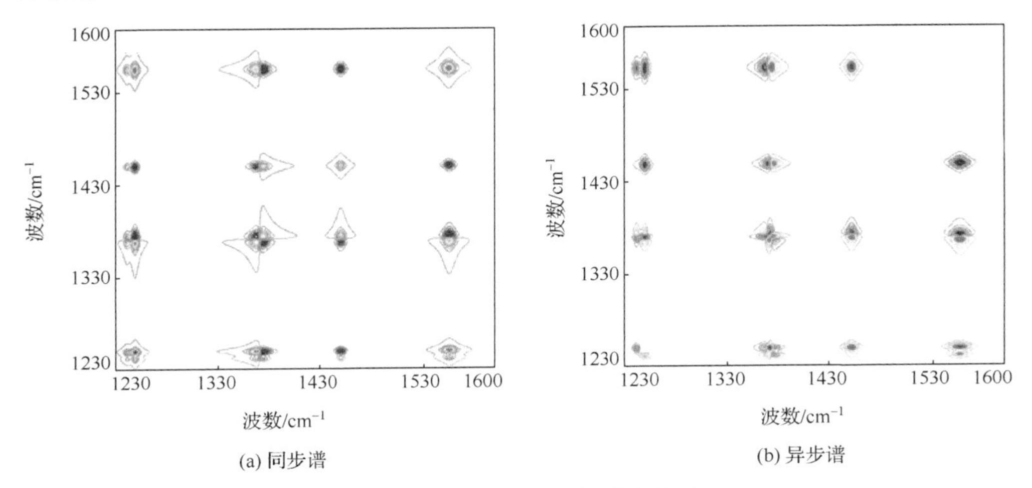

图 2-4　模拟数据相关谱等高线图

图 2-5 是模拟数据同步谱(图 2-4(a))对应的自相关谱。从图上可以更直观地看到原始二维谱无法观察到的信息：1242cm^{-1} 处被覆盖峰变得明显；1367.6cm^{-1} 和 1374.4cm^{-1} 两处的峰描述了原始二维谱 1370～1372cm^{-1} 处峰的偏移。

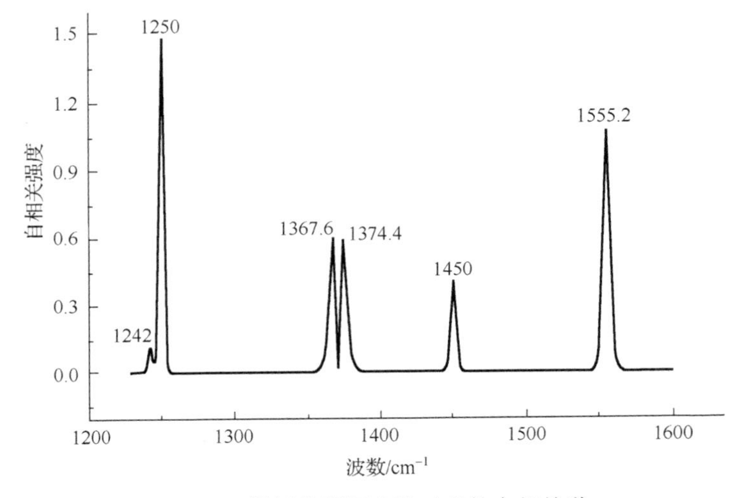

图 2-5　模拟数据同步谱对应的自相关谱

2.1.4 二维相关光谱的特性

根据模拟数据所构建的二维相关光谱(图 2-4)和自相关谱(图 2-5)来说明同步和异步二维相关光谱的特性。

1. 同步二维相关光谱特性

同步二维相关光谱代表两个波数变量处光谱强度随外扰而产生变化的相似性。同步相关谱是关于主对角线对称的，对角线上出现的峰称为自相关峰，即某个变量处光谱强度变化的自相关强度。自相关峰总为正值，而且自相关峰的强度代表了该变量处光谱强度变化的程度。在图 2-4(a)中，主对角线上出现四个自相关峰，1300cm^{-1} 处的 C 峰并没有在同步谱中出现，这是由于该峰强度随外扰没有发生变化，在 1370cm^{-1} 附近出现“蝴蝶结”形状自相关峰，这表明在该波数处，吸收峰发生偏移；1250cm^{-1} 处 B 峰和 1555.2cm^{-1} 的 F 峰对应的自相关峰较强，而峰 A 和峰 E 对应的自相关峰较弱，说明峰 B、F 的变化强度要大于峰 A 和 E，上述的这些特点都可以从表 2-1 中得到验证。

同步相关光谱非对角线上出现峰称为交叉峰。交叉峰的出现说明分子内或分子间的官能团可能存在相互作用。交叉峰可正可负，其主要取决于两个变量处光谱强度变化方向(若变化同向：即同时增加或减小，交叉峰为正；若变化反向，即一个增大一个减小，交叉峰为负)。因此，可根据交叉峰的正负对分子内或分子间官能团的相互作用进行研究。表 2-2 列出了各交叉峰的正负。这些特点也可以从表 2-1 中得到验证。需要说明的是，即使两个动力学过程没有相互作用，也可能会因偶然的相似的弛豫速率而产生交叉峰。

表 2-2　模拟数据同步相关谱交叉峰正负

峰值位置/ cm^{-1}	1242(A)	1250(B)	1300(C)	1370～1372(D)	1450(E)	1555.2(F)
1555.2(F)						+
1450(E)					+	–
1370～1372(D)				+	0	0
1300(C)			0	0	0	0
1250(B)		+	0		–	+
1242(A)	+	+	0		–	+

2. 异步二维相关谱特性

异步二维相关谱描述了两个变量处光谱强度变化的差异性，它反映了这两个波数处强度变化的快慢程度，即速率变化率，从而可判断出强度变化的先后顺序。异步相关谱是关于主对角线反对称，不存在自相关峰，只有交叉峰。当两个变量处光谱强度变化速率不同时，就会产生交叉峰。交叉峰可正可负，对异步谱的解释需要参考同一位置处的同步峰。对于主对角线以下（$\nu_1 > \nu_2$）区域（异谱相关谱是关于反对角线对称，所以只需考虑主对角线以下区域就行），判断两吸收峰时序关系的规则（Noda 规则）如下：

(1) $\phi(\nu_1,\nu_2)\times\psi(\nu_1,\nu_2)>0$，说明高波数处 ν_1 的光谱强度先于 ν_2 处发生；

(2) $\phi(\nu_1,\nu_2)\times\psi(\nu_1,\nu_2)<0$，说明高波数处 ν_1 的光谱强度后于 ν_2 处发生；

(3) $\phi(\nu_1,\nu_2)$ 存在，$\psi(\nu_1,\nu_2)=0$，表明两波数处对应的变化速率是同步的；

(4) $\psi(\nu_1,\nu_2)$ 存在，$\phi(\nu_1,\nu_2)=0$，只能说明两波数处峰强度变化速率不同，但二者关系不能确定。

为了进一步说明上述特性，表 2-3 给出了模拟数据异步相关谱（图 2-4(b)）交叉峰的正负。依据 Noda 规则，我们可判别：$\phi(\mathrm{B,A})>0$，$\psi(\mathrm{B,A})>0$，说明峰 B 和峰 A 同向变化，但峰 B 的变化要早于峰 A；$\phi(\mathrm{E,A})<0$，$\psi(\mathrm{E,A})<0$，说明峰 E 和峰 A 反向变化，但峰 E 的变化要早于峰 A；$\phi(\mathrm{F,A})>0$，$\psi(\mathrm{F,A})>0$，说明峰 F 和峰 A 同向变化，但峰 F 的变化要早于峰 A；$\phi(\mathrm{E,B})<0$，$\psi(\mathrm{E,B})>0$，说明峰 E 和峰 B 反向变化，但峰 E 的变化要晚于峰 B；$\phi(\mathrm{F,B})>0$，$\psi(\mathrm{F,B})>0$，说明峰 F 和峰 B 同向变化，但峰 F 的变化要早于峰 B；$\phi(\mathrm{F,E})<0$，$\psi(\mathrm{F,E})<0$，说明峰 F 和峰 E 反向变化，但峰 F 的变化要早于峰 E。上述结果都可从表 2-1 中得到验证。

需要说明的是：异步相关技术提供了一种提高光谱分辨率的可能性。如果两个官能团的吸收峰位置靠得很近，发生重叠，而它们对共同的外扰却表现出不同的动态响应，那么就会在异步相关光谱中出现清晰的交叉峰，从而提高了谱图的分辨率。

表 2-3　模拟数据异步相关谱交叉峰正负

峰值位置/ $\mathrm{cm^{-1}}$	1242(A)	1250(B)	1300(C)	1370～1372(D)	1450(E)	1555.2(F)
1555.2(F)						0
1450(E)					0	−
1370～1372(D)				0		
1300(C)			0	0	0	0
1250(B)		0	0		+	+
1242(A)	0	+	0		−	+

2.1.5　二维相关光谱的优势

二维相关光谱是光谱分析领域中的最新进展之一，是一种强大灵活的分析技术。与传统的光谱技术相比，它有以下几个显著的优势：

(1) 高的光谱分辨率。该技术将传统光谱信号扩展到第二维上，简化分离复杂体系中弱峰、重叠峰和偏移峰，从而可能检测到某些在传统一维光谱中无法观察到的光谱特征，具有较高的光谱分辨率。

(2) 高的选择性。正如前文所述二维相关光谱表征的是随"特定外扰"变化的信息，因此可根据研究的目标，选择合适的"外扰"，以便体现所需的信息。

(3) 高的图谱解析能力。该技术提供了研究体系中不同组分官能团吸收峰之间的相关信息，通过同步或异步二维相关谱交叉峰的正负和有无可以分析信息来源，提高光谱的解释能力。

(4) 通过谱峰之间的相关分析，可详细地研究复杂体系中分子内或分子间的相互作用。

(5) 通过光谱强度变化的次序，可有效地对化学反应过程和分子振动的动力学过程进行机理研究。

(6) 通过两种不同光谱技术的相关(如常用的近红外-中红外，红外-拉曼)，可提供全面的信息及不同谱学响应之间的关系。

2.2 Pareto 二维相关分析

Pareto 二维相关本质上来说应该属于一种直接对广义二维相关谱进行 Pareto 预处理的分析方法。该方法不仅可有效消除相关谱中强度剧烈变化对图谱的影响，而且对强、弱变化的光谱信息都进行了预处理，并未放大噪声，不仅保留了原有的自相关峰、交叉峰特征信息，而且使一些弱的、小的特征峰也显现出来。同时，同步和异步谱交叉峰的正负预处理前后并未发生改变，所以仍可以通过 Noda 规则来判断体系各组分特征信息发生的快慢。

2.2.1 Pareto 二维相关的计算

Noda 在式(2-13)和式(2-14)的基础上，对其进行 Pareto 处理[11]：

$$\Phi(\nu_1,\nu_2)^{\text{Pareto}} = \Phi(\nu_1,\nu_2) / \sqrt{\sigma(\nu_1)\sigma(\nu_2)} \tag{2-15}$$

$$\Psi(\nu_1,\nu_2)^{\text{Pareto}} = \Psi(\nu_1,\nu_2) / \sqrt{\sigma(\nu_1)\sigma(\nu_2)} \tag{2-16}$$

其中，$\sigma(\nu_1) = \sqrt{\Phi(\nu_1,\nu_1)}$，$\sigma(\nu_2) = \sqrt{\Phi(\nu_2,\nu_2)}$，分别为 ν_1 和 ν_2 处自相关强度的标准偏差。

为扩展上面公式的应用范围，Noda 对式(2-15)和式(2-16)进行进一步优化：

$$\Phi(\nu_1,\nu_2)^{\text{Scaled}} = \Phi(\nu_1,\nu_2)\cdot[\sigma(\nu_1)\sigma(\nu_2)]^{-\alpha}\cdot\left|\rho(\nu_1,\nu_2)\right|^{\beta} \tag{2-17}$$

$$\Psi(\nu_1,\nu_2)^{\text{Scaled}} = \Psi(\nu_1,\nu_2)\cdot[\sigma(\nu_1)\sigma(\nu_2)]^{-\alpha}\cdot\left|\xi(\nu_1,\nu_2)\right|^{\beta} \tag{2-18}$$

其中，$\rho(\nu_1,\nu_2) = \Phi(\nu_1,\nu_2)/[\sigma(\nu_1)\cdot\sigma(\nu_2)]$，$\xi(\nu_1,\nu_2) = \Psi(\nu_1,\nu_2)/[\sigma(\nu_1)\cdot\sigma(\nu_2)]$，$\alpha$ 和 β 为

相关增强因子，式(2-15)和式(2-16)是 $\alpha=0.5$，$\beta=0$ 时的情况。在实际研究中，可根据需要，选择合适的 α 和 β 值，因此式(2-17)和式(2-18)适用范围更广。

2.2.2　Pareto 二维相关的应用

为了说明该方法对弱特征信息的提取能力，Noda 对苯乙烯和丁二烯聚合反应过程的拉曼光谱分别进行常规二维相关(未处理)和 Pareto 二维相关计算。研究发现：对于未处理的二维相关谱，同步谱仅在 1638cm^{-1} 处出现自相关峰，在 1600cm^{-1} 和 1668cm^{-1} 处出现交叉峰，由于 1638cm^{-1} 处自相关峰很强，同步图谱无法提取其他弱的自相关峰和交叉峰。在异步谱中，1638cm^{-1} 峰分裂为 1632cm^{-1}(来自乙烯)和 1640cm^{-1}(来自丁二烯)两个峰，其交叉峰很强，异步图谱无法提取弱的特征信息。在原始一维拉曼谱图中一些非常重要的可见的特征拉曼峰，在未处理二维相关谱中都未被表征。对于 Pareto 二维相关谱，很直观地给出了未处理相关谱中被强的相关信息所掩盖的弱的苯乙烯单体 1578cm^{-1} 和 SBR 聚合物 1584cm^{-1} 的特征吸收峰。同时采用增强因子 $\alpha=0.5$，$\beta=1$ 对苯乙烯和丁二烯聚合反应过程的二维相关谱进行了计算，结果显示，在合适的增强因子下，整个光谱区域中一些微小变化的特征峰都体现出来了。

2.3　样品-样品二维相关分析

2.2 节所述的二维相关谱表征了所研究体系在特定外扰下，不同波数(波长或频率)下光谱强度的变化程度，以及特征峰之间的相互关系，从而可了解样品在特定外扰下的变化。这种二维相关谱技术称为波数-波数二维相关分析(variable-variable 2D correlation analysis)。

Ozaki 等人进一步探讨了广义二维相关光谱技术的本质，提出了样品-样品二维相关分析(sample-sample 2D correlation analysis)的概念[12,13]。不同于波数-波数二维相关分析，样品-样品二维相关分析是以任意变量为坐标(例如温度、时间、浓度、压力等)，跳过了对变量的分析，而直接研究样品在外扰下的变化。

2.3.1　样品-样品二维相关的计算

对于式(2-11)动态光谱矩阵($m \times w$)，其中 m 为样品数，w 为所采集的光谱变量数，则样品-样品二维相关分析同步谱和异步谱计算公式如下：

$$\Phi_{ss}=\frac{1}{w-1}\tilde{y}(v_1)\tilde{y}(v_2)^{\top} \tag{2-19}$$

$$\Psi_{ss}=\frac{1}{w-1}\tilde{y}(v_1)N\tilde{y}(v_2)^{\top} \tag{2-20}$$

其中，N 为 Hilbert-Noda 矩阵。

同步样品-样品二维相关光谱体现的是光谱对外扰响应的结果，而异步样品-样品二维相关光谱则体现的是光谱强度变化的不同速率[14]。与波数-波数二维相关分析相比，样品-样品二维相关谱技术能提供不同组分浓度分布及它们之间的相互作用关系，其结果更直接、更直观，让人更容易理解。

2.3.2 样品-样品二维相关分析的应用

由于样品二维相关分析在揭示体系组分微弱变化方面具有很强的分辨力，因此，自 2000 年 Sasic 等提出样品-样品二维相关光谱概念以来[12,13]，该技术已经被广泛地应用于复杂体系动力学过程中光谱变化信息的提取和检测中[15,16]。Iwahashi 等采用样品-样品二维相关光谱技术研究了油酸的近红外相关谱特性，从谱图中发现 32℃和 55℃两处温度突变点，从光谱学角度证明了温敏性油酸两次相变和三种结构的存在[17,18]。Wu 等[19]将样品-样品二维红外相关谱和主成分分析结合起来，对偶氮苯衍生物和分子间氢键形成多分子聚合体过程进行了分析，指出该方法可以解析分子组装中氢键的去耦温度。2006 年，Ferreira[20]采用该技术与近红外光谱结合对复杂介质发酵过程进行在线监控，指出该技术可有效提取发酵过程中微生物代谢和形态变化所引起的特征光谱信息，具有较好的应用前景。Hu 等[21]对聚对苯二甲酸乙二醇酯薄膜的玻璃转变温度进行了样品-样品二维红外相关分析，研究发现，薄膜玻璃转变温度随薄膜厚度增加而增加。吕程序等[22,23]基于样品-样品二维近红外相关光谱实现了鱼粉与豆粕的快速判别。王立旭基于样品-样品二维红外相关光谱，确定 RNase A 的预相变温度[14]。图 2-6 是 25℃～77℃变温红外光谱基线校正后样品-样品二维相关光谱的切谱。从图上可以看到，剧烈的结构变化发生在 61℃～71℃之间(T_m=66℃)，该温度对应于 RNase A 的主相变。在 43℃～49℃(T=45℃)之间存在一个清晰的小折点，该折点所对应的温度即是 RNase A 的预相变温度。

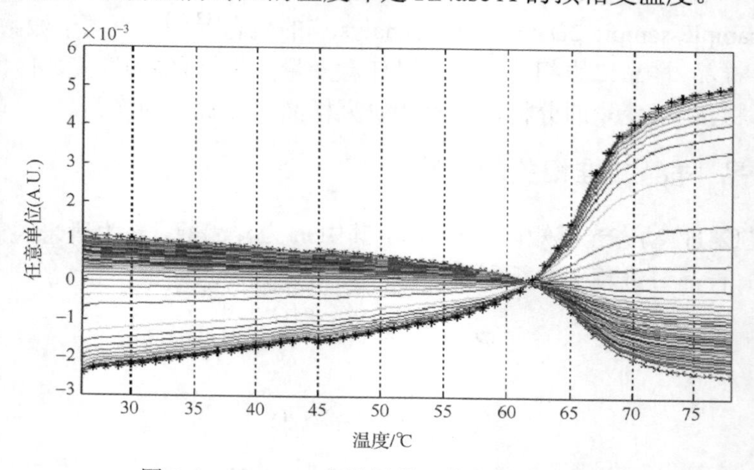

图 2-6　RNase A 变温样品二维相关谱的切谱

2.4　杂化二维相关分析

前述的二维相关光谱都是针对同一体系，在同一个外扰作用下，进行相关分析所得到的。事实上，在很多情况下，都是有两个或两个以上的变量同时作用在研究体系上，比如：在一个升温的反应过程中，时间(t)和温度(T)两个变量就同时发生变化。所以，研究体系在多个外扰协同作用下，各外扰引起光谱特征信息的变化，以及这些变化之间的关系，更具有实际意义。

2.4.1　杂化二维相关的计算

一般来说，若待测体系在一特定外扰变量 t 作用下，其光谱强度可表示为 $A(v, t)$ (v 是频率，t 可以是任意一个外扰变量，如时间、温度、浓度、压力等)；若待测体系在两个外扰协同作用下，其光谱强度可表示为 $A(v, t, T)$，其中 t 和 T 是两种不同的外扰。对于这种有两个或多个外扰同时作用的研究体系，Wu 等[24,25]在样品-样品相关分析理论的基础上，对广义二维相关光谱理论进行了进一步深入探讨和扩充，发展形成了在双体系或双外扰条件下的杂化二维相关分析技术(Hybrid 2D correlation analysis)的理论。

对于独立外扰条件下所采集的光谱矩阵 Y_1 和 Y_2，其杂化同步和异步变量-变量二维相关谱、样品-样品二维相关谱可表示为：

$$\Phi_{vv}(v_1,v_2)=\frac{1}{m-1}Y_1^{\top}Y_2 \tag{2-21}$$

$$\Phi_{ss}(s_1,s_2)=\frac{1}{n-1}Y_1Y_2^{\top} \tag{2-22}$$

$$\Psi_{vv}(v_1,v_2)=\frac{1}{m-1}Y_1^{\top}NY_2 \tag{2-23}$$

$$\Psi_{ss}(s_1,s_2)=\frac{1}{n-1}Y_1NY_2^{\top} \tag{2-24}$$

其中，m 为样品数(光谱数)，n 为变量数，N 为 Hilbert-Noda 矩阵。对于式(2-21)、式(2-23)变量-变量相关计算，两个光谱矩阵 Y_1 和 Y_2 的样品数必须一致(m 相等)，因此，在实际的应用中，根据需要沿着外扰的方向取出部分样品来进行相关计算。对于式(2-22)、式(2-24)样品-样品相关计算，两个光谱矩阵 Y_1 和 Y_2 的变量数必须一致(n 相等)。

杂化二维相关光谱是两个独立外扰下所获的两组光谱矩阵间进行相关分析的光谱技术。利用杂化二维相关光谱可以研究两个系统或两个不同外扰下测得的光谱数据之间的相互关系。杂化相关分析一般包括杂化样品-样品相关分析和变量-变量相关分析，两者结合可进一步分析并验证不同外扰下组分及变量之间的相关性。杂化同步样品-样品二维相关光谱表征的是在两个不同外扰下体系中不同组分变化的相似性；杂化同步变量-变量二维相关谱表征的是在不同外扰下，所引起光谱变化的相似性。杂化异步二维相关光谱表征的是不同外扰下光谱变化的差异性，常与同步谱联用来进行分析。

2.4.2 常用的杂化二维相关分析

对于两种独立外扰下(如时间 t 和温度 T)的光谱数据可以写成三维矩阵形式 $M(i, j, k)$，其表示的是研究体系在 i 个时刻，j 温度下，k 波数下的吸收强度。若保持一个外扰变量不变进行相关分析，对应的正是单外扰下，单体系的二维相关光谱；若两个外扰变量同时发生变化，对于这样的体系，其杂化样品-样品二维相关谱有很多种组合。这里主要介绍实际中常用的三种杂化样品-样品相关分析。

1)两个独立外扰下，同一体系两组不同动态光谱的杂化分析

如：对随外扰温度 Y_T 和压强 Y_P 变化的动态光谱矩阵可表示为：

$$Y_1 = Y_T$$

$$Y_2 = Y_P$$

此时，杂化样品-样品二维相关谱表征的是温度和压力两个外扰对组分影响的变化相似性。

2)两个相关外扰下，同一体系两组不同动态光谱的杂化分析

如：温度 T 是时间 t 的函数，在 T 外扰作用下，其杂化分析的动态光谱矩阵可表示为：

$$Y_1 = Y_t$$

$$Y_2 = Y_{t,T}$$

3)同一外扰下，不同实验条件下两组不同动态光谱的杂化分析

如：时间 t 外扰下，在不同催化剂条件下化学反应过程中动态光谱矩阵可表示为：

$$Y_1 = Y_{t1}$$

$$Y_1 = Y_{t2}$$

其中，Y_{t1} 和 Y_{t2} 表示不同实验条件下随时间变化的光谱。该杂化相关分析经常来研究两个不同化学反应过程中状态的相似性变化。

2.4.3　杂化二维相关分析的应用

Wu 等[26]为了验证所建立杂化二维相关光谱的有效性，对两种条件下(完全反应体系 A 和二甲基亚砜作用下反应体系 B)的硝基苯催化加氢化学反应进行研究，指出：相对于普通的样品-样品二维相关光谱，杂化样品-样品二维相关，波数-波数相关能揭示并确认在体系 B 化学反应过程中 116min 时存在中间产物浓度最大的突变点。2006 年，Wu 等[25]采用杂化样品-样品红外相关光谱技术，研究了重水中聚(N-异丙基-2-甲基丙烯酰胺，PNiPMA)在升温和降温两个过程中光谱特性的变化，解释并验证了其在相变过程中初始组分的恢复程度、相变温度及转变速率等参数的可逆性。图 2-7 是其加热和冷却过程中的杂化同步样品-样品二维相关光谱。一般来说，若两个样品的同一组分都具有较高浓度时，杂化同步谱就表现出强的相关性。从图中可以看到，在低于 41℃区域都存在强的正相关，表明酰胺 I 带红外特性与温度之间存在很强的相关性，以及在冷却过程中无规卷曲结构具有较高的恢复性；在(25℃，65℃)和(65℃，25℃)处存在强的负相关，表明在这两种状态，体系组分差别明显；在主对角线中温区域(41～55℃)出现不对称相关，表明在加热和冷却过程中 PNiPMA 动态转变存在差别。

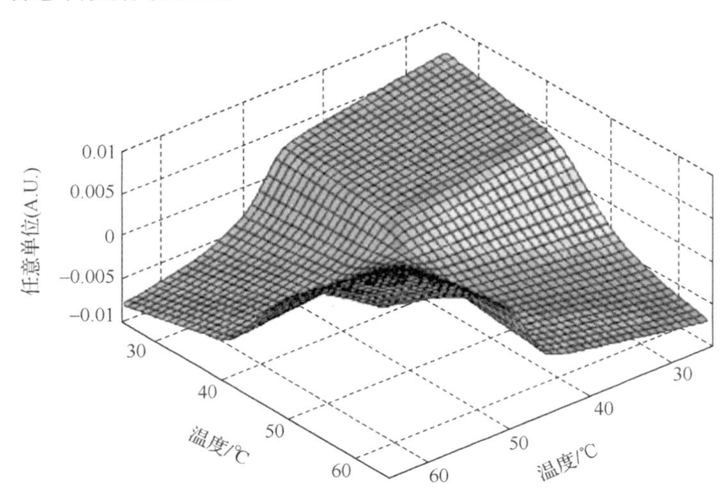

图 2-7　PNiPMA 在升温和降温过程中的杂化同步样品-样品二维相关谱

为了明确温度和葡萄糖浓度两个外扰下，纯水和葡萄糖光谱变化的相关性，张婉洁等[27]采用杂化二维相关光谱技术研究了纯水在温度和葡萄糖浓度两种外扰共同作用下所引起光谱信息的变化，指出两种外扰所引起的光谱变化之间不存在偶然相关性。图 2-8(a)和(b)分别为浓度(固定温度为 22℃，浓度为 100～900mg/dL 的葡萄糖水溶液)和温度(温度为 10～50℃，纯水溶液)为外扰的杂化同步样品-样品和变量-变量二维相关光谱。在杂化样品-样品二维相关光谱图中，可以看到纯水随着温度变化和浓度变化，二者并不是同步的，并没有一个相同的趋势；在杂化变量-变量二维相关光谱图中，并没有自相关峰出现，进一步表明：温度和浓度两种外扰引起纯水光谱变化是不同步的，没有相关性。

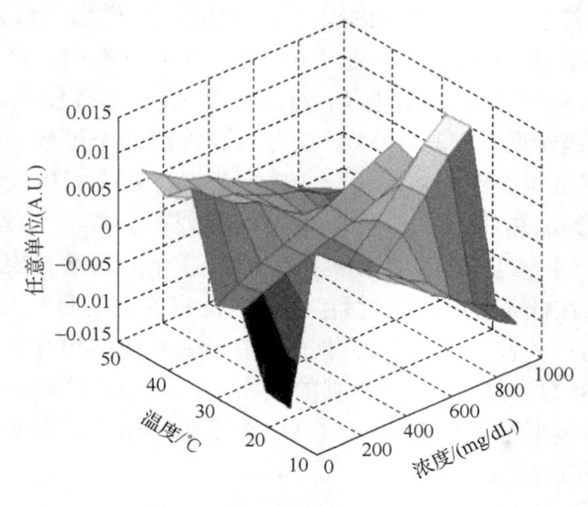

(a) 样品-样品二维相关光谱图

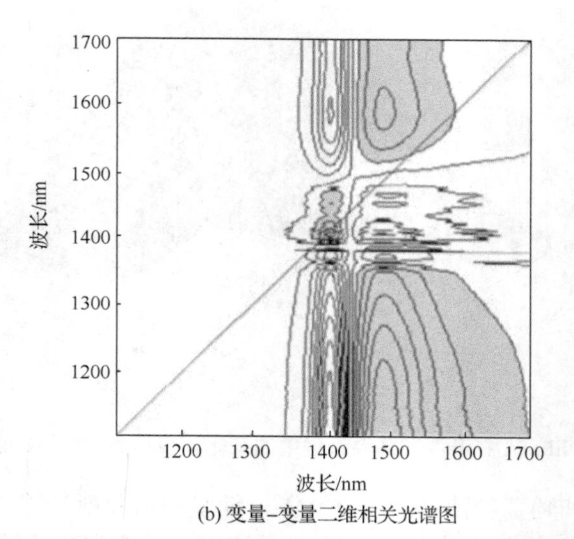

(b) 变量-变量二维相关光谱图

图 2-8　以葡萄糖浓度和温度为外扰的杂化同步二维相关光谱图

杂化变量-变量二维相关光谱还被采用研究光谱漂移问题，张雯对水背景光谱与糖水光谱进行杂化相关分析[28]。水背景光谱(Yt)可看作以时间为外扰，糖水光谱(Ytc)以时间和葡萄糖浓度两个变量为外扰，糖水扣水光谱(Yc)以葡萄糖浓度为外扰，对[Yt, Ytc]和[Yt, Yc]分别进行杂化分析，得到的杂化同步二维相关谱如图 2-9 所示。

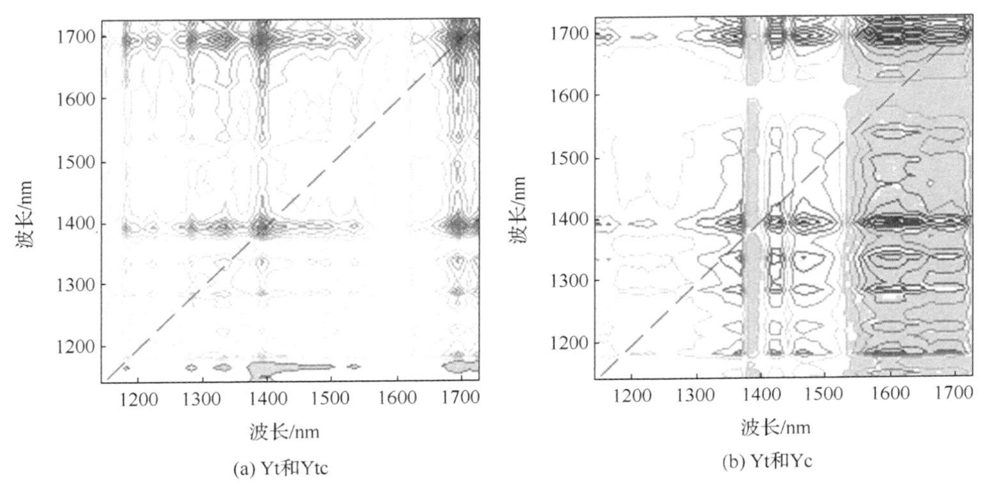

(a) Yt和Ytc　(b) Yt和Yc

图 2-9　杂化同步二维相关谱

图 2-9(a)对角线上有两个明显的相关峰，且关于主对角线基本对称，说明水背景光谱 Yt 和糖水光谱 Ytc 有很大的相似性，表明糖水光谱的变化信息中绝大部分是水背景光谱变化所引起的系统漂移信息。图 2-9(b)无对称性，说明扣除水背景之后糖水中的漂移信息基本消除。

2.5　异谱二维相关分析

最初二维相关光谱提出来时，人们通常采用同一光谱技术进行相关计算，得到同步和异步二维相关光谱，比如中红外-中红外相关光谱，近红外-近红外相关光谱，拉曼-拉曼相关光谱，荧光-荧光相关光谱等，这些都属于同谱相关光谱。众所周知，对于待分析体系，在同一外扰作用下，往往会引起多种不同的谱学响应(如同时引起红外、近红外、拉曼、紫外吸收特性的变化)。为了获得更全面的信息及不同谱学响应之间的关系，人们将同谱二维相关光谱技术拓展到不同光谱技术之间的相关[29,30]。Noda 将体系在同一外扰下获得的，不同来源的动态光谱间的二维相关分析方法，称为异谱二维相关分析(hetero-spectral correlation analysis)。这种技术最早是用来比较红外及 X 射线谱的相关性。目前，已经发展了各种异谱二维相关分析技术，包括红外-拉曼相关分析[31]，红外-近红外相关分析[32,33]，紫外-荧光相关分析[34]等。

2.5.1 异谱二维相关的计算

根据 Noda 理论，同步和异步异谱二维相关光谱计算表达式如下：

$$\Phi(\nu_1,\nu_2)=\frac{1}{m-1}A^{\top}B \tag{2-25}$$

$$\Psi(\nu_1,\nu_2)=\frac{1}{m-1}A^{\top}NB \tag{2-26}$$

式中，动态光谱矩阵 A 和 B 分别是同一体系在同一外扰下的不同光谱响应的动态光谱矩阵，其光谱数目(样品数 m)必须一致。

2.5.2 异谱二维相关的特点

对于一待分析体系，在同一外扰下，采集其不同光谱响应曲线，并进行同谱(如 NIR-NIR 相关，MIR-MIR 相关)和异谱(NIR-MIR 相关)二维相关计算，将同谱和异谱结合起来进行分析，具有以下优势[35]：

(1)可同时提供研究体系在同一外扰下的不同振动模式的响应，从而可以更有效地分析样品中结构或构象的变化。

(2)不同光谱数据相关分析的结果可以相互验证，从而减少由于基线、噪声或吸收峰位置红移/蓝移所造成的分析误差，大大提高了分析结果的准确性。

(3)通过对不同振动模式下吸收峰变化次序的判断，可以分析得到某一种振动模式下的吸收峰所对应的特征基团。

2.5.3 异谱二维相关分析的应用

近红外光谱由于光谱信息弱，各个谱峰高度重叠，因此，对近红外区域信息进行指认一直都是一个难点。利用中红外区域已知的丰富结构信息，通过构建异谱二维近红外-中红外相关，可以对谱带进行分辨与指认，从而进一步对其来源加以解释[36]。Barton 等[37]对蜂蜜蜡、蛋白质和木质素等农业样品进行了异谱二维中红外-近红外相关分析，指出：通过中红外的基频吸收峰可以指认和验证近红外的倍频及组合频吸收峰。Wu 等[38]同样采用异谱二维中红外-近红外相关谱研究了尼龙在升温过程中(25～200℃)的构象变化，并验证了近红外特征吸收峰的归属和基团变化的次序。Amari 等[39]基于异谱二维中红外-近红外光谱对近中红外区间的特征吸收峰的来源进行了指认。杨仁杰等[29]以牛奶中掺杂的尿素浓度为外扰，研究了掺杂尿素牛奶的异谱二维 MIR-NIR 相关谱特性，实现近红外区微量掺杂物特征峰的指认。

异谱二维红外-拉曼(IR-Raman)相关分析也常被用于研究复杂体系组分或分子结构的变化。众所周知，拉曼光谱可提供对红外是弱吸收或无吸收的官能团信息。

如：药材大黄中的芳香化合物苯环骨架在红外谱图 $1600cm^{-1}$ 和 $1500cm^{-1}$ 处存在弱吸收振动峰，而在拉曼谱图中 $1605cm^{-1}$，$1606cm^{-1}$，$1609cm^{-1}$ 处出现较强的苯环骨架振动峰。因此红外光谱和拉曼光谱被称为“姐妹谱”，拉曼散射效应谱带特征性强，而红外光谱由于是吸收光谱，结构信息更丰富。将红外光谱技术和拉曼光谱技术进行异谱相关，不仅能提取丰富的光谱信息，而且两种方法互相印证，互相补充，为分析的准确性和可靠性提供保障。Jung 等[40]为了弄清楚 β 乳球蛋白在缓冲溶液中的红外和拉曼特征峰，以溶液中 β 乳球蛋白浓度为外扰，构建了异谱二维 IR-Raman 相关谱。图 2-10(a) 和 (b) 分别是其对应的同步谱和异步谱。同步谱中可以观察到，在 (1245，1256) cm^{-1} 存在正交叉峰，表明拉曼峰 $1245cm^{-1}$ 与红外峰 $1256cm^{-1}$ 都来自相同的蛋白二级结构；在 (1245，1295) cm^{-1}，(1245，1283) cm^{-1}，(1245，1265) cm^{-1}，(1235，1295) cm^{-1}、(1235，1283) cm^{-1} 和 (1235，1265) cm^{-1} 存在负交叉峰，表明拉曼峰 $1245cm^{-1}$、$1235cm^{-1}$ 与红外峰 $1295cm^{-1}$、$1283cm^{-1}$ 和 $1265cm^{-1}$ 来自蛋白不同的二级结构。在异步谱中，在 (1235，1258) cm^{-1}、(1255，1258) cm^{-1} 和 (1268，1258) cm^{-1} 处存在负交叉峰，表明红外 $1258cm^{-1}$ 峰 (来自蛋白无序结构) 所对应的组分与拉曼峰 $1235cm^{-1}$ (来自蛋白 β 折叠)、$1255cm^{-1}$ (来自蛋白无序结构) 和 $1268cm^{-1}$ (来自络氨酸) 对应的组分是反相相关。Kubelka 等[41]指出异谱二维 IR-Raman 相关技术可以很好地建立蛋白二级结构的谱带特征，特别是像 β 折叠容易被解析错误的峰，该技术也可以对其进行正确的解析和验证。Vedeanu 等[42]对 $x(CuO{\cdot}V_2O_5)(1{-}x)[P_2O_5{\cdot}CaF_2]$ 玻璃进行异谱二维 IR-Raman 相关分析，对红外峰和拉曼峰的来源进行解析，并相互补充验证。Muik 等[43]使用异谱二维 IR-Raman 相关分析，并结合移动窗口方法，研究了植物油的氧化过程。

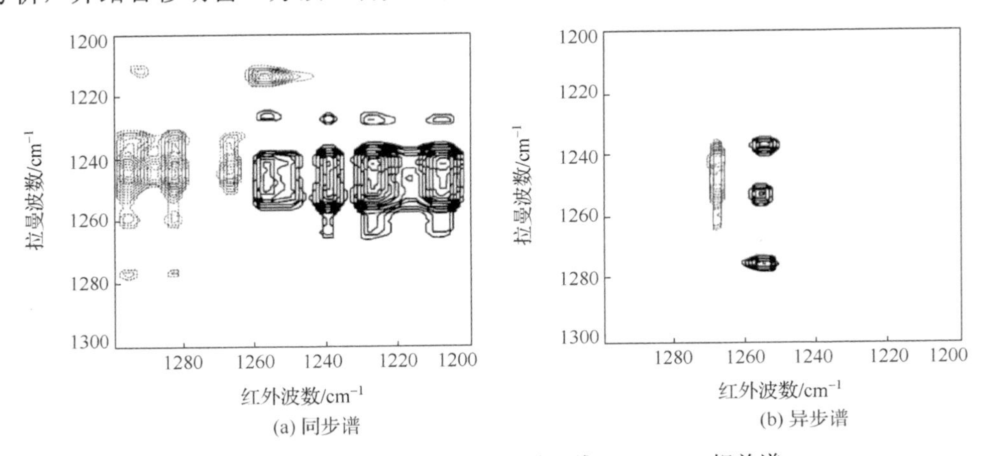

图 2-10　β 乳球蛋白溶液的异谱二维 IR-Raman 相关谱

除了上述异谱二维 IR-NIR 和 IR-Raman 相关之外，Hu 等[44]用拉曼光谱和核磁共振谱的混合相关分析研究了 pH 诱导下的丝绸蛋白质的构象变化。黄昆等[45]基于异谱二维紫外可见-荧光相关分析研究了稀土离子发光过程中能量传递的问题。Jung 等[46]采用异谱二维荧光-拉曼相关谱研究了液晶低聚物在相变过程中结构的变化。关于异谱二维相关谱技术在各个领域中的应用，在后续各章中都会做详细的介绍。

2.6　移动窗口二维相关分析

虽然上述样品-样品二维相关光谱，相对于变量-变量二维相关光谱，能更直观、简洁提供不同组分的浓度分布及它们之间变化的相互关系，但当采用这些方法分析数据量很大的体系时(如连续采集随外扰变化所产生的大量数据)，它的相关分析参数-切片谱会变得很复杂，影响分析结果的准确性。

2.6.1　移动窗口二维相关的计算

为了解决上述问题，2003 年，Sasic 等提出了移动窗口二维(moving window two-dimensional，MW2D)相关谱的概念和计算方法。移动窗口二维相关光谱是将移动窗口的概念与二维相关分析方法相结合，利用移动窗口将随外扰变化庞大的光谱数据按矩阵分割成若干个便于操作的子矩阵，然后对每个子矩阵进行二维相关分析，最后对各子矩阵的分析结果进行综合，得到 MW2D 相关谱，其流程图(图 2-11)如下[47]：

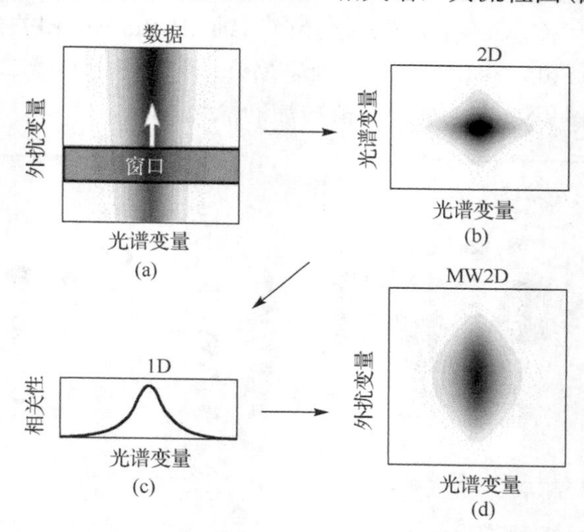

图 2-11　MW2D 相关谱计算流程图

移动窗口二维相关光谱技术的实质就是将整个光谱强度矩阵分解为一系列的子矩阵，其中每一个子矩阵都称之为窗口。简单来讲，MW2D 相关分析就是将一个较小的窗口从第一条光谱沿样品(外扰)轴方向移动到最后一条光谱。若原始光谱数据

中包含 M 个样品，而选定窗口尺寸为 $2m+1$，通过移动窗口，最终可得到 $M-2m$ 个子矩阵，然后对每个子矩阵进行单独二维相关分析。虽然子矩阵的分析结果数量庞大，但是由于计算方便，对其进行综合分析可提取出大量简洁易懂的信息。MW2D 相关谱常用光谱变量和扰动变量为坐标的等高图来表征，能非常直观地观察出光谱强度在外扰方向上的变化，进而找出引起光谱强度突变的特征扰动点，特别适合研究复杂体系在扰动范围内经历的多个变化或多个转变过程。

假定采集随外扰变化的光谱矩阵 $y(\nu,P)$，其中 ν 和 P 分别为光谱变量(如波数)和外扰变量(如温度)，它是一个 M 行 N 列矩阵，每一行对应一条由离散数据点组成的光谱，则 $y(\nu,P)$ 可表示为：

$$y(\nu,P)=\begin{bmatrix} y(\nu,P_1) \\ y(\nu,P_2) \\ \cdots \\ y(\nu,P_j) \\ \cdots \\ y(\nu,P_M) \end{bmatrix} \tag{2-27}$$

将一个子矩阵 $y_j(\nu,P_J)$ 从主矩阵 $y(\nu,P)$ 中提取出来，此时，外扰 P 变量的序号范围为 $j-m$ 到 $j+m$，显然，子矩阵 $y_j(\nu,P)$ 有 $2m+1$ 行，而列数与主矩阵 $y(\nu,P)$ 相等，为 N 列。其中 j 为窗口的序号，J 为子矩阵中或窗口中光谱(行)的序号，$2m+1$ 为窗口大小。

子矩阵 $y_j(\nu,P_J)$ 可表示为：

$$y_j(\nu,P_J)=\begin{bmatrix} y(\nu,P_{j-m}) \\ y(\nu,P_{j-m+1}) \\ \cdots \\ y(\nu,P_j) \\ \cdots \\ y(\nu,P_{j+m}) \end{bmatrix} \tag{2-28}$$

一般说来，第 j 个子矩阵的参考光谱和动态光谱可表示为：

$$\overline{y}_j(\nu)=\frac{\sum_{J=j+1}^{j+m} y_j(\nu,P_J)}{2m+1} \tag{2-29}$$

$$\tilde{y}_j(\nu,P_J)=y_j(\nu,P_J)-\overline{y}_j(\nu) \tag{2-30}$$

经过平均化处理的第 j 个子矩阵可以描述如下：

$$\tilde{y}_j(\nu, P_J) = \begin{bmatrix} \tilde{y}(\nu, P_{j-m}) \\ \tilde{y}(\nu, P_{j-m+1}) \\ \cdots \\ \tilde{y}(\nu, P_j) \\ \cdots \\ \tilde{y}(\nu, P_{j+m}) \end{bmatrix} \tag{2-31}$$

每个子矩阵内的同步二维相关光谱和异步二维相关光谱可以表示为：

$$\Phi_j = \frac{1}{2m} \sum_{J=j+1}^{j+m} \tilde{y}_j(\nu, P_J) \tilde{y}_j(\nu, P_J) \tag{2-32}$$

$$\Psi_j = \frac{1}{2m} \sum_{J=j+1}^{j+m} \tilde{y}_j(\nu, P_J) \sum_{J=j+1}^{j+m} M_{jk} \tilde{y}_j(\nu, P_J) \tag{2-33}$$

通过从 j=1+m 到 j=M−m 不断移动子矩阵(窗口)的位置，从而得到不同的子矩阵。然后重复利用式(2-32)和式(2-33)对每个子矩阵进行计算；根据研究需要，从子矩阵的二维相关光谱中选取一定的切谱：如主对角线切谱，任一波数变量切谱等；最后将得到的切谱按照外扰方向依次排列，便可以得到 MW2D 相关光谱的等高线图。

2.6.2　移动窗口二维相关的特点

MW2D 相关光谱自提出以来已被广泛地应用于各个领域，特别是聚合物结构分析。与常规的二维相关谱技术相比，MW2D 相关光谱技术有以下几大优点[47, 48]：

(1) 可以直观给出切谱特征光谱信息在外扰变量方向上的变化。

(2) 可有效地对重叠峰进行分离，同时又降低了噪声对研究体系的影响。

(3) 对于相变过程峰位置发生明显偏移的体系，该技术仍然可以准确地确定出体系的相变点。

(4) 预处理方法简单，不需要基线校正，仅需平均归一化和中心化，计算简单，效率高。

但在实际应用过程中，人们发现选择移动窗口的大小和峰形状的变化都会对分析结果产生影响[47-50]：

(1) 如果移动窗口尺寸选择过小，包含扰动区域低于所需，会使扰动方向上的信息分布离散；而选择的尺寸过大，噪声对分析结果的影响会增大，因此需要根据研究体系和目标选择合适的窗口尺寸。

(2) 如果研究体系一个特征峰位置发生偏移，且吸光度也发生较大变化，则 MW2D 相关谱中仅出现一个峰，其位置由特征峰的起始位置决定。

(3) 如果研究体系一个特征峰位置发生偏移，且吸光度发生较小变化，则 MW2D 相关谱中会出现两个峰，峰谷位置由特征峰的起始位置决定。

(4) 如果研究体系中两个峰重叠严重，且光谱强度同时变化，则 MW2D 相关光谱中会出现两个峰，在外扰变量上不发生位移，因此可利用 MW2D 相关光谱来区分一维谱中峰位置极为相近的重叠峰。

(5) 如果研究体系中两个峰重叠严重，其中一个峰强度变化，另一个峰位发生变化，则 MW2D 相关光谱中会出现两个峰，因此可利用 MW2D 相关光谱将覆盖的肩峰分离出来。

(6) 若研究体系特征峰不仅强度发生变化，而且峰宽也变大，则 MW2D 相关光谱中会出现三个峰，中间的峰由强度变化引起，两侧峰由峰宽变化引起。因此，根据 MW2D 相关光谱可以对原始动态光谱峰位、峰宽等随外扰的变化进行分析。

MW2D 相关光谱分为 MW2D 自相关谱和 MW2D 切割相关谱，MW2D 切割相关谱又分为同步 MW2D 切割相关谱和异步 MW2D 切割相关谱。

1. MW2D 自相关谱

对于移动窗口二维自相关谱 $\Omega_A(v,P)$，其每一行都直接对应于 Φ_j 中对角线的强度，也就是子矩阵同步二维相关谱中两个相同光谱变量的自相关强度：

$$\Omega_{A,j}(v,P_j)=\frac{1}{2m}\sum_{J=j+1}^{j+m}\tilde{y}_j^2(v,P_J) \tag{2-34}$$

通过从 $j=1+m$ 到 $j=M-m$ 不断移动子矩阵（窗口）的位置，可以方便地得到整个移动窗口二维自相关谱 $\Omega_A(v,P)$。MW2D 自相关强度与原始动态谱关于外扰的导数谱强度平方成正比：

$$\Omega_A(v,P)\ \sim\ \left[\frac{\partial y(v,p)}{\partial p}\right]^2 \tag{2-35}$$

2. MW2D 切割相关谱

利用同步谱主对角线上的自相关谱来表示 MW2D 相关谱仅能表示同步谱特征信息在外扰方向上的变化，无法对异步谱特征变化信息进行表征。若选用切片谱作为特征一维谱就可以解决上述问题，其所对应的相关谱被称为 MW2D 切割相关谱。在 MW2D 自相关谱 $\Omega_A(v,P)$ 中，其同步相关谱 $\Omega_{\Phi,j}(v,p_j)$ 的每一行都直接对应于 Φ_j 中某一固定光谱变量 v_c 处的 $\Omega_j(v,v_c)$ 强度。同理，其异步相关谱 $\Omega_{\Psi,j}(v,p_j)$ 的每一行都直接对应于 Ψ_j 中某一固定光谱变量 v_c 处的强度 $\Psi_j(v,v_c)$。同步和异步 MW2D 相关光谱可分别写作

$$\Omega_{\Phi,j}(v,p_j)=\frac{1}{2m}\sum_{J=j-m}^{j+m}\tilde{y}_j(v,p_J)\cdot\tilde{y}_j(v_c,p_J) \tag{2-36}$$

$$\Omega_{\Psi,j}(v,p_j)=\frac{1}{2m}\sum_{J=j-m}^{j+m}\tilde{y}_j(v,p_J)\cdot\sum_{K=j-m}^{j+m}M_{JK}\tilde{y}_j(v_c,p_K) \tag{2-37}$$

通过从 $j=1+m$ 到 $j=M-m$ 不断移动子矩阵（窗口）的位置，可以方便地得到整个同步 MW2D 切割相关谱 $\Omega_{\Phi,j}(v,p_j)$ 和异步 MW2D 切割相关谱 $\Omega_{\Psi,j}(v,p_j)$。这种方法可以突出在正交分量的特征，但在进行光谱分析时，需要慎重选择切片谱的光谱变量位置。

2.6.3 移动窗口二维相关分析的应用

Zhou 等[51]采用 MW2D 相关光谱技术研究了 SEBS（polystyrene-block-poly (ethylene-co-1-butene)-block-polystyrene）分子链结构中硬骨架 S（polystyrene）和软骨架 EB（poly（ethylene-co-1-butene））的运动。通过对温度外扰下（30～166℃）SEBS 在 1350～1500cm^{-1} 范围的同步和异步 MW2D 相关谱进行研究，指出 S 骨架玻璃化转变过程中，S 骨架链段的运动先于 EB 骨架发生。研究表明：

（1）在 S 骨架玻璃化转变开始时，一些 S 骨架链结构就开始运动。

（2）随着温度升高，这种运动逐渐扩散到 S 骨架和 EB 骨架之间的相界面。

（3）由于 S 段和 EB 段化学结构相连，S 骨架链结构的运动又驱使 EB 骨架部分链结构在相界面运动，同时界面区域变宽，S 段和 EB 段化学连接点偏离平衡位置，S 与 EB 骨架之间的链段阻力达到最大值。

（4）当温度持续升高时，相界面中相互渗透的链段阻力减小，且界面区域进一步扩大（直到稳定），部分靠近界面的 EB 骨架链段也被迫开始运动，并将被拉入相界面中。

2.7 扰动相关移动窗口二维相关分析

在 MW2D 切割相关谱中，通常根据研究目标，对每一个窗口先确定一个切片谱。为了获得有价值的、与外扰相关的 MW2D 相关谱，就需要慎重选择切片谱的光谱变量位置。此外，与广义二维相关光谱相比，MW2D 相关谱无法有效地给出光谱变化的同步性和异步性。为了弥补 MW2D 相关分析的不足，2006 年，Morita 等[49]提出了扰动移动二维（perturbation-correlation moving window two-dimensional，PCMW2D）相关谱技术，就是用光谱强度变化和扰动变化的相关性代替 MW2D 相关谱中在光谱变量 v_c 处选择的切片谱特性，不需要选择恒定的变量值。通过对光谱强度变化和扰动变化进行相关计算得到同步和异步 PCMW2D 相关谱。与广义二维相关分析不同的是，PCMW2D 相关谱的横轴代表光谱变量，纵轴代表扰动变量，这种表现形式更能直观地反映出扰动方向上，光谱同步相关强度和异步相关强度的变化，能够更便捷地确定光谱变量的突变位置[52]。

2.7.1　扰动相关移动窗口二维相关的计算

沿扰动变化方向，在 j 个窗口中平均扰动和动态扰动可表示为：

$$\bar{p}_j = \frac{1}{2m+1}\sum_{J=j-m}^{j+m} p_J \tag{2-38}$$

$$\tilde{p}_J = p_J - \bar{p}_j \tag{2-39}$$

PCMW2D 相关谱主要用于研究扰动变量与光谱强度变化的相互关系，它的同步和异步相关强度计算公式为：

$$\Pi_{\Phi,j}(v,p_j) = \frac{1}{2m}\sum_{J=j-m}^{j+m} \tilde{y}_j(v,p_J)\cdot \tilde{p}_J \tag{2-40}$$

$$\Pi_{\Psi,j}(v,p_j) = \frac{1}{2m}\sum_{J=j-m}^{j+m} \tilde{y}_j(v,p_J)\sum_{K=j-m}^{j+m} M_{JK}\tilde{p}_K \tag{2-41}$$

同步 PCMW2D 相关谱表征的是光谱强度和线性等间隔扰动之间的相关性，它的强度与光谱强度关于扰动的导数相似，即：

$$\Pi_{\Phi}(v,p) \sim \left[\frac{\partial y(v,p)}{\partial p}\right]_v \tag{2-42}$$

异步 PCMW2D 相关谱表征的是光谱强度变化和线性等间距变化的 Hilbert 变换之间的相关性，它的强度与光谱强度关于扰动变量的二阶导数的负值成正比，可表示为：

$$\Pi_{\Psi}(v,p) \sim -\left[\frac{\partial^2 y(v,p)}{\partial p^2}\right]_v \tag{2-43}$$

2.7.2　扰动相关移动窗口二维相关的特点

当外界扰动是线性等间距变化时，根据同步和异步 PCMW2D 相关图中交叉峰的正负或有无，可以推断出原始光谱强度随外扰变化的模式。若同步 PCMW2D 谱中存在交叉峰，表明该光谱变量在此扰动点处发生速率最快的转变，若交叉峰为正，表明在该光谱变量处光谱强度增加，若交叉峰为负，则表示光谱强度降低。若异步PCMW2D相关谱图中交叉峰为正，表明该处光谱强度呈凸形变化；若交叉峰为负，则表明该处光谱强度呈凹形变化。具体判定规则[47,48]如表 2-4 所示。

表 2-4　线性等间距扰动下 PCMW2D 相关光谱的判定规则

同步	异步	判定顺序
+	+	凸形增长
+	0	线性增长
+	−	凹形增长
0	+	凸形曲线顶端
0	0	不变
0	−	凹形曲线底端
−	+	凸形减少
−	0	线性减少
−	−	凹形减少

2.7.3　扰动相关移动窗口二维相关分析的应用

Ren 等[53]将变量-变量 2D 红外相关谱和 PCMW2D 相关谱相结合，对枞酸的氧化反应途径进行了研究。图 2-12 为枞酸自氧化过程在 1650～1750cm^{-1} 区域的同步(图 2-12a)和异步(图 2-12b)PCMW2D 相关谱。同步谱中，在 1660cm^{-1}、1690cm^{-1}和 1715cm^{-1} 处出现三个强吸收峰，这些峰从 60～120min 具有相同的转变点。对

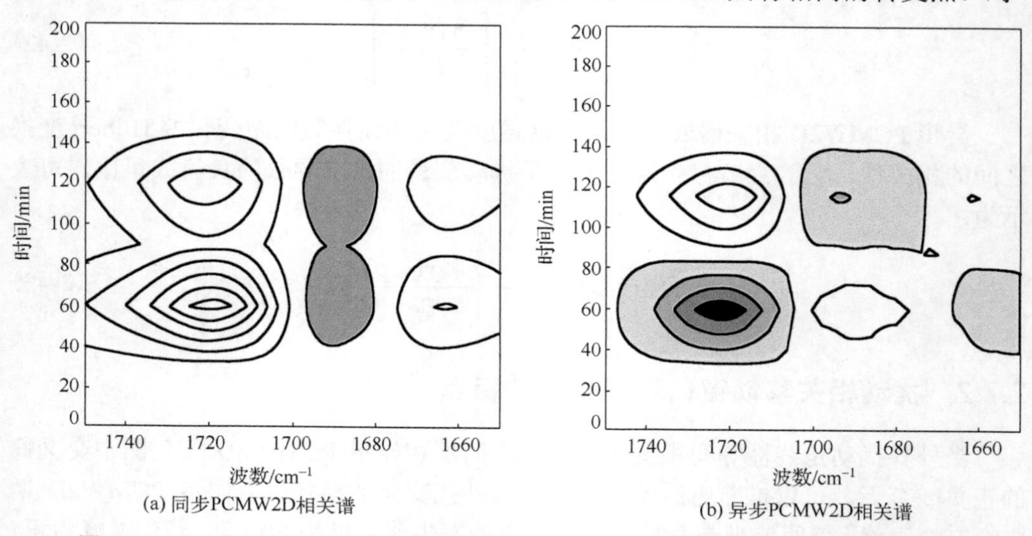

图 2-12　在 1750～1650cm^{-1} 区域，枞酸自氧化过程的同步和异步 PCMW2D 相关谱

于 1660cm^{-1} 处吸收峰，在同步谱(1660cm^{-1}，60/120min)处为正交叉峰，在异步谱(1660cm^{-1}，60min)处交叉峰为负，根据前述 Morita 规则可推断：1660cm^{-1} 处吸收峰在氧化的 60～120min 期间发生变化，在前区呈 S 型增加，并逐渐转变为线性增加。对于 1690cm^{-1} 处吸收峰，在同步谱(1690cm^{-1}，60/120min)处为负交叉峰，在异步谱中(1690cm^{-1}，60min)处交叉峰为正，(1690cm^{-1}，120min)处交叉峰为负，根 Morita 规则可推断：1690cm^{-1} 处吸收峰在氧化过程 60min 开始呈 S 型剧烈减小，随时间变化减小的趋势减弱。对于 1715cm 处吸收峰，在同步谱(1715cm^{-1}，60/120min)为正交叉峰，在异步谱(1715cm^{-1}，60min)处交叉峰为负，(1715cm^{-1}，120min)处交叉峰为正，根 Morita 规则可推断：1715cm^{-1} 处吸收峰在氧化过程 60～120min 期间呈凹形增加。从图上还可以看出，1660cm^{-1}、1690cm^{-1} 和 1715cm^{-1} 处三个峰变化的时间范围都为 60～120min。通过 PCMW2D 相关分析可以确定枞酸在氧化过程中各基团变化的时间节点和范围，并对各吸收峰随外扰变化的形式进行判定。

2.8　Double 二维相关分析

正如前面所述，二维相关谱技术可以提高光谱的分辨率，特别是异步谱，当两个峰随外扰变化速率不一致时，在异步谱相应的位置就会出现交叉峰，依据这个特性可以实现对重叠峰的有效解析。相对于异步相关谱，同步相关谱的分辨率较弱，只有当两个峰强度随外扰变化明显不同时(两个峰强度变化方向相反)，在同步谱形成负的交叉峰，才能确认有重叠峰的存在。然而很多时候，两个峰随外扰变化的方向相同，且两个峰位置很近，此时，同步谱正的交叉峰会与自相关峰连在一起，无法对重叠峰进行解析。图 2-13 为模拟的二组分光谱，峰位置分别在 1538cm^{-1} 和 1555cm^{-1} 处。图 2-14 是其对应的同步和异步谱，可以发现同步谱中仅存在一个宽的自相关峰，无法确认是否存在重叠峰；而异步谱存在一交叉峰，表明两个峰对外扰具有不同的响应。

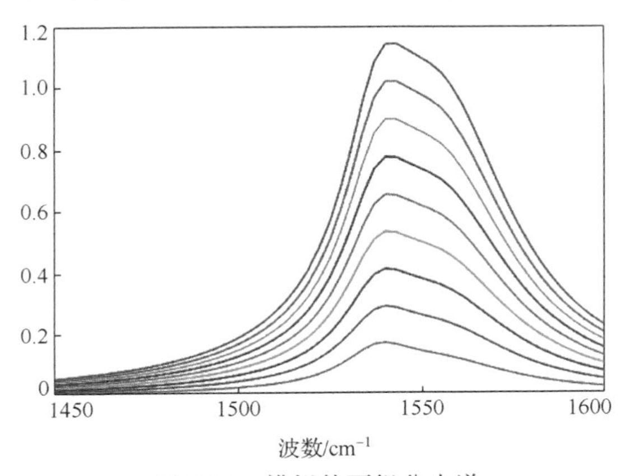

图 2-13　模拟的两组分光谱

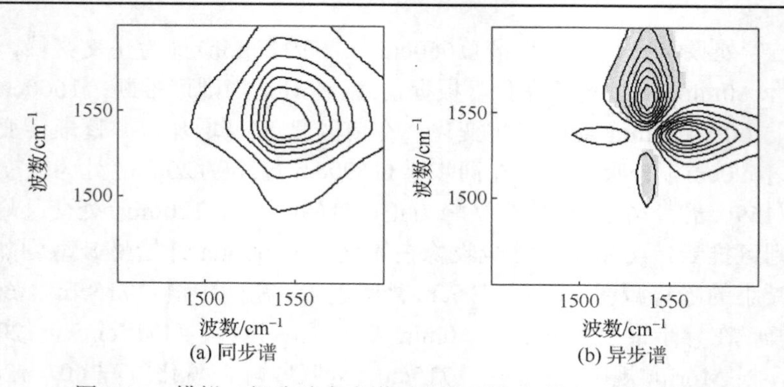

图 2-14　模拟二组分动态光谱对应的同步和异步二维相关谱

2.8.1　Double 二维相关的计算

为了解决上述同步谱分辨率低的问题，Noda 在 2010 年提出了 Double 二维相关谱技术，顾名思义，就是对相关谱再一次进行相关计算，以提高同步谱的光谱分辨率[54]。

在式(2-9)和式(2-10)计算得到同步谱 $\boldsymbol{\Phi}$ 和异步谱 $\boldsymbol{\Psi}$ 的基础上，再对其进行同步二维相关谱计算，得到 Double 二维相关谱：

$$\boldsymbol{\Phi}^{\top}\boldsymbol{\Phi} = A^{\top}AA^{\top}A \tag{2-44}$$

$$\boldsymbol{\Psi}^{\top}\boldsymbol{\Psi} = A^{\top}N^{\top}AA^{\top}NA \tag{2-45}$$

对动态光谱矩阵进行奇异值分解：

$$A = USV^{\top} + E \tag{2-46}$$

E 是残差矩阵，一般很小，可忽略，因此常规的二维相关谱计算式可表示为：

$$\boldsymbol{\Phi} = VS^{2}V^{\top} \tag{2-47}$$

$$\boldsymbol{\Psi} = VS(U^{\top}NU)SV^{\top} \tag{2-48}$$

Double 二维相关计算式可表示为

$$\boldsymbol{\Phi}^{\top}\boldsymbol{\Phi} = VS^{4}V^{\top} \tag{2-49}$$

$$\boldsymbol{\Psi}^{\top}\boldsymbol{\Psi} = VSU^{\top}N^{\top}US^{2}U^{\top}NUSV^{\top} \tag{2-50}$$

式(2-49)与广义的同步二维相关谱(2-47)相比，相当于用 S^4 代替了 S^2，S 幂指数增大意味着衰减了光谱的精细结构，表征的是强的特征信息，因此对 $\boldsymbol{\Phi}$ 进行 Double 相关不能提供有用的结果，而对 $\boldsymbol{\Psi}$ 进行 Double 相关可以得到一些有用的结果。为了说明 Double 相关谱相对于常规相关谱的优势，对模拟二组分动态光谱进行 Double 相关计算，即对图 2-14(b)异步谱进行同步和异步相关计算，图 2-15 为其对应的同步和异步谱。可以观察到，同步 Double$\varPsi$ 图谱上，出现了两个自相关峰，实现了两个重叠峰的有效分辨；而异步 Double$\varPsi$ 图与广义的异步二维相关图差别不大，也能提供两个峰的信息。

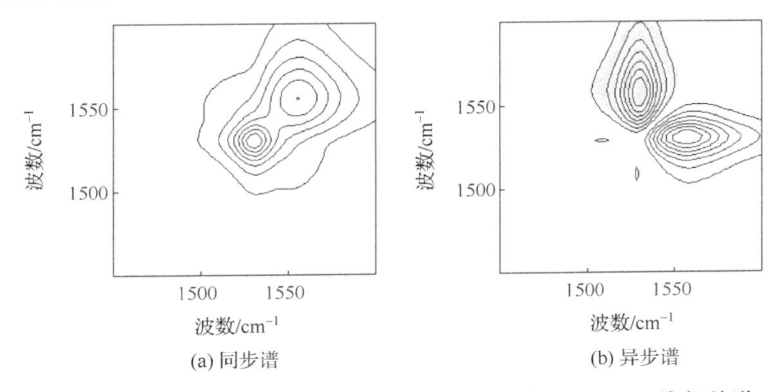

图 2-15　模拟二组分动态光谱对应的同步和异步 Double 二维相关谱

由于 Double$\varPhi$ 衰减了分析体系中精细的、弱的特征光谱信息，为了克服这一问题，对式(2-49)和式(2-50)进行如下处理：

$$\varPhi^{\top}(A^{\top}A)^{-1}\varPhi = A^{\top}A = \varPhi \tag{2-51}$$

$$\varPsi^{\top}(A^{\top}N^{\top}NA)^{-1}\varPsi = A^{\top}N^{\top}A(A^{\top}N^{\top}NA)^{-1}A^{\top}NA = \varPhi_Q \tag{2-52}$$

处理之后的同步 Double 相关谱与原始同步谱一样，而对异步谱 $\varPsi$ 相关后的 $\varPhi_Q$，称为相差相关谱，引入相差投影矩阵 R_Q（对称矩阵，并具有等幂性）：

$$R_Q = NA(A^{\top}N^{\top}NA)^{-1}A^{\top}N^{\top} \tag{2-53}$$

式(2-52)可写为：

$$\varPhi_Q = A^{\top}R_QA \tag{2-54}$$

定义：

$$A_Q = R_QA \tag{2-55}$$

其中，A_Q 是将原始光谱矩阵 A 投影到矩阵 UN 乘积所张相差空间得到的投影数据，此时，A_Q 中有选择性地保留了原始数据中随外扰变化差异性的信息。

通过使用相差投影数据 A_Q，可以定义同步和异步相差二维相关谱：

$$\varPhi_Q = A_Q^{\top}A_Q \tag{2-56}$$

$$\varPsi_Q = A_Q^{\top}NA_Q \tag{2-57}$$

同样的，对于不同波数区间或不同类型的光谱矩阵 A 和 B，引入相差投影矩阵：

$$R_A = A(A^\top A)^{-1} A^\top \tag{2-58}$$

$$R_B = B(B^\top B)^{-1} B^\top \tag{2-59}$$

原始光谱矩阵 A 和 B 经相差投影后得到：

$$A_B = R_B A \tag{2-60}$$

$$B_A = R_A B \tag{2-61}$$

式(2-60)表示将原始光谱矩阵 A 投影到 B 所张抽象空间中得到 A_B；式(2-61)表示将原始光谱矩阵 B 投影到 A 所张抽象空间中得到 B_A，如 A 为红外光谱矩阵，B 为拉曼光谱矩阵，A_B 表征了原始红外光谱矩阵 A 中与拉曼光谱 B 相关的信息，而 B_A 表征了原始拉曼光谱矩阵 B 中与红外光谱 A 相关的信息。

Double 二维异谱相关谱可表示为：

$$(\Phi_A)_B = A_B^\top A_B \tag{2-62}$$

$$(\Psi_A)_B = A_B^\top N A_B \tag{2-63}$$

$$(\Phi_B)_A = B_A^\top B_A \tag{2-64}$$

$$(\Psi_B)_A = B_A^\top N B_A \tag{2-65}$$

2.8.2　Double 二维相关分析的应用

Noda 对苯乙烯和丁二烯的乳液聚合生产丁苯橡胶(SBR)胶乳随时间变化的同步 Double 二维拉曼相关谱进行了研究[54]，研究结果表明：在原始光谱的同步相关谱中，相互重叠的苯乙烯和丁二烯吸收峰在同步 Double 二维相关谱得到分辨，并指出：相对于原始光谱的同步相关谱，Double 二维相关光谱技术提高了光谱分辨率，可实现复杂体系中重叠峰特征信息的提取[54,55]。同时指出：异步 Double 二维相关谱与原始谱的异步相关谱是一样的，这是由于原始光谱的异步谱和投影后的动态光谱表征的都是原始光谱中随外扰变化差异的信息。

为了进一步说明 Double 相关谱的优势，Noda 对聚苯乙烯(PS)、甲基乙基酮(MEK)和氘代甲苯(D-toluene)混合溶液蒸发过程进行研究。采用式(2-59)，对 CD 伸缩振动的 2000～2350cm^{-1} 区间生成投影矩阵 R_B，接着对 1275～1525cm^{-1} 光谱数据进行投影得到投影后光谱矩阵 A_B，该矩阵中仅包含与 D-toluene 相关的光谱信息。采用式(2-62)和式(2-63)进行相关计算，得到 Double 二维异谱相关谱。同步谱中清晰地给出了与 D-toluene 相关的 PS 交叉峰信息，原始同步谱中强干扰的 MEK 信息完全被消除。

2.9　投影二维相关分析

虽然二维相关光谱具有较强的特征信息提取能力，但对于不同组分的重叠峰有时也显得无能为力。为了提取复杂体系中被覆盖的某一组分特征信息，实现其图谱解析[56-61]，Noda 发展了投影二维相关谱技术(projection 2D correlation analysis)。

2.9.1　投影二维相关的计算

对任一矩阵 $Y(m\times k)$，需要说明的是，该矩阵与随外扰变化的动态光谱矩阵 $A(m\times n)$ 不同。在此基础上定义投影矩阵 R_Y：

$$R_Y = Y(Y^{\top}Y)^{-1}Y^{\top} \tag{2-66}$$

式中要求矩阵 $Y^{\top}Y$ 的乘积为非奇异矩阵。

原始动态光谱矩阵在投影矩阵 R_Y 的作用下，可得到新的矩阵 A_P：

$$A_P = R_Y A \tag{2-67}$$

相当于将原来的动态光谱矩阵投影到 Y 矩阵各列所张的抽象空间中，即新得到的投影矩阵 A_P 中仅包含了与 Y 矩阵各列同步相关的信息。一般来说，Y 矩阵的 k 列从动态光谱矩阵中波数列变量中选择。

对应的零空间投影矩阵 A_N 可表示为：

$$A_N = (1-R_Y)A = A - A_P \tag{2-68}$$

零空间投影矩阵是将原始动态光谱矩阵投影到垂直于 Y 矩阵各列所张的抽象空间，即投影操作将原始动态光谱矩阵分为两个正交部分：

$$A = A_P + A_N \tag{2-69}$$

根据提取特征信息需要，可以对两个正交矩阵 A_P 和 A_N 乘以权重 α，即一般的表达式可表示为：

$$A_\alpha = \alpha A_P + A_N = (\mathrm{I} - R_Y + \alpha R_Y)A \tag{2-70}$$

其中，I 为单位矩阵，权重 α 可以是大于 0 的任何常数。当 α=1 时，此时 $A_\alpha = A$；当 α=0 时，$A_\alpha = A_N$，即为零空间投影矩阵；当 0<α<1 时，A_α 表征的是投影矩阵 A_P 衰减后的新矩阵；α>1，A_α 表征的是投影矩阵 A_P 放大后的新矩阵。为了更容易理解，可以将 $(\mathrm{I} - R_Y + \alpha R_Y)$ 矩阵称为倾斜投影矩阵，即将原始光谱矩阵投影到任意的矢量所张的倾斜空间(不必与 Y 矩阵所张的空间平行或垂直)。

在实际应用时，Y 矩阵一般是动态光谱矩阵 A 中某一列，此时 Y 矩阵就成为一个矢量 y，因此下面重点介绍矢量空间投影方法。

对于给定矢量 y，矢量投影矩阵 R_y 可以定义为：

$$R_Y = y(y^\top y)^{-1} y^\top = u_y u_y^\top \tag{2-71}$$

式中，u_y 为 y 的得分矩阵，对原始动态光谱矩阵投影后的新矩阵 A_P 为：

$$A_P = R_y A \tag{2-72}$$

A_P 表征的是将 A 投影到单一矢量 y 所张空间的矩阵，该矩阵仅包含了与单一矢量 y(某一波数下吸光度)同步相关的信息。

定义 v_A 为 A_P 的载荷矩阵：

$$v_A = Au_y \tag{2-73}$$

投影矩阵 A_P 可表达为：

$$A_P = u_y v_A^\top \tag{2-74}$$

若仅考虑正的载荷 V_{+A}，即 V_A 中的所有负元素都被 0 替换，此时：

$$A_{+P} = u_y v_{+A}^\top \tag{2-75}$$

A_{+P} 矩阵仅包含原始光谱矩阵中与 y 矢量同方向变化的信息。相应的零空间正投影矩阵可表示为：

$$A_{+N} = A - A_{+P} \tag{2-76}$$

对原始动态光谱矩阵 A 投影后的新光谱矩阵 A_P 进行二维相关计算，得到其对应的投影同步和异步二维相关谱：

$$\Phi_P = A_P^\top A_P, \qquad \Phi_{+P} = A_{+P}^\top A_{+P}$$

$$\Psi_P = A_P^\top N A_P, \qquad \Psi_{+P} = A_{+P}^\top N A_{+P}$$

需要说明的是：由于投影后的新光谱矩阵 A_P 和 A_{+P} 表征的是与某一特征吸收峰同步相关的信息，所以其对应的异步相关谱 Ψ_P 和 Ψ_{+P} 在实际使用中不能提供任何有用的信息。

对原始动态光谱矩阵 A 零空间投影后的新光谱矩阵 A_N 进行二维相关计算，得到其对应的零空间投影同步和异步二维相关谱：

$$\Phi_N = A_N^\top A_N, \qquad \Phi_{+N} = A_{+N}^\top A_{+N}$$

$$\Psi_N = A_N^\top N A_N, \qquad \Psi_{+N} = A_{+N}^\top N A_{+N}$$

2.9.2　投影二维相关的特点

将原始光谱数据投影到某一矢量所张空间，其对应的同步二维相关谱可以提供单组分的特征信息，对光谱解析是非常有用的，异步谱不提供任何信息。零空间投影弥补这个不足，可以提供一些非常有用的信息。

由于零空间投影并未改变相关峰的正负号，投影后的二维相关谱仍旧可以采用 Noda 规则对官能团吸收峰强度变化的方向和快慢进行判断。因此，零空间投影二维相关谱不仅可有效降低高浓度组分对弱组分的影响，而且也简化了感兴趣组分特征光谱的解析。需要说明的是，正投影与零空间正投影将原始光谱矩阵投影到两个相互正交独立的空间，二者相互补充。

2.9.3　投影二维相关分析的应用

Noda 在采集混合溶液(聚苯乙烯 PS 质量浓度为 1%，甲基乙基酮 MEK 和氘代甲苯 D-toluene 质量浓度比为 1:1)蒸发过程在 1250～1650cm^{-1} 区间随时间变化动态光谱的基础上，对其进行投影二维相关谱分析。首先，将原始动态光谱减去平均谱以后的动态光谱矩阵 A 投影到 PS 特征峰 1495cm^{-1} 所张空间，得到新动态光谱矩阵 A_{P1495}。理论上，此时谱图上仅表征与 PS 相关的特征信息。但事实上，仍旧可观察到 MEK 和 D-toluene 的特征信息，这是由于保留的 MEK 和 D-toluene 的信息尽管与 PS 的特征信息反相关，但三者非常相似。为了进一步消除反相关对特征信息提取的影响，将动态光谱 A 正投影到 PS 特征峰 1495cm^{-1} 所张空间，得到新动态光谱矩阵 A_{+P1495}，此时，A_{+P} 中仅包含于 PS 峰强度同方向变化的特征信息。

对投影后的光谱矩阵 A_{P1495} 和 A_{+P1495} 分别进行同步相关计算。研究结果表明：与原始图谱的二维相关谱相比，投影后的二维相关谱更能强调 PS 的特征信息，但仍旧可以观察到溶剂 MEK 和 D-toluene 的光谱信息；而正投影后的二维相关谱简化了很多，仅表征了 PS 的特征波带，没有体现任何 MEK 和 D-toluene 的特征信息。

Noda 进一步将动态光谱 A 分别正投影到 MEK 特征峰 1360cm^{-1} 和 D-toluene 特征峰 1390cm^{-1} 所张空间中，得到新的动态光谱 A_{+P1360} 和 A_{+P1390}，其基本表征了纯 MEK 和 D-toluene 组分的特征吸收。对投影后的光谱矩阵 A_{+P1360} 和 A_{+P1390} 分别进行同步相关计算，其分别表征是 MEK 和 D-toluene 的特征信息，并未出现 PS 的光谱信息。

为了说明零空间投影矩阵的应用，将动态光谱矩阵 A 零空间正投影到 MEK 特征峰 1360cm^{-1} 所张空间，得到的新动态光谱矩阵 A_{N1360}，其表征的主要是 PS 和 D-toluene 的特征信息，不包含 MEK 特征信息。对新动态光谱矩阵 A_{N1360} 进行同步和异步二维相关计算，研究结果表明：在零空间投影相关谱中，D-toluene 的特征信息不再被强的 MEK 信息所干扰，在原始二维相关谱中未出现的特征信息，也得以提取。

在实际研究中，可以根据需要，采用式(2-70)倾斜投影的方法，引入权重因子，以增强或减弱某一组分特征光谱信息对研究体系的影响，且该方法并未改变相关峰正负，可判断吸收峰变化的先后顺序，具有更广的适用性。当α=0.5 时，即投影在 MEK 特征峰 1360cm^{-1} 所张空间的光谱强度衰减为原来的二分之一。与原始二维相关谱相比，由于减小了 MEK 的干扰，投影后的二维相关图谱更简便、直观，MEK 与 D-toluene 重叠峰也被分开。当α=2 时，即投影在 D-toluene 特征峰 1390cm^{-1} 所张空间的光谱强度增强为原来的二倍，可以发现原始相关谱几乎观察不到的 D-toluene 特征峰，引入权重之后得到很好的提取。

同时，零空间投影二维相关光谱技术还可有效减小基线漂移对相关谱的影响。Shinzawa 等[62]研究了不同压力下成型纤维素片在 6000～7200cm^{-1} 间的近红外漫反射光谱特性。指出随着压力的增大，光谱曲线逐渐向上移动，即基线变化对光谱强度的影响大于纤维素结构变化的影响，因此无法分辨其主要光谱特征的变化。

Shinzawa 等对原始动态谱进行相关计算，得到同步和异步二维相关谱。同步谱在整个光谱范围内都被一个宽的峰所覆盖，可以看出基线漂移引起相关强度的变化。由于没有明显的局部极大值，使得峰中心识别困难，限制了二维相关谱的分辨率。从异步谱可以看出，基线漂移(包含强的非协同因素)对其影响更为严重，与非晶区、半晶区和晶区相关的特征信息都被基线偏移引起的强变化相关信息所覆盖，产生一些虚假的相关峰。

为了消除基线漂移对二维相关谱的影响，Shinzawa 等对原始光谱分别进行了基线补偿和多元散射校正(multivariate scattering correction，MSC)处理。对基线补偿后的光谱进行相关计算，其同步谱中仍是一个宽的相关峰，异步谱中出现了很多小的虚假相关峰，这些相关峰都是由于基线波动引起的。对多元散射校正后光谱进行相关技术，其同步和异步谱低波数区域光谱强度变化很大，产生很多虚假相关峰。

对基线补偿后光谱矩阵零空间投影到 6000cm^{-1} 所张空间，得到新动态光谱矩阵，并对其进行同步和异步相关计算。同步谱的光谱分辨率得到明显的提高，很容易就能确定相关峰的中心在 6730cm^{-1} 处；异步谱中基线偏移基本被消除，原来被基线覆盖的特征信息也显现出来，(6730，6300) cm^{-1} 处出现正的交叉峰，表明随着压力的变化，纤维素无序半晶态结构出现在晶态之前，(6900，6730) cm^{-1} 处出现负的交叉峰，表明纤维素半晶态结构出现在非晶态之前。显然，零空间投影处理之后能有效降低基线对相关谱的影响，提高了光谱分辨率，有利于提取微弱变化的特征光谱信息。

通过上述结果可以看出，基线补偿和 MSC 都无法有效消除基线偏移对二维相关谱的影响。而采用零空间投影算法选择性地移除与基线同步相关的信息后进行相关，可有效消除基线对二维相关谱的影响。

2.10　2D-CDS

正如 2.1 节所述，广义二维相关谱的优势之一就是通过同步谱和异步谱交叉峰正负，并基于 Noda 规则来判定光谱强度变化的次序，可有效地对特定外扰下复杂物理、化学反应动力学过程中的现象进行解释。

虽然广义二维相关谱能提供光谱强度变化的次序，但无法提供研究体系在动力学过程中各组分变化的次序。为了解决这个问题，2014 年 Noda 在二维相关光谱(2D-COS)的基础上发展了二维组合谱(two-dimensional codistribution spectroscopy，2D-CDS)技术，可直接提供待分析体系动力学过程中各组分的分布及浓度变化次序[63,64]。该技术可以作为补充工具，以弥补传统二维相关光谱在判别体系中组分变化的不足。

2.10.1　2D-CDS 的计算

对采集的 m 个随外扰时间(可以是温度、浓度、压力等)变化的光谱 $A(v_j,t_k)$(采集的时间范围：$t_1 \leqslant t_k \leqslant t_m$)，其平均谱为 $\bar{A}(v_j)$，定义随外扰变化参数：

$$\bar{k}(v_j)=\frac{1}{m\bar{A}(v_j)}\sum_{k=1}^{m}k\cdot A(v_j,t_k)=\frac{1}{m\bar{A}(v_j)}\sum_{k=1}^{m}k\cdot\tilde{A}(v_j,t_k)+\frac{m+1}{2} \tag{2-77}$$

其中，$\tilde{A}(v_j,t_k)$ 为动态光谱矩阵定义同式(2-7)，$\bar{A}(v_j)$ 为平均谱定义同式(2-8)。此时，在波数 v_j 处相应的光谱强度随外扰变量的变化可表示为：

$$\bar{t}(v_j)=(t_m-t_1)\frac{\bar{k}(v_j)-1}{m-1}+t_1 \tag{2-78}$$

将 $\bar{t}(v_j)$ 定义为光谱强度分布特征指数，其描述的是在波数 v_j 处，光谱强度在整个时间内的分布密度，考虑到两个不同波数 v_1 与 v_2 处的光谱特征指数，其同步和异步 2D-CDS 可表示为：

$$\Gamma(v_1,v_2)=\sqrt{1-\left(\frac{\bar{t}(v_2)-\bar{t}(v_1)}{t_m-t_1}\right)^2}\,T(v_1,v_2) \tag{2-79}$$

$$\Delta(v_1,v_2)=\frac{\bar{t}(v_2)-\bar{t}(v_1)}{t_m-t_1}T(v_1,v_2) \tag{2-80}$$

$$T(v_1,v_2)=\sqrt{\Phi(v_1,v_1)\cdot\Phi(v_2,v_2)} \tag{2-81}$$

根据式(2-77)、式(2-78)、式(2-80)，异步分布谱可比表示为：

$$\Delta(v_1,v_2)=\frac{T(v_1,v_2)}{m(m-1)}\sum_{k=1}^{m}k\left\{\frac{A(v_2,t_k)}{\overline{A}(v_2)}-\frac{A(v_1,t_k)}{\overline{A}(v_1)}\right\}=\frac{T(v_1,v_2)}{m(m-1)}\sum_{k=1}^{m}k\left\{\frac{\tilde{A}(v_2,t_k)}{\overline{A}(v_2)}-\frac{\tilde{A}(v_1,t_k)}{\overline{A}(v_1)}\right\} \tag{2-82}$$

从式(2-82)可以看出，当 $\overline{A}(v_1)=0$ 或 $\overline{A}(v_2)=0$ 时，表示在任一波数光谱强度都不发生变化，认为 $\Delta(v_1,v_2)=0$ ，此时同步谱可表示为：

$$\Gamma(v_1,v_2)=\sqrt{T(v_1,v_1)^2-\Delta(v_2,v_2)^2} \tag{2-83}$$

2.10.2 2D-CDS 的特点

异步 2D-CDS 表征的是研究体系化学反应过程中各组分分布及速率变化快慢的信息。$\Delta(v_1,v_2)>0$ ，表征 v_1 处峰所对应的组分在体系中的分布占主要部分；$\Delta(v_1,v_2)<0$ ，表征 v_2 处峰所对应的组分在体系中的分布占主要部分；$\Delta(v_1,v_2)=0$ ，表征两个波数处峰所对应组分在整个反应中分布比重相同。需要说明的是，同步 2D-CDS 都是正的交叉峰，限定了其获取信息的能力，因此，在这不做论述。

2.10.3 2D-CDS 的应用

Noda 采用 2D-CDS 技术对溶液的蒸发过程进行了相关分析[63]。聚苯乙烯(PS)溶解在质量浓度均为 45%的甲基乙基酮(MEK)和氘代甲苯(D-toluene)混合溶液中，聚苯乙烯的质量浓度为 10%。Noda 基于中红外光谱对混合溶液的蒸发过程(0～12min)进行监控(每一分钟采集一次光谱)，并对其进行 2D-CDS 相关计算。指出在整个蒸发过程中，与溶剂 MEK 组分相比，D-toluene 占主要部分，即 MEK 蒸发的速度快于 D-toluene 蒸发的速度；PS 组分在溶液蒸发的最后阶段占主要部分。综上，可以推断 PS 混合溶液蒸发过程中组分发生的顺序为 MEK—D-toluene—PS。

2D-COS 分析是检测光谱强度变化非同步变化的敏感工具。但对于研究体系中组分变化存在中间体的动态过程，2D-COS 分析不能对其进行有效解析。而 2D-CDS 分析方法在确定化学反应过程中初始反应物、中间体和最终产物对特征光谱贡献时具有一定的优势[65]。图 2-16(a)和(b)分别是水中α-和 β-D-葡萄糖随时间转化的异步 2D-CDS 光谱。对于α-D-葡聚糖转化的 2D-CDS 谱(图 2-16(a))，在 1145cm^{-1} 附近出现一系列正交峰，这些峰主要来自α-D-葡萄糖转变的早期阶段。在 1080 处出现负的交叉峰，这些峰主要来自α-D-葡萄糖转变的最后阶段，很可能与 β-D-葡萄糖的最终产物相关联。在 1080cm^{-1} 之前和 1145cm^{-1} 之后，出现了正负交叉峰共存区域，表明在这些光谱区域的 IR 强度主要来自 α-D-葡萄糖转变过程中的中间产物。

图 2-16(b)为水中 β-D-葡萄糖随时间转变的 2D-CDS 谱，从交叉峰位置来看，与图 2-16(a)相似，但交叉峰的符号正好相反。在 1080cm^{-1} 处出现正交叉峰，在

1145cm^{-1}附近处出现负交叉峰，表明 1080cm^{-1}处的谱带主要由溶液早期存在的反应物 β-D-葡萄糖引起，而 1145cm^{-1}处的谱带主要由末端出现的最终产物α-D-葡萄糖引起。其他谱带区域来自中间物种引起，这些物种出现在 β-D-葡萄糖消失之后但在α-D-葡萄糖出现之前。

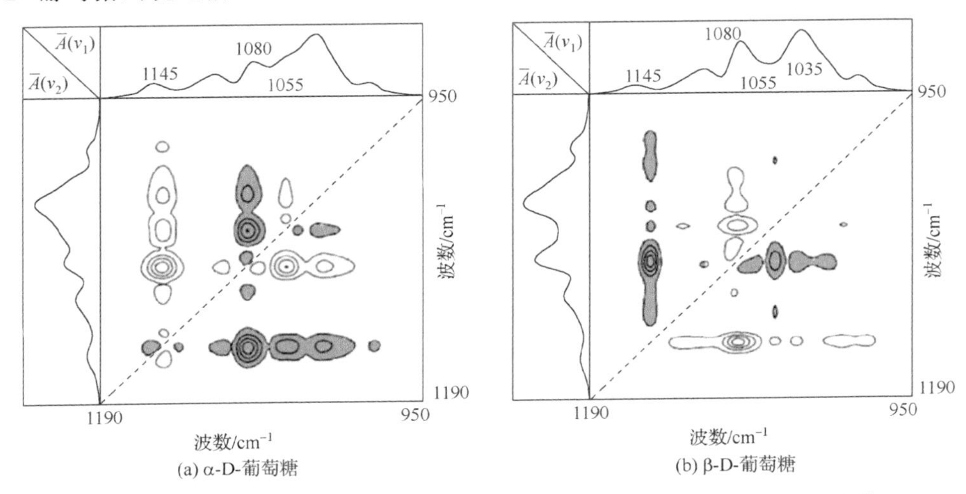

图 2-16　水中α-D-葡萄糖、β-D-葡萄糖随时间转变的异步 2D-CDS 相关谱

重要的是，通过 2D-CDS 分析两种溶液(α-D-葡萄糖或 β-D-葡萄糖)所确定的中间产物谱带的位置基本相同，表明 D-葡萄糖异构体之间转化的中间产物是相同的。这种中间产物的光谱特征与封闭环α-D-葡萄糖和 β-D-葡萄糖的光谱特征高度重叠，这是常规二维相关谱分析无法实现的检测，而 2D-CDS 分析可独一无二地提供这种中间体的光谱信息。

对于随特定外扰变化下，单调变化(增大或减小)的光谱信号，或在整个化学反应动力学过程中只有一次增加或减小的光谱信号，如：化学和生物反应过程随时间变化的研究、自发物理过程的研究(吸附、蒸发、扩散等)，以及在温度、浓度和压力等外扰下的静态和动态临界状态的表征等，2D-CDS 技术都可以有效地对其进行组分分布状态和变化速率的分析。

另一方面，对于多模态分布的光谱信号，如：周期振荡或高度复杂扰动引起的系统响应波形，2D-CDS 就显示出其自身的局限性。因此，对于多模态分布的光谱信号，可根据需要沿外扰方向，将光谱数据进行区间划分，然后对各个区间进行 2D-CDS 分析。

2.11　修订二维相关分析

正如前面所述，结合同步和异步二维相关光谱，可以简单地推断出研究体系中吸光度变化的顺序。但在实际的操作中，特别是对于存在大量交叉峰的研究体系，该方法分析起来就显得效率低下，而且容易出错。

为了解决上述问题，提高分析效率，人们提出了各种改进方法，如全相角图谱、修订异步二维相关光谱，融合二维相关光谱和2.10节提到的2D-CDS技术等方法[66]。

全相角图谱方法是通过异步谱与同步谱之间的比值进行定义的：

$$\mathrm{tg}\,\theta(\nu_1,\nu_2)=\Phi(\nu_1,\nu_2)\Big/\Psi(\nu_1,\nu_2) \tag{2-84}$$

全相角 $\theta(\nu_1,\nu_2)$ 取值范围为（$-\pi/2,\pi/2$）。从原理上来说，全相角可以作为一个独立的指标来决定研究体系动力学过程中光谱强度变化的顺序。如果 $\theta(\nu_1,\nu_2)>0$，表明 ν_1 处峰强度要早于 ν_2 处峰强度发生变化；如果 $\theta(\nu_1,\nu_2)<0$，表明 ν_1 处峰强度要晚于 ν_2 处峰强度发生变化。但由于该方法在计算全相角过程中，消除了原始谱中强度变化的特征信息，因此全相角图谱无法提供原始谱中的特征峰信息。同时，该方法在计算过程中对噪声也进行了放大，因此，该方法在实际应用中很少被采用。

2.11.1 修订二维相关的计算

在2014年，Czarnecki等提出了一种较好的方法，来推断研究体系动力学过程中各峰强度变化的顺序[67-69]，该方法被称为“修订异步二维相关谱法(sign-adjusted asynchronous spectrum)”。该方法有效地将同步谱的信息植入到异步二维相关谱中，仅根据单一的修订异步二维相关谱就可推断出动力学过程中强度发生的顺序。其原理很简单，当同步谱 $\Phi(\nu_1,\nu_2)<0$ 时，修订异谱二维相关谱 $\Psi_{\text{revised}}(\nu_1,\nu_2)$ 交叉峰正负号发生改变(即 $\Psi(\nu_1,\nu_2)>0$，则 $\Psi_{\text{revised}}(\nu_1,\nu_2)<0$，反之成立)。修订异步二维相关谱 $\Psi_{\text{revised}}(\nu_1,\nu_2)$ 可用式(2-85)表示：

$$\Psi_{\text{revised}}(\nu_1,\nu_2)=\Phi(\nu_1,\nu_2)\cdot\Psi(\nu_1,\nu_2)/\left|\Phi(\nu_1,\nu_2)\right| \tag{2-85}$$

由于式(2-85)分母采用的是同步谱的绝对值，因此，在原始同步谱正负交叉峰过渡平缓的区域，在修订异步二维相关谱中，这些区域信号强度将发生突变，这将导致在交叉峰边侧将出现形状“花瓣”一样的区域。对这些区域进行分析的时候一定要谨慎，否则会出现错误的结果。

Noda在上述研究的基础上，结合2D-CDS技术，提出了新的推断研究体系峰强度变化顺序的方法——融合二维相关谱的方法(Merged 2D correlation spectrum)。该方法采用 $T(\nu_1,\nu_2)$ 代替式(2-85)中的 $\left|\Phi(\nu_1,\nu_2)\right|$，其数学表达式如下：

$$M(\nu_1,\nu_2)=\Phi(\nu_1,\nu_2)\cdot\Psi(\nu_1,\nu_2)/T(\nu_1,\nu_2) \tag{2-86}$$

融合二维相关谱方法可有效克服修订二维相关谱信息强度突变的影响，而且对分析结果的解释更简单直接。如果 $M(\nu_1,\nu_2)>0$，ν_1 处光谱强度变化先于 ν_2 光谱强度变化。

2.11.2　修订二维相关的特点

为了更直观说明上述三种方法的优缺点，对于模拟的四组分动态光谱[66]，通过式(2-84)计算得到的全相位角图谱，发现整个光谱范围被划分为几个方形区域，无法提供原始谱图吸收峰的相关信息。通过式(2-85)计算得到的修订异步二维相关谱，在峰与峰之间变化缓慢的波谷处，出现相关强度异常的区域。通过式(2-86)计算得到的融合二维相关谱，与修订异步二维相关谱相比，异常相关强度区域消失，能提供较好的分析结果。对于存在多个交叉峰的复杂体系，该方法可快速实现各基团随外扰变化次序的判别，提高了分析效率。

2.12　2T2D 相关分析

2.12.1　2T2D 相关的计算

常用的二维相关光谱采用的是广义二维相关算法，即在外部扰动影响下，对多个样品的光谱进行相关计算得到。广义二维相关需要至少三个谱来计算得到有意义的相关谱。2T2D(two-trace two-dimensional)相关光谱技术是对两个光谱进行相关计算[70]。对于采集的两个光谱，一个为待分析的样品光谱 $s(v)$ ，一个为参考光谱 $r(v)$ ，对其进行同步和异步二维相关计算，同步 $\Phi(v_1,v_2)$ 和异步谱 $\Psi(v_1,v_2)$ 可分别表示为：

$$\Phi(v_1,v_2)=\frac{1}{2}[s(v_1)\cdot s(v_2)+r(v_1)\cdot r(v_2)] \tag{2-87}$$

$$\Psi(v_1,v_2)=\frac{1}{2}[s(v_1)\cdot r(v_2)-r(v_1)\cdot s(v_2)] \tag{2-88}$$

与广义二维相关分析不同，在相关计算过程中直接采用原始的样品光谱 $s(v)$ 和参考光谱 $r(v)$ 进行计算，而不是减去平均光谱。如果减去平均值，异步 2T2D 相关谱就会变成零，不能提供任何有用的信息。

2T2D 相关光谱对应的相关系数 $\rho(v_1,v_2)$ 和非相关系数 $\xi(v_1,v_2)$ 可表示为：

$$\rho(v_1,v_2)=\Phi(v_1,v_2)/\sqrt{\Phi(v_1,v_1)\cdot\Phi(v_2,v_2)} \tag{2-89}$$

$$\xi(v_1,v_2)=\Psi(v_1,v_2)/\sqrt{\Phi(v_1,v_1)\cdot\Phi(v_2,v_2)} \tag{2-90}$$

很显然，$\rho(v_1,v_2)^2+\xi(v_1,v_2)^2=1$，表明相关系数 $\rho(v_1,v_2)$ 和非相关系数 $\xi(v_1,v_2)$ 可以提供互补的特征信息。

2.12.2　2T2D 相关的特点

同步 2T2D 相关谱的性质与广义同步二维相关谱性质相似，其表征的是随外扰变化相似性信息。由于在 2T2D 相关谱计算过程并未采用平均谱为参考谱，所以同步交叉峰总是正的，除非原始谱中包含负峰，如振动圆二色谱(vibrational circular dichroism，VCD)或拉曼光学活性(Raman optical activity，ROA)谱，因此，无法根据同步谱交叉峰对峰的来源进行确认。

异步 2T2D 相关谱，表征的是随外扰变化差异性信息。异步交叉峰可正可负，与同步交叉峰相比，异步交叉峰正负或有无可提供有用的信息。若异步 2T2D 谱在两个光谱变量处出现交叉峰，表明两个峰来自不同的组分，这些峰能够独立地对样品光谱和参考光谱的强度做出贡献；若异步 2T2D 谱在两个光谱变量处未出现交叉峰，表明两个峰来源来自同一组分。同时，异步交叉峰的正负还可以提供更有用的信息，若交叉峰为正，说明相对于参考光谱，ν_1 峰所对应的组分对样品光谱强度的贡献要大于 ν_2 峰所对应的组分，反之亦然。对峰来源及贡献的区分是 2T2D 相关分析的优势，是传统差谱法无法比拟的。

2.12.3　2T2D 相关分析的应用

图 2-17(a)为甲基乙基酮(MEK)、氘化甲苯(d-甲苯)和聚苯乙烯(PS)组成不同浓度混合溶液的衰减全反射(attenuated total refraction，ATR)红外光谱，其中 1365cm^{-1} 处的峰来自 MEK，在 1450cm^{-1} 和 1490cm^{-1} 处的峰来自 PS，1390cm^{-1} 处的峰来自 d-甲苯。样品光谱和参考光谱各峰的强度不同，表明样品光谱与参考谱之间存在着不同的组成浓度分布。

图 2-17(b)给出了两个谱的差分谱和两个加权差分谱。对于差分谱，出现正负强度，表明某些组分在样品光谱中比参考光谱所表征的信息中贡献更大，反之亦然。但从差谱中很难确定混合物中各组分对光谱强度的贡献。对于两个加权差谱，每个谱缺失至少一个组分。从图 2-17(b)可以看到，通过将参考光谱乘以 0.64 而得到的差谱大大减少了 PS 的贡献。同样，通过将样品光谱乘以 0.56 而得到的差谱也减少了 MEK 的贡献。通过加权差谱得到的这个三元体系光谱仍然包含了其他组分的贡献，这些组分仍然不能被清楚地识别。

对图 2-17(a)中两个溶液合物光谱进行相关计算，得到其对应的 2T2D 相关光谱(图 2-18)，左侧为参考光谱，顶部为样品光谱。在同步谱(图 2-18(a))1600cm^{-1}、1580cm^{-1}、1490cm^{-1}、1450cm^{-1}、1420cm^{-1}、1390cm^{-1}、1365cm^{-1}、1330cm^{-1} 处观察到自相关峰和交叉峰，每个相关峰和交叉峰对应于溶液中各组分分子的特征吸收。在同步 2T2D 相关谱中的交叉峰均为正，因此简单地通过同步 2T2D 相关谱很难确定特征峰是否来源于同一组分或不同组分，而使用异步 2T2D 相关谱很容易对组分的来源进行解析。

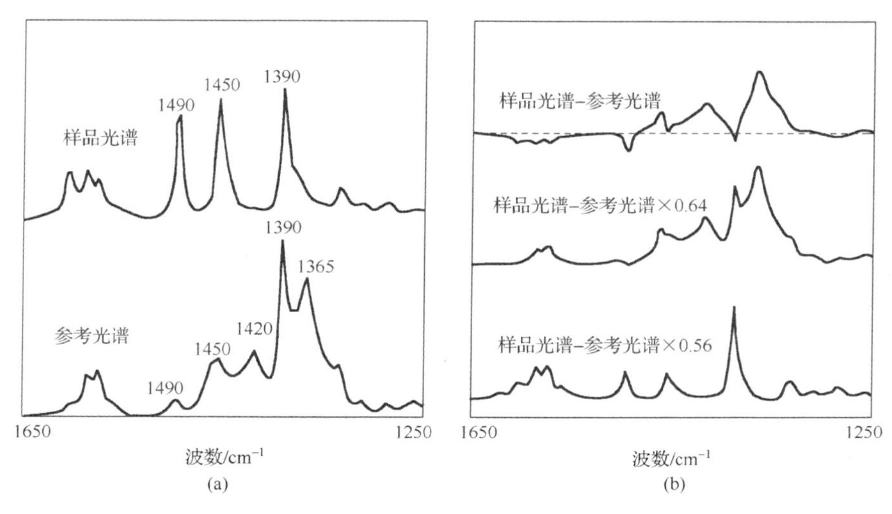

图 2-17　不同浓度 PS、MEK 和 D-toluene 混合溶液的红外光谱和差谱

异步 2T2D 相关谱(图 2-18(b))可提供更多的有用信息。若两特征峰来源于同一组分，则不会出现交叉峰；若两特征峰来源于不同组分，则存在交叉峰。如：来源 d-甲苯的 1390cm^{-1}特征峰，与来源于 MEK 的 1365cm^{-1}特征峰及 PS 的 1420cm^{-1}特征峰都存在正交叉峰，表明相对于参考样品，d-甲苯对样品光谱强度比 MEK 贡献大。同时发现，MEK 特征峰 1365cm^{-1}，与 d-甲苯和 PS 的交叉峰均为负，表明在参考光谱中 MEK 对光谱强度的贡献更大。上述 2T2D 分析结果是传统差谱法无法得到的。

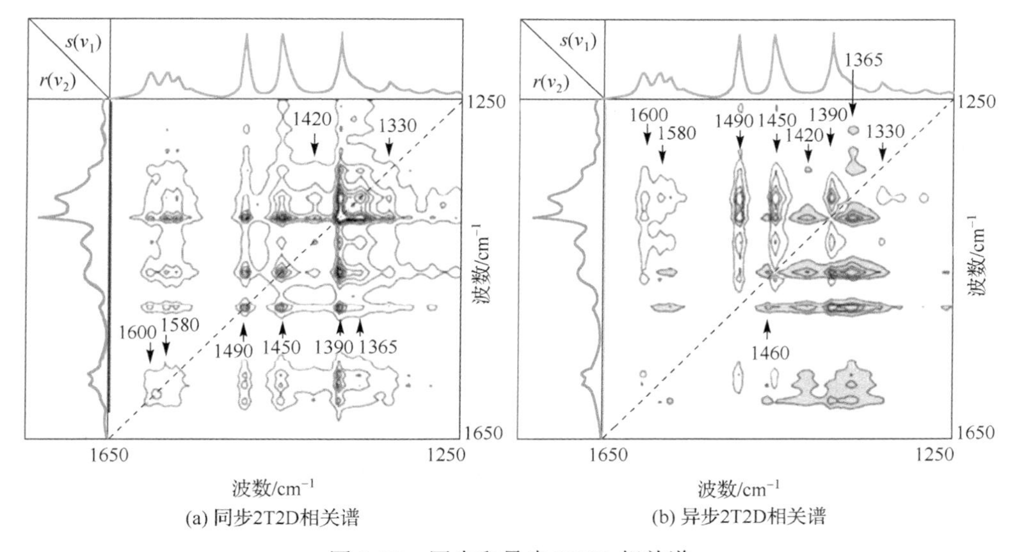

图 2-18　同步和异步 2T2D 相关谱

2T2D 相关光谱技术不仅能提供实际样品和参考样品之间的显著特征，而且还能为所检测到的偏差提供解释。Noda 采集了α-D-葡萄糖水溶液的两个 ATR 红外光谱：一个为α-D-葡萄糖刚溶解时的光谱(参考光谱)，一个为溶解 10 分钟之后的光谱(样品光谱)，并研究了两个光谱和其差谱的特性。研究发现：从表观上看，两个光谱是相同的，加权差谱与原始光谱轮廓基本相同，也不能提供任何有用的结果。然而，通过进行 2T2D 相关分析，发现两种光谱并不完全相同。需要说明的是，当异步 2T2D 相关谱中交叉峰具有明显特征时(远远超过噪声水平)，此时两个光谱之间的不同光谱特征就不能简单地用随机噪声或基线波动来解释。

研究发现，α-D-葡萄糖在水溶液中非常缓慢地发生化学反应，涉及开环中间体，产生了另一种具有不同构型的非对称异构体 β-D-葡萄糖。因此，表观上未发生变化的 α-葡萄糖溶液静置 10 分钟后会逐渐出现极少量的中间物种和 β-D-葡萄糖。异步 2T2D 谱中交叉峰出现的位置正好和预期 β-D-葡萄糖特征峰位置一致，并对中间物种进行了识别。因此，2T2D 相关谱技术可以给出样品光谱和参考光谱之间微弱的差异，为推测中间物种的未知光谱提供了可能。

从上面的应用例子可以看出，传统的两个光谱比较方法，如差谱法，特别是若原始谱存在基线偏移或小水平的波动时，无法对两个谱进行区分；而 2T2D 相关光谱技术则表现出对非常相似的一对光谱(在实际应用中经常遇到)分析的潜力，该技术可能成为相似样品可靠预筛选过程的有用工具。

2.12.4 2T2D 相关分析的应用前景

在很多领域，2T2D 相关谱可能成为一个可行而有效的分析两个相似样本光谱的方法。例如，利用该技术可以很容易地推测高光谱成像显微镜中不同空间点之间光谱的差别、偏振光下塑料材料片局部分子的取向，实现各种化学、物理或生物过程中微妙变化的监测。此外，2T2D 还可以与异谱二维相关(如 IR-NIR，IR-Raman)、pareto-scaling 技术(以增强被强信号掩盖的细微特征)、零空间投影技术(以消除非目标光谱信息的干扰)等相结合来对复杂样品进行分析。有理由相信，2T2D 相关谱技术在不久的将来会被广泛地应用于各个领域。

参 考 文 献

[1] 胡鑫尧，王琪，孙素芹，等. 二维相关光谱技术的研究进展[J]. 广西师范大学学报，2003, 21(2): 242-243.

[2] 褚小立. 二维相关红外光谱及其应用[J]. 光电产品与资讯，2011, 2(10): 27-28.

[3] 杨仁杰，杨延荣，刘海学，等. 二维相关谱在食品品质检测中的研究进展[J]. 光谱学与光谱分析, 2015, 35(8): 2124-2129.

[4] 沈怡, 彭云, 武培怡, 等. 二维相关振动光谱技术[J]. 化学进展, 2005, 17 (3): 499-513.

[5] Bax A. Two Dimensional Nuclear Magnetic Resonance in Liquids[M]. Dordrecht: Reidel Publishing Company, Delft University Press, 1982.

[6] Ernst R R, Bodenhausen G, Wakun A. Principles of Nuclear Magnetic Resonance in One and Two Dimensions[M]. Oxford: Oxford University Press, 1987.

[7] Noda I, Dowrey A E, Marcott C. Dynamic infrared linear dichroism of polymer films under oscillatory deformation[J]. Journal of Polymer Science Part C: Polymer Letters, 1983, 21(2): 99-103.

[8] Noda I. Two-dimensional infrared (2D IR) spectroscopy: Theory and applications[J]. Applied Spectroscopy, 1990, 44: 550-561.

[9] Noda I, Ozaki Y. Two-dimensional Correlation Spectroscopy: Applications in Vibrational and Optical Spectroscopy[M]. Wiley：Chichester, 2004.

[10] 杨仁杰. 基于二维相关谱掺杂牛奶检测方法研究[D]. 天津: 天津大学, 2013.

[11] Noda I. Scaling techniques to enhance two-dimensional correlation spectra[J]. Journal of Molecular Structure, 2008, 883: 216-227.

[12] Sasic S, Muszynski A, Ozaki, Y. A new possibility of the generalized two-dimensional correlation spectroscopy. 1. Sample-sample correlation spectroscopy[J]. The Journal of Physical Chemistry A, 2000, 104(27): 6380-6387.

[13] Šašić S, Muszynski A, Ozaki, Y. A new possibility of the generalized two-dimensional correlation spectroscopy. 2. sample-sample and wavenumber-wavenumber correlations of temperature-dependent near-infrared spectra of oleic acid in the pure liquid state[J]. The Journal of Physical Chemistry A, 2000, 104(27): 6388-6394.

[14] 王立旭. 溶液中蛋白质构象微弱变化的二维相关红外光谱研究[D]. 长春: 吉林大学，2009.

[15] Sasic S, Amari T, Ozaki Y. Sample-sample and wavenumber-wavenumber two-dimensional correlation analyses of attenuated total reflection infrared spectra of polycondensation reaction of bis(hydroxyethyl terephthalate)[J]. Analytical Chemistry, 2001, 73 (21): 5184-5190.

[16] Sasic S, Ozaki Y. Wavelength-wavelength and sample-sample two-dimensional correlation analyses of short-wave near-infrared spectra of raw milk[J]. Applied Spectroscopy. 2001, 55 (2): 163-172.

[17] Iwahashi M, Yamaguchi Y, Kato T. Temperature-dependence of molecular-conformation and liquid structure of cis-9-octadecenoic acid[J]. The Journal of Physical Chemistry, 1991, 95: 445-451.

[18] Iwahashi M, Hachiya N, Hayashi Y, et al. Dissociation of dimefic cis-9-octadecenoic acid in its pure liquid-state as observed by near-infrared spectroscopic measurement[J]. The Journal of Physical Chemistry, 1993, 97(13): 3129-3133.

[19] Wu Y, Hao Y Q, Li M, et al. Two-dimensional infrared spectroscopy and principal component analysis studies on a new azobenzene derivative supramolecular system based on hydrogen bonds[J]. Applied Spectroscopy, 2003, 57（8）: 933-942.

[20] Ferreira A P, Menezes J C. Monitoring a complex medium fermentation with sample-sample two-dimensional FT-NIR correlation spectroscopy[J]. Biotechnology Progress, 2006, 22（3）: 866-872.

[21] Hu Y, Zhang Y, Li B, et al. Application of sample-sample two-dimensional correlation spectroscopy to determine the glass transition temperature of poly（ethylene terephthalate）thin films[J]. Applied Spectroscopy, 2007, 61（1）: 60-67.

[22] 吕程序, 陈龙健, 杨增玲, 等. 鱼粉、豆粕样品-样品二维相关近红外光谱判别[J]. 农业机械学报, 2012, 43(12): 141-145.

[23] 吕程序. 基于二维相关 NIRs/NIRM 的蛋白饲料原料判别方法研究[D]. 北京: 中国农业大学, 2014.

[24] Wu Y, Jiang J H, Ozaki Y. A new possibility of generalized two-dimensional correlation spectroscopy: Hybrid two-dimensional correlation spectroscopy[J]. The Journal of Physical Chemistry A, 2002, 106(11): 2422-2429.

[25] Wu Y, Meersman F, Ozaki Y. A novel application of hybrid two-dimensional correlation infrared spectroscopy: Exploration of the reversibility of the pressure-and temperature-induced phase separation of poly（N-isopropylacrylamide）and poly（N-isopropylmethacrylamide）in aqueous solution[J]. Macromolecules, 2006, 39(3): 1182-1188.

[26] Wu Y, Yuan B, Zhao J G, et al. Hybrid two-dimensional correlation and parallel factor studies on the switching dynamics of a surface-stabilized ferroelectric liquid crystal[J]. The Journal of Physical Chemistry B, 2003, 107(31): 7706-7715.

[27] Zhang W, Liu R, Zhang W, et al. Discussion on the validity of NIR spectral data in non-invasive blood glucose sensing[J]. Biomedical Optics Express, 2013, 4(6): 789-802.

[28] 张雯. 基于二维相关红外光谱技术的无创血糖检测特异性研究[D]. 天津: 天津大学, 2012.

[29] 杨仁杰, 刘蓉, 徐可欣. 二维相关光谱结合偏最小二乘法测定牛奶中的掺杂尿素[J]. 农业工程学报, 2012, 28(6): 259-263.

[30] Jung Y, Chae J, Yu S, et al. Two-dimensional hetero-spectral correlation fluorescence-Raman spectroscopy for a thermotropic liquid-crystalline oligomer[J]. Vibrational Spectroscopy, 2009, 51(1): 11-14.

[31] Roy S, Beutier C, Hore D K. Combined IR-Raman vs vibrational sum-frequency heterospectral correlation spectroscopy[J]. Journal of Molecular Structure, 2018, 1161: 403-411.

[32] Barton F E, Himmelsbach D S. Two-dimensional vibrational spectroscopy II: Correlation of the absorptions of lignins in the mid-and near-infrared[J]. Applied Spectroscopy, 1993, 47(11):

1920-1925.

[33] Yang R J, Liu R, Xu K X. Determination of melamine of milk based on two-dimensional correlation infrared spectroscopy[J]. Proc. of SPIE. 2012, 8229(1): 29.

[34] 廖彩淇, 孙长虹, 杨潇, 等. 紫外吸收和荧光光谱检测红茶中的胭脂红色素[J], 食品工业, 2018, 25(1): 72-75.

[35] 励亮. 二维相关光谱在环氧树脂研究中的应用[D]. 上海: 复旦大学, 2008.

[36] Awichi A, Tee E, Srikanthan G, et al. Identification of overlapped near-infrared bands of glucose anomers using two-dimensional near-infrared and middle-infrared correlation spectroscopy[J]. Applied Spectroscopy, 2002, 56(7): 897-901.

[37] Barton F E, Himmelsbach D S, Duckworth J H, et al. Two-dimensional vibration spectroscopy: Correlation of mid-and near-infrared regions[J]. Applied Spectroscopy, 1992, 46(3): 420-429.

[38] Wu P, Yang Y, Siesler H W. Two-dimensional near-infrared correlation temperature studies of an amorphous polyamide[J]. Polymer, 2001, 42(26): 10181-10186.

[39] Amari T, Ozaki Y. Generalized two-dimensional attenuated total reflection/infrared and near-infrared correlation spectroscopy studies of real-time monitoring of the initial oligomerization of bis(hydroxyethyl terephthalate)[J]. Macromolecules, 2002, 35(21): 8020-8028.

[40] Jung Y M, Czarnik-Matusewicz B, Ozaki Y. Two-dimensional infrared, two-dimensional Raman, and two-dimensional infrared and Raman heterospectral correlation studies of secondary structure of β-lactoglobulin in buffer solutions[J]. The Journal of Physical Chemistry B, 2000, 104(32): 7812-7817.

[41] Kubelka J, Pancoska P, Keiderling T A. Novel use of a static modification of two-dimensional correlation analysis. Part II: Hetero-spectral correlations of protein Raman, FT-IR, and circular dichroism spectra[J]. Applied Spectroscopy, 1999, 53(6): 666-671.

[42] Vedeanu N, Cozar O, Ardelean I, et al. IR and Raman investigation of x(CuO·V_2O~5)(1–x)[$P_2O_5CaF_2$] glass system[J]. Journal of Optoelectronics and Advanced Materials, 2006, 8(1): 78-81.

[43] Muik B, Lendl B, Molina-Diaz A, et al. Two-dimensional correlation spectroscopy and multivariate curve resolution for the study of lipid oxidation in edible oils monitored by FTIR and FT-Raman spectroscopy[J]. Analytica Chimica Acta, 2007, 593(1): 54-67.

[44] Hu B W, Zhou P, Noda I, et al. Generalized two-dimensional correlation analysis of NMR and raman spectra for structural evolution characterizations of silk fibroin[J]. Journal of Physical Chemistry B, 2006, 110(36): 18046-18051.

[45] 黄昆, 齐剑, 夏锦名, 等. 二维相关光谱探测荧光能量传递现象[J]. 光谱学与光谱分析, 2008, 28(10): 171-172.

[46] Jung Y M, Chae J B, Yu S C, et al. Two-dimensional hetero-spectral correlation fluorescence-

Raman spectroscopy for a thermotropic liquid-crystalline oligomer[J]. Vibrational Spectroscopy, 2009, 51 (1): 11-14.
[47] 王梦吟. 二维相关光谱性质探索及其在复杂变化体系中的应用[D]. 上海: 复旦大学, 2011.
[48] Morita S, Shinzawa H, Tsenkova R, et al. Computational simulations and a practical application of moving-window two-dimensional correlation spectroscopy[J]. Journal of Molecular Structure, 2006, 799 (1-3): 111-120.
[49] Morita S, Shinzawa H, Noda I, et al. Perturbation-correlation moving-window two-dimensional correlation spectroscopy[J]. Applied Spectroscopy, 2006, 60 (4): 398-406.
[50] Shinzawa, H, Morita S, Noda I, et al. Effect of the window size in moving-window two-dimensional correlation analysis[J]. Journal of Molecular Structure, 2006, 799 (1-3): 28-33.
[51] Zhou T, Zhang A, Zhao C, et al. Molecular chain movements and transitions of SEBS above room temperature studied by moving-window two-dimensional correlation infrared spectroscopy[J]. Macromolecules, 2007, 40 (25): 9009-9017.
[52] 王梦吟, 武培怡. 移动窗口二维相关光谱技术[J]. 化学进展, 2010, 22 (5): 962-974.
[53] Ren F, Zheng Y F, Liu X M, et al. An investigation of the oxidation mechanism of abietic acid using two-dimensional infrared correlation spectroscopy[J]. Journal of Molecular Structure, 2015, 1084: 236-243.
[54] Noda I. Double two-dimensional correlation analysis-2D correlation of 2D spectra[J]. Journal of Molecular Structure, 2010, 974 (1-3): 108-115.
[55] Spegazzini N, Siesler H W, Ozaki Y. Sequential identification of model parameters by derivative double two-dimensional correlation spectroscopy and calibration-free approach for chemical reaction systems[J]. Analytical Chemistry, 2012, 84 (19): 8330-8339.
[56] Noda I. Projection two-dimensional correlation analysis[J]. Journal of Molecular Structure, 2010, 974 (1-3): 116-126.
[57] Shinzawa H, Kanematsu W, Noda I. Rheo-optical near-infrared (NIR) spectroscopy study of low-density polyethylene (LDPE) in conjunction with projection two-dimensional (2D) correlation analysis[J]. Vibrational Spectroscopy, 2014, 70: 53-57.
[58] Zhou T, Zhou T, Zhang A. Separation of the molecular motion from different components or phases using projection moving-window 2D correlation FTIR spectroscopy for multiphase and multicomponent polymers[J]. RSC Advances, 2015, 5 (19): 14832-14842.
[59] Shinzawa H, Awa K, Noda I, et al. Pressure-induced variation of cellulose tablet studied by two-dimensional (2D) near-infrared (NIR) correlation spectroscopy in conjunction with projection pretreatment[J]. Vibrational Spectroscopy, 2013, 65: 28-35.
[60] Kim M K, Ryu S R, Noda I, et al. Projection 2D correlation analysis of spin-coated film of biodegradable P (HB-co-HHx) /PEG blend[J]. Vibrational Spectroscopy, 2012, 60: 163-167.

[61] Shinzawa H, Mizukado J. Near-infrared (NIR) monitoring of Nylon 6 during quenching studied by projection two-dimensional (2D) correlation spectroscopy[J]. Journal of Molecular Structure, 2016, 1124: 188-191.

[62] Shinzawa H, Awa K, Noda I, et al. Pressure-induced variation of cellulose tablet studied by two-dimensional (2D) near-infrared (NIR) correlation spectroscopy in conjunction with projection pretreatment[J]. Vibrational Spectroscopy, 2013, 65: 28-35.

[63] Noda I. Two-dimensional codistribution spectroscopy to determine the sequential order of distributed presence of species[J]. Journal of Molecular Structure, 2014, 1069: 50-59.

[64] Noda I. Techniques useful in two-dimensional correlation and codistribution spectroscopy (2DCOS and 2DCDS) analyses[J]. Journal of Molecular Structure, 2016, 1124:29-41.

[65] Noda I. Two-dimensional correlation and codistribution spectroscopy (2DCOS and 2DCDS) analyses of time-dependent ATR IR spectra of d-glucose anomers undergoing mutarotation process in water[J]. Spectrochimica Acta Part A: Molecular and Biomolecular Spectroscopy, 2017, 197: 4-9.

[66] Noda I. Modified two-dimensional correlation spectra for streamlined determination of sequential order of intensity variations[J]. Journal of Molecular Structure, 2016, 1124: 197-206.

[67] Czarnecki M A. Two-dimensional correlation analysis of hydrogen-bonded systems: Basic molecules [J]. Applied Spectroscopy Review, 2011, 46(1): 67-103.

[68] Kwasniewicz M, Czarnecki M S. MIR and NIR group spectra of n-alkanes and 1-chloroalkanes [J]. Spectrochimica Acta Part A: Molecular and Biomolecular Spectroscopy, 2015, 143: 165-171.

[69] Czarnecki M A, Morisawa Y, Futami Y, et al. Advances in molecular structure and interaction studies using near infrared spectroscopy[J]. Chemical Reviews, 2015, 115(18): 9707-9744.

[70] Noda I. Two-trace two-dimensional (2T2D) correlation spectroscopy–A method for extracting useful information from a pair of spectra[J]. Journal of Molecular Structure, 2018, 1160: 471-478.

第3章　二维相关光谱分析技术在乳制品检测中的应用

3.1　二维相关光谱的掺杂牛奶特征信息提取

3.1.1　掺杂尿素牛奶二维相关谱特性

1. 掺杂物尿素理化结构特性

尿素是碳、氢、氧、氮元素组成的有机化合物。纯净的尿素是无色、无味的白色针状或棱柱状结晶体，分子式为 $CO(NH_2)_2$，分子量为60.06，结构式如图3-1。尿素易溶于水和液氨中，其溶解度随温度升高而增大，几乎能与所有的直链有机化合物(如醇、酸、醛、烃类等)作用。尿素在加热的条件下易发生分子间缩合脱氨生成缩二脲、缩三脲以及三聚氰酸等化合物，这些物质对于植物或动物都是有害的。尿素可用作反刍动物(如牛、羊)饲料的非蛋白氮添加剂。尿素在反刍动物胃中微生物的作用下将尿素所含的氮元素提供于合成蛋白质，使肉、奶增产，故仅限于用作反刍动物的饲料生产。

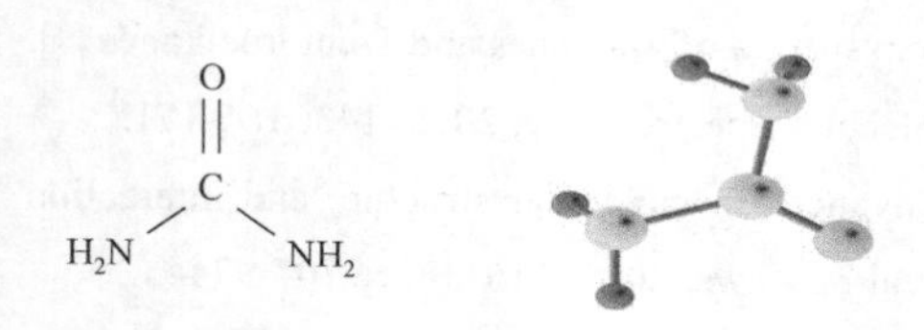

图3-1　尿素化学结构式

尿素是蛋白质代谢产物，少量存在于哺乳动物的乳汁中(见表3-1)。一般认为尿素含量介于20～30mg/100mL为牛奶的正常含量范围[1]。目前一些不法商贩为了达到以次充好、赚取非法利润的目的，在牛奶中添加尿素。添加尿素的牛奶直接危害人体健康，导致潜在危险或中毒，使乳品加工企业造成巨大的经济损失。

表3-1　牛乳的非蛋白氮

名称	尿素氮	肌酐氮	氨氮	肌酸氮	尿酸氮	氨基氮
浓度/(mg/L)	130	3.0	6.0	9.0	8.0	48.0

目前，对牛奶中尿素的快速检测方法有比色测定法、pH值差异测定法、酶与选择性电极联用等分析方法。上述方法适合常规检测，但操作复杂、耗时较多，不适合于原料奶收购中及时的质量控制[2]。尿素是极性分子，当少量尿素加入牛奶中，尿素分子能与水分子迅速形成分子间氢键[3]，导致水的结构发生破坏，从而使得牛奶中蛋白质分子周围环境的极性发生变化，从而影响到牛奶的光谱特性。1996年，

Lefier[4]研究了牛奶中掺杂尿素的红外光谱特性，对牛奶中尿素特殊吸收谱带做了总结，并且指出了这些特殊谱带在波数 1690cm^{-1} 及 1600cm^{-1} 左右处被牛奶中水的吸收强烈干扰，而在 1472cm^{-1} 处信噪比最佳。2003 年，Jankovska 等[5]将近红外光谱与偏最小二乘法(PLS)结合起来定量分析了牛奶中的尿氮，其相关系数为 0.906。2011 年，Aernouts 等[6]指出，在可见和近红外区域，无论是透射还是反射都无法准确定量分析牛奶中尿素的含量，均质处理后，采用 PLS 建模，其复相关系数为 0.69。

2. 纯牛奶和掺杂尿素牛奶的一维光谱特性

图 3-2 是纯牛奶光谱扣除水吸收后的中红外光谱图。图中 2928cm^{-1}、2856cm^{-1}、1744cm^{-1}、1456cm^{-1}、1248cm^{-1} 和 1160cm^{-1} 为牛奶中脂肪的特征吸收峰，其中 2928cm^{-1} 和 2856cm^{-1} 分别是脂肪中甲基和亚甲基的伸缩振动峰，1744cm^{-1} 主要是脂肪中羰基 C═O 键的伸缩振动峰，1456cm^{-1} 主要是脂肪酸中的饱和 C—H 键的弯曲振动峰，1248cm^{-1} 主要是酯基 C—O 伸缩振动吸收峰，而 1160cm^{-1} 为脂肪中碳氢单键的伸缩振动峰；1656cm^{-1} 和 1544cm^{-1} 为牛奶中蛋白质的特征吸收峰，其中 1656cm^{-1} 对应的是酰胺 I 带 C═O 吸收峰，而 1544cm^{-1} 对应的是酰胺 II 带的 N—H 吸收峰；1080cm^{-1} 和 1040cm^{-1} 主要为乳糖的 C—O 伸缩振动吸收峰。

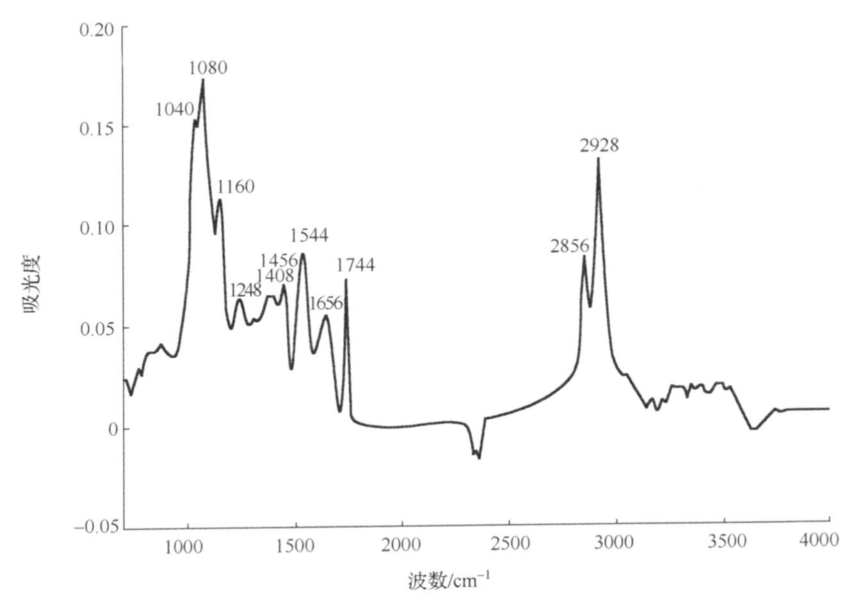

图 3-2　纯牛奶中红外吸收光谱

图 3-3 是浓度为 1g/L 掺杂尿素牛奶的中红外吸收光谱图。与纯牛奶光谱图比较发现：其变化主要发生在 1400～1600cm^{-1} 波段，其中 1456cm^{-1} 峰移到 1464cm^{-1}，而 1544cm^{-1} 移到 1552cm^{-1}，这主要原因是尿素的 C—N 伸缩振动和酰胺III带 C═O

伸缩振动在此波段存在吸收峰，所以 1464cm^{-1} 吸收峰是牛奶中脂肪的饱和 C—H 键吸收和尿素 C—N 伸缩振动吸收重叠的结果，而 1552cm^{-1} 吸收峰是牛奶中蛋白质酰胺Ⅱ带 N—H 吸收和尿素中酰胺Ⅲ带 C═O 伸缩振动吸收重叠的结果[7]。

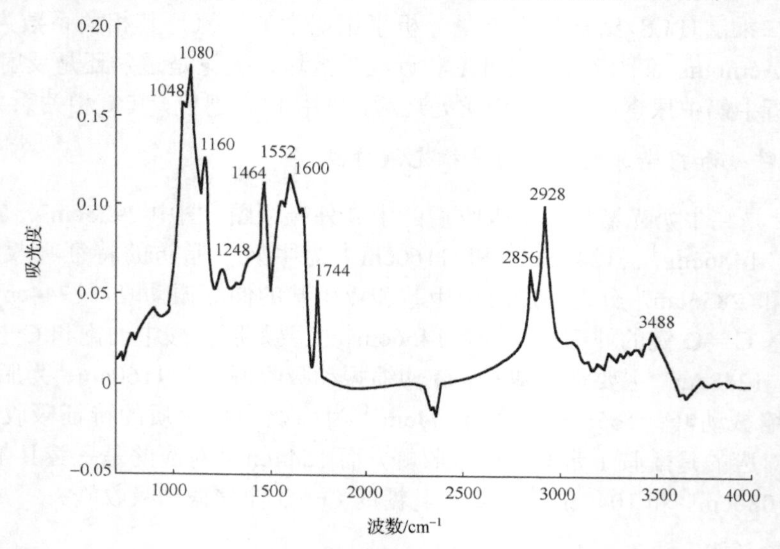

图 3-3　掺杂尿素牛奶中红外吸收光谱

图 3-4 和图 3-5 分别是纯牛奶与掺杂尿素牛奶在 4000～10000cm^{-1} 的近红外透射光谱。可以看到，纯牛奶和掺杂尿素牛奶无论是谱图轮廓，还是吸收强度都非常相似。由于水在 4900～5300cm^{-1} 范围内的强吸收，以及在 5300～10000cm^{-1} 光谱区间不提供有效信息。因此，在后续分析中选择光谱区域 4200～4800cm^{-1} 用于分析。

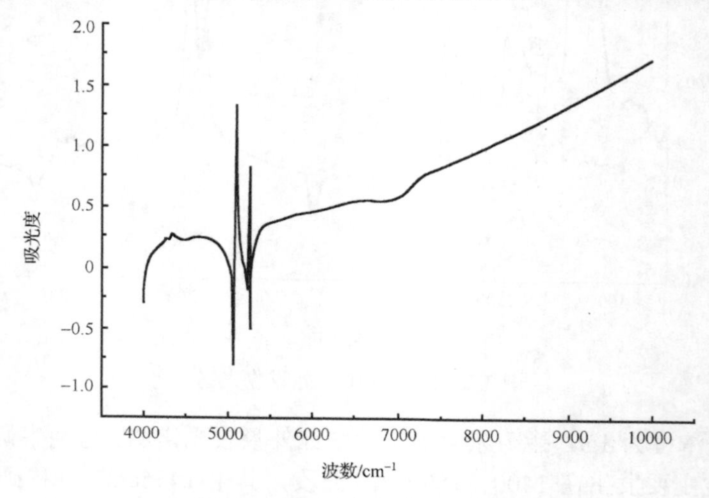

图 3-4　纯牛奶近红外吸收光谱

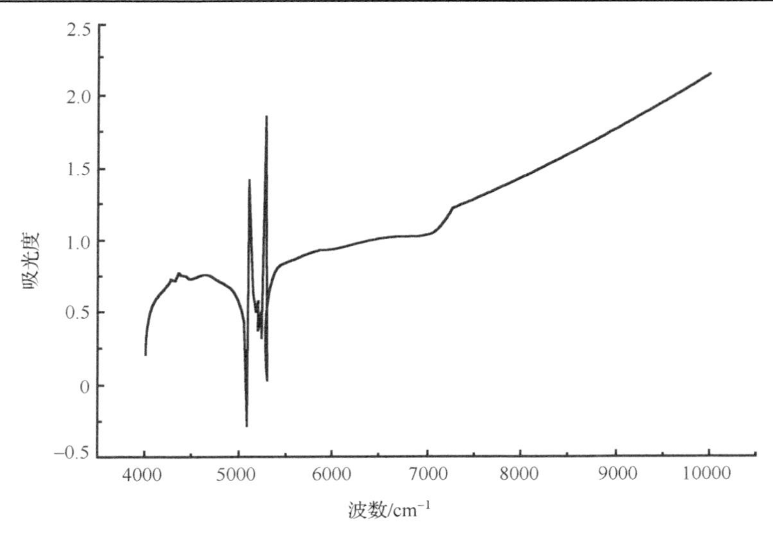

图 3-5　掺杂尿素牛奶近红外吸收光谱

3. 掺杂尿素牛奶的二维相关谱特性

1) MIR-MIR 相关

正如第 2 章所述，同步相关谱关于主对角线对称，在同步谱中，相关峰代表了以掺杂物浓度为变量的红外光谱中基团振动峰取向结构一致的行为。主对角线两侧交叉峰的出现表明其对应在 (υ_1, υ_2) 两个频率的一对基团振动峰的强度变化在随掺杂物浓度变化过程中是彼此相关的，如果交叉峰为正，说明两个峰所对应的官能团吸收随牛奶中掺杂物浓度的变化方向相同，两个官能团可能来自同一物质。

以掺杂物尿素浓度为外扰，在 1400～1700cm^{-1} 区间构建同步二维中红外相关谱(图 3-6 (a))，图 3-6 (b) 是其对应的自相关谱。显然，在主对角线上 1464cm^{-1}、1600cm^{-1} 和 1664cm^{-1} 处出现 3 个较强的自相关峰，在对角线外侧，在 (1464，1600) cm^{-1}、(1464，1664) cm^{-1} 和 (1600，1664) cm^{-1} 处存在正的交叉峰，这就意味着 1464cm^{-1}、1600cm^{-1} 和 1664cm^{-1} 吸收峰所对应的官能团随外扰变化方向相同，说明这些峰所对应的官能团可能来自同一物质，即牛奶中掺杂的尿素[8]。

2) NIR-NIR 相关

同样，以掺杂物尿素浓度为外扰，在 4400～4800cm^{-1} 区间构建同步二维近红外相关谱。图 3-7 (a) 和 (b) 分别是其同步二维近红外相关谱和对应的自相关谱。显然，在常规一维谱中的被覆盖的峰变得可以清晰地分辨出来。掺杂尿素牛奶的同步近红外相关谱图中，在对角线上出现了一个较强的自相关峰，其所对应的基团振动峰的位置在 4552cm^{-1} 处(在常规一维谱中并未出现)，表明该吸收峰所对应的基团随着牛奶中掺杂尿素浓度的增大变化较明显。该峰是尿素 N—H 对称伸缩振动与 N—H 弯曲振动合频产生的[9,10]。为了进一步说明该峰来源于牛奶中掺杂的尿素，构建了异谱 MIR-NIR 相关谱。

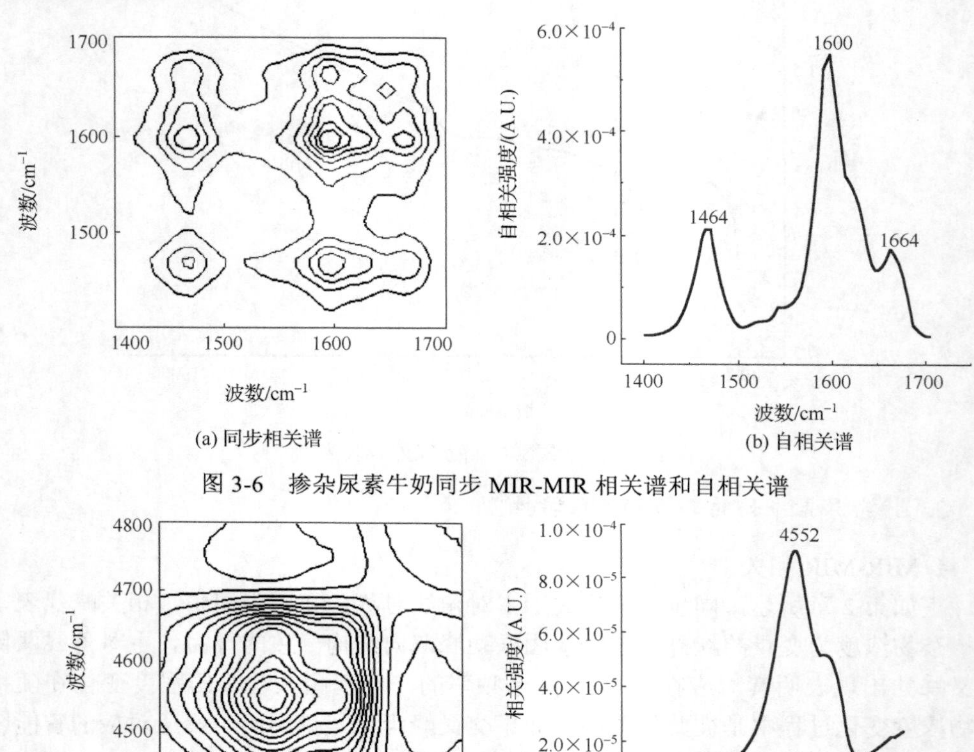

图 3-6　掺杂尿素牛奶同步 MIR-MIR 相关谱和自相关谱

图 3-7　掺杂尿素牛奶同步 NIR-NIR 相关谱和自相关谱

3) MIR-NIR 相关

近红外光谱由于光谱信息弱，各个谱峰高度重叠，因此，对近红外区域信息进行指认一直都是一个难点。利用中红外区域已知的丰富结构信息，通过构建异谱二维近红外-中红外相关谱，可以对谱带进行分辨与指认[11,12]，从而进一步对其来源加以解释。

图 3-8 是以牛奶中掺杂尿素浓度为外扰，所构建同步异谱二维 MIR(1400～1800cm^{-1})-NIR (4400～4800cm^{-1}) 相关谱。显然，在图 3-8 中出现 3 个较强正相关交叉峰，其位置分别在(4552，1464) cm^{-1}、(4552，1600) cm^{-1} 和(4552，1664) cm^{-1}，这说明随着牛奶中掺杂尿素浓度的增大，4552cm^{-1} 所对应的基团吸收峰强度变化与

1464cm^{-1}、1600cm^{-1} 和 1664cm^{-1} 处所对应的基团吸收峰强度变化方向相同。而在中红外 1400～1800cm^{-1} 区域内的 1464cm^{-1}、1600cm^{-1} 和 1664cm^{-1} 处吸收峰主要来自尿素的 C—N 伸缩振动和酰胺Ⅲ带 C═O 伸缩振动[13,14]，这就进一步地说明，这些吸收峰都来自于牛奶中的掺杂尿素。

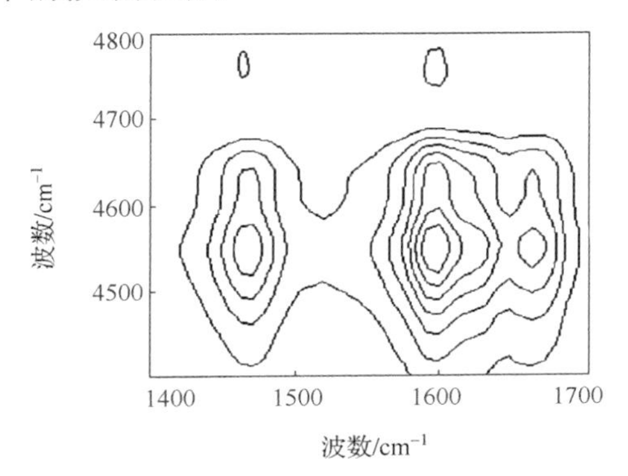

图 3-8　掺杂尿素牛奶同步 MIR-NIR 相关谱

3.1.2　掺杂三聚氰胺牛奶二维相关谱特性

1. 掺杂物-三聚氰胺理化结构特性

三聚氰胺是一种重要的氮杂环有机化工原料，是尿素的后加工产品。三聚氰胺为纯白色单斜晶体，分子式为 $C_3N_6H_6$，分子量为 126.15，结构式如图 3-9。三聚氰胺能溶于甲醇、甲醛等有机溶剂，微溶于水和乙醇，不溶于苯和四氯化碳。

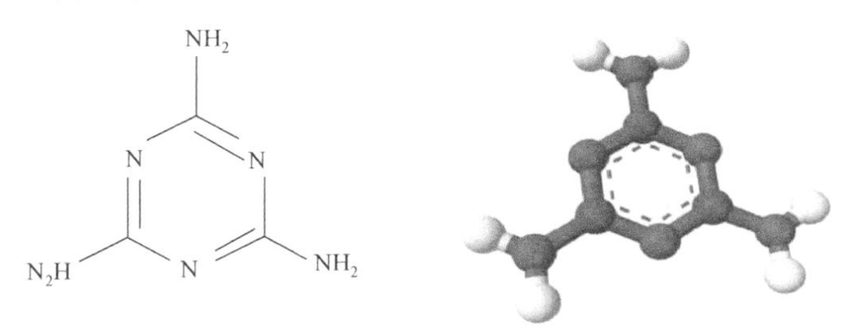

图 3-9　三聚氰胺化学结构式

三聚氰胺，有毒，不能食用。不法分子在牛奶中添加三聚氰胺，是因为其分子中含有大量的氮元素，含氮量高达 66.7%，折合粗蛋白含量为 416.27%，在牛奶中每增加一个百分点的三聚氰胺，会使通常以凯氏等定氮方法测定的蛋白质虚涨 4 个多百分点。因此把它添加在牛奶中使检测时蛋白质的含量增加。三聚氰胺进入人体后，发生取代反应(水解)，生成三聚氰酸，三聚氰酸和三聚氰胺形成大的网状结构，造成结石，三鹿事件就是此种情况。三鹿事件发生后，卫生部等五部门在 2008 年 10 月 7 日联合发布公告，确定了乳与乳制品中三聚氰胺临时管理限量值：婴幼儿配方乳粉为 1mg/kg；液态奶(包括原料乳)、奶粉、其他配方乳粉、含乳 15%以上的其他食品为 2.5mg/kg。

常温下，三聚氰胺在水中的溶解度仅为 0.33%，也就是说 100 克奶中仅可以加入 0.33 克三聚氰胺。正因为如此，一般的检测方法很难检测出来，加上三聚氰胺为白色粉末，易被染色，很容易混入食品或饲料中而不被发现。目前，国内外很多机构都对食品中三聚氰胺的检测方法开展了广泛的研究。

2. 掺杂三聚氰胺牛奶的一维光谱特性

文献[15]、[16]报道：三聚氰胺粉末在 814cm^{-1}、1022cm^{-1}、1551cm^{-1} 和 1651cm^{-1} 处存在比较强的吸收峰，其中 814cm^{-1} 峰是由三嗪环变形振动吸收引起；1022cm^{-1} 峰由 NH 扭曲振动吸收引起；1196cm^{-1} 处也出现肩峰；在 1400～1600cm^{-1} 有一系列强峰出现，是由于杂环中 C—N、C═N 相互作用，基团和杂环共轭吸收引起(如 1551cm^{-1} 为三嗪环 C═N 伸缩振动吸收)；1651cm^{-1} 为 NH 弯曲振动吸收引起。图 3-10 是浓度 0.1g/L 掺杂三聚氰胺牛奶在 700～4000cm^{-1} 区间的中红外谱。显然，三聚氰胺在 1400～1500cm^{-1} 区间的两个特征吸收峰被纯牛奶的吸收峰覆盖。与纯牛奶谱图相比，差别不是很明显，因此通过肉眼无法从图中观察到牛奶中掺杂三聚氰胺的任何信息。

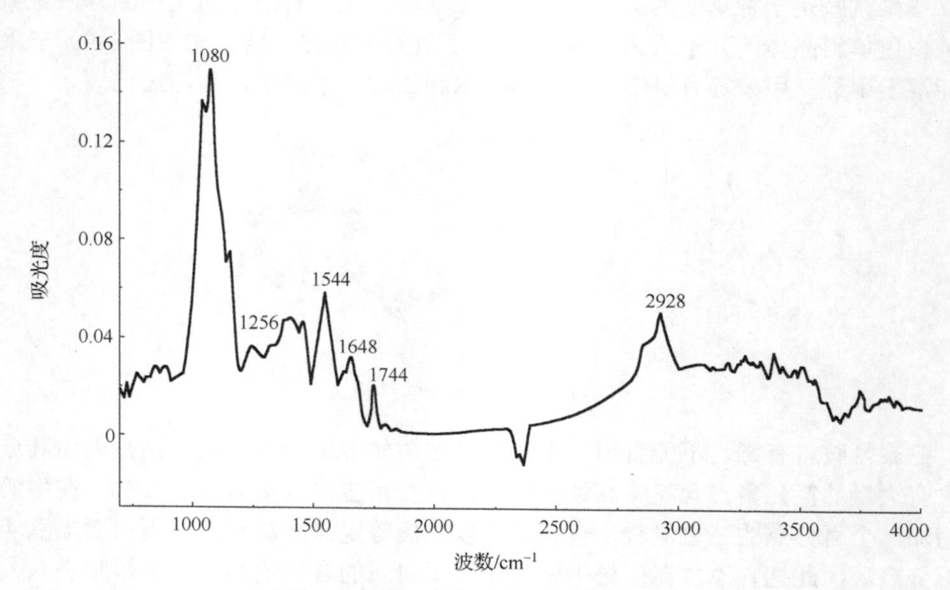

图 3-10 掺三聚氰胺牛奶中红外光谱

图 3-11 是掺杂三聚氰胺牛奶在 4000～10000cm^{-1} 的近红外透射光谱。可以看到，掺杂三聚氰胺牛奶与纯牛奶(图 3-4)光谱在整个近红外区间都非常相似，无法判断牛奶是否掺三聚氰胺。

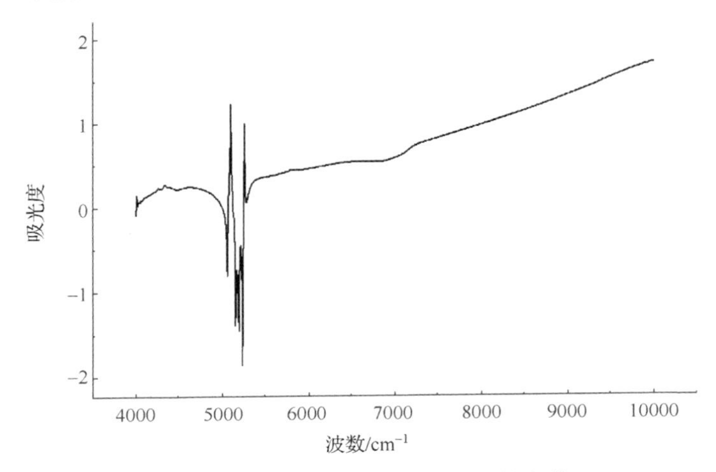

图 3-11　掺三聚氰胺牛奶的近红外光谱

3. 掺杂牛奶二维相关谱特性

1) MIR-MIR 相关

以牛奶中掺杂物三聚氰胺浓度为外扰，在 1400～1800cm^{-1} 构建同步二维相关谱。图 3-12(a)和(b)分别是在 1400～1800cm^{-1} 同步二维相关谱和其对应的自相关谱。从图 3-12(a)可以看出，在主对角线上 1464cm^{-1}、1560cm^{-1}、1660cm^{-1} 和 1748cm^{-1} 出现四个自相关峰。同时，从图上可以观察到在对角线外侧，在(1464，1560) cm^{-1} 和(1660，1748) cm^{-1} 处存在两个正的交叉峰，在(1560，1660) cm^{-1} 处存在一个负的交叉峰。这表明：1464cm^{-1} 与 1560cm^{-1} 吸收峰所对应的官能团可能来自同一物质；1660cm^{-1} 与 1748cm^{-1} 吸收峰所对应的官能团可能来源相同；1560cm^{-1} 与 1660cm^{-1} 吸收峰所对应的官能团来源不同。

为了进一步说明 1464cm^{-1}、1560cm^{-1}、1660cm^{-1} 和 1748cm^{-1} 处吸收峰所对应官能团的来源，在 1400～1800cm^{-1} 构建了异步二维相关谱(图 3-13)。从图上可以看到，(1464，1560) cm^{-1}、(1660，1748) cm^{-1} 并不存在交叉峰，而在(1560，1660) cm^{-1} 处存在负的交叉峰。结合同步谱四个波数位置交叉峰的正负，可以判定：1464cm^{-1} 和 1560cm^{-1} 两个吸收峰都来自牛奶中掺杂的三聚氰胺，其中 1464cm^{-1} 的吸收峰是由三聚氰胺分子中 NCN 环变形与环弯曲振动耦合吸收所引起的，1560cm^{-1} 吸收峰是由三嗪环 C═N 伸缩振动所引起的[16,17]；而 1660cm^{-1} 和 1748cm^{-1} 两个吸收峰都来自纯牛奶，其中 1660cm^{-1} 吸收峰为牛奶中蛋白质酰胺 I 带 C═O 伸缩振动引起的，1748cm^{-1}吸收峰为牛奶中脂肪 C═O 伸缩振动引起的。因此通过同步和异步二维相关谱交叉峰的正负和有无可对不同波数处官能团的来源进行相互指认和验证。

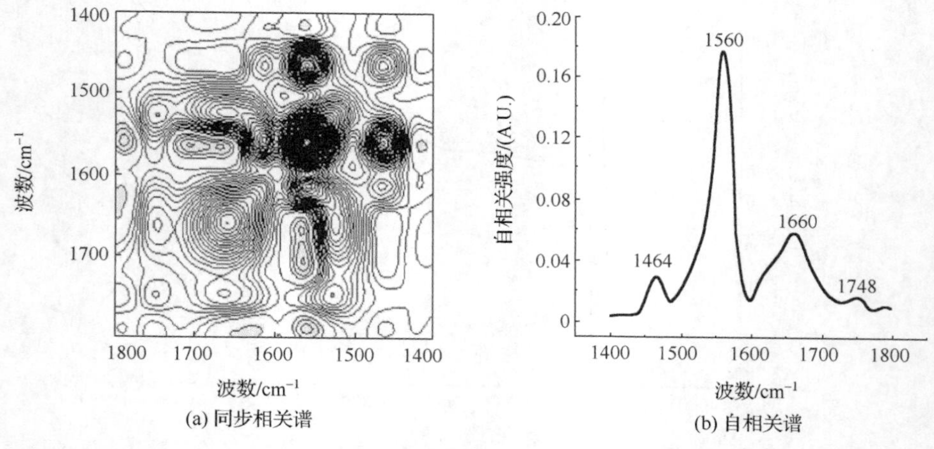

(a) 同步相关谱　　(b) 自相关谱

图 3-12　掺杂三聚氰胺牛奶同步 MIR-MIR 相关谱和自相关谱

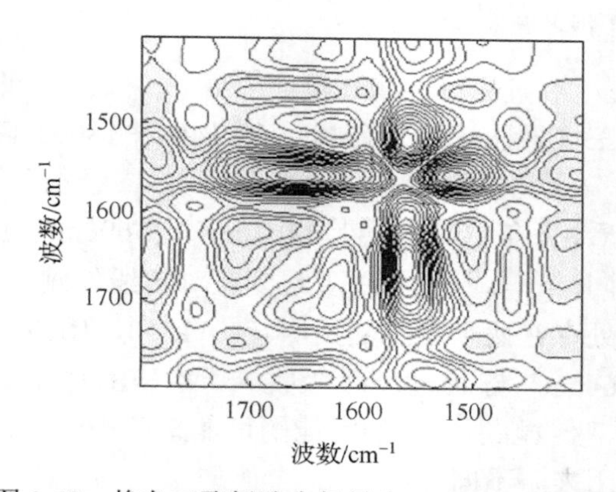

图 3-13　掺杂三聚氰胺牛奶异步 MIR-MIR 相关谱

2) NIR-NIR 相关

以牛奶中掺杂物三聚氰胺浓度为外扰，在 4400～4800cm^{-1} 区间进行相关计算，构建掺杂三聚氰胺牛奶同步二维近红外相关谱。图 3-14 (a) 和 (b) 分别是其同步近红外相关谱和对应的自相关谱，从图上可以看出在 4648cm^{-1} 处存在一个强的自相关峰。该峰的出现表明了其所对应的官能团振动峰随着牛奶中掺杂三聚氰胺浓度增大的变化。该峰是否来自牛奶中掺杂的三聚氰胺，可以通过构建异步二维中红外-近红外相关谱进行进一步指认[18]。

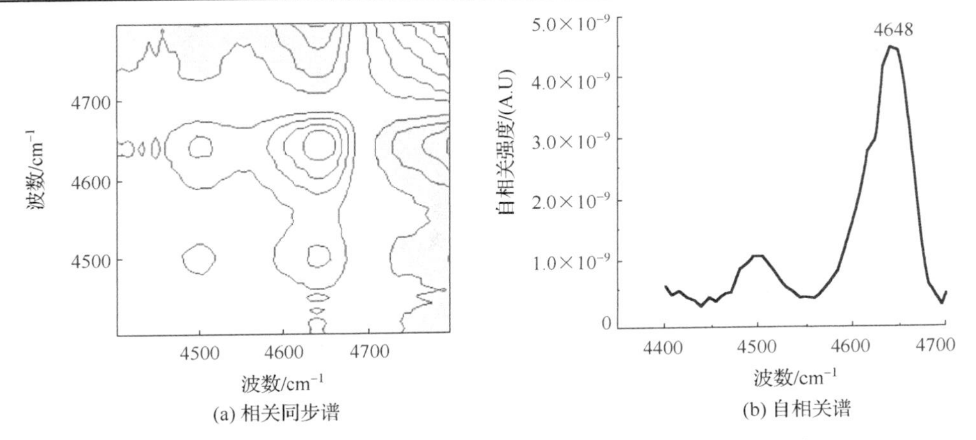

图 3-14　掺杂三聚氰胺牛奶同步 NIR-NIR 相关谱和自相关谱

3) MIR-NIR 相关

图 3-15 是以三聚氰胺浓度为外扰，所构建同步二维中红外(1400～1800cm^{-1})-近红外(4400～4800cm^{-1})相关谱。在图 3-15 中，在(4648，1464) cm^{-1} 和(4648，1560) cm^{-1} 处存在较强的正交叉峰，这表明随着外扰的变化，即牛奶中掺杂三聚氰胺浓度的增大，4648cm^{-1} 所对应的基团吸收峰强度变化与 1464cm^{-1} 和 1560cm^{-1} 处所对应的基团吸收峰强度变化方向相同。很显然，这说明了 4648cm^{-1} 与 1464cm^{-1} 和 1560cm^{-1} 两个峰所对应的官能团可能来自同一物质。由前述分析可知，1464cm^{-1} 和 1560cm^{-1} 两个波数处的吸收峰来自于牛奶中掺杂的三聚氰胺，因此在近红外 4648cm^{-1} 处的吸收峰也来自牛奶中掺杂的三聚氰胺。同时，从图 3-15 中也可观察到在(4648，1660) cm^{-1} 处为负相关，这表明：4648cm^{-1} 与 1660cm^{-1} 两波数处吸收峰所对应的官能团来源不同。由前述分析可知，1660cm^{-1} 处的吸收峰来自纯牛奶组分的特征吸收，所以在(4648，1660) cm^{-1} 处的负相关，进一步说明了近红外 4648cm^{-1} 处吸收峰来自于牛奶中掺杂的三聚氰胺。

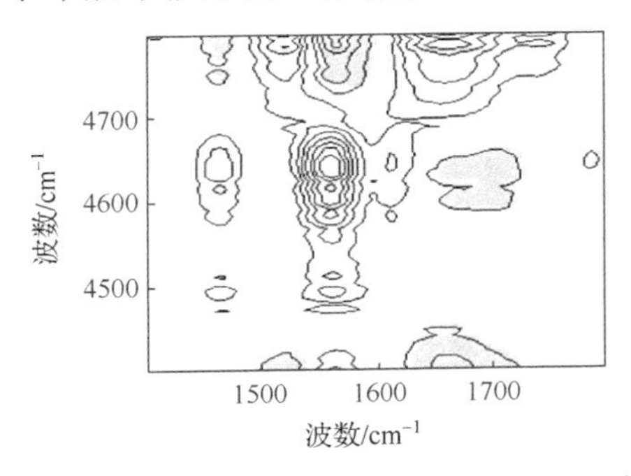

图 3-15　掺杂三聚氰胺牛奶同步二维 MIR-NIR 相关谱

3.1.3 重构二维相关谱，挖掘特征光谱信息

虽然二维相关谱具有较高的分辨率，但是仍然存在一些弱的相关峰被覆盖或淹没在强的相关峰中，无法通过肉眼直接观察到[19]。如果采用某种方法可以抑制二维相关谱中强的相关峰，这样弱的或被淹没的相关峰就可以显示出来(需要注意的是噪声同时也被放大)，这种方法可以通过数据重构实现[20,21]

1. 基于主成分分析重构

在 n 个波长下对 m 个不同温度下的同一样品进行测定，得到 $n\times m$ 个光吸收值 $A_{n\times m}$，对原始数据 $A_{n\times m}$ 进行奇异值分解：

$$A=U\cdot S\cdot V \tag{3-1}$$

其中，U 为 $n\times n$ 正交矩阵，V 为 $m\times m$ 正交矩阵，S 为 $n\times m$ 对角矩阵，降低 S 的幂指数，可有效地提取被覆盖或弱的待测光谱信息，所以采用 S^L 来代替 S 重构数据 A：

$$A=U\cdot S^L\cdot V \tag{3-2}$$

利用 A^* 代替原始数据 A，来构建二维相关谱，这样就可以有效地提取掺杂物弱的特征光谱信息。

2. 实验与光谱采集

采用上述方法对掺杂三聚氰胺牛奶(以温度为外扰)的同步中红外相关谱进行重构。实验中采用恒温水浴对样品温度进行控制，样品温度范围 30～44℃，每隔 2℃扫描一次。采用美国 PE 傅里叶变换红外光谱仪分别测量蒸馏水、纯牛奶和掺杂三聚氰胺牛奶(浓度为 3g/L)样品在不同温度下的中红外光谱(700～4000cm^{-1})，分辨率为 4cm^{-1}，扫描 8 次求平均值。

图 3-16(a)和(b)分别是纯牛奶和掺杂三聚氰胺牛奶在不同温度下的光谱。显然在不同温度下，纯牛奶样品与掺杂牛奶样品的光谱形状，谱峰位置几乎相同，看不出关于掺杂三聚氰胺的任何信息。

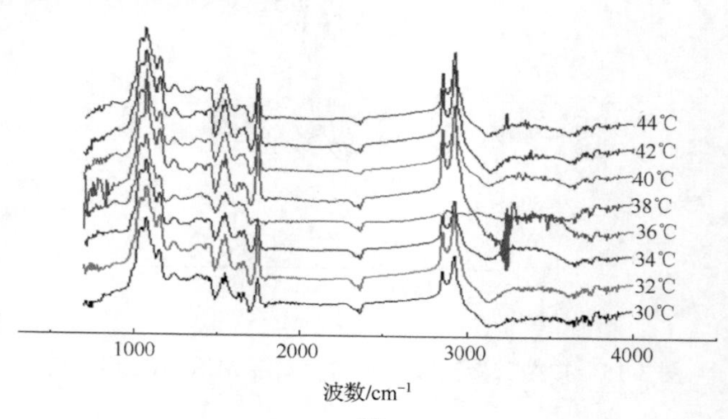

(a)

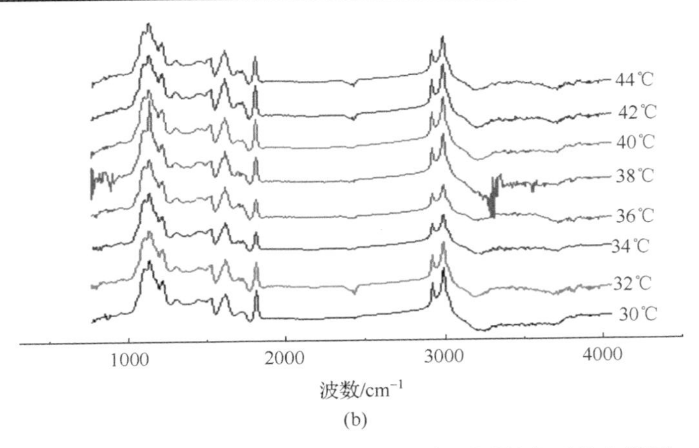

(b)

图 3-16　纯牛奶与掺杂三聚氰胺牛奶在不同温度下的光谱图

3. 二维相关谱重构

与前类似，在 1400～1800cm^{-1} 范围内，以温度为外扰构建纯牛奶和掺杂三聚氰胺牛奶的同步 MIR 相关谱。图 3-17(a)和(b)分别是纯牛奶和掺杂三聚氰胺牛奶的同步 MIR 相关谱。相同的是，两个图都在主对角线 1544cm^{-1} 处出现强的自相关峰，该峰是由于牛奶中蛋白质酰胺Ⅱ带的 N-H 的特征吸收所产生的；不同的是，在图 3-17(b)主对角线 1640cm^{-1} 处出现较强的自相关峰，该峰在图 3-17(a)中并未出现，该峰来源于牛奶中掺杂的三聚氰胺，是由三聚氰胺分子中 NH 弯曲振动吸收所引起。所以通过二维相关 MIR 谱，可判别牛奶是否掺杂三聚氰胺。

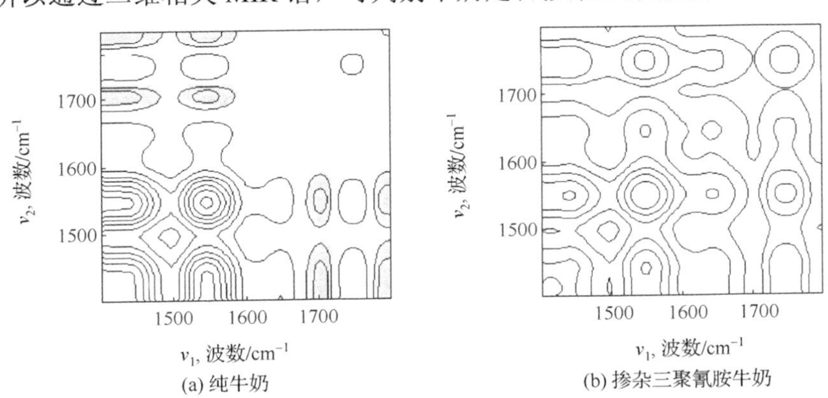

(a) 纯牛奶　　(b) 掺杂三聚氰胺牛奶

图 3-17　纯牛奶和掺杂三聚氰胺牛奶同步二维相关谱

为了进一步提取牛奶中三聚氰胺特征光谱信息，采用式(3-2)在 1400～1800cm^{-1} 区间内对数据进行重构(S 矩阵的幂指数 L 分别为 0, −1/8, −1/6, −1/4, −1/2, −1)，对重构后的数据进行二维相关分析。图 3-18 是矩阵 S 的幂指数 L 取不同数值重构数据后的同步二维相关谱。从图上可以看出：随着 L 的减小，同步谱可以提供更丰富的牛奶中掺杂的微量三聚氰胺特征光谱信息，但同时也放大了噪声，将噪声也体现出来了。图 3-18(f) 是 $L=-1$ 时所对应的同步二维相关谱，可以看出，在 1448cm^{-1} 处出现弱的自相关峰，该峰在纯牛奶同步二维相关谱(图 3-17(a))中并没有出现，说明该峰来自于牛奶中掺杂的三聚氰胺。该峰是由三聚氰胺分子中 N—C—N 伸缩振动吸收所引起的。应当指出 1448cm^{-1} 处峰在图 3-17(b) 和图 3-18(a)～(e) 中也未出现，这就说明了减小矩阵 S 的幂指数 L 重构的二维相关谱可以更有效地提取待测物质的特征光谱信息。

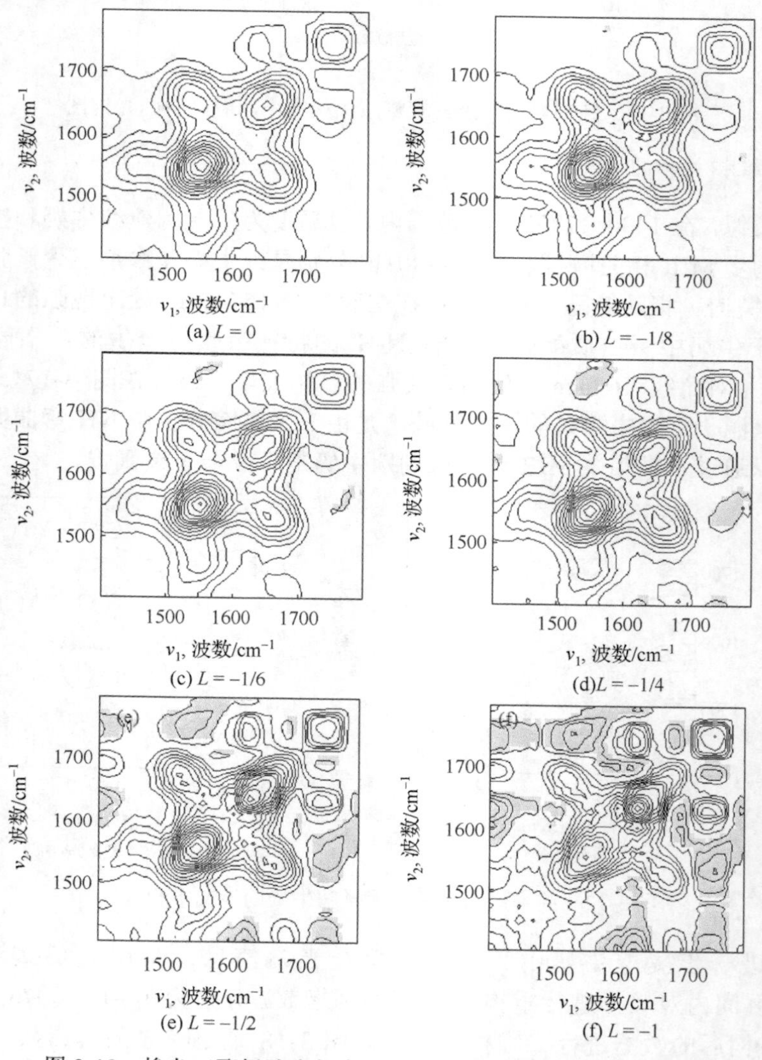

图 3-18　掺杂三聚氰胺牛奶在 1400～1800cm^{-1} 同步二维相关谱

3.2　二维相关光谱欧氏距离掺杂牛奶检测

3.2.1　二维相关谱欧氏距离判别掺杂牛奶原理

采集待测样品原始光谱数据 A，数据 A 的第一行为纯牛奶光谱，当第二行分别为第 i 个纯牛奶光谱或第 i 个掺杂牛奶光谱时，根据 Noda 理论[1,13]：

$$\Phi(v_1, v_2) = \frac{1}{m-1} A^{\top} A \tag{3-3}$$

进行相关计算得到第 i 个纯牛奶或第 i 个掺杂牛奶所对应的同步二维相关谱。其中 $\Phi(v_1,v_2)$ 为波数 (v_1,v_2) 处相关强度。

欧氏距离也叫欧几里得距离，是判别分析中经常采用的距离，其描述了 N 维空间中两点间的真实距离，即两项间的差是每个变量值差的平方和再平方根，目的是计算整体距离即不相似性。欧氏距离可以用来判别样品二维相关谱相似程度[22]。以矩阵 S 表示样品的同步二维相关谱，那么两个样品的二维相关谱矩阵的欧氏距离可表示为：

$$D_{xy} = \left\{ \frac{1}{2} \sum_{i=1}^{n} \sum_{j=1}^{n} \left| d_{ij} \right|^2 \right\}^{\frac{1}{2}} = \left\{ \frac{1}{2} \sum_{i=1}^{n} \sum_{j=1}^{n} \left| S_{ij}^{x} - S_{ij}^{y} \right|^2 \right\}^{\frac{1}{2}} \tag{3-4}$$

在计算两个样品的距离之前，采用式(3-5)对二维相关光谱进行归一化处理。在对二维相关光谱进行模长归一化处理之后，两个完全一致的样品间距离应为 0，两个完全不一致的样品间距离应为 1。两个样品间距离越大，说明其差异越大。

$$\Phi^{*}(v_i, v_j) = \frac{\Phi(v_i, v_j)}{\sqrt{\sum_{i=1}^{n} \sum_{j=1}^{n} \Phi^{2}(v_i, v_j)}} \tag{3-5}$$

基于二维相关谱的欧氏距离对纯牛奶和掺杂牛奶进行了判别[23]，涉及的参数：纯牛奶组内距离平均值 $\bar{D}_m$；掺杂牛奶组内距离平均值 $\bar{D}_n$；纯牛奶与掺杂牛奶组间距离平均值 $\bar{D}_b$。定义：纯牛奶类与掺杂牛奶类中最小和最大距离所对应的四个样品称作“极值样品”。

对于未知样品，通过以下三步来进行判定：

第一步：计算未知样品的同步二维红外相关谱矩阵；

第二步：分别计算该样品与校正集中纯牛奶类中四个“极值样品”的欧氏距离，然后计算平均值 $\bar{d}_m$；用同样的方法，计算该未知样品到校正集中掺杂牛奶类四个“极值样品”的欧氏距离，然后计算平均值 $\bar{d}_n$；

第三步：如果 $\bar{d}_m > \bar{D}_b$，则该未知样品属于掺杂牛奶；若同时 $\bar{d}_m < \bar{D}_n$，$\bar{d}_n < \bar{D}_n$，则进一步说明该样品属于掺杂牛奶；如果 $\bar{d}_n > \bar{D}_b$，则该未知样品属于纯牛奶；若同时 $\bar{d}_n < \bar{D}_m$，$\bar{d}_m < \bar{D}_m$，则进一步说明该样品属于纯牛奶。

3.2.2 欧氏距离掺杂牛奶的判别

1. 实验和样品

称取不同质量的尿素和三聚氰胺分析纯，按照低密高疏的浓度分布原则，分别配置浓度范围都为 0.01～0.3g/L 的掺杂尿素牛奶、掺杂三聚氰胺牛奶各 16 个，纯牛奶样品 16 个。采用美国 Nicolet IR200 傅里叶红外光谱仪采集样品的红外光谱，其范围为 900～1700cm^{-1}，分辨率 8cm^{-1}。以 DTGS 检测器检测光谱数据，为提高光谱的信噪比，取 32 次扫描求平均值。

按照浓度梯度法，选择 10 个掺杂尿素牛奶(U1, U2, …, U10)、10 个掺杂三聚氰胺牛奶(S1, S2, …, S10)，分别与 10 个纯牛奶(M1, M2, …, M10)组成校正集，剩余 6 个掺杂尿素牛奶、6 个掺杂三聚氰胺牛奶，分别与 6 个纯牛奶组成预测集，用于后续判别模型的建立。

2. 纯牛奶与掺杂牛奶的同步二维红外相关谱

以牛奶中掺杂物浓度为外扰，采用 MATLAB 程序根据式(3-3)对其进行相关计算，图 3-19(a)～(c)分别是纯牛奶、掺杂尿素牛奶和掺杂三聚氰胺牛奶所对应的同步二维红外相关谱。从图上可以看出，在 900～1200cm^{-1} 区间内，三种样品的相关谱非常相似，这表明在此波数区间内特征信息的变化主要是由纯牛奶组分吸收引起；在 1300～1700cm^{-1} 区间内，由于牛奶中掺杂物尿素和三聚氰胺存在特征吸收，三种样品在此波数范围内在细微处存在差别(这些差别也可能是由于噪声引起)，但差别不是很明显，因此从二维红外相关谱表观上无法实现掺杂牛奶与纯牛奶的判定。

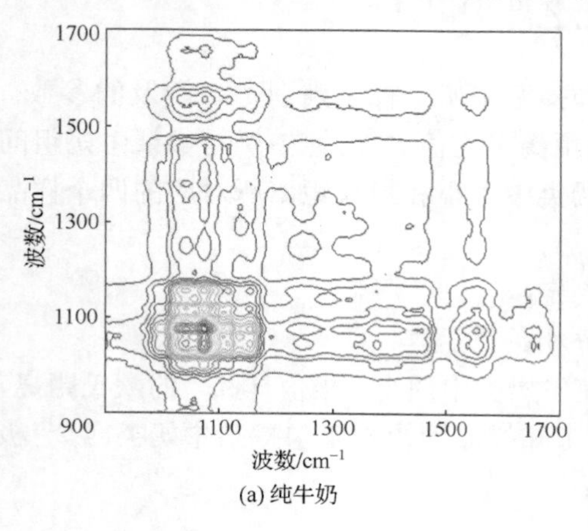

(a) 纯牛奶

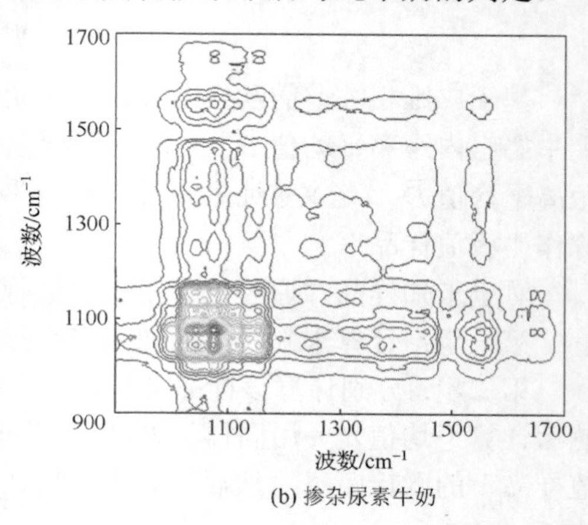

(b) 掺杂尿素牛奶

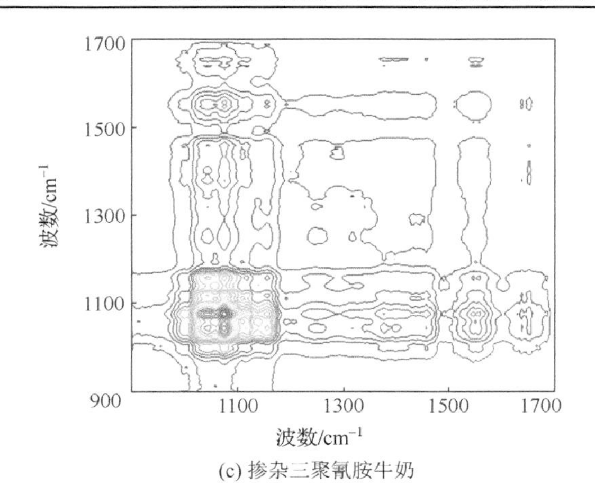

(c) 掺杂三聚氰胺牛奶

图 3-19　纯牛奶、掺杂尿素牛奶和掺杂三聚氰胺牛奶的同步二维红外相关谱

3. 掺杂尿素牛奶判别

分别计算了校正集中 10 个纯牛奶、10 个掺杂尿素牛奶二维红外相关谱矩阵的组内、组间欧氏距离。在纯牛奶类组内距离中，样品 M1 与 M4 组内距离最小(0.019)，样品 M5 与 M10 组内距离最大(0.099)，组内距离的平均值为 0.043，样品 M1、M4、M5 和 M10 为“极值样品”；在掺杂尿素牛奶类组内距离中，样品 U1 和 U2 组内距离最小(0.02)；样品 U4 和 U10 组内距离最大(0.1)，组内距离的平均值为 0.05，样品 U1、U2、U4、U10 为“极值样品”；纯牛奶类与掺杂尿素牛奶类所有样品组间距离中，M2 和 U1 组间距离最小(0.023)；样品 M5 和 U10 组内距离最大(0.132)，组间距离的平均值为 0.057。表 3-2 给出了极值样品之间的欧氏距离。

表 3-2　掺杂尿素牛奶模型校正集中样品间欧氏距离极值分布

样品欧氏距离	纯牛奶类	掺杂尿素牛奶类	纯牛奶类与 掺杂尿素类
最小值	0.019	0.02	0.023
最大值	0.099	0.1	0.132
平均值	0.043	0.05	0.057

根据前述判别规则，分别计算了 12 个未知样品分别到校正集纯牛奶类与掺杂牛奶类“极值样品”距离的平均值(表 3-3)。从表中可以看出#1，#2，#4 和#6 样品到纯牛奶类“极值样品”的平均距离 $\bar{d}_m$ 都小于组间距离的平均值 $\bar{D}_b = 0.057$，而#7 至#12 样品到纯牛奶类“极值样品”的平均距离 $\bar{d}_m$ 都大于两类样品组间距离的平均值 $\bar{D}_b = 0.057$；12 个未知样品到掺杂尿素类“极值样品”的平均距离 $\bar{d}_n$ 都大于或等于两类样品组间距离的平均值 $\bar{D}_b = 0.057$。

表 3-3　预测集样品到极值样品的平均值

未知样品	#1	#2	#3	#4	#5	#6	#7	#8	#9	#10	#11	#12
$\bar{d}_m$	0.04	0.039	0.058	0.043	0.051	0.044	0.065	0.083	0.118	0.1	0.112	0.12
$\bar{d}_n$	0.077	0.082	0.079	0.069	0.101	0.083	0.057	0.063	0.095	0.075	0.084	0.095

为了更好地解释所建模型对未知样品的判别，将 12 个未知样品到两类“极值样品”的平均距离用柱状图表示出来，如图 3-20 所示。图中 Threshold=0.057 为纯牛奶类与掺杂尿素牛奶类样品的分界线，0.043 为纯牛奶类组内距离平均值，0.05 为掺杂尿素牛奶类组内距离平均值。依据前述欧氏距离判别原理，判别#1 至#6 样品为纯牛奶，#7 至#12 样品为掺杂尿素牛奶。

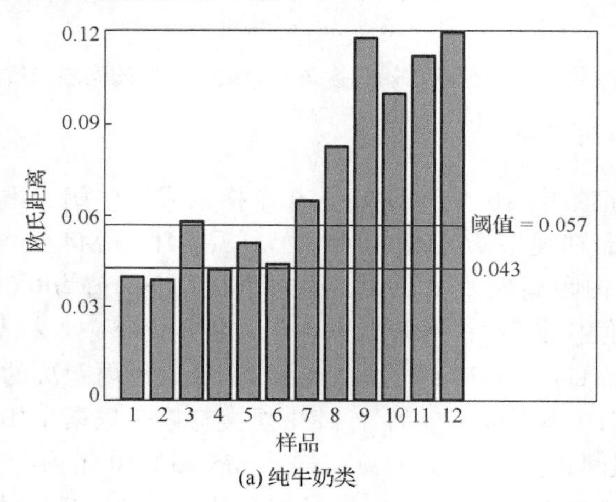

(a) 纯牛奶类

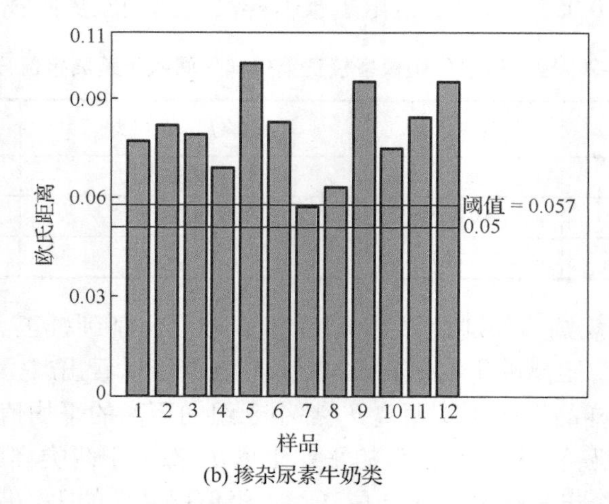

(b) 掺杂尿素牛奶类

图 3-20　预测集中未知样品到两类“极值样品”平均距离

4. 掺杂三聚氰胺牛奶判别

采用同样的方法，分别计算了校正集 10 个纯牛奶与 10 个掺杂三聚氰胺牛奶二维红外相关谱矩阵间的欧氏距离(见表 3-4)。在掺杂三聚氰胺牛奶类组内距离中，样品 A1 与 A2 组内距离最小(0.025)；样品 A1 与 A9 组内距离最大(0.143)；组内距离的平均值为 0.08。样品 A1、A2、A9 为“极值样品”；在纯牛奶类与掺杂三聚氰胺牛奶类的组间距离中，样品 M10 和 S4 组内距离最小，且为 0.04；样品 M1 和 S1 组内距离最大，且为 0.196；组间距离的平均值为 0.118。

表 3-4　掺杂三聚氰胺牛奶模型校正集中样品间欧氏距离极值分布

样品欧氏距离	纯牛奶类	掺杂三聚氰胺牛奶类	纯牛奶类与掺杂三聚氰胺类
最小值	0.019	0.025	0.04
最大值	0.099	0.143	0.196
平均值	0.0426	0.08	0.118

根据前述判别规则,分别计算了 12 个未知样品分别到校正集纯牛奶类与掺杂牛奶类“极值样品”距离的平均值，见表 3-5(由于掺杂尿素牛奶和掺杂三聚氰胺两个模型预测集中是相同的#1 至#6 纯牛奶样品,所以前 6 个样品到纯牛奶类“极值样品”的距离与表 3-3 相同)。计算结果表明：#7 至#12 未知样品到纯牛奶类“极值样品”的平均距离 $\bar{d}_m$ 都大于两类样品组间距离的平均值 0.118；12 个未知样品中前#1 至#6 样品到掺杂三聚氰胺牛奶类“极值样品”的平均距离 $\bar{d}_n$ 都大于纯牛奶类与掺杂牛奶类组间距离的平均值 $\bar{D}_b = 0.118$，#7 至#11 样品到掺杂三聚氰胺牛奶类“极值样品”的平均距离 $\bar{d}_n$ 都小于组间距离的平均值 $\bar{D}_b = 0.118$。

表 3-5　预测集样品到极值样品的平均值

未知样品	#1	#2	#3	#4	#5	#6	#7	#8	#9	#10	#11	#12
$\bar{d}_m$	0.04	0.039	0.058	0.043	0.051	0.044	0.17	0.14	0.13	0.17	0.2	0.198
$\bar{d}_n$	0.168	0.184	0.14	0.158	0.195	0.168	0.08	0.10	0.10	0.08	0.09	0.12

图 3-21 为 12 个未知样品到两类“极值样品”平均欧氏距离的柱状图。在图中，0.043 红线为纯牛奶类组内距离平均值，0.08 红线为掺杂三聚氰胺牛奶类组内距离平均值，0.118 红线为两类样品组间距离平均值。依据前述欧氏距离判别原理，判别#1 至#6 样品为纯牛奶，#7 至#12 样品为掺杂三聚氰胺牛奶。

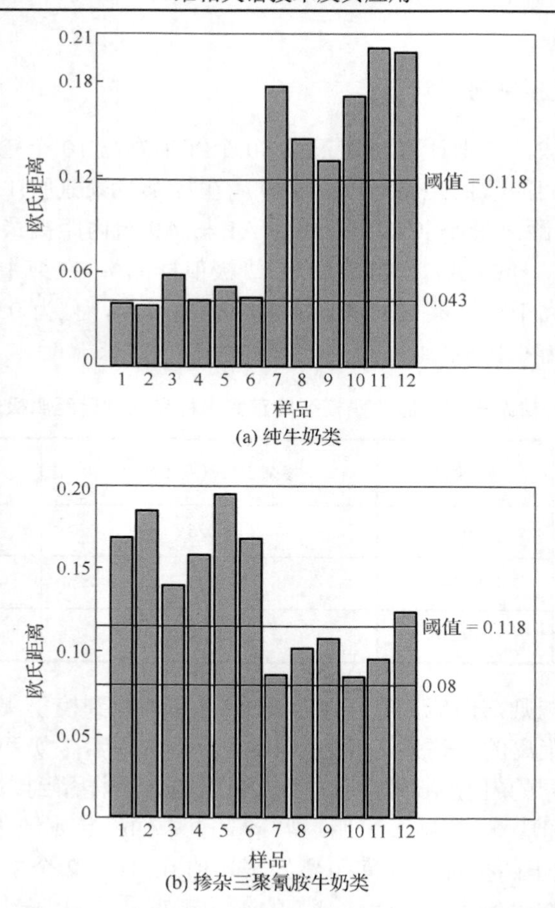

图 3-21　预测集中未知样品到两类“极值样品”平均距离

3.3　同谱二维相关光谱掺杂牛奶检测

3.3.1　二维近红外相关谱掺杂牛奶 K-OPLS 判别

1. 核隐变量正交投影算法

当采集的特征光谱信息 X 与待分析组分 Y 之间呈现非线性关系时，线性偏最小二乘(partial least square，PLS)方法就很难从复杂的生物体系中提取与待分析物相关的特征信息。Rantalainen 等基于核技术提出了核隐变量正交投影(kernel-based orthogonal projections to latent structures，K-OPLS)建模方法，K-OPLS 建模算法如下[24,25]：

(1) 对 $Y^{\top}KY$ 进行本征值分解得到 Y 的载荷矩阵 C_p：

$$\left(C_p,\sum p\right)\leftarrow \mathrm{EVD}(Y^\top K_{tr,tr}^{1,1}Y,A)\ (A\ 为预测主成分数) \tag{3-6}$$

(2) 将 Y 投影到 C_p 上得到 Y 的得分矩阵 U_p:

$$U_p\leftarrow YC_p \tag{3-7}$$

(3) 循环变量 i 从 1 到 A_0(A_0 为 Y 正交成分数)

①计算 X 的预测得分矩阵 T_{ptr}^i:

$$T_{\mathrm{ptr}}^i\leftarrow K_{tr,tr}^{1,1\ \top}U_p\sum_p^{-1/2} \tag{3-8}$$

②计算 i 个 y 正交主成分的预测载荷矩阵 c_{o}^i 和本征值 σ_{o}^i:

$$(c_{\mathrm{o}}^i,\sigma_{\mathrm{o}}^i)\leftarrow \mathrm{EDV}((T_{\mathrm{ptr}}^i)^\top(K_{tr,tr}^{i,i}-T_{\mathrm{ptr}}^i)(T_{\mathrm{ptr}}^i)^\top)T_{\mathrm{ptr}}^i,1) \tag{3-9}$$

③计算 i 个 y 正交主成分的得分向量 $\mathrm{t}_{\mathrm{otr}}^i$:

$$t_{\mathrm{otr}}^i\leftarrow(K_{tr,tr}^{i,i}-T_{\mathrm{ptr}}^i)(T_{\mathrm{ptr}}^i)^\top)T_{\mathrm{ptr}}^i c_{\mathrm{o}}^i\sigma_{\mathrm{o}}^{-1/2} \tag{3-10}$$

④对 i 个 y 正交得分向量标准化:

$$\left\|t_{\mathrm{otr}}^i\right\|\leftarrow\sqrt{t_{\mathrm{otr}}^{i\ \top}t_{\mathrm{otr}}^i}^{\,t_{\mathrm{otr}}^i\leftarrow t_{\mathrm{otr}}^i/\left\|t_{\mathrm{otr}}^i\right\|} \tag{3-11}$$

⑤从核矩阵中剔除 i 个 y 正交成分:

$$K_{tr,tr}^{1,i+1}\leftarrow K_{tr,tr}^{1,i}(I_{tr}^i-t_{\mathrm{otr}}^i t_{\mathrm{otr}}^{i\ \top}) \tag{3-12}$$

⑥计算新的核矩阵用于 i+1 循环:

$$K_{tr,tr}^{i+1,i+1}\leftarrow(I_{tr}-t_{\mathrm{otr}}^i t_{\mathrm{otr}}^{i\ \top})K_{tr,tr}^{i,i}(I_{tr}-t_{\mathrm{otr}}^i t_{\mathrm{otr}}^{i\ \top}) \tag{3-13}$$

(4) 计算 A_0+1 个主成分 X 的预测得分矩阵:

$$T_{\mathrm{ptr}}^{A_0+1}\leftarrow K_{tr,tr}^{1,A_0+1}U_p\sum_p^{-1/2} \tag{3-14}$$

(5) 计算回归系数:

$$B_t\leftarrow((T_{\mathrm{ptr}}^{A_0+1})^\top T_{\mathrm{ptr}}^{A_0+1})^{-1}(T_{\mathrm{ptr}}^{A_0+1})^\top U_p \tag{3-15}$$

对于预测集中的数据类同校正集的操作，计算得到 $T_{\mathrm{pte}}^{A_0+1}$，并根据 B_t 和 $C_p^\top$ 得到 Y 的估计值:

$$\hat{Y}\leftarrow T_{\mathrm{pte}}^{A_0+1}B_t C_p^\top \tag{3-16}$$

其中 $K^{1,1}$ 为原始的 Gram 核矩阵，$K^{j,i}$ 为原始核矩阵经 i，j 次收缩后的核矩阵，I 为维度单位矩阵，Σ_p 为 Y 的本征值。

选用高斯函数作为 Kernel 函数，Kernel 函数中核宽度σ的大小以及正交成分数 N 都影响着模型的预测能力，采用交叉验证法对其进行优选，能有效防止模型过度训练，使其具有良好的泛化能力[26]。利用交叉验证的方法来确定模型的最佳参数σ和 N，即计算不同参数σ和 N 情况下的内部交叉验证均方根误差(root mean square error of cross validation，RMSECV)，选择 RMSECV 最小时，所对应的σ和 N，即为最佳建模参数。

在这里，引入 Q^2Y 来评定 KOPLS 模型的质量：

$$Q^2Y = 1 - \frac{\sum (y - y_p)^2}{\sum (y - \overline{y})^2} \tag{3-17}$$

式中，y、y_p 和 $\overline{y}$ 分别代表样品的实际值、预测值和平均值，m 和 n 分别表示校正集和预测集中的样品数。Q^2Y 描述的是不同类别在统计学上的意义，一般来说，当 Q^2Y 大于 0.05 时，表明该模型具有统计学上的意义，当 Q^2Y 大于 0.5 时，认为所建立的 KOPLS 模型是一个比较好的模型，当 Q^2Y 大于 0.7 时，表明所建 K-OPLS 模型非常好[27]。

2. 实验与样品

制备了三类掺杂牛奶：40 个掺杂尿素的牛奶(1～20g/L)样品，40 个掺杂三聚氰胺的牛奶(0.01～0.3g/L)样品，40 个掺杂葡萄糖的牛奶(0.1～10g/L)样品，共配置了 120 个纯牛奶和 120 个掺杂牛奶样品。

实验所用仪器为美国 PerkinElmer 公司的傅里叶变换红外光谱仪。采用石英(Quartz)分束器，液氮冷却的锑化铟(InSb)检测器，光谱采集范围为 4000～10000cm^{-1}，分辨率为 4cm^{-1}(控制光信号衰减的 B-Stop 和 J-Stop 大小分别为 1.5mm、3.96mm)。为提高信噪比，每一个光谱扫描 16 次求平均值。

图 3-22 是纯牛奶与掺杂尿素牛奶、掺杂三聚氰胺牛奶和掺杂葡萄糖牛奶在 4200～4800cm^{-1} 范围的近红外吸收谱。从图上可以看出掺杂牛奶与纯牛奶光谱非常相似，所以从原始近红外谱图上无法实现掺杂牛奶与纯牛奶的判定。

3. 掺杂牛奶的 K-OPLS 判别

考虑非线性效应，Yang 等将二维相关谱与核隐变量正交投影算法结合，建立了掺杂尿素牛奶(1～20g/L)、掺杂三聚氰胺牛奶(0.01～0.3g/L)、掺杂葡萄糖牛奶(0.1～10g/L)与纯牛奶的 K-OPLS 判别模型[28]。图 3-23 给出了纯牛奶、掺杂尿素牛奶、掺杂三聚氰胺牛奶和掺杂葡萄糖牛奶在 4200～4800cm^{-1} 的同步二维相关谱。与常规一维谱相比，二维相关谱尽管可以提供更多的特征信息，但由于纯牛奶和掺杂牛奶的二维相关谱也非常相似，根据二维相关谱也无法判别牛奶是否掺杂，因此需要采用多元校正方法来进行分析。

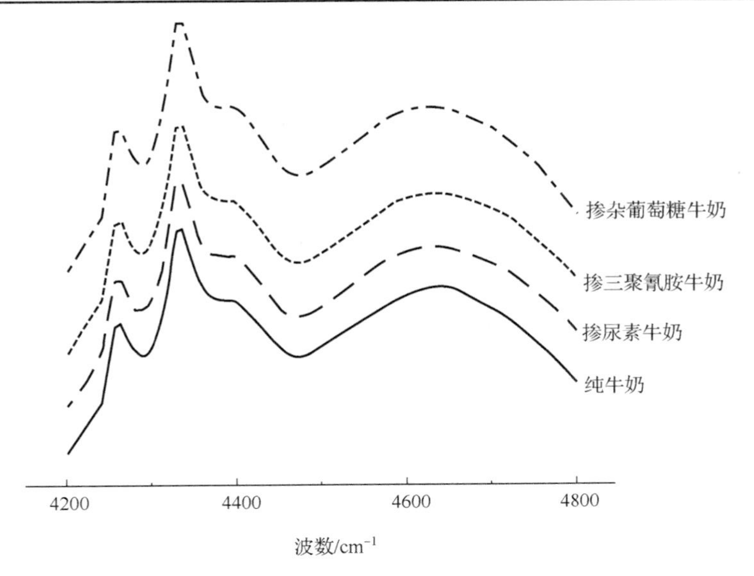

图 3-22 纯牛奶和掺杂牛奶常规一维近红外光谱

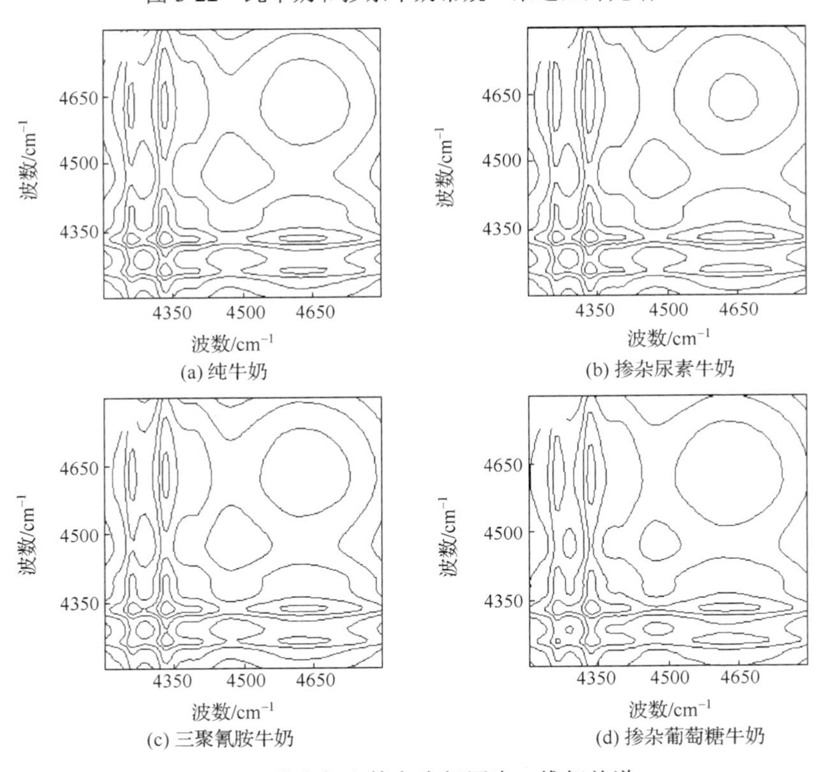

图 3-23 纯牛奶和掺杂牛奶同步二维相关谱

从 240 个样品中选择 160 个样品(27 个掺杂尿素牛奶、26 个掺杂三聚氰胺牛奶、27 个掺杂葡萄糖牛奶和 80 个纯牛奶)作为校正集建立校正模型，余下的 80 个样品(13 个掺杂尿素牛奶、14 个掺杂三聚氰胺牛奶、13 个掺杂葡萄糖牛奶和 40 个纯牛奶)作为预测集。

选用高斯函数作为 Kernel 函数，并采用 7 次交叉验证建立 K-OPLS 模型。建模参数核宽度 σ 的大小和正交成分数 N 对于建立 K-OPLS 模型是非常重要的，这两个参数影响着模型的稳定性和预测能力。采用 RMSECV 来选取最佳的建模参数，即计算不同参数 σ 和 N 情况下的 RMSECV，选择 RMSECV 最小时，所对应的 σ 和 N，即为最佳建模参数。为选取最佳的建模参数，让核函数宽度 σ 从 0.1 开始，以 0.1 为间隔，一直到 10，正交成分 N 从 1 开始直到 20 为止，分别计算 RMSECV，选择 RMSECV 最小所对应的 σ 和 N。图 3-24 是在不同 σ 和 N 下 RMSECV 的变化图，从图上可以看出，当 σ=0.2，N=19 时，RMSECV 最小，因此选择 σ=0.2，N=19 时，建立 K-OPLS 模型。

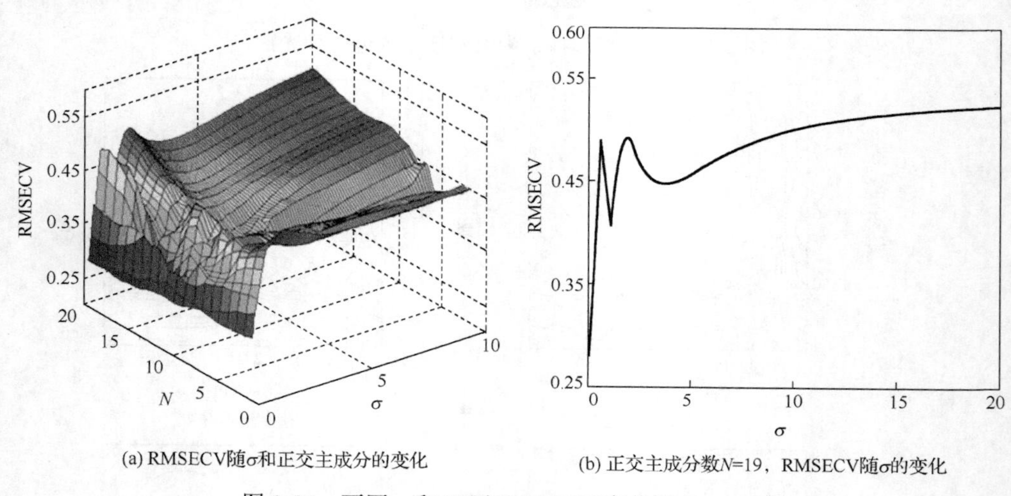

(a) RMSECV随σ和正交主成分的变化　　(b) 正交主成分数N=19，RMSECV随σ的变化

图 3-24　不同 σ 和 N 下 RMSECV 变化图(0.1～20)

图 3-25 给出了当核宽度 σ=0.2 时，不同正交成分 N 下的 Q^2Y。从图上可以看出，当 N=19 时，其 Q^2Y 值最大，这就进一步说明最佳的正交主成分数为 19。在最佳建模参数下所建立的 K-OPLS 模型的 Q^2Y =0.692，这说明该模型具有好的预测能力。

图 3-26 为不同正交成分下 Y 预测得分 t_p 与第一 Y 正交成分(t_{o1})的散点图(○，☆，▽和∗分别代表纯牛奶，掺杂尿素牛奶，掺杂三聚氰胺牛奶和掺杂葡萄糖牛奶)。显然，通过这种方法可以将掺杂牛奶与纯牛奶分开。预测得分 t_p 将纯牛奶与掺杂牛奶区分开：掺杂牛奶基本占据了 $t_p<0$ 的空间，而纯牛奶基本占据了 $t_p>0$

的空间；第一正交成分 t_{o1}，可将不同种类的掺杂牛奶区分开，这是 K-OPLS 方法所独有的优势。

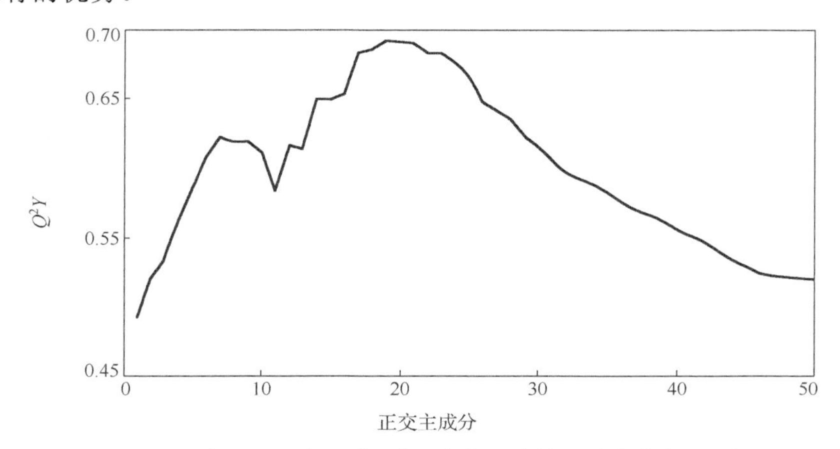

图 3-25　在 σ=0.2 时，Q^2Y 随正交主成分数 N 的变化（1～50）

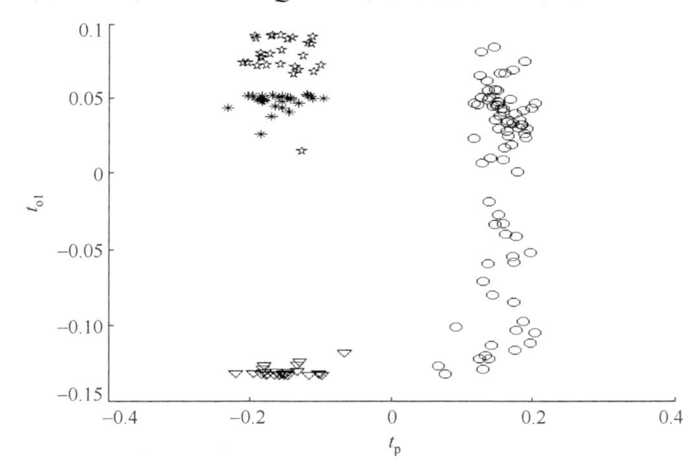

图 3-26　不同正交成分下 Y 预测得分 t_p 与第一 Y 正交成分（t_{o1}）的散点图

利用所建立的 K-OPLS 模型对校正集中 160 个样品进行内部预测。掺杂尿素牛奶、掺杂三聚氰胺牛奶、掺杂葡萄糖牛奶和纯牛奶的判别正确率分别为 96.3%、100%、96.3%和 87.5%。共有 12 个样品被误判，因此所建模型对校正集样品总的判别正确率为 91.7%。

对预测集中 80 个样品进行外部预测，其预测结果如图 3-27 所示。显然，纯牛奶和掺杂牛奶样品被分为两类，掺杂尿素牛奶、掺杂三聚氰胺牛奶、掺杂葡萄糖牛奶和纯牛奶的判别正确率分别为 100%、85.7%、84.6%和 90%。共有 8 个样品被误判，因此所建模型对预测集样品总的判别正确率为 90%。

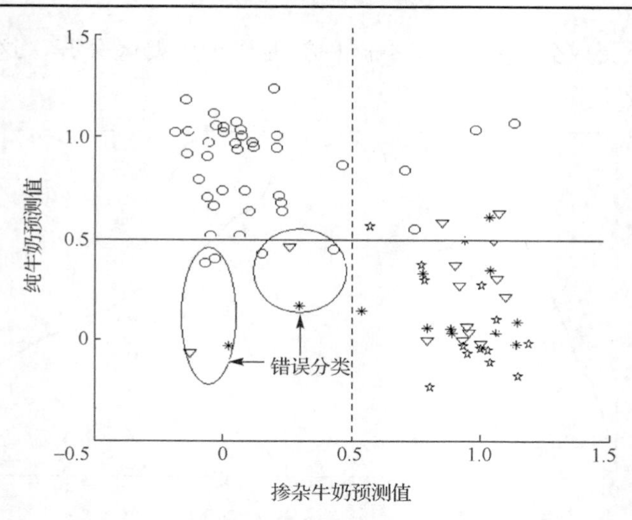

图 3-27 K-OPLS 模型对预测集样品的预测结果

3.3.2 二维近红外相关谱掺杂牛奶 N-PLS 判别

对于 3.3.1 节中纯牛奶、掺杂尿素牛奶和掺杂三聚氰胺牛奶的同步二维近红外相关谱矩阵，基于多维偏最小二乘(n-way partial least squares，N-PLS)方法建立了纯牛奶和掺杂牛奶的判别(discriminate analysis，DA)模型。

1. *掺杂尿素牛奶与纯牛奶的判别模型*

采用浓度梯度法从 40 个掺杂尿素牛奶样品中选出 30 个作为校正集，剩余 10 个作为预测集；对应 40 个纯牛奶样品中任意选出 30 个作为校正集，剩余 10 个作为预测集，建立多维偏最小二乘判别(NPLS-DA)模型。图 3-28 是校正集和预测集中所有样品预测值在掺杂尿素牛奶和纯牛奶空间的散点分布图(○和∗分别表示校正集中的纯牛奶和掺杂尿素牛奶，+ 和△分别表示预测集中纯牛奶和掺杂尿素牛奶)。对于两类判别：纯牛奶与掺杂尿素牛奶，图中已标出判别两类的分界线。纯牛奶类分界线 0.5 以上的样品为纯牛奶，分界线以下的是掺杂尿素牛奶；位于掺杂尿素牛奶类分界线 0.5 右侧的样品为掺杂尿素牛奶，分界线左侧的样品为纯牛奶。

图 3-29 是 NPLS-DA 模型对掺杂尿素牛奶和纯牛奶样品正确判别与误判的百分比。图 3-29(a)是掺杂尿素牛奶判别结果，校正集和预测集样品的判别正确率分别为 96.7%和 90%，各有 1 个样品被误判为纯牛奶，误判率分别为 3.3%和 10%。图 3-29(b)是纯牛奶的判别结果，校正集和预测集中的纯牛奶判别正确率均为 100%。

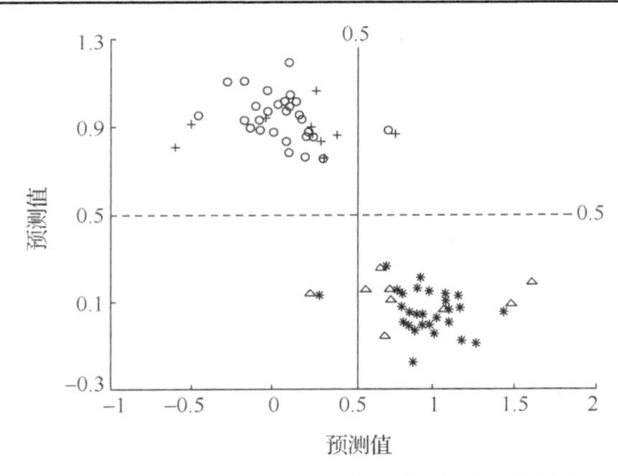

图 3-28　掺杂尿素牛奶与纯牛奶样品预测值散点图

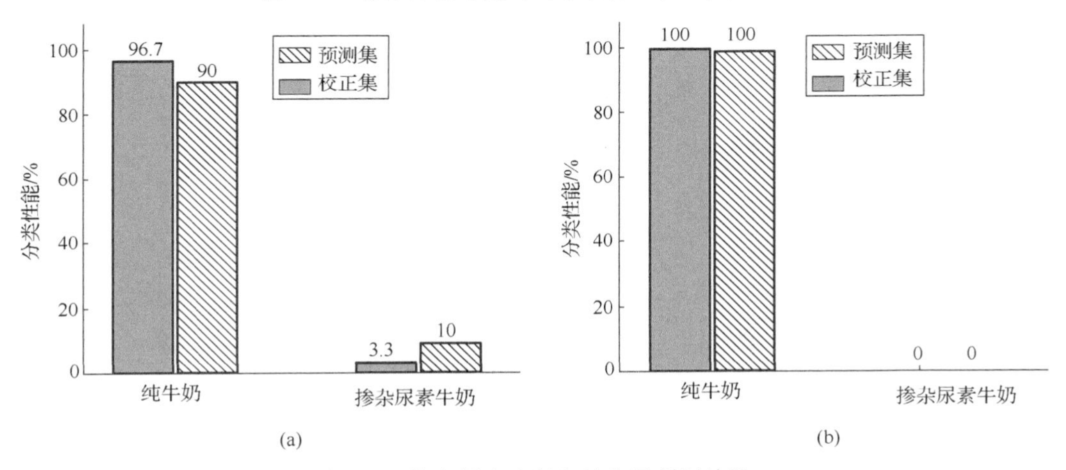

图 3-29　掺杂尿素牛奶与纯牛奶判别结果

为了进一步说明 NPLS-DA 方法的优势，我们对上述的校正集和预测集分别采用了偏最小二乘判别(PLS-DA)和正交偏最小二乘判别(OPLS-DA)方法建模，建模参数及对未知样品判别结果见表 3-6。虽然 NPLS-DA 方法建模所需要的主成分数多于其他方法，但就校正集和预测集样品的判别正确率而言，NPLS-DA 方法明显优于其他两种方法。三种方法对未知样品的正确判别率分别为 95%、90%和 90%。

表 3-6　三种方法对掺杂尿素牛奶与纯牛奶的判别结果

模型	主成分数	判别正确率	
		校正集/%	预测集/%
NPLS-DA	5	98.3	95
PLS-DA	4	93.3	90
OPLS-DA	2	98.3	90

2. 掺杂三聚氰胺牛奶与纯牛奶判别模型

采用上述同样的方法，选择 60 个样品(30 个掺杂三聚氰胺牛奶，30 个纯牛奶)为校正集，剩余 20 个样品(10 个掺杂三聚氰胺牛奶，10 个纯牛奶)为预测集，分别建立 NPLS-DA、PLS-DA 和 OPLS-DA 模型。图 3-30 是 NPLS-DA 模型对所有样品的预测值在掺杂三聚氰胺牛奶和纯牛奶空间散点分布图(○和☆分别表示校正集中的纯牛奶和掺杂三聚氰胺牛奶，+和◇分别表示预测集中纯牛奶和掺杂三聚氰胺牛奶)。纯牛奶类分界线 0.5 上方的样品属于纯牛奶，下方的样品属于掺杂三聚氰胺牛奶；分布在掺杂三聚氰胺牛奶类分界线 0.5 右侧的样品属于掺杂三聚氰胺牛奶，分布在分界线左侧的样品为纯牛奶。图 3-31 是 NPLS-DA 模型对掺杂三聚氰胺牛奶和纯牛奶样品正确判别率与误判率。图 3-31(a)是掺杂三聚氰胺牛奶判别结果，在校正集中，1 个样品被误判为纯牛奶，判别正确率为 96.7%；在预测集中，2 个样品被误判为纯牛奶，判别正确率为 80%。图 3-31(b)是纯牛奶的判别结果，校正集和预测集中的纯牛奶判别正确率均为 100%。

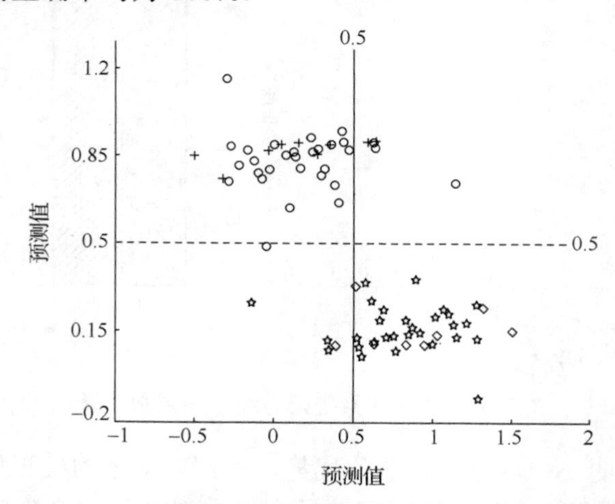

图 3-30 掺杂三聚氰胺牛奶与纯牛奶样品预测值散点图

表 3-7 是 NPLS-DA、PLS-DA 和 OPLS-DA 三种方法对掺杂三聚氰胺牛奶与纯牛奶的判别结果。显然，NPLS-DA 方法和 OPLS-DA 方法都取得比较好的建模效果。三种方法对未知样品判别正确率都为 90%。

表 3-7 三种方法对掺杂三聚氰胺牛奶与纯牛奶判别结果

模型	主成分数	判别正确率	
		校正集/%	预测集/%
NPLS-DA	9	98.3	90
PLS-DA	4	86.7	90
OPLS-DA	2	96.7	90

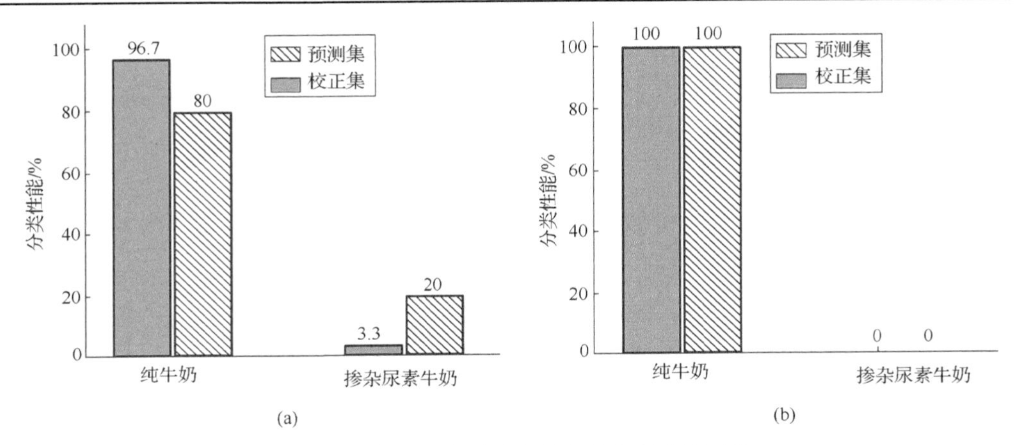

图 3-31　掺杂三聚氰胺牛奶与纯牛奶判别结果

3. 两类掺杂牛奶与纯牛奶判别模型

为了进一步实现掺杂尿素牛奶、掺杂三聚氰胺牛奶及纯牛奶之间的判别，将上述掺杂尿素牛奶与掺杂三聚氰胺牛奶两个模型中的校正集样品合并(120 个样品，30 个掺杂尿素牛奶，30 个掺杂三聚氰胺牛奶，60 个纯牛奶)，分别建立 NPLS-DA、PLS-DA 和 OPLS-DA 模型。利用所建模型对上述两个模型的预测集样品(10 个掺杂尿素牛奶、10 个掺杂三聚氰胺牛奶、20 个纯牛奶)进行预测。

图 3-32(a)、(b)分别是校正集和预测集中掺杂尿素牛奶(40 个)、掺杂三聚氰胺牛奶(40 个)与纯牛奶(80 个)预测值在各自空间的散点分布图。从图上可以看出，三类样品：掺杂尿素牛奶、掺杂三聚氰胺牛奶和纯牛奶各自聚集在一起。采用所建立的 NPLS-DA 模型，对校正集中的 120 个样品进行内部预测，其中 6 个掺杂尿素牛奶被误判为纯牛奶；8 个掺杂三聚氰胺牛奶被误判为纯牛奶；60 个纯牛奶都得到正确识别，对校正集所有样品的判别正确率为 88.3%。对预测集中的 40 个未知样品进行判别，其中 2 个掺杂尿素牛奶被误判为纯牛奶；1 个掺杂三聚氰胺牛奶被误判为纯牛奶；20 个纯牛奶都得到正确识别；对未知样品总的判别正确率为 92.5%。图 3-32(c)是校正集和预测集中 40 个掺杂尿素牛奶与 40 个掺杂三聚氰胺牛奶预测值在各自空间的散点图。很显然，两种掺杂牛奶各自聚集在一起，两类样品完全分开，因此通过样品预测值在各自空间的散点图可以实现样品的聚类分析[29]。

对于掺杂尿素牛奶、掺杂三聚氰胺牛奶与纯牛奶间的三类判别，表 3-8 给出了三种方法的判别结果(A 为掺杂尿素牛奶，B 为掺杂三聚氰胺牛奶，C 为纯牛奶)。从表 3-8 中可以看出：PLS-DA 方法对未知样品的判别正确率要优于 OPLS-DA 方法，其原因可能是高浓度范围的掺杂尿素牛奶和低浓度范围的三聚氰胺牛奶都赋予同一 Y 值，再经过 OPLS 方法处理后，进一步缩小了掺杂三聚氰胺牛奶与纯牛奶之间的差别，因此 OPLS-DA 模型中有更多的纯牛奶误判为掺杂牛奶，或掺杂三聚氰胺牛奶误判为纯牛奶。不过，无论是校正集，还是预测集，NPLS-DA 的判别正确率都高于其他两种方法。三种方法对校正集交叉验证判别正确率分别为 88.3%、79.2%和82.7%，对未知样品判别正确率分别为 92.5%、84.5%和 65%。

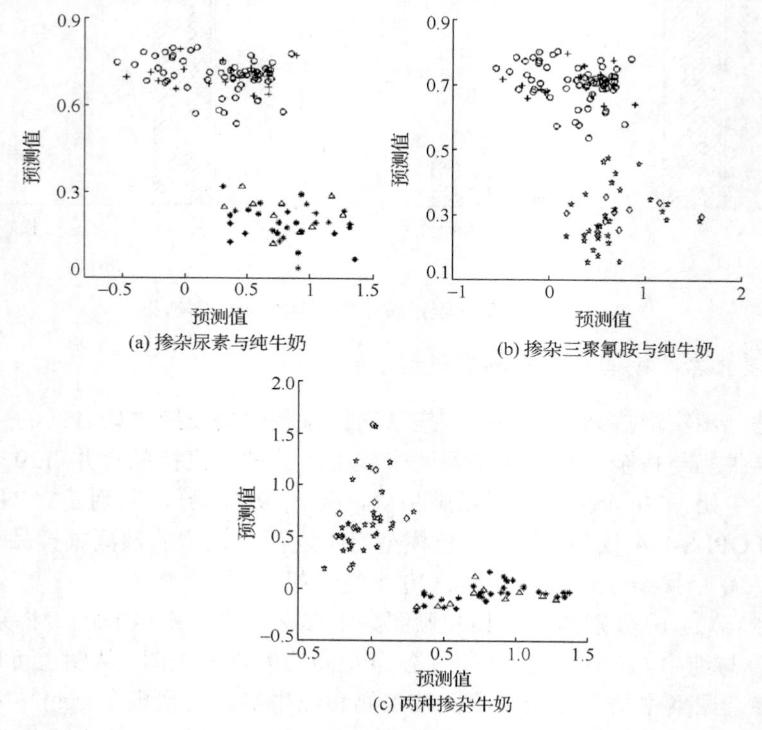

图 3-32 预测值散点图

表 3-8 三种方法对两类掺杂牛奶与纯牛奶判别结果

样品	模型	主成分数	判别正确率	
			校正集/%	预测集/%
A	NPLS-DA	5	80	80
B			73.3	90
C			100	100
A	PLS-DA	4	66.7	80
B			50	50
C			100	100
A	OPLS-DA	2	83.3	70
B			76.7	0
C			70	95

3.3.3 二维中红外相关谱 N-PLS 判别

1. 实验与样品

制备纯牛奶样品 64 个，并分别配置掺杂尿素牛奶、三聚氰胺牛奶、四环素牛奶和葡萄糖牛奶各 16 个，其浓度范围均为 0.01～0.3g/L，掺杂牛奶质量浓度分布的实验设计按照低浓度分布密和高浓度分布松的原则进行。采用美国尼高力公司的 Nicolet IR200 傅里叶红外光谱仪，仪器采用 DTGS 检测器，扫描范围为 900～1700cm^{-1}，光谱分辨率为 8cm^{-1}，扫描间隔为 4cm^{-1}。为提高信噪比，重复扫描 32 次求平均值。

2. 纯牛奶和掺杂牛奶判别

图 3-33 为纯牛奶和四种掺杂牛奶在 900～1700cm^{-1} 范围的一维中红外光谱。图 3-34(a)～(e)分别是纯牛奶、掺杂尿素牛奶、掺杂三聚氰胺牛奶、掺杂四环素牛奶和掺杂葡萄糖牛奶的同步二维中红外相关谱。从图上可以看到：在 900～1200cm^{-1} 范围内，纯牛奶和掺杂牛奶光谱相似，表明其特征吸收主要是纯牛奶组分吸收所引起的；在 1200～1700cm^{-1} 范围内，四种掺杂牛奶与纯牛奶光谱之间存在细微差别，表明其特征吸收是由纯牛奶和掺杂物共同所引起。

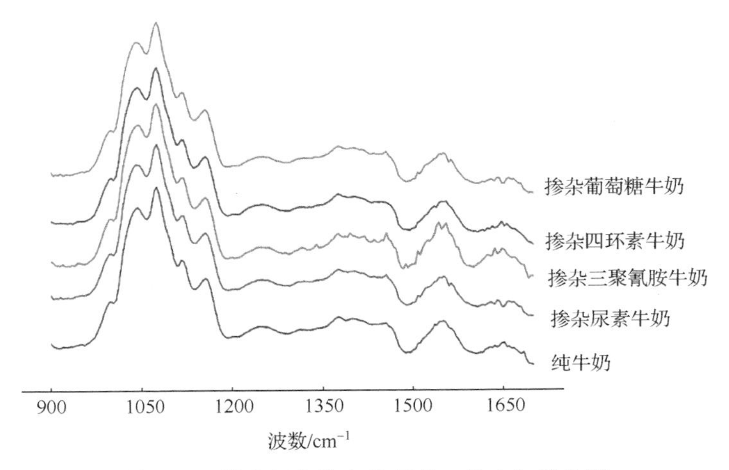

图 3-33 纯牛奶和掺杂牛奶的一维中红外光谱

按浓度梯度法，从 128 个掺杂牛奶样品中选出 85 个(掺杂尿素牛奶、掺杂三聚氰胺牛奶和掺杂葡萄糖牛奶各 11 个，掺杂四环素牛奶 10 个，纯牛奶 42 个)作为校正集，剩余 43 个(掺杂尿素牛奶、掺杂三聚氰胺牛奶和掺杂葡萄糖牛奶各 5 个，掺杂四环素牛奶 6 个，纯牛奶 22 个)作为预测集。

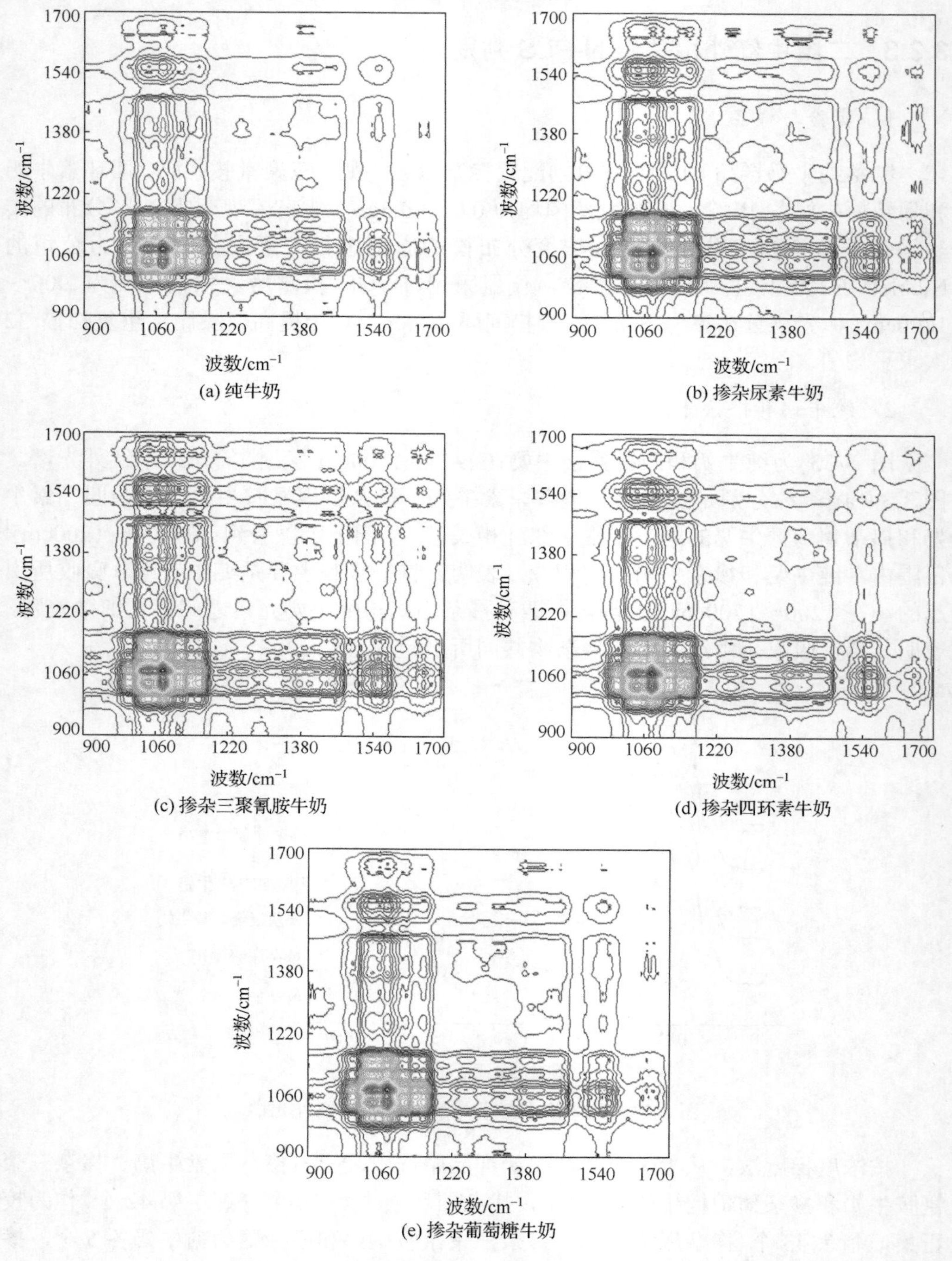

图 3-34　同步二维中红外相关谱(900～1700cm^{-1})

选择 7 个主成分，基于同步二维中红外相关谱矩阵(85×201×201)建立纯牛奶和掺杂牛奶的 N-PLS 判别模型。图 3-35 为所建模型对校正集 85 样品的判别结果(○，*，△，◇和□分别表示纯牛奶，掺杂尿素牛奶，掺杂三聚氰胺牛奶，掺杂四环素牛奶和掺杂葡萄糖牛奶，图 3-36 和图 3-37 图例同)，共有 5 个样品被误判，其中 4 个纯牛奶被误判为掺杂牛奶，1 个掺杂四环素牛奶被误判，模型对校正集样品的判别正确率为 94.1%。图 3-36 为模型对预测集 43 个未知样品的判别结果，共有 4 个样品被误判，其中 2 个纯牛奶被误判为掺杂牛奶，各有 1 个掺杂尿素牛奶和掺杂葡萄糖牛奶被误判，模型对预测集样品的判别正确率为 90.7%。

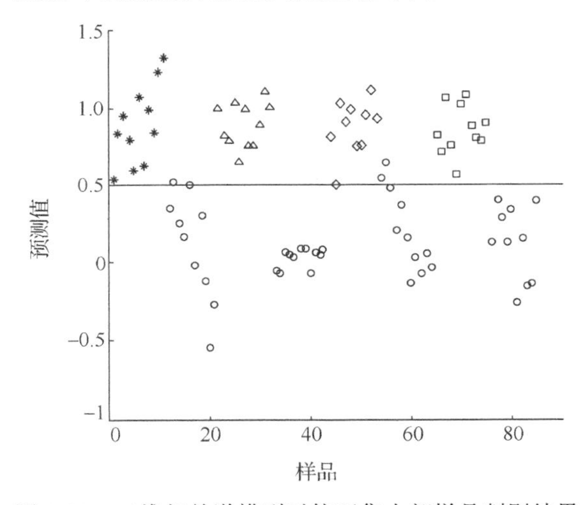

图 3-35　二维相关谱模型对校正集内部样品判别结果

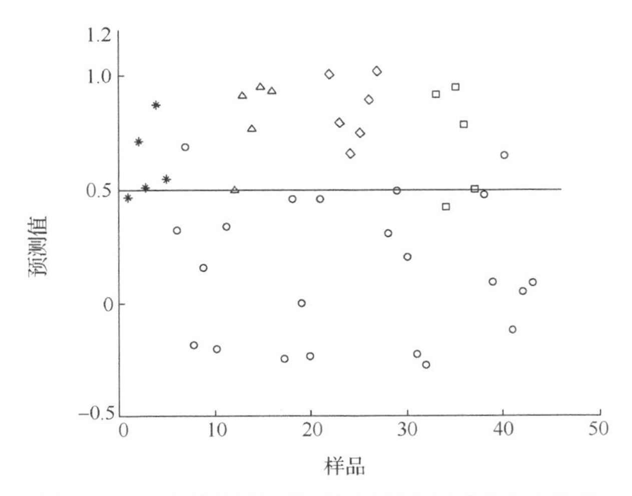

图 3-36　二维相关谱模型对预测集外部样品判别结果

为比较，基于一维中红外光谱(85×201)建立了纯牛奶和掺杂牛奶的判别模型。对于校正集：7个样品被误判，其中掺杂尿素牛奶和掺杂四环素牛奶各2个，纯牛奶3个，模型对校正集85个内部样品的判别正确率为91.8%。对于预测集，其判别结果如图3-37所示，7个样品被误判，其中掺杂尿素牛奶1个，掺杂三聚氰胺牛奶和掺杂四环素牛奶各2个，掺杂葡萄糖牛奶1个，模型对预测集43个样品的判别正确率为83.7%。

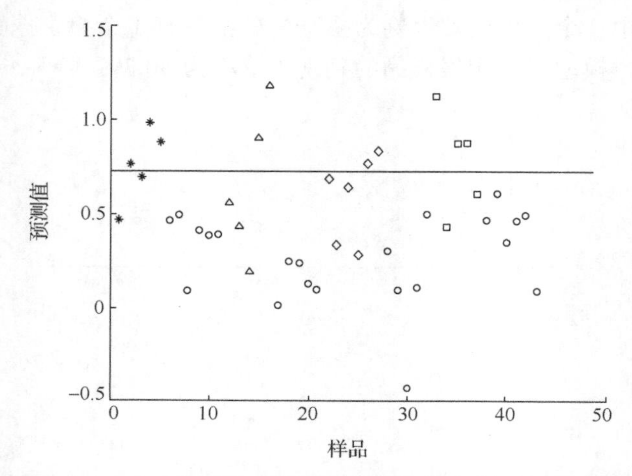

图 3-37　1D 中红外光谱模型对预测集外部样品判别结果

3.3.4　二维中红外相关谱 K-OPLS 判别

为了更明显地体现纯牛奶和掺杂牛奶的差异性，对3.3.3节中64个纯牛奶和64个掺杂牛奶，计算了纯牛奶和掺杂牛奶在900～1200cm^{-1}和1200～1700cm^{-1}范围的同步二维相关谱(见图3-38)。

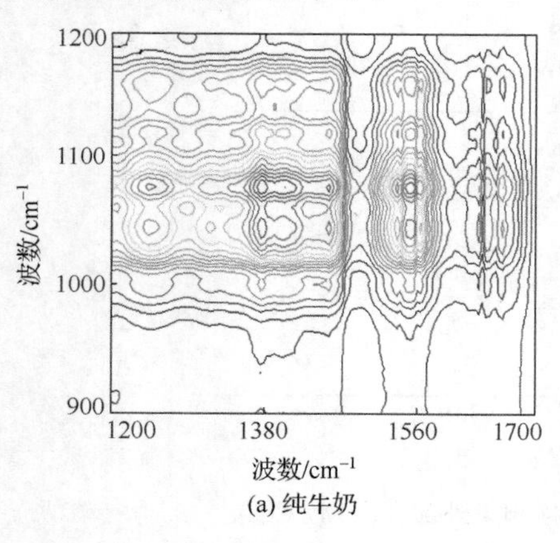

(a) 纯牛奶

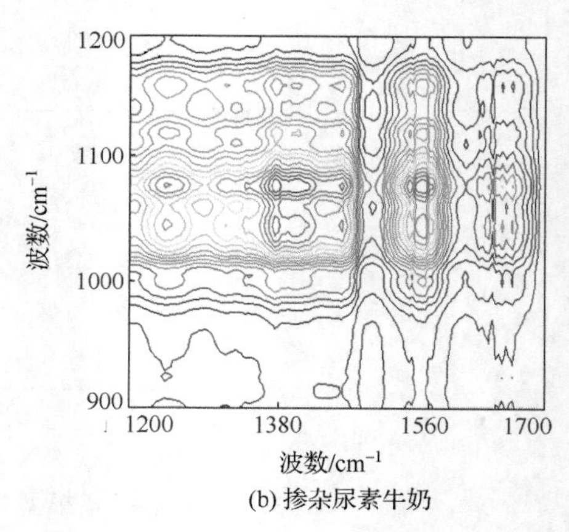

(b) 掺杂尿素牛奶

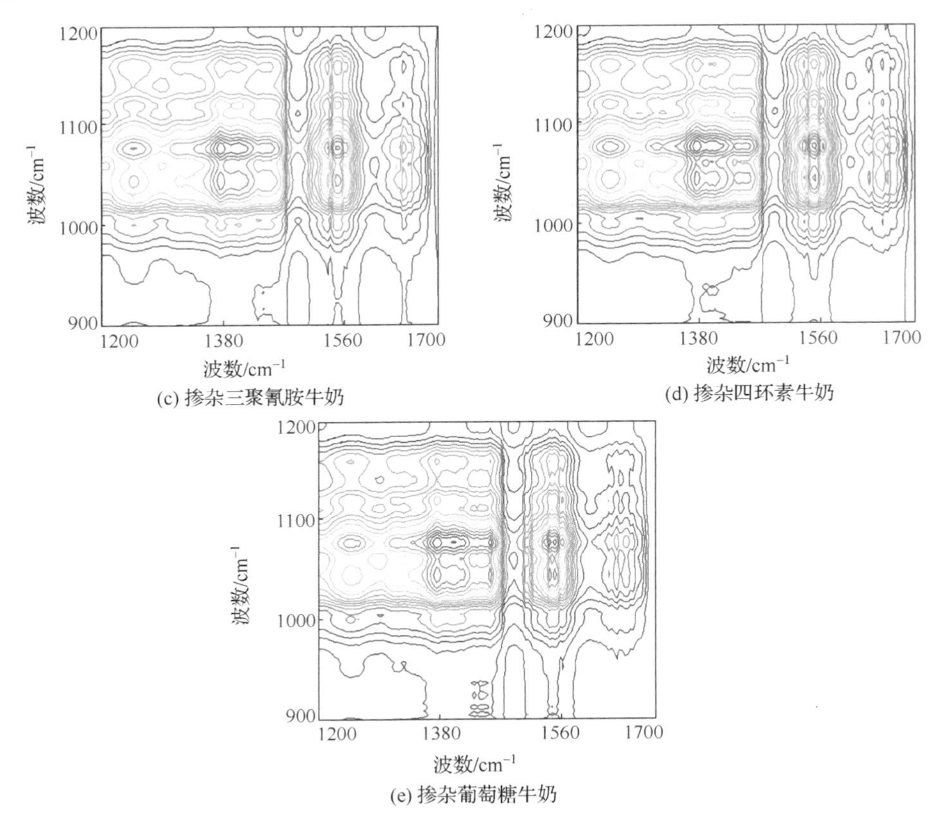

(c) 掺杂三聚氰胺牛奶

(d) 掺杂四环素牛奶

(e) 掺杂葡萄糖牛奶

图 3-38　同步二维中红外相关谱(900～1200cm^{-1}和 1200～1700cm^{-1})

基于 900～1200cm^{-1}和 1200～1700cm^{-1}二维相关谱建立 NPLS-DA 模型。为选择最佳建模参数 σ 和 N，分别计算不同参数 σ 和 N 下 K-OPLS 模型的 RMSECV(见图 3-39)，选择 RMSECV 最小时所对应的 σ=0.29 和 N=17 建立 K-OPLS 模型。

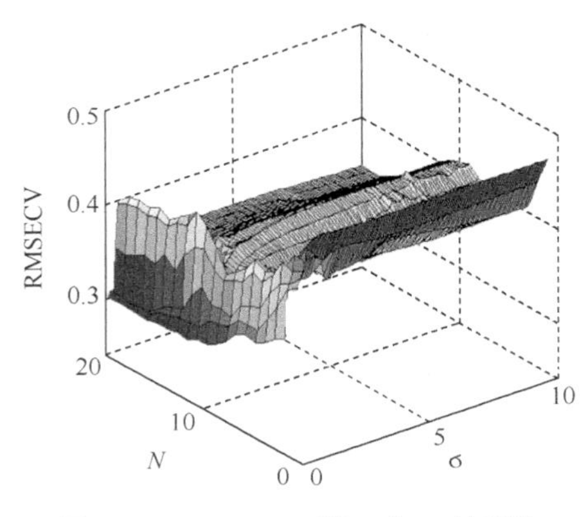

图 3-39　RMSECV 随 σ 和 N 的变化

图 3-40 是校正集样品在正交主成分 N=17 下 Y 预测得分 t_p 与第一 Y 正交主成分 t_{o1} 的散点图(○，＊，+，☆和◇分别表示纯牛奶、掺杂尿素牛奶、掺杂三聚氰胺牛奶、掺杂四环素牛奶和掺杂葡萄糖牛奶，图 3-41 图例同)。预测得分 t_p 将纯牛奶与掺杂牛奶区分开：纯牛奶基本占据了 $t_p>0$ 的空间，而掺杂牛奶基本占据了 $t_p<0$ 的空间；第一正交主成分 t_{o1} 将掺杂尿素牛奶、掺杂葡萄糖牛奶与掺杂三聚氰胺牛奶、掺杂四环素牛奶区分开，掺杂尿素牛奶和葡萄糖牛奶占据了 $t_{o1}>0$ 的空间，而掺杂三聚氰胺牛奶和四环素牛奶占据了 $t_{o1}<0$ 的空间[30]。

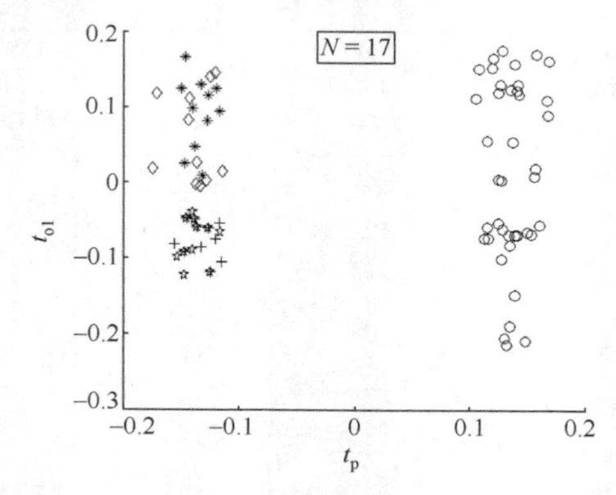

图 3-40 校正集样品在预测得分 t_p 与正交主成分 t_{o1} 的散点图

为检验所建立的 K-OPLS 模型的预测能力，利用 K-OPLS 模型对预测集未知样品进行预测，其预测结果见图 3-41，在预测集 40 个未知样品中，掺杂葡萄糖牛奶和纯牛奶各有 1 个样品被误判，所建的 K-OPLS 模型对预测集样品的判别正确率为 95%。

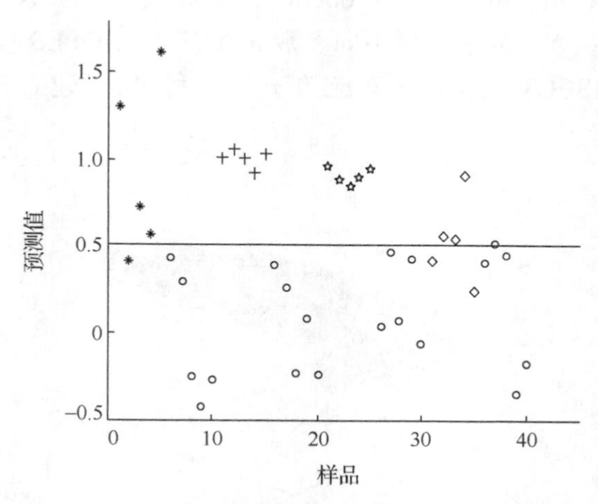

图 3-41 K-OPLS 模型对预测集样品的判别结果

3.4　二维相关谱定量分析掺杂牛奶

3.4.1　二维近红外相关谱定量分析牛奶中尿素

采用浓度梯度法从 40 个掺有尿素的牛奶样品（1～20g/L）中选出 28 个作为校正集，余下 12 个作为预测集，分别建立定量分析掺杂尿素牛奶的多维偏最小二乘（N-PLS）模型和偏最小二乘（PLS）模型。

为了说明所提出的二维相关谱结合 N-PLS 方法所建模型具有较好的预测能力，对同样的校正集和预测集样品，分别建立 N-PLS 和 PLS 定量分析模型。将 28 个不同浓度的掺杂牛奶的同步二维近红外相关谱矩阵（28×51×51）作为输入变量，牛奶中掺杂目标物浓度作为预测值，建立 N-PLS 模型；将原始的 28 个掺杂牛奶的常规一维谱（28×51）作为输入变量，对应的掺杂物浓度作为预测值，建立 PLS 模型。

使用 N-PLS 和 PLS 方法建立校正模型时，主因子数的选择直接关系到模型的实际预测能力，主因子数太少，重建光谱拟合不够；主因子数太多，对重建光谱过度拟合。以预测均方根误差（root mean square error of prediction，RMSEP）为评价指标，结合“剔一”交互验证法选择最优的主因子数。图 3-42 是不同因子数下所建 N-PLS 和 PLS 模型的 RMSEP。很显然，当主成分分别为 4 和 3 时，N-PLS（图 3-42（a））和 PLS 模型（图 3-42（b））的 RMSEP 最小，所以分别选择 4 个主成分建立 N-PLS 模型，选择 3 个主成分建立 PLS 模型。

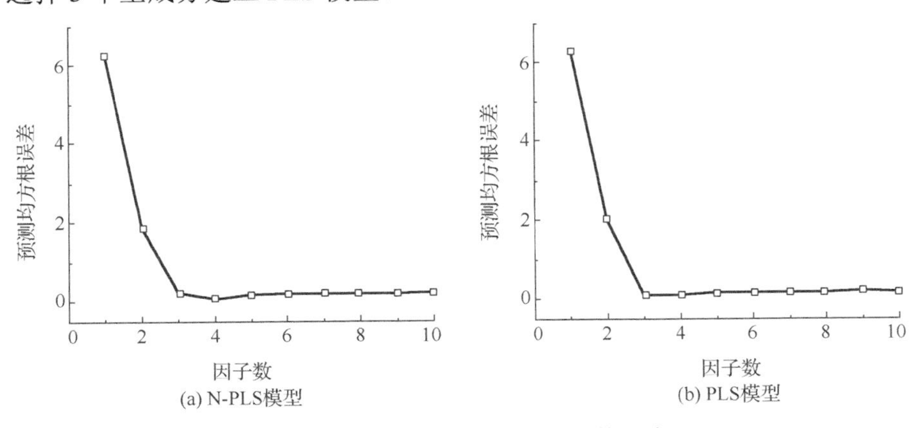

图 3-42　因子数对模型 RMSEP 的影响

采用所建立的 N-PLS 模型对校正集的 28 个样品进行内部预测，图 3-43（a）是预测值 C_{pre} 与实际值 C_{act} 之间的线性拟合，拟合方程为：$C_{pre}=0.018+0.998C_{act}$，其相关系数 $R^2=0.999$，校正均方根误差（root mean square error of calibratio，RMSEC）为

0.22g/L。利用所建立的模型对预测集未知样品进行预测，预测值 C_{pre} 与实际值 C_{act} 之间的线性拟合(见图 3-43(b))，拟合方程为：C_{pre}=0.083+1.008C_{act}，R^2=0.999，RMSEP=0.094g/L。

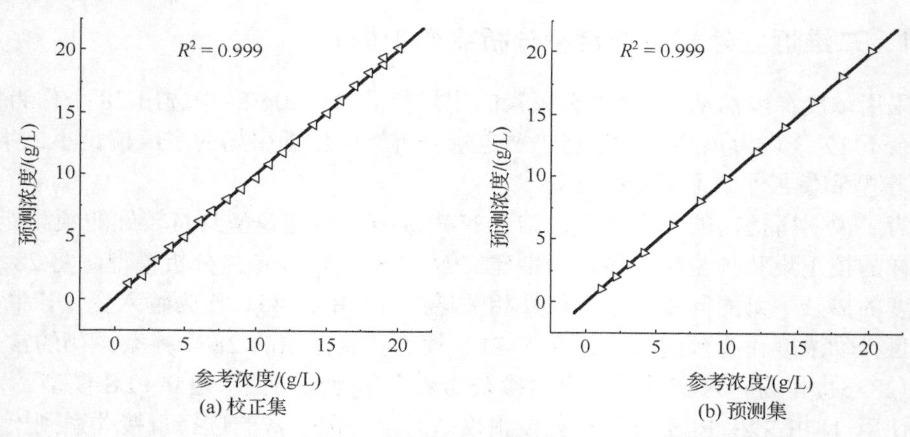

图 3-43　所建 N-PLS 模型对校正集和预测集样品的预测结果

同样，采用所建立的 PLS 模型，对所有样品进行预测。图 3-44(a)和(b)分别是校正集和预测集样品预测值与实际值之间的线性拟合。校正集：拟合方程为：C_{pre}=0.008+0.999C_{act}，R^2=0.999，RMSEC=0.16g/L。预测集：拟合方程 C_{pre}=1.004+0.989C_{act}，R^2=0.999，RMSEP=0.086g/L。

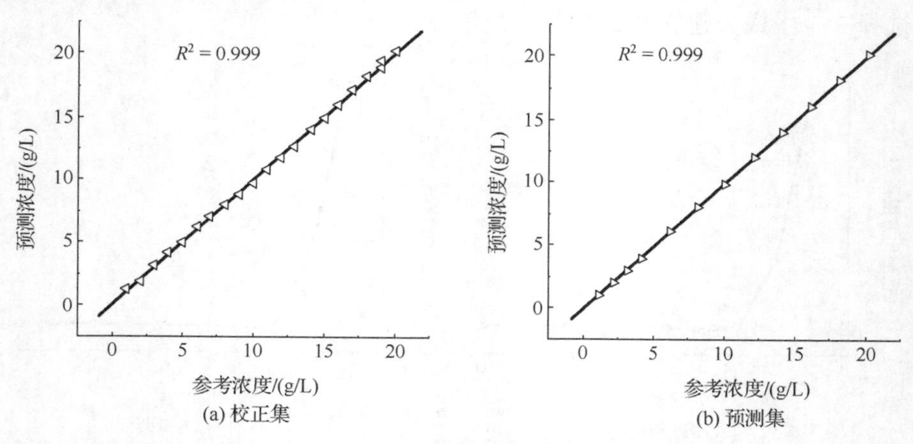

图 3-44　所建 PLS 模型对校正集和预测集样品的预测结果

表 3-9 给出了两种方法对同样预测集样品的具体预测结果。对于 N-PLS 模型：预测最小相对误差为 0.08%，预测最大相对误差为 3.5%，预测平均相对误差为 1.44%；PLS 模型：预测最小相对误差为 0.19%，预测最大相对误差为 15%，预测平

均相对误差为 2.15%。从上述分析来看，N-PLS 模型和 PLS 模型的稳健性和预测能力都非常相近，这主要是由于所配置的掺杂尿素牛奶浓度比较高（1～20g/L），所以二维相关谱与常规一维谱相比没有很大优势，两种方法建模结果比较相近。但就相对误差而言，N-PLS 模型要稍好于 PLS 模型。

表 3-9　两种方法对预测集样品的预测结果

样品	真实值/(g/L)	N-PLS模型预测值/(g/L)	相对误差/%	PLS模型预测值/(g/L)	相对误差/%
1	1	1.02	2.00	1.15	15.00
2	2	1.94	3.00	2.04	2.00
3	3	2.90	3.33	3.07	2.33
4	4	3.86	3.50	3.97	0.75
5	6	6.08	1.33	6.07	1.17
6	8	8.05	0.63	8.12	1.50
7	10	9.83	1.70	9.89	1.10
8	12	11.99	0.08	12.04	0.33
9	14	13.98	0.14	13.94	0.43
10	16	15.98	0.12	15.97	0.19
11	18	18.12	0.67	17.94	0.33
12	20	20.16	0.80	19.86	0.70

3.4.2　二维近红外相关谱定量分析牛奶中三聚氰胺

Yang 等[31]将掺杂三聚氰胺牛奶（0.01～3g/L）的同步二维近红外相关谱（40×51×51）和多维偏最小二乘法结合建立了定量分析牛奶中掺杂三聚氰胺的 N-PLS 模型，并与传统一维近红外光谱（40×51）与偏最小二乘法（PLS）结合建立的 PLS 模型的预测结果进行了对比分析。

为了选择合适的因子数建立掺杂三聚氰胺牛奶 N-PLS 和 PLS 模型，分别计算在不同因子数下 N-PLS 模型（图 3-45（a））和 PLS（图 3-45（b））的 RMSEP。显然，当因子数为 6 时，所建的 N-PLS 模型 RMSEP 最小，当因子数为 4 时，所建的 PLS 模型 RMSEP 最小。因此，分别建立 6 个主成分的 N-PLS 模型和 4 个主成分的 PLS 模型。

图 3-46 是所建 N-PLS 模型对校正集和预测集样品预测值与实际值的线性拟合。对于校正集（图 3-46（a））：拟合方程为：$C_{pre}=0.014+0.982C_{act}$，$R^2=0.991$，RMSEC=0.112g/L；对于预测集（图 3-46（b））：拟合方程：$C_{pre}=0.03+1.028C_{act}$，$R^2=0.999$，RMSEP=0.067g/L。

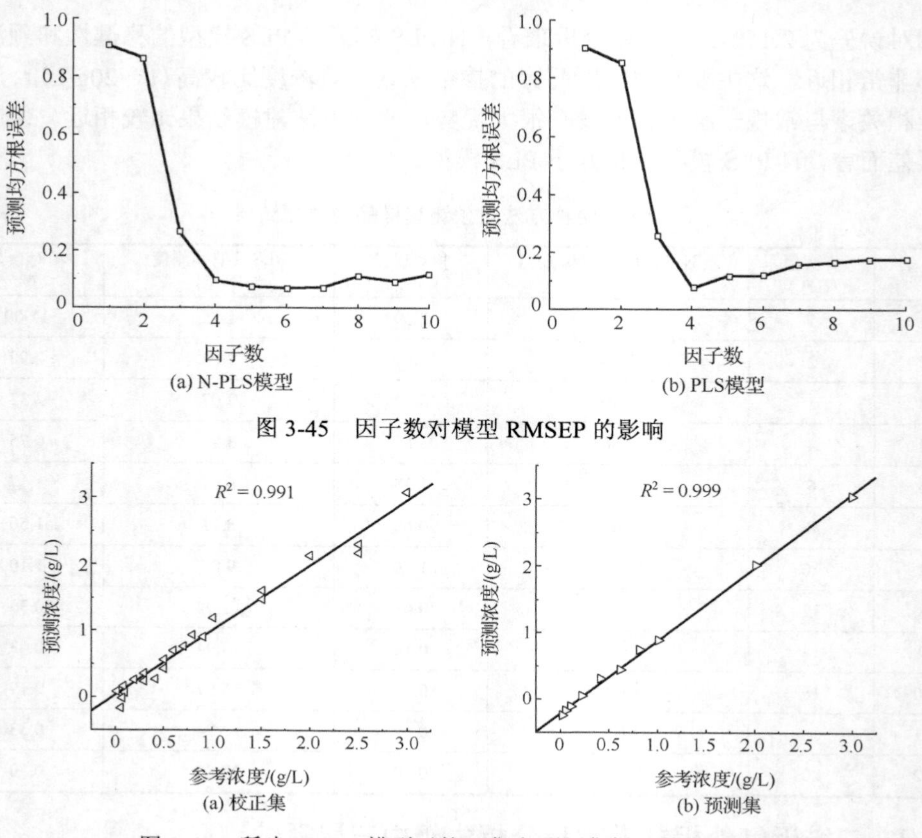

图 3-45　因子数对模型 RMSEP 的影响

图 3-46　所建 N-PLS 模型对校正集和预测集样品的预测结果

图 3-47(a)和(b)分别是所建 PLS 模型对校正集和预测集样品预测值与实际值之间的线性拟合。校正集：拟合方程为：C_{pre}=0.15+0.979C_{act}，R^2=0.989，RMSEC=0.112g/L；预测集：拟合方程：C_{pre}=0.006+1.034C_{act}，R^2=0.997，RMSEP=0.079g/L。

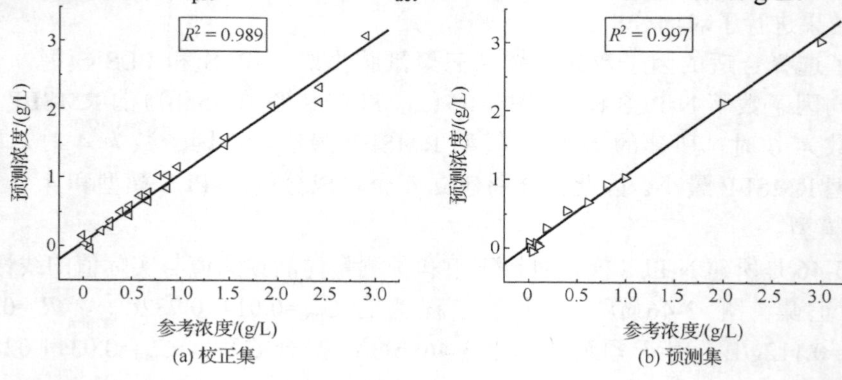

图 3-47　所建 PLS 模型对校正集和预测集样品的预测结果

表 3-10 给出了两种方法对预测集 12 个样品的预测结果。对于 N-PLS 模型：预测最小相对误差为 2.5%，预测最大相对误差为 84.3%，预测平均相对误差为 22.9%；PLS 模型：预测最小相对误差为 1.86%，预测最大相对误差为 705%，预测平均相对误差为 122.4%；两个模型对最小浓度样品预测的误差都最大。从上述分析可以看出，虽然两种方法对未知样品的整体预测效果相差不多。但从小浓度样品的预测值和实际值接近程度来分析，显然，N-PLS 模型比 PLS 模型要好很多，这就表明了基于二维相关谱和 N-PLS 方法相比于常规的 PLS 方法具有更强的预测能力，特别是对于低浓度样品，更具有明显优势。

表 3-10　两种方法对预测集样品的预测结果

样品	真实值 /(g/L)	N-PLS模型预测值 /(g/L)	相对误差 /%	PLS模型预测值 /(g/L)	相对误差 /%
1	2	2.116	5.79	2.119	5.94
2	1	1.054	5.40	1.019	1.86
3	0.8	0.921	15.12	0.911	13.92
4	0.6	0.625	4.09	0.663	10.51
5	0.4	0.511	27.67	0.521	30.37
6	0.2	0.257	28.28	0.257	28.49
7	0.1	0.107	6.95	0.023	77.29
8	0.04	0.045	13.28	−0.040	199.47
9	0.02	0.010	47.94	−0.053	364.18
10	3	3.076	2.54	3.052	1.73
11	0.01	0.018	84.30	0.081	705.03
12	0.08	0.107	34.02	0.056	29.69

3.5　异谱二维相关光谱掺杂牛奶检测

Yang 等在上述研究的基础上，进一步扩展了二维相关谱在掺杂牛奶检测方面的应用，提出了将异谱二维(NIR-MIR)相关谱与模式识别结合掺杂牛奶的判别方法[32]。由于二维(NIR-MIR)相关谱中不仅包括了 NIR 区域倍频、合频的光谱信息，而且也包括了 MIR 区域基频的光谱信息，同时还包括了 NIR 与 MIR 两个区域之间相关的光谱信息，因此可提供更好的分析结果。

3.5.1　异谱二维相关谱原理

同步异谱二维(NIR-MIR)相关谱的计算主要基于下述原理：假设原始常规一维中红外光谱 $A(k\times m)$ 和近红外光谱 $B(k\times n)$ 中都包含 k 个光谱，根据二维相关 Noda

理论，则同步二维 NIR-MIR 相关谱 $\Phi(\nu_1,\nu_2)$ 可表示为：

$$\Phi(\nu_1,\nu_2)=\frac{1}{k-1}A^{\top}B \tag{3-18}$$

其中，m 和 n 分别表示在中红外和近红外波段采集的波长数。A 和 B 中都包括两个光谱(k=2)，A 的第一行为纯牛奶一维中红外平均谱，B 的第一行为纯牛奶一维近红外平均谱，当 A 的第二行为第 i 个掺杂牛奶或纯牛奶常规一维中红外谱，B 的第二行为第 i 个掺杂牛奶或纯牛奶常规一维近红外谱时，根据式(3-18)就可得到第 i 个掺杂三聚氰胺牛奶或纯牛奶所对应的同步二维 NIR-MIR 相关谱。

3.5.2　异谱掺杂淀粉牛奶 N-PLS 判别

1. 样品与实验

准备 72 个纯牛奶样品，在其中 36 个纯牛奶样品中添加不同质量的分析纯可溶性淀粉粉末，并通过人工搅拌，使添加牛奶中的淀粉均匀分布在牛奶中，配置 36 个不同浓度的掺杂淀粉牛奶(0.01～1g/L)。

采用美国 Perkin Elmer 公司生产的 Frontier 傅里叶变换红外光谱仪。对于近红外，它配备有 InGaAs 检测器和石英分束器，5mm 的石英池，采集光谱范围：4000～10000cm^{-1}；对于中红外：它配置 DTGS 检测器和溴化钾分束器，衰减全反射附件(ATR)，采集光谱范围：700～1700cm^{-1}。在中红外和近红外波段，光谱分辨率均为 4cm^{-1}，为提高信噪比，扫描 16 次求平均值。在上述仪器参数下，采集所有样品的 NIR 和 MIR 光谱。

2. 纯牛奶与掺杂牛奶常规一维谱

采集了纯牛奶和掺杂牛奶样品在 700～1700cm^{-1} 和 4000～10000cm^{-1} 波数范围内的常规一维吸收谱(见图 3-48)。从图中可看出，在 700～900cm^{-1} 和 5250～10000cm^{-1} 波数范围内，谱图不提供任何信息，而在 4800～5250cm^{-1} 范围内，由于水的强吸收，无法用于后续分析。因此在研究中，选择在 900～1700cm^{-1} 和 4200～4800cm^{-1} 范围内进行相关谱计算、分析。

3. 纯牛奶与掺杂牛奶同步二维 NIR-MIR 相关谱

以牛奶中掺杂物淀粉的浓度为外扰，按照式(3-18)对各样品进行异谱二维 NIR-MIR 相关谱计算。图 3-49 为纯牛奶与掺杂淀粉牛奶的同步二维 NIR-MIR 相关光谱(4200～4800cm^{-1} vs. 900～1700cm^{-1})。需要指出，诚然异谱相关谱与同谱相关谱相比，肯定能提供更多的信息，但由于牛奶中掺杂物微量，因此从肉眼直接观察水平上去看，纯牛奶和掺杂淀粉牛奶的异谱二维 NIR-MIR 相关谱表面上仍然是非常相似的(其主要体现的是纯牛奶组分的信息)，只是在细微处存在差别，这些细微的差别也可能部分是由仪器的噪声等因素引起的，因此直观地依据相关图谱的直接比对，仍旧无法判别牛奶是否掺杂。因此，需要进一步借助于模式识别的方法来进行判别。

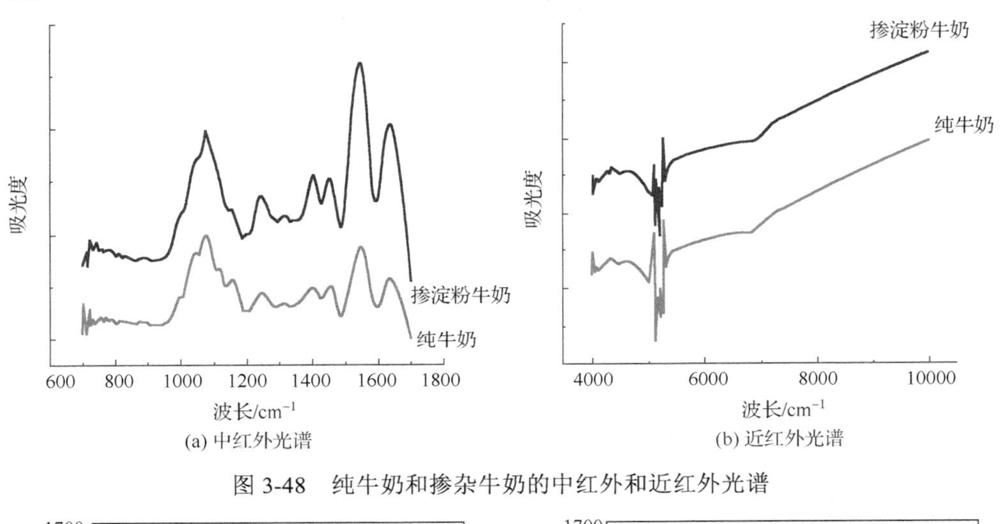

图 3-48　纯牛奶和掺杂牛奶的中红外和近红外光谱

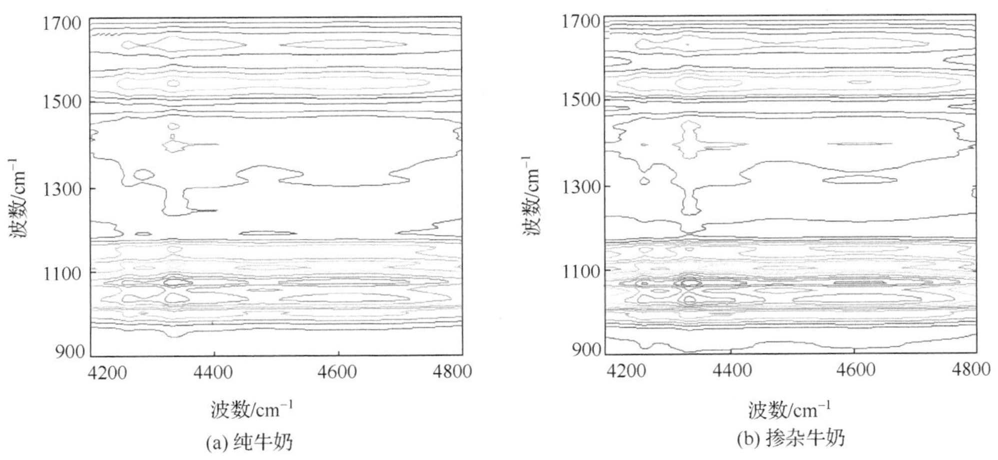

图 3-49　纯牛奶和掺杂牛奶的同步二维 NIR-MIR 相关谱

4. NIR-MIR 相关谱的 NPLS-DA 模型

72 个样品分为校正集和预测集。校正集中包含 48 个样品(纯牛奶和掺杂淀粉牛奶各 24 个，48×201×151)，用于建立校正模型。剩余的 24 个样品(24×201×151)作为预测集被用来评估模型。

利用 NIR-MIR 相关谱所建立的 NPLS-DA 模型，对校正集中的 48 个样品进行内部预测，图 3-50 给出了预测结果。掺杂牛奶和纯牛奶样品各有 1 个被误判，所建模型对校正集内部样品的判别正确率为 95.8%。

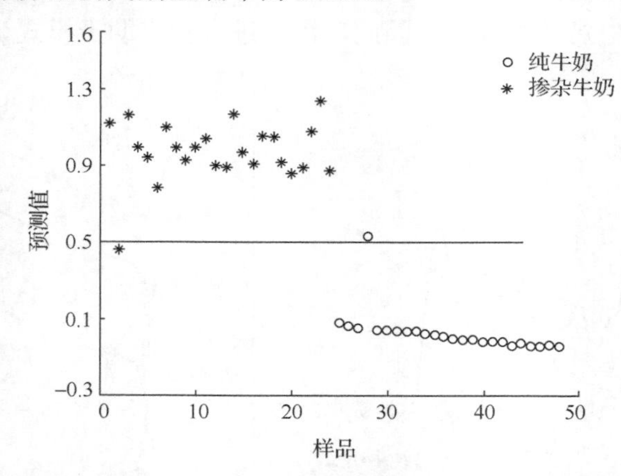

图 3-50　所建模型对校正集纯牛奶和掺杂淀粉牛奶样品内部预测结果

采用 NIR-MIR 相关谱所建立的 NPLS-DA 模型，对预测集中的 24 个未知样品进行预测，表 3-11 给出了具体预测和判别结果。所有的样品都得到正确识别，所建模型对未知样品的判别正确率为 100%[33]。

表 3-11　所建模型对预测集纯牛奶和掺杂淀粉牛奶样品的预测结果

样品	初始设定	预测	最后判定	样品	初始设定	预测	最后判定
1	0	0.06	0	13	1	0.988	1
2	0	0.038	0	14	1	1.026	1
3	0	0.036	0	15	1	1.129	1
4	0	0.025	0	16	1	0.951	1
5	0	0.02	0	17	1	1.16	1
6	0	0.008	0	18	1	0.899	1
7	0	–0.004	0	19	1	1.094	1
8	0	–0.016	0	20	1	0.905	1
9	0	–0.023	0	21	1	0.966	1
10	0	–0.032	0	22	1	1.05	1
11	0	–0.039	0	23	1	0.929	1
12	0	–0.053	0	24	1	1.055	1

为了进一步说明二维 NIR-MIR 相关谱方法的优势，对同样的校正集和预测集样品，分别基于二维近红外相关谱(48×151×151)和二维中红外相关谱(48×201×201)建立了纯牛奶与掺杂牛奶的 NPLS-DA 模型。将二维 NIR-MIR、NIR、MIR 相关谱

所建立的 NPLS-DA 模型对校正集内部样品以及预测集未知样品的预测结果列于表 3-12。显然，使用 NIR-MIR 相关谱的 NPLS-DA 的模型相比于二维 NIR、二维 MIR 相关谱的模型拥有更好的预测能力。其原因可能是由于异谱 NIR-MIR 相关谱同时提取了牛奶中掺杂物的近红外和中红外相关的信息，相当于放大了同谱相关的差异性，并与模式识别结合更有利于准确判别牛奶是否掺杂。

表 3-12　三个模型对纯牛奶和掺杂淀粉牛奶样品预测结果

模型	判别正确率	
	校正集/%	预测集/%
2D NIR-MIR	95.8	100
2D NIR	93.7	95.8
2D MIR	95.8	95.8

3.5.3　异谱掺杂三聚氰胺牛奶 N-PLS 判别

1. 纯牛奶和掺杂三聚氰胺牛奶的异谱二维相关谱

配置 40 个纯牛奶样品和 40 个掺杂三聚氰胺牛奶样品(浓度范围是 0.01～3g/L)，并采集了所有样品的 NIR 和 MIR 光谱。选择随牛奶中掺杂三聚氰胺浓度变化敏感的特征光谱信息区域 1400～1700cm^{-1} 和 4200～4800cm^{-1}，依据式(3-18)来进行二维相关计算。图 3-51 是纯牛奶和掺杂三聚氰胺牛奶(浓度为 0.04g/L)的同步二维 MIR-MIR 相关谱。相对于同谱二维相关谱，异谱二维相关谱能提供更多信息，但从图中可见，纯牛奶和掺杂牛奶仅在细微处存在差别，无法对是否掺杂三聚氰胺进行有效判别。

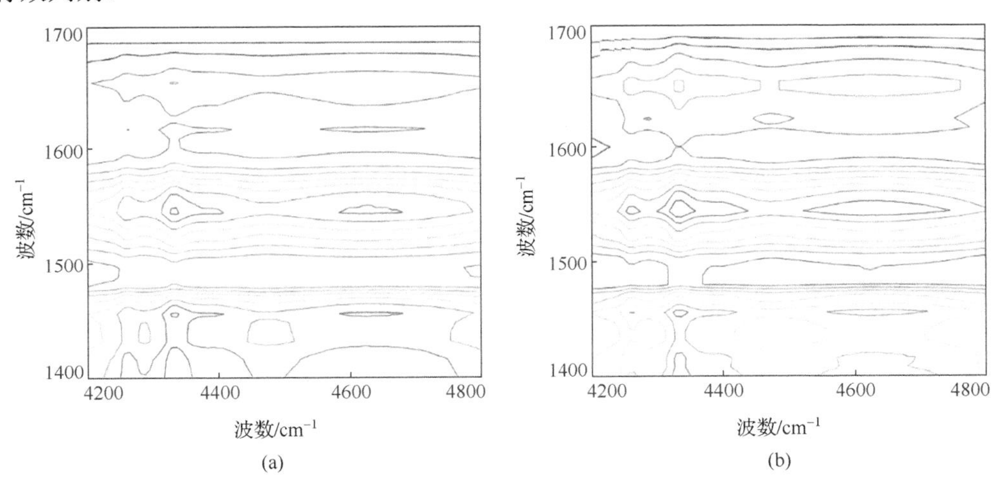

图 3-51　纯牛奶和掺杂三聚氰胺牛奶的同步二维 NIR-MIR 相关谱

2. 掺杂三聚氰胺牛奶的 NPLS-DA 模型

采用浓度梯度法从 40 个掺杂三聚氰胺牛奶和 40 个纯牛奶样品中选出 54 个(掺杂三聚氰胺牛奶和纯牛奶各 27 个)作为校正集，余下 26 个样品作为独立的预测集。基于二维 NIR-MIR 相关谱矩阵 X (54×39×76)建立掺杂牛奶与纯牛奶的 NPLS-DA 模型。利用所建立的模型对校正集样品进行内部预测，其预测结果见图 3-52(○和∗分别表示纯牛奶和掺杂三聚氰胺牛奶)。3 个掺杂牛奶和 1 个纯牛奶被误判，所建模型对校正集内部样品的判别正确率为 92.6%。

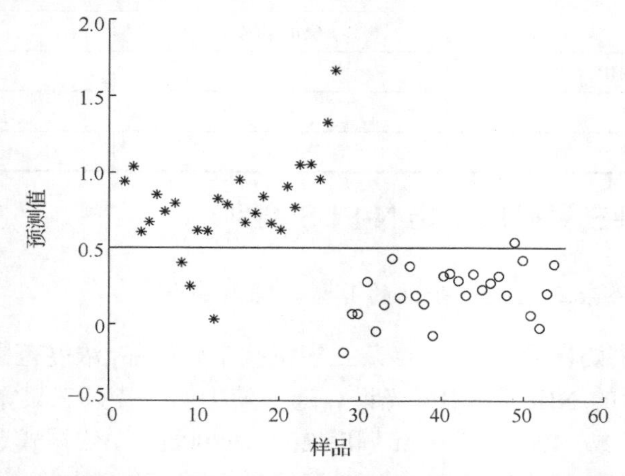

图 3-52 所建模型对校正集纯牛奶和掺杂三聚氰胺牛奶样品内部预测结果

利用上述建立的 NPLS-DA 模型对预测集样品进行外部预测。所建模型对预测集未知样品的预测结果见图 3-53(+ 和☆分别表示纯牛奶和掺杂三聚氰胺牛奶)。显然，仅有 1 个掺杂牛奶样品被误判，其判别正确率为 96.2%。

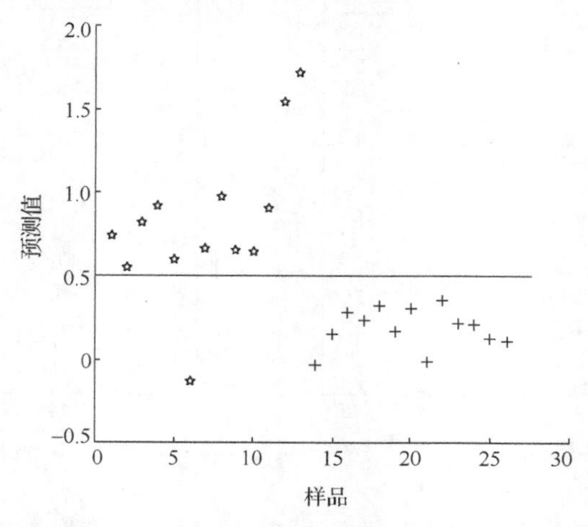

图 3-53 所建模型对预测集纯牛奶和掺杂三聚氰胺牛奶样品预测结果

为了比较，将异谱二维 NIR-MIR 相关谱与 unfold PLS-DA 结合对纯牛奶和掺杂三聚氰胺牛奶进行判别，并与同谱二维 NIR-NIR 和 MIR-MIR 相关谱的 NPLS-DA 和 unfold PLS-DA 模型的预测结果进行对比(表 3-13)。基于异谱二维 NIR-MIR 相关谱的 NPLS-DA 和 unfold PLS-DA 模型对校正集和预测集的判别正确率为 92.6%和 96.2%。指出：异谱二维 NIR-MIR 相关谱相对于同谱二维 MIR-MIR 和 NIR-NIR 相关谱，不仅能提供 NIR 和 MIR 两波数区间内特征光谱信息之间的相关性，而且可提供两波数区间特征光谱信息之间的相关性，同时进一步放大纯牛奶与掺杂牛奶的差异性，有效地提取了牛奶中掺杂物的特征信息。因此基于异谱二维 NIR-MIR 相关谱的模式识别方法能提供更好的判别结果[32]。

表 3-13　基于二维 MIR/NIR、MIR 和 NIR 相关谱的判别结果

模型		判别正确率	
		校正集/%	预测集/%
2D MIR-NIR	NPLS-DA	92.6	96.2
	Unfold PLS-DA	92.6	96.2
2D MIR	NPLS-DA	88.9	88.5
	Unfold PLS-DA	90.7	92.3
2D NIR	NPLS-DA	94.4	88.5
	Unfold PLS-DA	100	84.6

3.6　同步-异步二维相关光谱掺杂牛奶检测

由于同步二维相关谱是关于主对角线对称，体现的是待测体系随外扰变化“相似性”的信息，而异步二维相关谱是关于主对角线反对称，体现的是待测体系随外扰变化“差异性”的信息。上述分析将同步谱与模式识别结合来判别掺杂牛奶，但同步二维相关谱是关于主对角线对称的，建模信息存在冗余问题，而且该矩阵仅反映的是待分析体系随外扰变化“相似性”的信息，缺少随外扰“差异性”变化的特征信息。因此，Yang 等又提出了将同步-异步谱融合的方法来判别掺杂牛奶[34]。

3.6.1　同步-异步二维相关谱融合方法

对于上述计算所得的各样品同步和异步二维相关谱矩阵，进行如下处理：

第一步：采用式(3-5)和式(3-19)分别对同步和异步相关谱矩阵进行标准化：

$$\Psi(v_i,v_j)=\frac{\Psi(v_i,v_j)}{\sqrt{\sum_{i=1}^{n}\sum_{j=1}^{n}\Psi^2(v_i,v_j)}} \tag{3-19}$$

第二步：提取每一样品标准化的同步二维相关谱矩阵主对角线及其上半部分数据，得到每一样品所对应的矩阵 A；

第三步：提取每一标准化的异步二维相关谱矩阵主对角线及其下半部分数据，并将其主对角线的数据赋为 0，得到每一样品所对应的矩阵 B；

第四步：将矩阵 A 和矩阵 B 求和，得到每一样品所对应的同步-异步二维相关谱矩阵 C，如图 3-54 所示。

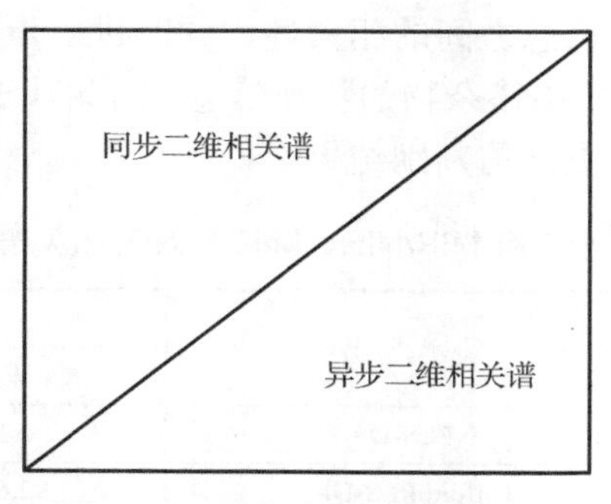

图 3-54　同步-异步二维相关谱

第五步：将同步-异步相关谱矩阵与模式识别结合判别掺杂牛奶。

3.6.2 同步-异步二维相关谱 N-PLS 判别

1. 实验与样品

分别配置纯牛奶样品 40 个和掺杂尿素牛奶样品 40 个，其浓度范围为 0.1～3g/L。采用美国 Perkin Elmer 公司生产的 Frontier 傅里叶变换红外光谱仪采集所有样品的近红外光谱。仪器扫描参数如下：分辨率为 $8cm^{-1}$，扫描间隔为 $8cm^{-1}$，扫描次数为 16。

基于浓度梯度法从 40 个掺杂尿素牛奶和 40 个纯牛奶样品中选出 54 个(掺杂尿素牛奶和纯牛奶各 27 个)作为校正集，余下 26 个样品作为独立的预测集。

2. 同步-异步二维相关谱

选择随牛奶中掺杂尿素浓度变化敏感的特征光谱信息区 4200～$4800cm^{-1}$ 来进行各样品的同步二维近红外相关谱和异步二维近红外相关谱计算。分别采用式(3-5)和式(3-19)对同步二维近红外相关谱和异步二维近红外相关谱进行归一化，图 3-55(a)和(b)分别是纯牛奶和掺杂牛奶(浓度为 0.1g/L)的归一化同步二维近红外相关谱，图 3-56(a)和(b)分别是纯牛奶和掺杂尿素牛奶的归一化异步二维近红外相关谱。图 3-57(a)和(b)是纯牛奶和掺杂尿素牛奶的同步-异步二维近红外相关谱。

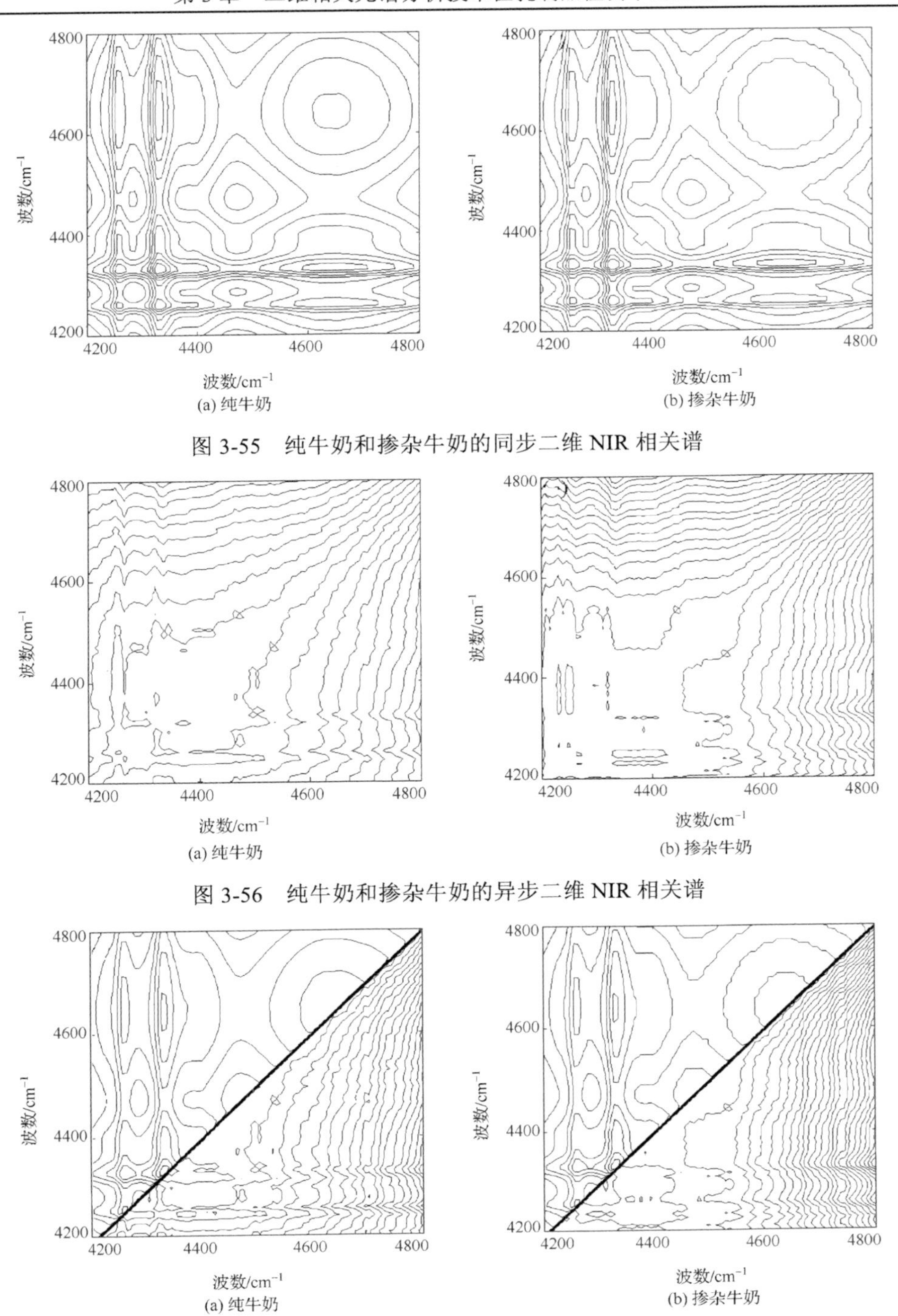

图 3-55　纯牛奶和掺杂牛奶的同步二维 NIR 相关谱

图 3-56　纯牛奶和掺杂牛奶的异步二维 NIR 相关谱

图 3-57　纯牛奶和掺杂牛奶的同步-异步二维 NIR 相关谱

3. 同步-异步二维相关谱的 NPLS-DA 模型

基于同步-异步二维近红外相关谱矩阵(54×76×76)，建立掺杂尿素牛奶与纯牛奶的多维偏最小二乘判别模型。图 3-58 是模型对校正集样品交叉验证的预测结果(○表示纯牛奶，∗表示掺杂尿素牛奶)。仅有 2 个掺杂尿素牛奶被误判，所建模型对校正集内部样品的判别正确率为 96.3%。

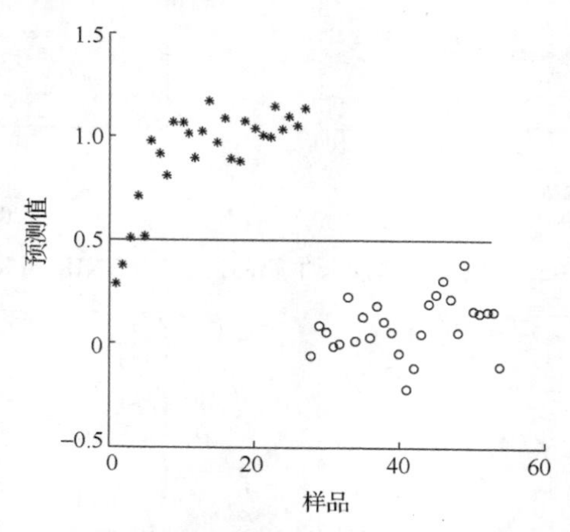

图 3-58　基于同步-异步二维相关谱模型对校正集纯牛奶和掺杂尿素牛奶样品内部预测结果

图 3-59 为所建模型对预测集未知样品的预测结果(＋表示纯牛奶，☆表示掺杂尿素牛奶)。显然，仅有 1 个掺杂尿素牛奶样品被误判，其判别正确率为 96.2%。

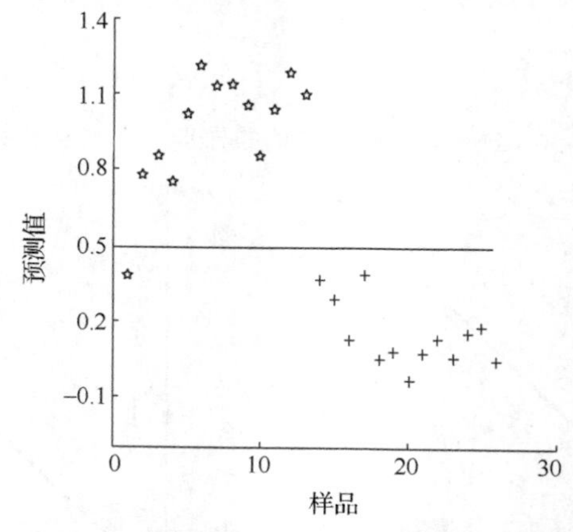

图 3-59　基于同步-异步二维相关谱模型对预测集纯牛奶和掺杂尿素牛奶样品外部预测结果

为了比较，分别建立了基于同步二维近红外相关谱和异步二维近红外相关谱的 NPLS-DA 模型。表 3-14 给出了三个模型的性能比较，从表中可以看出，无论是校正集样品，还是预测集样品，基于同步-异步二维近红外相关谱判别正确率都高于仅同步或异步二维近红外相关谱，其原因可能是同步-异步二维近红外相关谱既包括了同步谱随外扰变化待测体系“相似性”变化信息，又包括了异步谱随外扰变化待测体系“差异性”变化信息，同时也剔除了基于同步二维相关谱或异步谱存在的冗余信息。因此，相对于同步或异步二维相关谱，基于同步-异步二维相关谱的模式识别方法能提供更好的判别结果。

表 3-14　基于同步-异步二维相关谱、同步二维相关谱和异步二维相关谱的判别结果

模型	判别正确率	
	校正集/%	预测集/%
同步-异步二维相关谱	96.3	96.2
同步二维相关谱	92.6	92.3
异步二维相关谱	94.4	92.3

3.7　自相关光谱掺杂奶粉检测

3.7.1　自相关谱的获取

根据式(3-3)进行同步二维相关谱计算，式中动态光谱矩阵中的第一行为纯奶粉的 NIR 平均谱，第二行为第 i 个纯奶粉或掺三聚氰胺奶粉的近红外谱。根据式(3-3)可得到每一样品对应的同步二维 NIR 相关谱矩阵。沿着同步谱矩阵主对角线相切，得到每一样品对应的自相关谱[35]。

3.7.2　掺杂奶粉判别

1. 实验和样品

准备 40 个纯奶粉和 40 个掺入不同质量分数三聚氰胺奶粉样品(10^{-4} -40%，w/w)。实验仪器包括美国 PerkinElmer 公司的傅里叶变换近红外光谱仪，InGaAs 检测器，仪器自带积分球附件，样品杯，玛瑙研体。采集波数范围 4000～10000cm^{-1}，扫描次数 32 次，分辨率为 8cm^{-1}。将配置好的样品装入样品杯中，压平，并放置在积分球旋转样品台上，以积分球内置参比为背景，分别采集每一个样品的近红外漫反射光谱。

2. 掺杂奶粉的近红外光谱特性

图 3-60 为 40 个掺三聚氰胺奶粉在 4000～10000cm^{-1} 的吸收光谱图。以奶粉中掺入的三聚氰胺浓度为外扰，对图 3-60 随浓度变化的动态光谱进行同步二维相关谱计算。图 3-61 是掺杂奶粉的同步二维 NIR 相关谱和其对应的自相关谱。在主对角

线 4264cm^{-1}、4488cm^{-1}、4624cm^{-1}、5008cm^{-1}、5784cm^{-1}和 6816cm^{-1}处都存在较强的自相关峰，其中 5008cm^{-1}自相关峰是三聚氰胺中 NH 伸缩振动吸收所引起的。在主对角线外侧(4264，5008)cm^{-1}，(5784，5008)cm^{-1}存在负的交叉峰，表明 4264cm^{-1}和 5784cm^{-1}吸收峰与 5008cm^{-1}吸收峰来源不同，是由奶粉固有组分吸收所引起；在(4488，5008)cm^{-1}，(4624，5008)cm^{-1}和(6816，5008)cm^{-1}存在正的交叉峰，表明 4488cm^{-1}、4624cm^{-1}、6816cm^{-1}与 5008cm^{-1}吸收峰来源相同，都是由三聚氰胺吸收引起。从图 3-61 中还可以看出，随着奶粉中三聚氰胺浓度的变化，在 4200～7000cm^{-1}范围内光谱信息发生了显著的变化。因此，选择 4200～7000cm^{-1}进行相关分析，建立定性定量分析掺杂奶粉的数学模型。

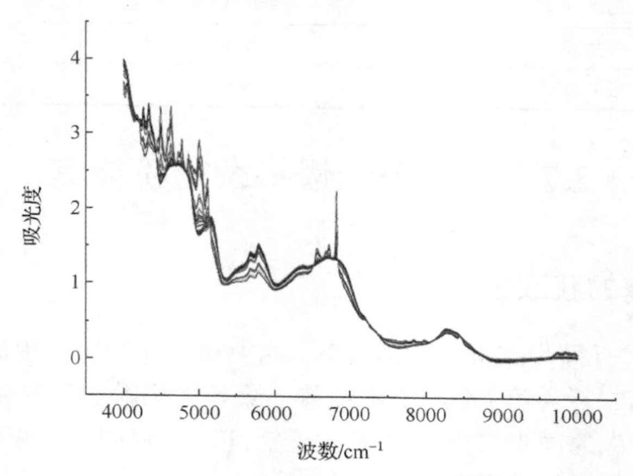

图 3-60　掺杂三聚氰胺奶粉的一维近红外光谱图

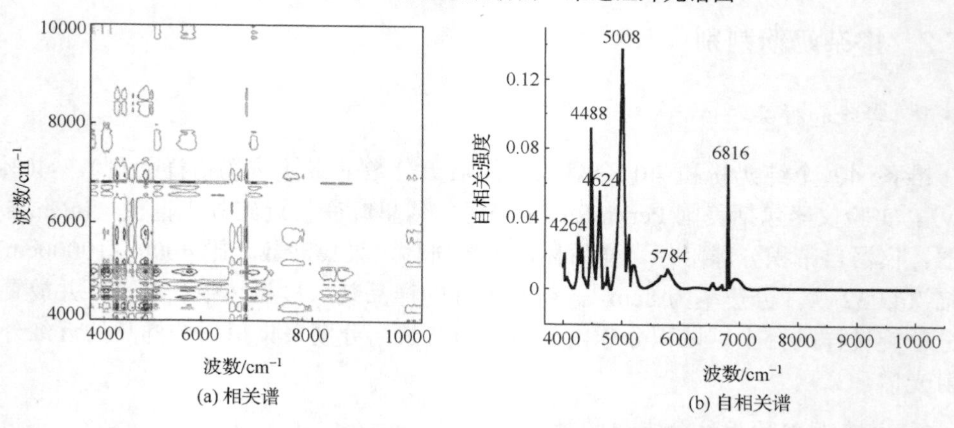

图 3-61　掺杂奶粉二维 NIR 相关谱和自相关谱

3. 掺杂奶粉的 PLS-DA 模型

在提取 4200～7000cm^{-1}自相关谱的基础上，建立掺杂三聚氰胺奶粉的偏最小二乘判别(PLS-DA)模型。采用主成分法对 80 个样品进行异常样品检测，并根据 K-S (Kennard-Stone) 法，从 80 个样品中选取 54 个(纯奶粉和掺杂三聚氰胺奶粉各 27 个)作为校正集，余下 26 个样品(纯奶粉和掺杂三聚氰胺奶粉各 13 个)作为预测集。在 PLS-DA 模型中，纯奶粉用“0”表示，掺杂三聚氰胺奶粉用“1”表示。

采用 5 个主成分建立掺杂三聚氰胺奶粉的偏最小二乘判别(PLS-DA)模型。利用模型对校正集内 54 个样品(纯奶粉和掺杂三聚氰胺奶粉各 27 个)进行预测，所有纯奶粉都得到正确识别，2 个掺杂奶粉被误判，其识别正确率为 96.3%。为了验证所建模型的预测能力，基于所建模型对预测集 26 个未知样品(纯奶粉和掺杂三聚氰胺奶粉各 13 个)进行验证，其判别结果见图 3-62 (○表示纯奶粉，☆表示掺杂三聚氰胺奶粉)。预测集中纯奶粉和掺杂三聚氰胺奶粉都得到正确的识别，其识别正确率为 100%。

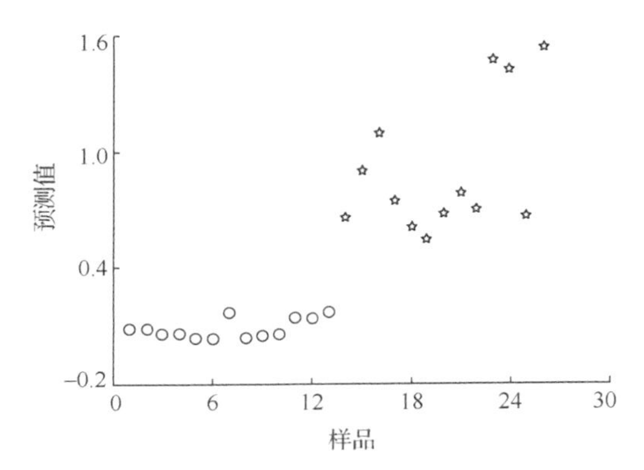

图 3-62　预测集样品的判别结果

为了对比说明所建方法的优势，建立了一维 NIR 光谱(4200～7000cm^{-1})的 PLS-DA 模型。该模型对校正集和预测集样品的识别正确率分别为 94.4% 和 96.2%。表 3-15 给出两种方法所建立的 PLS-DA 模型对校正集和预测集样品的判别结果。从表中可以看出，基于自相关谱的 PLS-DA 能提供更好的判别结果，其原因可能是，相对于常规一维 NIR 谱，自相关谱能提取并放大奶粉中三聚氰胺微弱的特征信息。

表 3-15　基于自相关谱和一维谱掺杂奶粉的判别结果

模型	主成分数	识别正确率	
		校正集/%	验证集/%
自相关谱	5	96.3	100
常规一维谱	6	94.4	96.2

3.8　参数化和参量化二维相关光谱掺杂牛奶检测

虽然二维相关谱矩阵(I×J×K)直接与多维化学计量学结合可以实现掺杂牛奶的判别分析，但是存在以下三个问题：

(1) 这是一个三维矩阵，需要三维的模式识别方法来进行建模分析，而常用的 PCA、PLS-DA、SIMAC、ANN 及 SVM 等模式识别方法都是建立在二维测量数据中，只适用于解析二维数据。

(2) 如果上述模式识别方法用于三维数据，就必须将三维的相关谱矩阵转换为二维数据。最常用的、最简单的方法是将三维相关谱矩阵平铺拉直，但在这个过程中可能会损失掉一些重要的特征光谱信息[36]。因此将拉直后的数据用于建模，效果并不是很理想。

(3) 由于这个矩阵中包含着大量的数据信息，有些数据本身对分类的贡献很小或由于测量原因而有可能不稳定。若将它们都作为输入(支持向量机、神经网络)元素进行建模，可能会影响模型的准确性，同时也增加了运算量降低运算速率。

为了解决上述三个问题，杨仁杰等[37]对二维相关谱矩阵进行参数化和参量化，然后与常规二维的模式识别方法结合建立定性判别掺杂牛奶的数学模型。该方法降低了二维相关谱数据的维数，提高了建模的效率，取得较好的判别效果[38,39]。

3.8.1 二维相关谱的参数化和参量化

1. 二维相关谱统计学参数提取

从两个方面考虑基于统计学的特征提取：一是相关强度在数值域 $Z = \Phi(v_i, v_j)$ 的分布特征，主要是平均值、标准差等；二是相关谱在频率空间域的分布特征，主要有重心、偏度和峰度等。

(1) 平均值，代表二维相关光谱的平均相关强度，可表示为：

$$\bar{\Phi} = \frac{1}{m \times n} \sum_{i=1}^{n} \sum_{j=1}^{m} \Phi(v_i, v_j) \tag{3-20}$$

式中，m 和 n 分别是二维光谱矩阵的行数和列数，对于同一波数区间的同步二维相关谱 $m=n$。

(2) 方差(σ)，反映一组波数处 (v_i, v_j) 相关强度值与其平均值的差异程度[40]。平均值相同，方差未必相同。方差大，表示相关谱矩阵中的大部分数值与平均值之间的差异较大，可表示为：

$$\sigma = \frac{1}{m \times n} \sum_{i=1}^{n} \sum_{j=1}^{m} [\Phi(v_i, v_j) - \bar{\Phi}]^2 \tag{3-21}$$

(3) 标准差(s)，标准差和方差都反映了相关谱强度的离散程度。标准差与方差不同的是，标准差和变量的计算单位不同，比方差清楚，可表示为：

$$s = \sqrt{\frac{1}{m \times n} \sum_{i=1}^{n} \sum_{j=1}^{m} [\Phi(v_i, v_j) - \bar{\Phi}]^2} \tag{3-22}$$

(4) 重心，反映样品的二维相关强度集中的波数位置。

$$m_x = \frac{\sum_{j=1}^{m}\sum_{i=1}^{n} v_i \Phi(v_i, v_j)}{\sum_{i=1}^{n}\sum_{j=1}^{m} \Phi(v_i, v_j)} \quad m_y = \frac{\sum_{i=1}^{n}\sum_{j=1}^{m} v_j \Phi(v_i, v_j)}{\sum_{i=1}^{n}\sum_{j=1}^{m} \Phi(v_i, v_j)} \tag{3-23}$$

(5) 偏度(skewness)，反映了相关峰分布的不对称程度或偏斜程度。偏度为负，说明左侧的离散性较大；若偏度为正，说明右侧的离散性较大，可表示为：

$$\Phi_{\text{skew}} = \frac{\sqrt{\sum_{i=1}^{n}\sum_{j=1}^{m}[\Phi(v_i, v_j) - \bar{\Phi}]^3}}{\sigma^3} \tag{3-24}$$

(6) 峰度(kurtosis)，反映了相关峰集中程度或分布曲线的尖峭程度[41]。$\Phi_{\text{kurt}} = 3$ 正态分布；$\Phi_{\text{kurt}} > 3$，曲线峰值高于正态分布；$\Phi_{\text{kurt}} < 3$，曲线峰值低于正态分布。Φ_{kurt} 值越大，峰形越平缓；反之，变化越急促，可表示为：

$$\Phi_{\text{kurt}} = \frac{\sqrt{\sum_{i=1}^{n}\sum_{j=1}^{m}[\Phi(v_i, v_j) - \bar{\Phi}]^4}}{\sigma^4} \tag{3-25}$$

上述特征参数立体化、多角度地反映出二维相关谱的外观特征。以这些统计参数作为基本依据，运用模式识别可以对掺杂牛奶与纯牛奶样品进行判定[42]。

由于不同的特征参数具有不同的量纲和数量级，直接利用上述参数进行建模，有可能突出某些数量级特别大的特性指标对分类的作用，而降低某些数量级较小的特征的作用。因此，建模前对掺杂牛奶和纯牛奶样品的不同特征参数所组成的数组文件进行无量纲标准化处理。

设样品数为 I，提取的特征参数为 J，$X = [x_{ij}]_{I \times J}$，$i = 1, 2, \cdots, I$；$j = 1, 2, \cdots, J$。$x_{ij}$ 为第 i 个样品的第 j 个参数，即 X 可写为：

$$X = \begin{bmatrix} x_{11} & x_{12} & \dots & x_{1j} \\ x_{21} & x_{22} & \dots & x_{2j} \\ x_{31} & x_{32} & \dots & x_{3j} \\ \vdots & \vdots & \vdots & \vdots \\ x_{m1} & x_{m2} & \dots & x_{mj} \end{bmatrix} \tag{3-26}$$

矩阵 X 中的行变量为样品，列变量为所提取的特征参数。对矩阵的变换方法很多，如极大值标准化、均值标准化等，本书采用标准变换：

$$x'_{ij} = \frac{x_{ij} - \bar{x}_j}{s_j} \quad i = 1, 2, \cdots, I; \quad j = 1, 2, \cdots, J \tag{3-27}$$

其中，$\overline{x}_j=\frac{1}{I}\sum_{i=1}^{n}x_{ij}$ 为第 j 个特征参数数组的平均值，$s_j=\left[\frac{1}{I-1}\sum_{i=1}^{n}(x_{ij}-\overline{x}_j)^2\right]^{\frac{1}{2}}$ 是第 j 个特征参数数组的标准差。

2. 二维相关谱的多维主成分参量提取

多维主成分分析(multi-way principal component analysis，MPCA)与常规二维PCA方法一样，沿着协方差最大方向由多维光谱数据空间向低维数据空间投影，把多指标转化为少数几个不相关的综合指标(各主成分向量之间相互正交)。通过MPCA对二维相关谱分析，将分析后的得分矩阵代替原始的相关谱矩阵作为模型识别的输入数据，这样既可减少模型识别的输入变量，加快收敛，又起到了主成分过滤噪声的目的[43]。具体步骤如下：

(1)对原始数据进行标准化处理；

(2)计算协方差矩阵；

(3)计算特征值及特征向量；

(4)建立主成分方程，计算主成分荷载及主成分得分；

(5)根据主成分分析结果构建判别模型。

3.8.2 参数化二维近红外相关谱 LS-SVM 判别

采用 MATLAB R2011a 对 3.3.1 节中 160 个同步二维近红外相关谱矩阵(掺杂尿素牛奶和掺杂三聚氰胺牛奶各 40 个，纯牛奶 80 个)提取平均值、方差、标准差、偏度、峰度等 5 个特征参数，部分结果如表 3-16。从表中可以看出，掺杂尿素牛奶、掺杂三聚氰胺牛奶与纯牛奶相关谱的各个特征参数存在不同程度的差异，但差异并不是很明显。根据这些信息无法判定牛奶是否掺杂，需要借助模式识别进行判别。

表 3-16　掺杂牛奶和纯牛奶二维相关谱统计特征参数

特征值	平均值	方差(10^{-5})	标准偏差	偏度	峰度
纯牛奶	0.0985	3.46	0.0059	−0.1886	2.3875
	0.1011	3.64	0.006	−0.1605	2.3507
	0.1018	3.78	0.0061	−0.2136	2.4264
	0.1021	3.81	0.0062	−0.209	2.4243
	0.102	3.76	0.0061	−0.2086	2.4184
	0.1165	4.49	0.0067	−0.1337	2.2898
	0.1163	4.22	0.0065	−0.1049	2.2702
	0.1149	4.18	0.0065	−0.1081	2.2815

续表

特征值	平均值	方差(10^{-5})	标准偏差	偏度	峰度
掺杂尿素牛奶	0.1163	4.37	0.0066	−0.1046	2.2747
	0.1135	4.25	0.0065	−0.1139	2.2783
	0.1163	4.28	0.0065	−0.0932	2.2741
	0.1174	4.51	0.0067	−0.0834	2.276
	0.1131	4.45	0.0067	−0.0737	2.3048
	0.1141	4.63	0.0068	−0.0792	2.3282
	0.1148	6.37	0.008	−0.2104	2.5312
	0.1155	6.24	0.0079	−0.1416	2.4756
掺杂三聚氰胺牛奶	0.1064	3.83	0.0062	−0.14	2.3246
	0.1065	3.92	0.0063	−0.1876	2.3919
	0.1068	4.06	0.0064	−0.2168	2.431
	0.0974	3.58	0.006	−0.1992	2.4157
	0.1026	3.74	0.0061	−0.1677	2.3824
	0.1042	4.05	0.0064	−0.2612	2.5147
	0.0995	3.64	0.006	−0.1771	2.405
	0.0986	3.92	0.0063	−0.259	2.5451

在对 5 个参数标准化的基础上，采用浓度梯度法，从 160 个样品中选取 108 个样品(掺杂尿素牛奶和掺杂三聚氰胺牛奶各 27 个，纯牛奶各 54 个)作为校正集，余下的 52 个样品(掺杂尿素牛奶和掺杂三聚氰胺牛奶各 13 个，纯牛奶 26 个)作为预测集，采用模式识别方法对掺杂牛奶和纯牛奶进行判定。

基于常规二维数据的模式识别方法有很多种，但对于两类判别问题，支持向量机以其在解决小样品、高维数、非线性等方面的独特优势，被广泛应用于各个领域的识别和分类。因此将提取的相关谱特征参数与最小支持向量机(least squares support vector machine，LS-SVM)结合起来对掺杂牛奶与纯牛奶进行判别。

建立最小二乘支持向量机判别模型的第一步是根据研究体系，选择合适的核函数。由于牛奶中掺杂物特征峰与纯牛奶固有组分特征峰相互影响、相互重叠，掺杂牛奶是一种复杂的、非线性生物体系，所以需要选择非线性的核函数来进行分类。在非线性核函数中，应用最广泛的是径向基(radial basis function，RBF)核函数，无论是低维、高维、小样品、大样品等情况，RBF 核函数均适用，它具有较宽的收敛域，是较为理想的分类依据函数[44]。因此在本书中，选择 RBF 核函数建立掺杂牛奶的 LS-SVM 判别模型。

建立 LS-SVM 判别模型的第二步是选择最优的建模参数。LS-SVM 模型参数是影响其性能的重要因素，在 LS-SVM 模型中，需确定两个重要模型参数：γ 和 σ^2，其中γ是正则化参数，决定适应误差的最小化和平滑程度，σ^2是核函数 RBF 的参数，σ^2值太小或太大，会对样品的数据造成过学习或欠学习的现象[45]。本书采用二步格点搜索和留一法交叉验证相结合的方法搜索最佳的γ和σ^2的最佳组合。以校正集交叉验证误差均方根(RMSECV)为指标，在两参数张成的平面内进行搜索，其中 RMSECV 为：

$$\mathrm{RMSECV}=\sqrt{\frac{\sum_{i=1}^{m}(y_i-y_{pi})^2}{m}} \tag{3-28}$$

式中，y和y_p分别代表样品的实际值、预测值。寻优过程由粗选和精选两个步骤组成：粗选网格点数 10×10，如图 3-63 中"·"所示，搜索步长较大，采用误差等高线确立最优参数范围；精选格点数仍为 10×10，如图 3-63 中"×"所示，在粗选基础上，以较小步长细致地搜索，确定最优模型参数。在本书中，γ和σ^2的搜索范围分别为 0.1～100，由于数量级相差较大，对γ和σ^2作对数处理。

图 3-63 所示曲线为不同参数组合$\log_2\gamma$和$\log_2\sigma^2$下，LS-SVM 模型 RMSECV 等高线。当 RMSECV 最小时所对应的γ和σ^2，即为最优的建模参数组合。根据图 3-63，选择最佳的建模参数：γ=75.54 和σ^2=46.75 建立两种掺杂牛奶与纯牛奶的 LS-SVM 判别模型。

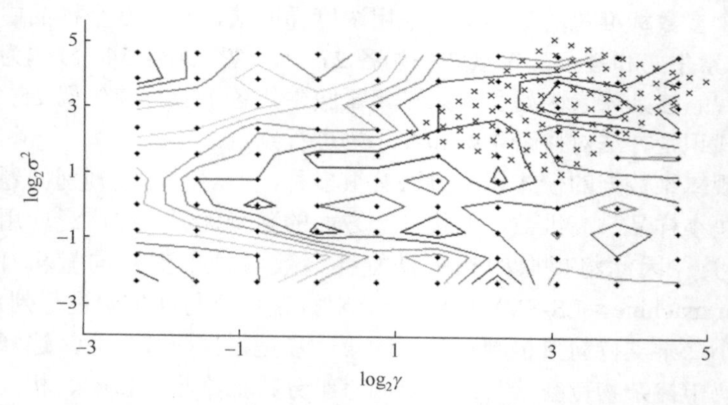

图 3-63　LS-SVM 两种掺杂牛奶模型参数二步搜索法示意图

利用所建立的模型对校正集中进行内部预测，其结果见图 3-64(◇，☆和▽分别表示纯牛奶、掺杂尿素牛奶和掺杂三聚氰胺牛奶)。108 个样品中，有 7 个样品发生误判，其中，5 个掺杂尿素牛奶被误判为纯牛奶，其判别正确率为 81.5%；各有 1 个掺杂三聚氰胺和纯牛奶被误判，判别正确率分别为 96.3%、98.15%。所建模型对校正集样品总的判别正确率为 93.5%。

利用所建立的 LS-SVM 模型对预测集中 52 个未知样品进行外部预测，其预测结果见图 3-65(○，✱和△分别表示纯牛奶、掺杂尿素牛奶和掺杂三聚氰胺牛奶)。52 个样品中仅有 4 个样品被误判，其中，2 个掺杂尿素牛奶被误判为纯牛奶，其判别正确率为 84.6%；各有 1 个掺杂三聚氰胺牛奶和纯牛奶样品被误判，判别正确率分别为 96.3%、98.1%。模型对预测集样品的总的判别正确率为 92.3%。

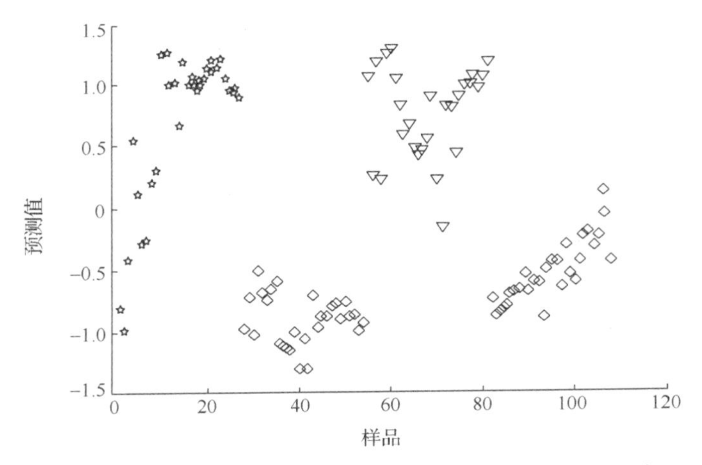

图 3-64　LS-SVM 两种掺杂牛奶模型对校正集样品的预测结果

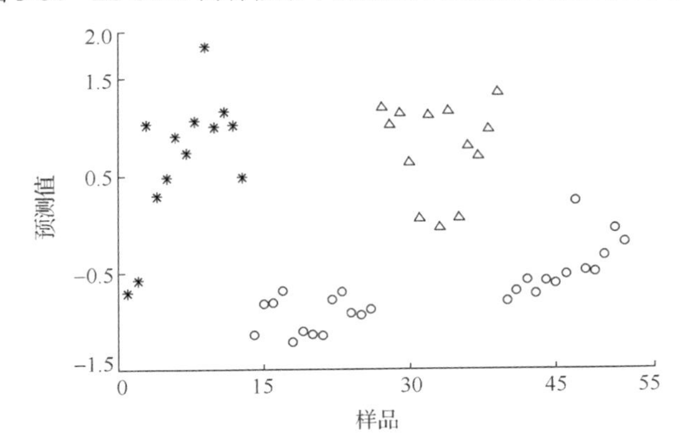

图 3-65　LS-SVM 两种掺杂牛奶模型对预测集样品的预测结果

ROC(receiver operating characteristic curve)曲线经常用来评价二类判别模型性能[46]。ROC 分析是将灵敏度(sensitivity)和特异度(specificity)结合起来综合评价判别效果的一种方法。ROC 曲线下的面积 AUC(area under curve)越接近于 1，说明模型的判别效果越好；当 AUC 介于 0.7～0.9 时，说明模型具有一定的判别效果；当 AUC 大于 0.9 时，说明模型具有较高的判别效果[47]；当 ROC 面积小于 0.5 时，即可认为所建的分类模型已不具备判别能力[48,49]。图 3-66 为 LS-SVM 分类模型的 ROC 曲线，其面积约为 0. 97，表明此模型判别能力较强。

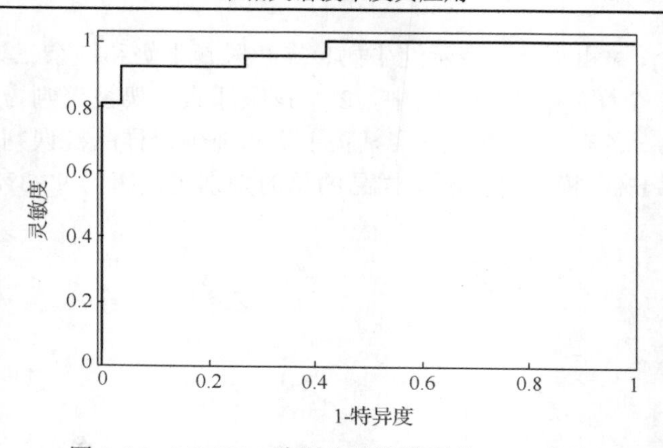

图 3-66 LS-SVM 法所建分类模型的 ROC 曲线

3.8.3 参数化二维中红外相关谱 LS-SVM 判别

采用 MATLAB 对 3.3.3 节中纯牛奶、掺杂尿素牛奶、掺杂三聚氰胺牛奶和掺杂四环素牛奶的同步二维中红外相关谱矩阵的 6 个统计特征参数：平均值、方差、标准差、重心、偏度和峰度进行提取，并对其进行归一化。

在 LS-SVM 模型中，以 1 和−1 分别表示掺杂牛奶和纯牛奶。按照浓度梯度法，从 48 个掺杂牛奶样品中选择 32 个样品作为校正集(10 个掺杂尿素牛奶，掺杂三聚氰胺牛奶和掺杂四环素牛奶各 11 个)，余下 16 个构成独立的预测集。从 48 个纯牛奶样品中随机选取 32 个作为校正集，其余 16 个作为预测集。对校正集中的 64 个样品，将归一化后的 6 个统计参数输入 LS-SVM，建立掺杂牛奶与纯牛奶的 LS-SVM 判别模型。

为选择最佳建模参数，分别计算在不同参数 γ 和 σ^2 组合下 LS-SVM 模型的 RMSECV(见图 3-67)。根据最小 RMSECV 确定最优的模型参数：γ=68.3，σ^2=1.24，建立掺杂牛奶与纯牛奶的 LS-SVM 判别模型。

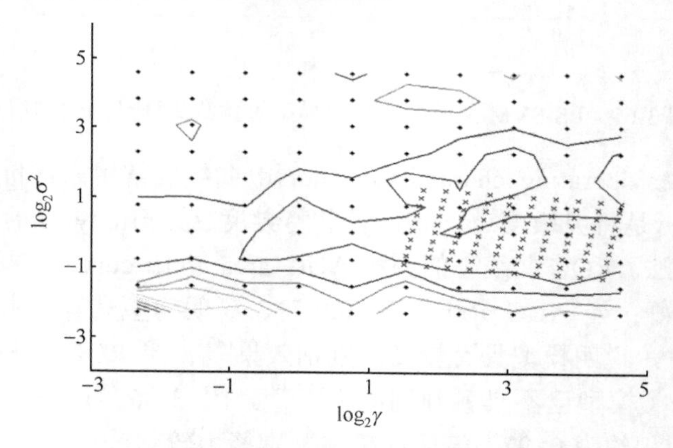

图 3-67 LS-SVM 参数寻优等高线图

采用所建立的 LS-SVM 模型对校正集(○，☆，▽和◇分别表示纯牛奶、掺杂尿素牛奶、掺杂三聚氰胺牛奶和掺杂四环素牛奶)和预测集(+，∗，△和□分别表示纯牛奶、掺杂尿素牛奶、掺杂三聚氰胺牛奶和掺杂四环素牛奶)中的样品进行预测，预测结果见图 3-68。显然，校正集中 64 个样品都得到正确判别；预测集中 3 个纯牛奶被误判为掺杂牛奶，其判别正确率为 81.3%，16 个掺杂牛奶(6 个掺杂尿素牛奶，掺杂三聚氰胺牛奶和掺杂四环素牛奶各 5 个)的识别正确率为 100%。所建 LS-SVM 模型对预测集中所有未知样品的判别正确率为 90.6%。

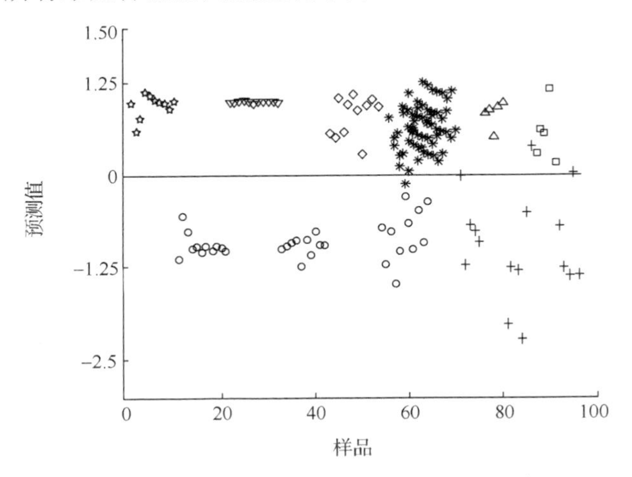

图 3-68　LS-SVM 模型对所有样品的预测结果

为了进一步评价所建立的三种掺杂牛奶 LS-SVM 模型的性能，图 3-69 给出了掺杂牛奶与纯牛奶分类的 ROC 曲线，从图上可以看出，所建立的 LS-SVM 模型 ROC 曲线面积为 0.93，表明该模型具有较强的判别能力[50]。

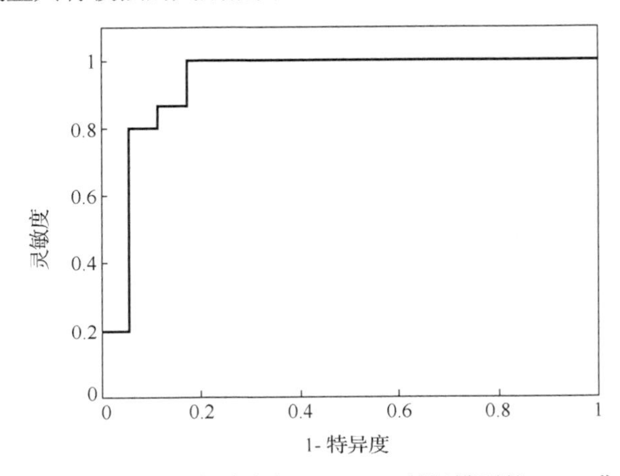

图 3-69　掺杂牛奶与纯牛奶 LS-SVM 判别模型的 ROC 曲线

同时，也分别建立了三种掺杂牛奶与其对应纯牛奶的 LS-SVM 判别模型，三个模型中校正集样品个数都为 21，预测集样品个数都为 11，表 3-17 给出了三个模型的建模参数和模型预测结果。对于掺杂尿素牛奶与纯牛奶 LS-SVM 判别模型，校正集 21 个样品中，有 2 个纯牛奶被误判为掺杂牛奶，其判别正确率为 90.5%，预测集 11 个样品中，仅有 1 个纯牛奶被误判，其判别正确率为 90.9%。对于掺杂三聚氰胺与纯牛奶 LS-SVM 判别模型，校正集和预测集中的所有样品都被正确识别。对于掺杂四环素牛奶与纯牛奶 LS-SVM 判别模型，校正集和预测集中各有一个纯牛奶样品被误判，其判别正确率分别为 95.2%和 90.9%。

表 3-17　三个 LS-SVM 模型建模参数及预测结果

模型	模型参数	识别正确率	
		校正集/%	预测集/%
掺杂尿素牛奶	γ=0.2，σ^2=35.2	90.5	90.9
掺杂三聚氰胺牛奶	γ=2.15，σ^2=2.2	100	100
掺杂四环素牛奶	γ=2.5，σ^2=15.1	95.2	90.9

3.8.4　参量化二维近红外相关谱掺杂牛奶 LS-SVM 判别

对于 3.3.1 节中纯牛奶、掺杂尿素牛奶和掺杂三聚氰胺牛奶的同步二维近红外相关谱矩阵(4400～4800cm^{-1})进行多维主成分分析。图 3-70 是两种掺杂牛奶与纯牛奶样品在前三个主成分空间散点分布图。显然，纯牛奶类样品、掺杂尿素牛奶类样品、掺杂三聚氰胺牛奶类样品按其种类分布在不同的区域，但不同种类样品之间的界限比较模糊，且部分样品在类别边界处存在重叠，无法直接从图中加以区别。为了更准确地对掺杂牛奶和纯牛奶进行识别，需要借助化学计量学进行判别。

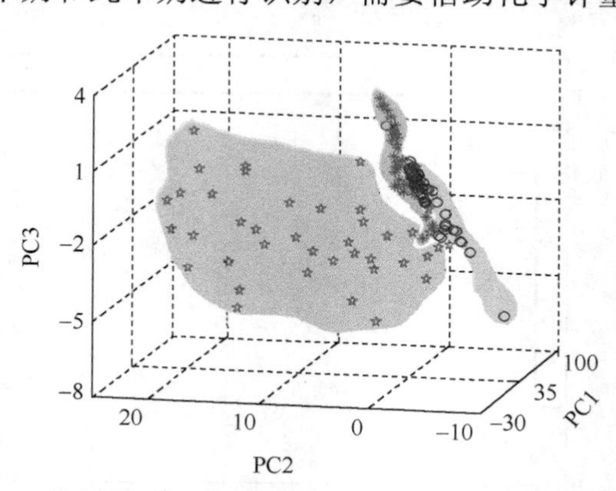

图 3-70　160 个样品在前三主成分空间散点分布

通过上述对 160 个样品同步二维近红外相关谱矩阵 MPCA 分析，将前 4 个主成分得分矩阵(前 4 个主成分的累计贡献率为 99%，说明前 4 个主成分代表原始二维相关谱矩阵的大多数信息)输入 LS-SVM 建立两种掺杂牛奶与纯牛奶的判别模型。

采用浓度梯度法从 80 个掺杂牛奶(掺杂尿素牛奶、掺杂三聚氰胺牛奶各 40 个)和 80 个纯牛奶样品中选出 108 个(掺杂尿素牛奶和掺杂三聚氰胺牛奶各 27 个，纯牛奶 54 个)作为校正集，余下 52 个样品作为独立的预测集。在校正集和预测集中，纯牛奶和掺杂牛奶分别用“−1”，“1”来表示其类别属性。

为了确定最优的建模参数 γ 和 σ^2，分别计算在不同参数 γ 和 σ^2 组合下 LS-SVM 模型的 RMSECV(见图 3-71)。当 RMSECV 最小时所对应的 γ 和 σ^2，即为最优的建模参数组合。根据图 3-71，最终确定最优的模型参数：γ=2.7 和 σ^2=4.7。

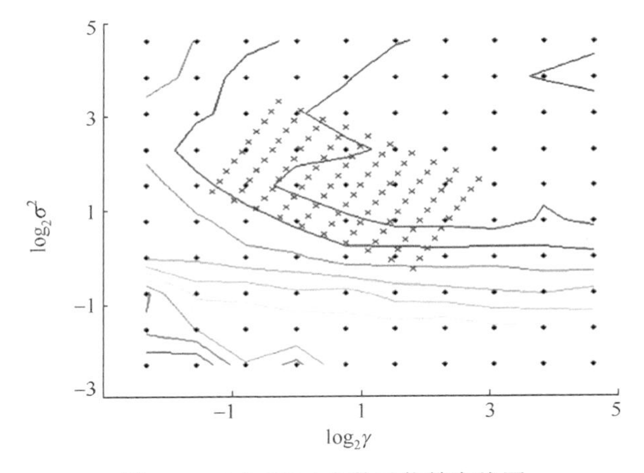

图 3-71　LS-SVM 参数寻优等高线图

LS-SVM 参数确定后，通过 LS-SVM 建立掺杂牛奶与纯牛奶的判别模型。利用所建立的模型对校正集中的样品进行内部预测，其预测结果见图 3-72(○，☆和✱分别表示纯牛奶，掺杂尿素牛奶和掺杂三聚氰胺牛奶)。54 个纯牛奶样品都得到正确识别，判别正确率为 100%；各有 2 个掺杂尿素牛奶和掺杂三聚氰胺牛奶被误判，两种掺杂牛奶的判别正确率都为 92.6%。在校正集 108 个样品中，仅有 4 个样品发生误判，因此所建模型对校正集样品内部预测判别正确率为 96.3%。

利用所建立的 LS-SVM 模型对预测集中的未知样品进行外部预测，其预测结果见图 3-73。在预测集中，共有 2 个样品被误判(掺杂尿素牛奶和掺杂三聚氰胺牛奶各 1 个)，26 个纯牛奶都得到正确识别，因此所建模型对预测集样品的总的判别正确率为 92.3%。

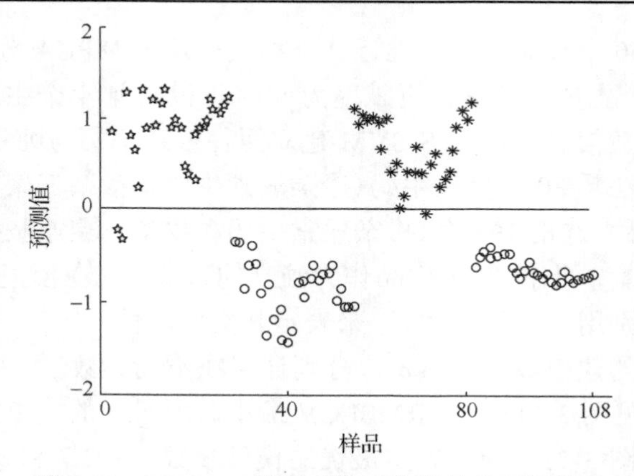

图 3-72　LS-SVM 模型对校正集样品的预测结果

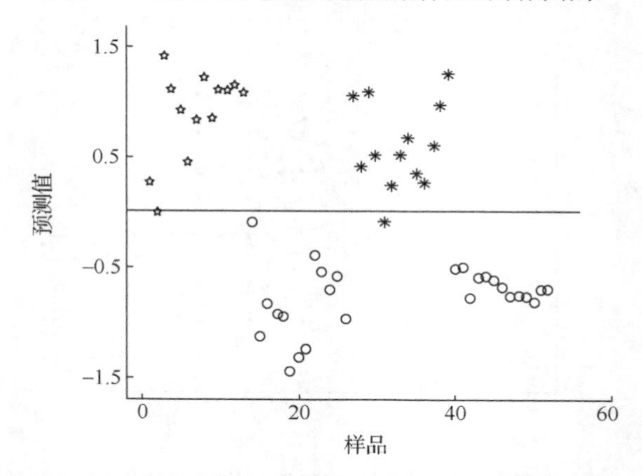

图 3-73　LS-SVM 模型对预测集样品的预测结果

为了进一步评价基于 MPCA 分析所建立的 LS-SVM 模型对预测集样品的判别效果，对其进行 ROC 分析。图 3-74 是两种掺杂牛奶与纯牛奶判别的 ROC 曲线，AUC=0.969，表明通过 MPCA 提取相关谱矩阵后建立的 LS-SVM 模型具有较强的预测效果[51]。

同时，也对两种掺杂牛奶与各自对应纯牛奶的二维相关近红外谱进行了 MPCA 分析，提取了前四个主成分(前 4 个主成分的累计贡献率都超过 99%)，将提取的主成分输入 LS-SVM 分别建立掺杂尿素牛奶和掺杂三聚氰胺与纯牛奶的判别模型。在两个模型中，校正集都由 54 个样品(纯牛奶和掺杂牛奶各 27 个)组成，预测集都有 26 个样品(纯牛奶和掺杂牛奶各 13 个)组成。表 3-18 给出了两个 LS-SVM 的建模参数和判别结果。对于掺杂尿素牛奶模型，校正集和预测集中：所有纯牛奶样品都得到正确识别，各有 2 个掺杂牛奶被误判，模型对校正集和预测集的判别正确率分别为 96.3%、92.3%。对于掺杂三聚氰胺牛奶的 LS-SVM 模型，在校正集和预测集中各有 1 个掺杂牛奶被误判，所建模型对校正集和预测集样品的判别正确率分别为 98.1%、96.2%。

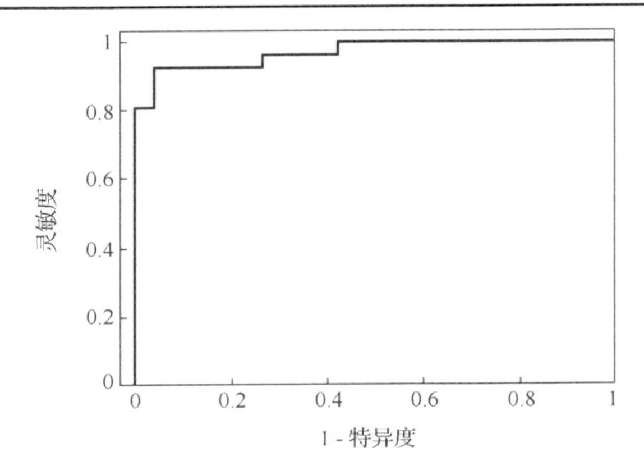

图 3-74　掺杂牛奶与纯牛奶分类的 ROC 曲线

表 3-18　两个 LS-SVM 模型建模参数及预测结果

模型	建模参数	判别正确率	
		校正集/%	预测集/%
掺杂尿素牛奶	γ=23.35 σ^2=4.7	96.3	92.3
掺杂三聚氰胺牛奶	γ=0.52 σ^2=14	98.1	96.2

3.8.5　参量化二维中红外相关谱掺杂牛奶 LS-SVM 判别

采用 MPCA 对 3.3.3 节中的样品(纯牛奶、掺杂尿素牛奶、掺杂三聚氰胺牛奶、掺杂四环素牛奶和掺杂葡萄糖牛奶均为 16 个)的同步二维中红外相关谱矩阵(80×201×201)进行分析。图 3-75 是 80 个样品在 PC1、PC2 和 PC3 空间散点分布图，前三个主成分累计解释同步二维相关谱总变量的 93.1%。从图中可以观察到，纯牛奶和 4 种掺杂牛奶在得分图上分布在不同的区域，其中掺杂尿素牛奶和掺杂葡萄糖牛奶分布区域与纯牛奶接近，并存在重叠，其原因是这两种掺杂牛奶与纯牛奶组分相似(尿素是牛奶非蛋白氮含量的一部分，乳糖是牛奶的固有成分)。

在对上述 80 个样品同步二维中红外相关谱矩阵 MPCA 分析的基础上，将前 13 个主成分得分矩阵(前 13 个主成分的累计贡献率为 99.1%，说明前 13 个主成分代表原始同步二维中红外相关谱矩阵的大多数信息)输入 LS-SVM 建立四种掺杂牛奶与纯牛奶的判别模型。

从 80 个样品中选择 53 个样品作为校正集(纯牛奶 11 个，掺杂尿素牛奶 10 个，掺杂三聚氰胺牛奶 11 个，掺杂四环素牛奶 11 个，掺杂葡萄糖牛奶 10 个)，余下 52 个样品作为独立的预测集。在校正集和预测集中，纯牛奶和掺杂牛奶分别用“–1”和“1”来表示其类别属性。

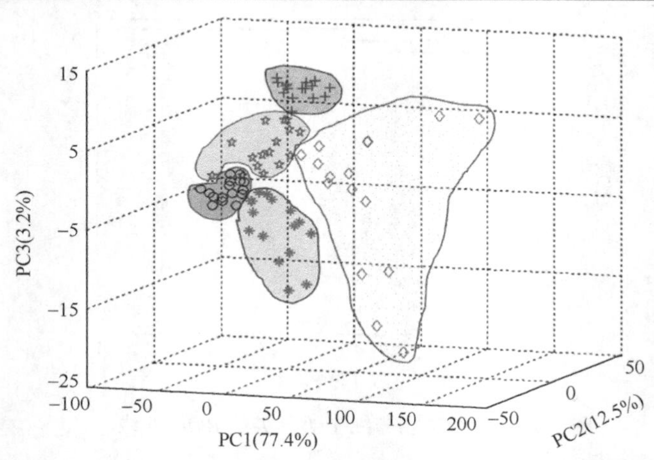

图 3-75　80 个样品在前三主成分空间散点分布

为了确定最优的建模参数 γ 和 σ^2，分别计算在不同参数 γ 和 σ^2 组合下 LS-SVM 模型的 RMSECV。根据最小 RMSECV 确定最优的模型参数：γ=50.6，σ^2=366.7。图 3-76 为所建 LS-SVM 对校正集内部样品的判别结果(○，*，◇，+ 和☆分别表示纯牛奶、掺杂尿素牛奶、掺杂三聚氰胺牛奶、掺杂四环素牛奶和掺杂葡萄糖牛奶)，所有纯牛奶和掺杂牛奶样品都得到正确识别，其判别正确率为 100%。图 3-77 为所建 LS-SVM 对预测集 27 个未知样品的判别结果，所有的掺杂牛奶都得到正确识别，仅有 1 个纯牛奶被误判，其判别正确率为 96.3%。图 3-78 是四种掺杂牛奶与纯牛奶判别的 ROC 曲线，AUC=0.991，表明通过 MPCA 提取中红外相关谱矩阵后建立的 LS-SVM 模型可以很好地区分纯牛奶和掺杂牛奶[52]。

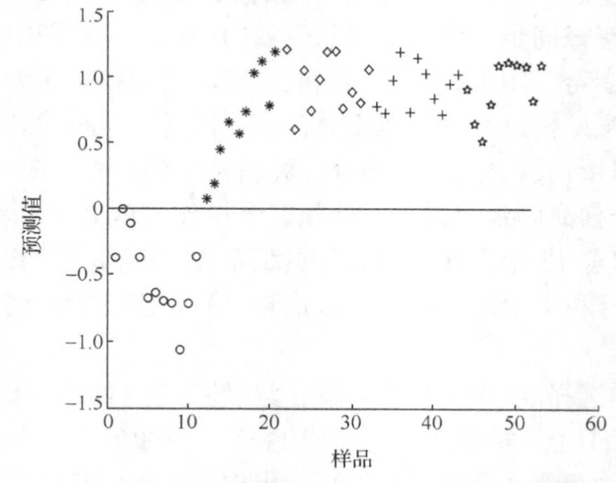

图 3-76　LS-SVM 模型对校正集样品判别结果

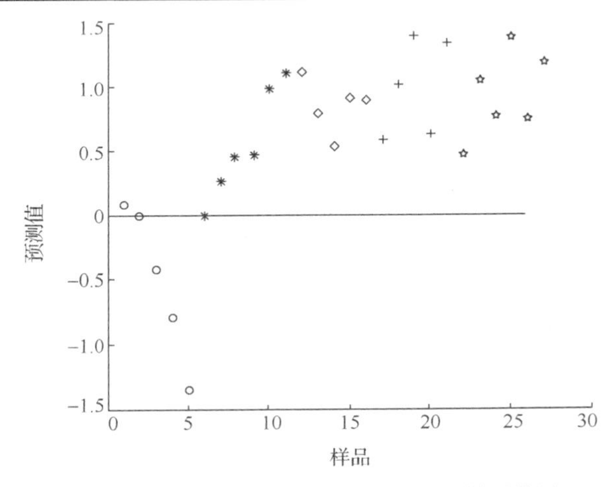

图 3-77　LS-SVM 模型对预测集样品判别结果

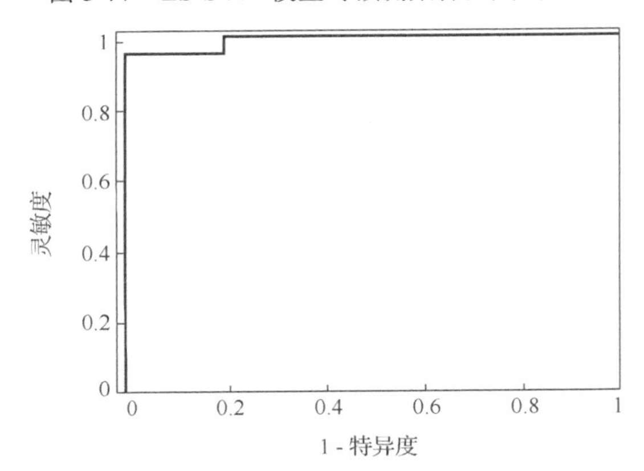

图 3-78　掺杂牛奶与纯牛奶分类的 ROC 曲线

3.9　二维相关光谱图像掺杂牛奶检测

3.9.1　二维相关谱图像的灰度统计判别

1. 二维相关谱图像灰度统计参数提取

灰度图像主要体现图像的灰度级，也就是图像的亮度[53]。在 MATLAB 中，用 uint8 来描述灰度图图像，得到一个数据矩阵，图像的一个像素点映射到矩阵中就是特定的二个元素，而元素的数值表示某一范围内图像的灰度级，一般情况下 0 表示黑色、白色用 255 表示。

图像灰度的一阶概率分布定义为：

$$P(D) = P\{f(i,j) = D\}, \quad 0 \leqslant D \leqslant L-1 \tag{3-29}$$

式中，D 表示量化层中的值，共 L 层。如果将 $P(D)$ 近似为一阶直方图，则有：

$$P(D) \approx N_D / M \tag{3-30}$$

式中，M 为测量窗口中像素总数，其中测量窗口是以 (i,j) 为中心；N_D 表示灰度值为 D 的像素总数。二维相关光谱图像灰度统计特征反映图像的灰度信息分布。表 3-19 给出了二维相关光谱灰度图的 11 个灰度统计特征参数。

表 3-19　二维相关光谱图像的 11 个灰度参数

二维相关光谱图像一阶灰度特征	二维相关光谱图像二阶灰度特征
平均值：$\overline{D} = \sum_{D=0}^{i=1} DP(D)$	自相关：$B_K = \sum_{i=0}^{i=1}\sum_{j=0}^{j=1} ijP(D_i, D_j)$
方差：$\sigma_D^2 = \sum_{D=0}^{i=1} (D-\overline{D})^2 P(D)$	能量：$E = \sum_{i=0}^{i=1}\sum_{j=0}^{j=1} [P(D_i, D_j)]^2$
偏度：$D_s = \left[\sum_{D=0}^{i=1} (D-\overline{D})^3 P(D)\right] / \sigma_D^3$	惯性矩：$B_1 = \sum_{i=0}^{i=1}\sum_{j=0}^{j=1} (D_i - D_j)^2 P(D_i, D_j)$
峰度：$D_K = \left[\sum_{D=0}^{i=1} (D-\overline{D})^4 P(D) - 3\right] / \sigma_D^4$	熵　$H = -\sum_{i=0}^{i=1}\sum_{j=0}^{j=1} P(D_i, D_j) \lg P(D_i, D_j)$
能量：$D_E = \sum_{D=0}^{i=1} P(D)^2$	绝对值：$B_V = \sum_{i=0}^{i=1}\sum_{j=0}^{j=1} \left\|D_i - D_j\right\| P(D_i, D_j)$
熵：$D_H = \sum_{D=0}^{i=1} P(D)\log_2[P(D)]$	

对 3.6 节中的纯牛奶和掺杂尿素牛奶的同步-异步二维相关谱（图 3-57）利用灰度统计特征中常用的灰度直方图的方法提取了 11 个灰度统计特征[54]，部分数据如表 3-20、表 3-21 和图 3-79 所示。通过肉眼直观地看这些数据及图像，纯牛奶与掺杂尿素牛奶的特征量之间无明显的规律可循，还需要应用模式识别的方法进行智能分类。

表 3-20　掺杂尿素牛奶同步-异步二维相关谱 11 个灰度统计特征部分数据

	1	2	3	4	5	6	7
一阶熵	2.66	2.72	2.72	2.72	2.67	2.69	2.68
平均值	187.48	187.48	187.48	187.50	187.49	187.46	187.49
方差	3438.02	3437.98	3438.18	3436.84	3437.17	3440.06	3437.42
偏度	5.80E-6	5.80E-6	5.80E-6	5.80E-6	5.80E-6	5.79E-6	5.80E-6
峰度	1.16E-7	1.16E-7	1.16E-7	1.16E-7	1.16E-7	1.15E-7	1.16E-7
一阶能量	0.54	0.54	0.54	0.54	0.54	0.54	0.54

续表

	1	2	3	4	5	6	7
二阶熵	3.08	3.19	3.18	3.17	3.08	3.22	3.15
自相关	789023	789138	789099	789430	789426	789381	789796
二阶能量	0.53	0.53	0.53	0.53	0.53	0.53	0.53
惯性矩	66135.8	66145.5	66142.2	66169.9	66169.6	66165.8	66200.6
绝对值	219.72	219.75	219.74	219.83	219.83	219.82	219.94

表 3-21　纯牛奶同步-异步二维相关谱 11 个灰度统计特征部分数据

	1	2	3	4	5	6	7
一阶熵	2.66	2.66	2.66	2.66	2.65	2.65	2.68
平均值	187.41	187.48	187.44	187.47	187.49	187.48	187.34
方差	3444.12	3438.72	3441.44	3439.31	3437.34	3438.47	3449.86
偏度	5.78E-6	5.79E-6	5.79E-6	5.79E-6	5.80E-6	5.80E-6	5.77E-6
峰度	1.15E-7	1.15E-7	1.15E-7	1.15E-7	1.16E-7	1.15E-7	1.15E-7
一阶能量	0.54	0.54	0.54	0.54	0.54	0.54	0.54
二阶熵	3.09	3.09	3.08	3.09	3.06	3.07	3.27
自相关	788594	788974	788832	788978	789092	789011	788729
二阶能量	0.53	0.53	0.53	0.53	0.53	0.53	0.53
惯性矩	66099.9	66131.7	66119.8	66132.1	66141.6	66134.8	66111.2
绝对值	219.60	21.71	219.67	219.71	219.74	219.72	219.64

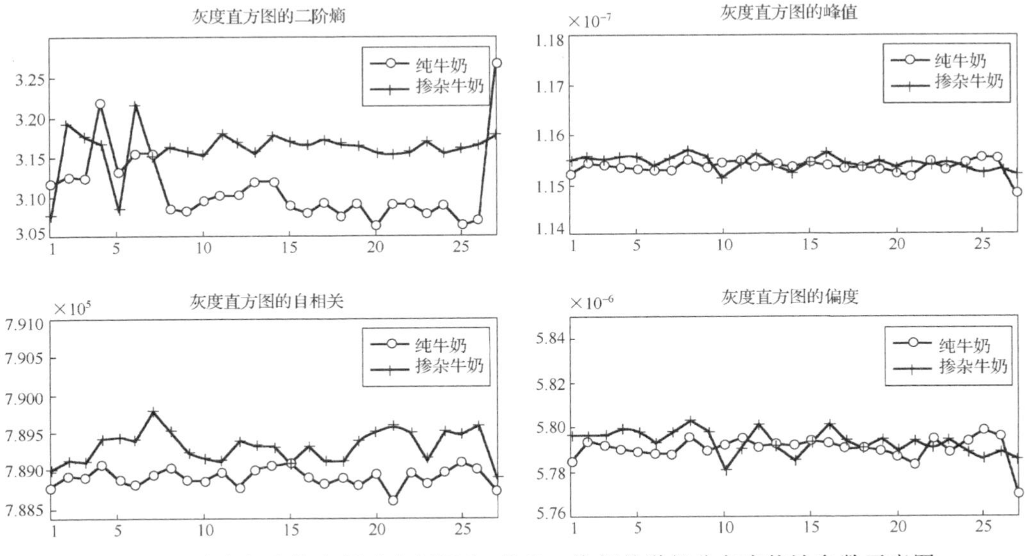

图 3-79　纯牛奶和掺杂尿素牛奶同步-异步二维相关谱部分灰度统计参数示意图

2. 掺杂牛奶判别

如果将上述提取出的 11 个灰度统计特征直接用作分类特征，有可能会影响到分类的正确性，还会出现“特征维数灾难”的问题。这就涉及特征的优选问题，这里采用主成分分析的方法解决特征优选问题，将提取的 11 个灰度统计特征量进行主成分分析后其结果如表 3-22 所示。

表 3-22 主成分分析结果

特征量	特征根	贡献率	特征量	特征根	贡献率
平均值	1.279	0.116	绝对值	1.009	0.0917
方差	1.272	0.116	惯性矩	1.002	0.0911
偏度	1.191	0.108	二阶熵	0.937	0.0852
峰度	1.183	0.108	一阶能量	0.932	0.0847
自相关	1.101	0.100	一阶熵	5.217E-8	0.0000
二阶能量	1.093	0.099			

由表 3-22 可知只有一阶熵的贡献率最小，近似为 0，也就是说该特征对分类没有影响，而其他 10 个特征均可作为分类特征。分别对校正集中的 54 个样品和预测集中的 26 个样品进行分类(其中：“1”表示掺杂尿素牛奶，“2”表示纯牛奶)，得到结果如图 3-80 和表 3-23 所示。

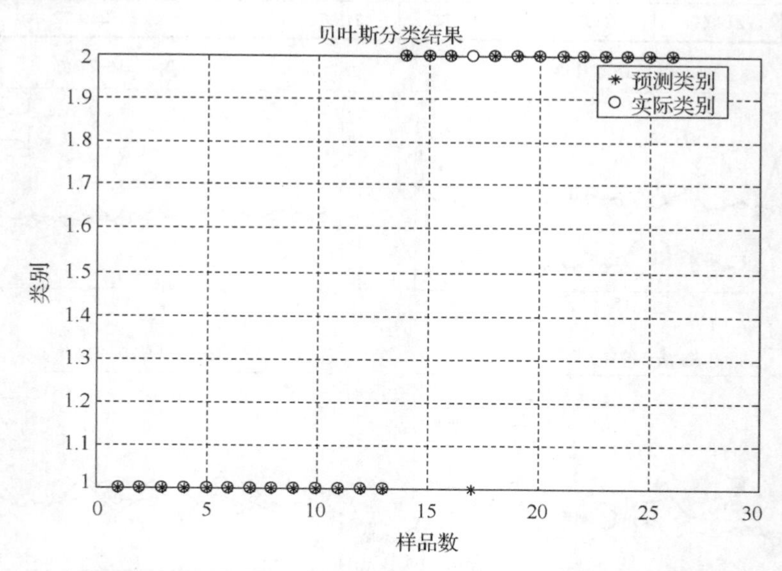

图 3-80 预测集中掺杂尿素牛奶和纯牛奶样品贝叶斯分类结果

表 3-23　掺杂尿素牛奶和纯牛奶样品贝叶斯分类结果

	类别	样品数	误判样品数	正确率/%
校正集样品	掺杂尿素牛奶	27	2	92.59
	纯牛奶	27	1	96.3
预测集样品	掺杂尿素牛奶	13	0	100
	纯牛奶	13	1	92.3

3.9.2　二维相关谱图像不变矩特征掺杂牛奶判别

1. 二维相关谱图像不变矩特征参数提取

矩(moment)在统计学理论中用于描述随机量的分布，如果把灰度图看成二维概率密度分布函数，便可把矩理论应用到图像分析中。这样一来，就可以用矩表征一幅图像，并提取与统计学相似的特征。近年来，矩理论被应用于图像处理、遥感、形状识别和分类等许多方面。

不变矩理论来自矩概念。概率密度分布函数为 $f(x,y)$ 的二维连续随机函数的 $p+q$ 阶原点矩的定义为：

$$M_{pq}=\iint x^{p}y^{q}f(x,y)\mathrm{d}x\mathrm{d}y \tag{3-31}$$

其中，p，q 为自然数。

上述积分式一般用于 $f(x,y)$ 为连续函数的情况下，当分辨率为 m 和 n 的数字图像 $f(x,y)$ 是离散函数时要用下面的双重求和方法来表示。

$$M_{pq}=\sum_{x=1}^{m}\sum_{y=1}^{n}x^{p}y^{q}f(x,y) \tag{3-32}$$

从理论意义上来讲，一幅图像的特征要足够多的矩值才能反映完整，但在实际应用中无需将所有的矩值都计算出来，只要采用的矩子集能够将实际应用所需要的信息表示出来即可。

计算图像 $f(x,y)$ 的两个一阶矩 M_{01} 和 M_{10}。

$$\overline{x}=\frac{M_{10}}{M_{00}},\quad \overline{y}=\frac{M_{01}}{M_{00}} \tag{3-33}$$

中心矩(central moment)具有平移不变性，由 u_{pq} 来表示：

$$u_{pq}=\sum_{X}\sum_{Y}(x-\overline{x})^{p}(y-\overline{y})^{q}f(x,y) \tag{3-34}$$

将中心距归一化后用 η_{pq} 来表示，其目的是赋予 u_{pq} 尺度不变性，具体表达式如下：

$$\eta_{pq} = \frac{u_{pq}}{u^{\gamma}{}_{00}} \tag{3-35}$$

其中， $\gamma = (p + q / 2) + 1$ 。

1962 年，Hu 第一次采用了不变矩概念，将二阶和三阶中心距归一化后，采用特定的组合方式，构造出七个不变矩，并具体描述了七个不变矩的定义及计算方法。具体的计算表达式如下：

$$\begin{aligned}
\phi_1 &= \eta_{20} + \eta_{02} \\
\phi_2 &= (\eta_{20} - \eta_{02})^2 + 4\eta_{11}^2 \\
\phi_3 &= (\eta_{30} - 3\eta_{12})^2 + (\eta_{03} - 3\eta_{21})^2 \\
\phi_4 &= (\eta_{30} + \eta_{12})^2 + (\eta_{03} + \eta_{21})^2 \\
\phi_5 &= (3\eta_{30} - 3\eta_{12})(\eta_{03} + \eta_{21})[(\eta_{03} + \eta_{21})^2 - 3(\eta_{03} + \eta_{21})^2 + \\
&\quad (3\eta_{21} - 3\eta_{02})(\eta_{30} + \eta_{12})[3(\eta_{30} + \eta_{12})^2 - (\eta_{03} + \eta_{21})^2] \\
\phi_6 &= (\eta_{20} - \eta_{02})[(\eta_{30} + \eta_{12})^2 - (\eta_{03} + \eta_{21})^2] + 4\eta_{11}(\eta_{03} + \eta_{21})(\eta_{30} + \eta_{12}) \\
\phi_7 &= (3\eta_{21} - \eta_{03})(\eta_{30} - \eta_{21})[(\eta_{30} + \eta_{12})^2 - 3(\eta_{03} + \eta_{21})^2 + \\
&\quad (3\eta_{21} - \eta_{30})(\eta_{21} + \eta_{03})[3(\eta_{30} + \eta_{12})^2 - (\eta_{03} + \eta_{21})^2]
\end{aligned} \tag{3-36}$$

在上述不变矩理论的基础上，依据 Hu 提出的不变矩公式，按照图 3-81 流程图对纯牛奶和掺杂尿素牛奶的同步-异步二维相关谱图像(图 3-57)的不变矩特征进行提取。表 3-24 和表 3-25 分别是纯牛奶和掺尿素牛奶的同步-异步二维光谱图像的不变矩特征数据。

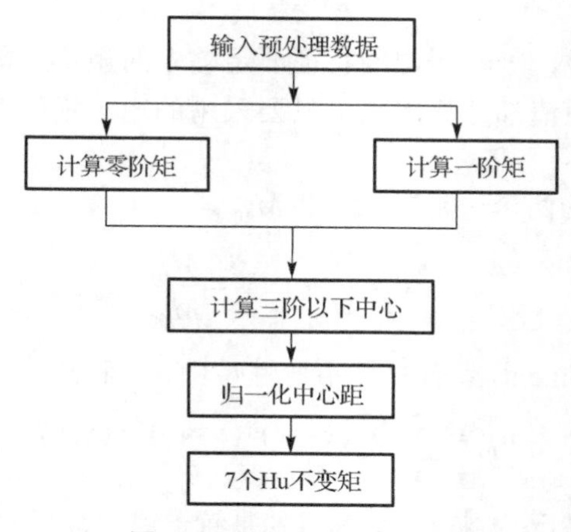

图 3-81　不变矩提取流程

表 3-24　纯牛奶的同步-异步二维光谱图的不变矩特征数据

不变矩 ϕ_1	不变矩 ϕ_2	不变矩 ϕ_3	不变矩 ϕ_4	不变矩 ϕ_5	不变矩 ϕ_6	不变矩 ϕ_7
6.553	13.357	29.808	29.662	59.400	36.380	61.846
6.547	13.344	29.421	29.174	58.477	35.865	60.810
6.548	13.347	29.618	29.366	58.864	36.057	61.087
6.549	13.348	29.709	29.459	59.050	36.150	61.256
6.552	13.355	30.020	29.815	59.739	36.521	61.903

表 3-25　掺杂尿素牛奶的同步-异步二维光谱图的不变矩特征数据

不变矩 ϕ_1	不变矩 ϕ_2	不变矩 ϕ_3	不变矩 ϕ_4	不变矩 ϕ_5	不变矩 ϕ_6	不变矩 ϕ_7
6.554	13.360	29.888	29.823	59.681	36.558	62.389
6.554	13.360	29.924	29.806	59.674	36.531	62.220
6.555	13.360	29.872	29.771	59.595	36.501	62.246
6.553	13.358	29.734	29.593	59.259	36.310	61.819
6.553	13.357	29.763	29.613	59.305	36.332	61.782

2. 掺杂牛奶的 SVM 判别

对纯牛奶与掺杂尿素同步-异步谱图像的不变矩特征参数进行主成分分析，从表 3-26 可以看出，纯牛奶与掺杂尿素同步-异步谱样品的前 4 个主成分累计贡献率为 92.94%，能够很好地代表原特征统计量的分布[55]。

表 3-26　主成分分析结果

主成分	特征值	贡献率	累计贡献率
1	1.897	0.271	0.271
2	1.872	0.268	0.539
3	1.403	0.201	0.739
4	1.333	0.190	0.929

基于前四个主成分建立了支持向量机模型，并利用模型对校正集进行内部预测，其结果如图 3-82 所示，54 个样品中(纯牛奶和掺杂尿素牛奶各 27 个，其中“0”表示纯牛奶，“1”表示掺杂尿素牛奶)有 3 个判别错误，其中有一个纯牛奶被误判为掺杂尿素的牛奶，两个掺杂尿素的牛奶被误判为纯牛奶。所建模型对校正集的判别准确率为 94.44%。利用模型对预测集进行外部预测，其结果如图 3-83 所示，26 个样品数据中有 4 个判别错误，其中纯牛奶判别结果全部正确，4 个掺杂尿素的牛奶被误判为纯牛奶。所建模型对预测集的判别准确率为 84.62%。

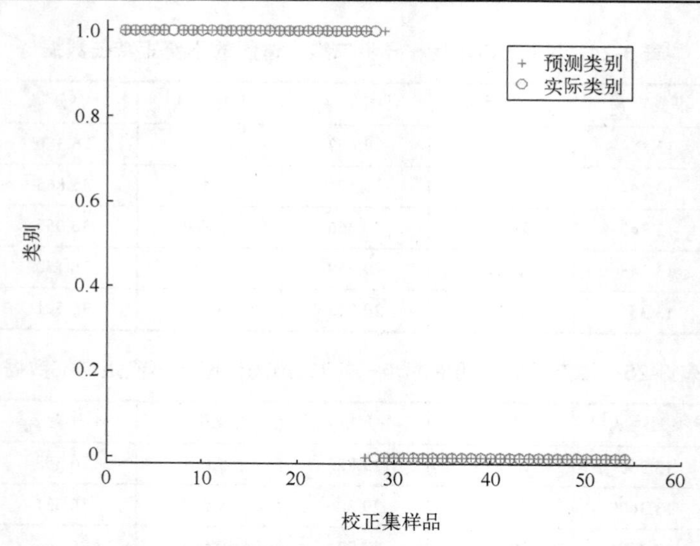

图 3-82　支持向量机对校正集样品预测结果

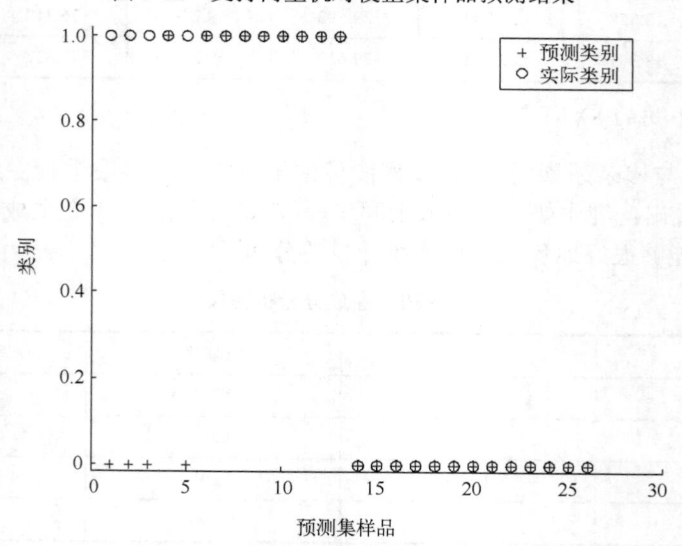

图 3-83　支持向量机对预测集样品预测结果

3.9.3　二维相关谱图像的灰度共生矩阵特征掺杂牛奶判别

1. 灰度共生矩阵特征参数

灰度共生矩阵(GLCM)是由 Haralick 等人提出的检测像素之间空间关系纹理特征的统计方法。它的理论基础是灰度图像的二阶组合条件概率密度函数，即从灰度

级 i 的点离开某一固定位置 $d=(Dx,Dy)$ 达到灰度为 j 的概率。灰度共生矩阵通常用 $P(i,j)$ $(i,j=0,1,2,\cdots,L-1)$ 来表示，其中 L 是图像灰度级，(i,j) 是像素的灰度。d 是像素间的空间位置，d 不相同则两像素间的距离、方向有差异。θ 是灰度共生矩阵的生成方向，通常有四个方向 0°、45°、90° 和 145°，如图 3-84 所示。

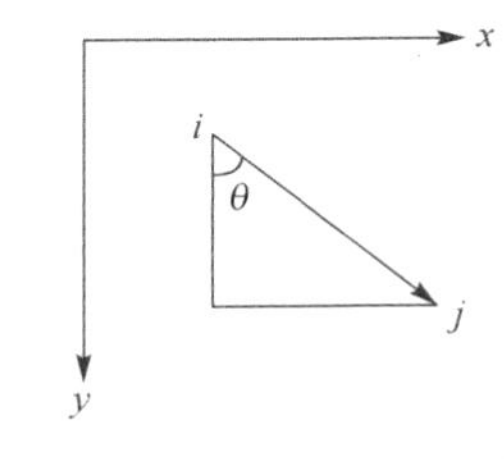

图 3-84　灰度共生矩阵的像素对

灰度共生矩阵数学表达式为：

$$P(i,j,d,\theta)=\{[(x,y),(x+a,y+b)|f(x,y)=i;f(x+a,y+b)=j]\} \tag{3-37}$$

式中，θ 是灰度共生矩阵的生成方向；a 和 b 是根据纹理自身特点的取值参数。

灰度共生矩阵有 14 个用于纹理分析特征参数，分别是：角二阶距、对比度、相关度、熵、方差、均值和、方差和、逆差距、差方差、和熵、差熵、聚类阴影、显著聚类和最大概率。经过 Ulaby[56]等人研究表明：在基于灰度共生矩阵的这 14 个纹理特征中，仅有角二阶矩、对比度、相关系数和熵 4 个特征是不相关的。这 4 个特征既便于计算又能达到好的分类精度，常用来提取图像的纹理特征[57]。

1) 角二阶矩

角二阶矩(ASM)又称能量，是灰度共生矩阵各元素值的平方和。它衡量的是图像纹理灰度变化的均一程度。当灰度共生矩阵的所有元素值均相等时，ASM 小，纹理细腻；否则，ASM 大，纹理粗糙。

$$\text{ASM}=\sum_{i-0}^{L-1}\sum_{j=0}^{L-1}P(i,j)^2 \tag{3-38}$$

2) 主对角线惯性矩

灰度共生矩阵主对角线的惯性矩(CON)又称对比度，是图像纹理清晰度和沟纹深浅的度量。纹理的沟纹越深，则其对比度越大，效果越清晰；相反，则沟纹越浅，效果也越模糊。

$$\text{CON}=\sum_{i-0}^{L-1}\sum_{j=0}^{L-1}(i-j)^2P(i,j) \tag{3-39}$$

3) 相关系数

相关系数(COR)是度量灰度共生矩阵元素在行或列方向上的相似程度。当矩阵元素值均匀相等时相关性大；否则相关性小。若图像纹理存在方向性时，则在该方向矩阵的相关系数较大。相关性的大小反映了图像中局部灰度的相关性。

$$\text{COR}=\frac{\sum_{i-0}^{L-1}\sum_{j=0}^{L-1}(ijP(i,j))-\mu_1\mu_2}{\sigma_1^2\sigma_2^2} \tag{3-40}$$

式中 μ_1，μ_2 是均值，σ_1^2，σ_2^2 是方差。

$$\mu_1 = \sum_{i-0}^{L-1}\sum_{j=0}^{L-1} P(i,j)$$

$$\mu_2 = \sum_{i-0}^{L-1} j \sum_{j=0}^{L-1} P(i,j)$$

$$\sigma_1^2 = \sum_{i-0}^{L-1} (i-\mu_1)^2 \sum_{j=0}^{L-1} P(i,j)$$

$$\sigma_2^2 = \sum_{i-0}^{L-1} (j-\mu_2)^2 \sum_{j=0}^{L-1} P(i,j)$$

4) 熵

熵(ENT)是用来衡量图像信息量的参数，表明了能量的分布均匀程度和稳定状态。就图像而言，当共生矩阵中所有值均相等时，图像纹理越细腻，熵值也越大；反之，图像纹理越复杂，熵值也越小。

$$\mathrm{ENT} = -\sum_{i-0}^{L-1}\sum_{j=0}^{L-1} P(i,j)\log_2 P(i,j) \tag{3-41}$$

2. 二维相关谱灰度共生矩阵特征参数提取

灰度共生矩阵特征的提取过程如下：

(1) 对图像灰度量化，为减小计算量，将原图像的灰度等级 256 压缩到 16 级。

(2) 提取水平、对角线、垂直、反对角线（0°, 45°, 90°, 135°）不同方向上的灰度共生矩阵。

(3) 构造特征向量。选取角二阶矩、主对角线惯性矩、相关系数和熵作为图像的纹理特征参数，特征向量由每幅图像的这四个参数的均值和标准差构成。将特征向量存放在特征矩阵中，特征矩阵的每一行为一幅图像的特征向量。

(4) 归一化处理特征向量矩阵。

按照上述步骤，对图 3-57 的纯牛奶和掺杂尿素牛奶的同步-异步二维相关谱灰度图像的特征参数进行提取。

3. 掺杂牛奶的 SVM 判别

将提取的角二阶矩、主对角线惯性矩、相关系数和熵的均值和标准差作为特征向量建立判别模型。从 80 个同步-异步谱的实验样品中选取 54 个样品(掺杂尿素牛奶、纯牛奶各 27 个)作为校正集，剩下的 26 个样品作为预测集。选择最佳参数：惩罚参数 $c=16$ 和核函数参数 $g=0.5$ 建立掺杂牛奶与纯牛奶 SVM 判别模型，校正集样品内部预测结果如图 3-85 所示。在校正集 54 个样品中仅有 1 个掺杂尿素牛奶被误判为纯牛奶，所建模型对校正集分类准确率为 98.15%。

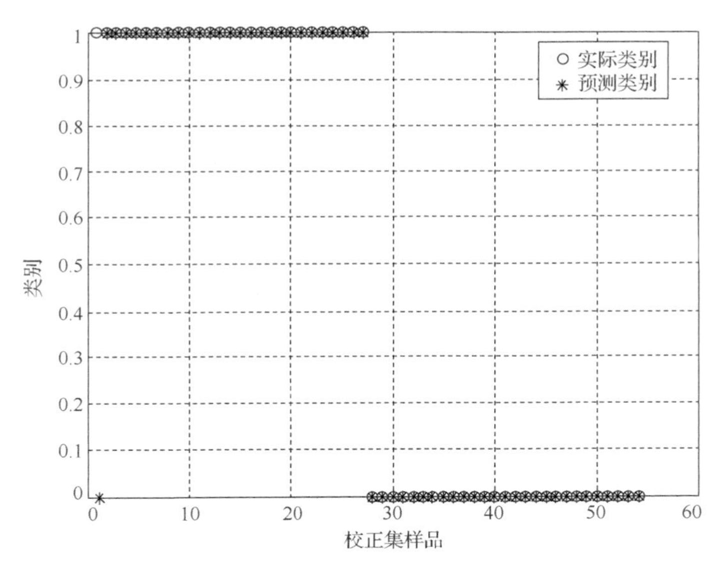

图 3-85　SVM 模型对校正集样品的预测结果

利用所建立的 SVM 模型对预测集样品进行判别，预测结果见图 3-86。在预测集模型分类准确率为 92.31%，26 个样品中仅有 2 个纯牛奶被误判为掺杂尿素的牛奶[58]。

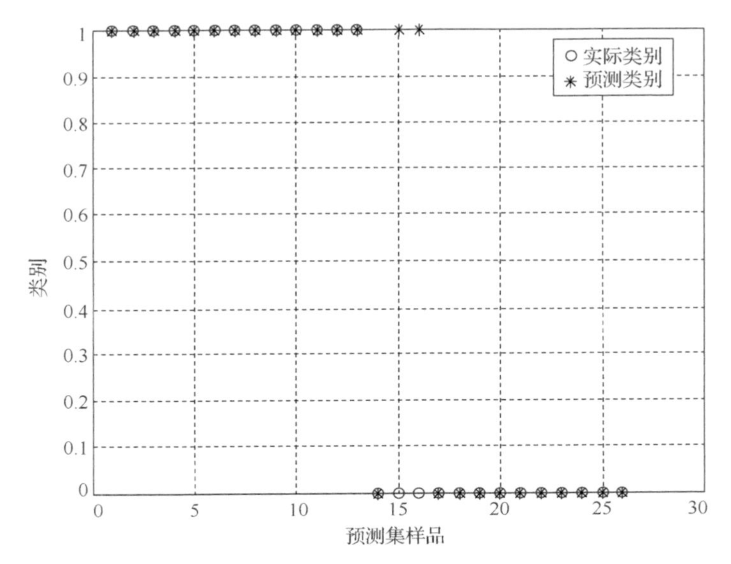

图 3-86　SVM 模型对预测集样品的预测结果

参考文献

[1] 赵旭博，董文宾，王顺民，等. 国外牛奶中尿素含量检测新进展[J]. 食品研究与开发，2004，15(6)：109-113.

[2] 唐玉莲. 近红外光谱在乳制品成分快速检测方面的应用研究[J]. 乳业科学与技术，2009，32(4)：190-194.

[3] 张忠慧，华欲飞. 大豆分离蛋白与低浓度尿素相互作用的红外光谱分析[J]. 大豆科学，2008，27(1)：134-136.

[4] Lefier D. Analytical methods for the determination of the urea content in milk [J]. IDF Bull, 1996, 315: 35-38.

[5] Jankovska R, Sustova K. Analysis of cow milk by near-infrared spectroscopy [J]. Czech Journal of Food Science, 2003, 21(4): 123-128.

[6] Aernouts B, Polshin E, Lammertyn J, et al. Visible and near-infrared spectroscopic analysis of raw milk for cow health monitoring: Reflectance or transmittance [J]. Journal of Dairy Science, 2011, 94(11): 5315-5329.

[7] 杨仁杰，刘蓉，徐可欣. 基于中红外光谱检测牛奶中掺杂尿素[J]. 光谱学与光谱分析，2011，31(9)：2383-2385.

[8] 杨仁杰，刘蓉，徐可欣. 二维相关光谱结合偏最小二乘法测定牛奶中的掺杂尿素[J]. 农业工程学报，2012，28(6)：259-263.

[9] Eddy C V, Flanigan M, Arnold M A. Near-infrared spectroscopic measurement of urea in dialysate samples collected during hemodialysis treatments [J]. Applied Spectroscopy, 2003, 57(10): 1230-1235.

[10] Cho D S, Olesberg J T, Flanigan M J, et al. On-line near-infrared spectrometer to monitor urea removal in real time during hemodialysis [J]. Applied Spectroscopy, 2008, 62(8): 866-872.

[11] Jung Y M, Chae J B, Yu S C, et al. Two-dimensional hetero-spectral correlation fluorescence Raman spectroscopy for a thermotropic liquid-crystalline oligomer [J]. Vibrational Spectroscopy, 2009, 51(1): 11-14.

[12] Awichi A, Tee E M, Srikanthan G, et al. Identification of overlapped near-infrared bands of glucose anomers using two dimensional near-infrared and middle-infrared correlation spectroscopy [J]. Applied Spectroscopy, 2002, 56(7): 897-901.

[13] Jung Y M, Matusewucz B C, Kim S B. Characterization of concentration dependent infrared spectral variations of urea aqueous solutions by principal component analysis and two-dimensional correlation spectroscopy [J]. Journal of Physical Chemistry B, 2004, 108(34): 13008-13014.

[14] Czarnik M B, Kim S B, Jung Y M. A study of urea-dependent denaturation of β-Lactoglobulin by principal component analysis and two-dimensional correlation spectroscopy[J]. Journal of Physical Chemistry B, 2009, 113 (2): 559-566.

[15] 司民真, 李清玉, 刘仁明, 等. 典型的三聚氰胺致幼儿肾结石红外光谱分析[J]. 光谱学与光谱分析, 2010, 30(2): 363-367.

[16] 田高友, 鲁长波, 袁洪福. 液体奶和奶粉中三聚氰胺含量红外光谱分析方法研究[J]. 现代科学仪器, 2009, (5): 86-91.

[17] Lisa J M, Alona A, Chernyshova A H, et al. Melamine detection in infant formula powder using near and mid-infrared spectroscopy [J]. Journal of Agricultural and Food Chemistry, 2009, 57(10): 3974-3980.

[18] Yang R J, Liu R, Xu K X. Determination of melamine of milk based on two-dimensional correlation infrared spectroscopy[C]. Proc. of SPIE, 2012, 8229(1): 29.

[19] 杨仁杰, 杨延荣, 杜艳红, 等. 掺伪三聚氰胺牛奶二维相关红外谱法鉴别研究[J]. 天津农学院学报, 2011, 4: 34-37.

[20] Jung Y M, Hyeon S S, Noda I. New approach to generalized two-dimensional correlation spectroscopy II: Eigenvalue manipulation transformation (EMT) for noise suppression [J]. Applied Spectroscopy, 2003, 57(5): 557-563.

[21] Jung Y M, Noda I. New approaches to generalized two-dimensional correlation spectroscopy and its applications [J]. Applied Spectroscopy Reviews, 2006, 41(5): 515-547.

[22] 陈建波. 二维相关红外光谱差异分析方法及其应用研究[D]. 北京：清华大学, 2010.

[23] 杨仁杰, 杨延荣, 董桂梅, 等. 基于二维红外相关谱欧氏距离判别掺杂牛奶[J]. 光谱学与光谱分析, 2014, 34(8): 2098-2101.

[24] Mehdi J H, Heshmatollah E N, Akram K. Use of kernel orthogonal projection to latent structure in modeling of retention indices of pesticides[J]. QSAR Combinatorial Science, 2009, 28(11-12): 1432-1441.

[25] Bylesjö M, Rantalainen M, Jeremy K N, et al. K-OPLS package: Kernel-based orthogonal projections to latent structures for prediction and interpretation in feature space[J]. BMC Bioinformatics, 2008, 9: 106.

[26] 陈敏, 贺益君, 王靖岱, 等. 基于小波包分析和 KOPLS 的集成方法在颗粒粒径分布检测中的应用[J]. 化工学报, 2010, 61(6): 1349-1356.

[27] Westman E, Wahlund L O, Foy C, et al. Combining MRI and MRS to distinguish between Alzheimer's disease and healthy controls[J]. Journal of Alzheimer's Disease, 2012, 22(1): 171-181.

[28] Yang R J, Liu R, Xu K X, et al. Discrimination of adulterated milk based on two-dimensional correlation spectroscopy (2DCOS) combined with kernel orthogonal projection to latent structure (K-OPLS) [J]. Applied Spectroscopy, 2013, 67(12): 1363-1367.

[29] 杨仁杰, 刘蓉, 徐可欣, 等. 二维相关近红外光谱结合 NPLS-DA 掺杂牛奶判定方法研究[J]. 光子学报, 2013, 42(5): 580-585.

[30] Yang R J, Yang Y R, Dong G M, et al. Multivariate methods for the identification of adulterated milk based on two-dimensional infrared correlation spectroscopy[J]. Analytical Methods, 2014, 6(10): 3436-3441.

[31] Yang R J, Liu R, Xu K X, et al. Quantitative analysis of melamine by multi-way partial least squares model with two-dimensional near-infrared correlation spectroscopy[C]. Proc. of SPIE, 2014, 8939: 1-12.

[32] Yang R J, Liu R, Dong G M, et al. Two-dimensional hetero-spectral mid-infrared and near-infrared correlation spectroscopy for discrimination adulterated milk[J]. Spectrochimica Acta Part A: Molecular and Biomolecular Spectroscopy, 2016, 157: 50-54.

[33] 于舸, 杨仁杰, 吕爱君, 等. 基于异谱二维 NIR-IR 相关判别掺杂牛奶[J]. 光谱学与光谱分析, 2015, 35(8): 2099-2102.

[34] Yang R J, Dong G M, Sun X S, et al. Synchronous-asynchronous two-dimensional correlation spectroscopy for the discrimination of adulterated milk [J]. Analytical Methods, 2015, 7(10): 4302-4307.

[35] 刘海学, 杨仁杰, 朱文碧, 等. 基于近红外自相关谱检测奶粉中的三聚氰胺[J]. 光谱学与光谱分析, 2017, 37(10): 3074-3077.

[36] 吴元清. 基于三维荧光光谱的水体有机污染物浓度检测方法[D]. 杭州: 浙江大学, 2011.

[37] Yang R J, Liu R, Xu K X, et al. Classification of adulterated milk with the parameterization of 2D correlation spectroscopy and least squares support vector machines[J]. Analytical Methods, 2013, 5(21): 5949-5953.

[38] 苗静. 基于二维相关近红外光谱技术的牛奶掺杂识别方法的研究[D]. 天津: 天津大学, 2014.

[39] 苗静, 曹玉珍, 杨仁杰, 等. 基于二维相关近红外谱参数化及BP神经网络的掺杂牛奶鉴别[J]. 光谱学与光谱分析, 2013, 33(11): 3032-3035.

[40] Nayak G S, Nayak D. Classification of ECG signals using ANN with resilient back propagation algorithm[J]. International Journal of Computer Applications, 2012, 54(6): 20-23.

[41] 李朕, 尚丽平, 邓琥, 等. 色氨酸和酪氨酸的三维荧光光谱特征参量提取[J]. 光谱学与光谱分析, 2009, 29(7): 1925-1928.

[42] 苗静, 曹玉珍, 杨仁杰, 等. 基于二维相关近红外谱参数化及BP神经网络的掺杂牛奶鉴别[J]. 光谱学与光谱分析, 2013, 33(11): 3032-3035.

[43] 林毅, 蔡福营, 袁宇熹, 等. 基于均匀设计的主成分分析-支持向量机模型及其在几丁质酶最适 pH 建模中的应用[J]. 生物工程学报, 2007, 23(3): 514-519.

[44] 林升梁, 刘志. 基于 RBF 核函数的支持向量机参数选择[J]. 浙江工业大学学报, 2007, 35(2): 163-167.

[45] 虞科, 程翼宇. 一种基于最小二乘支持向量机算法的近红外光谱判别分析方法[J]. 分析化学研究简报, 2006, 34(4): 561-564.

[46] Zhu X R, Li S F, Shan Y, et al. Detection of adulterants such as sweeteners materials in honey using near-infrared spectroscopy and chemometrics[J]. Journal of Food Engineering, 2010, 101(1): 92-97.

[47] Lasko T A, Bhagwat J G, Zou K H. The use of receiver operating characteristic curves in biomedical informatics [J]. Journal of Biomedical Informatics, 2005, 38(5): 404-415.

[48] Swets J A. Measuring the accuracy of diagnostic systems[J]. Science, 1988, 240(4857): 1285-1293.

[49] 李水芳, 单杨, 朱向荣, 等. 近红外光谱结合化学计量学方法检测蜂蜜产地[J]. 农业工程学报, 2011, 27(8): 350-354.

[50] 杨延荣, 杨仁杰, 张志勇, 等. 基于参量化二维相关红外谱和最小二乘支持向量机判别按照牛奶[J]. 光子学报, 2013, 42(9): 1123-1128.

[51] 杨仁杰, 刘蓉, 杨延荣, 等. 二维相关近红外谱多维主成分分析掺杂牛奶判别方法研究[J]. 光学精密工程, 2014, 22(9): 2352-2358.

[52] Yang R J, Zhang W Y, Yang Y R, et al. Characterization of adulterated milk by two-dimensional infrared correlation spectroscopy[J]. Analytical Letters, 2014, 15(47): 2560-2569.

[53] 杨晓明. 基于灰度统计特征的岩屑岩性最优描述方法研究[D]. 青岛: 中国海洋大学, 2007.

[54] 单慧勇, 曹燕, 赵辉, 等. 基于二维相关谱灰度统计特征判别掺杂尿素牛奶[J]. 食品工业, 2018, 39(11): 200-203.

[55] 单慧勇, 曹燕, 张海洋, 等. 基于二维近红外相关光谱不变矩特征判别掺杂尿素牛奶的方法[P]: 中国, 92214985, 1993-04-14.

[56] Ulaby F T, Kouyate F, Brisco B, et al. Textural information in SAR Images[J]. IEEE Transactions on Geoscience and Remote Sensing, 1986, 24(2): 235-245.

[57] 高程程, 惠晓威. 基于灰度共生矩阵的纹理特征提取[J]. 计算机系统应用, 2010, 19(6): 195-198.

[58] 单慧勇, 曹燕, 赵辉, 等. 二维相关红外光谱与支持向量机和灰度共生矩阵统计法相结合判别掺杂牛奶[J]. 理化检验: 化学分册, 2019, 55(3): 254-259.

第4章 二维相关光谱分析技术在食品检测中的应用

4.1 食用油检测

4.1.1 二维相关光谱比对法食用油品质检测

1. 二维荧光相关谱

1) 不同种类油鉴别

赵守敬以温度为外扰(150～300℃，间隔10℃)，研究了油茶籽油、菜籽油、大豆油和棕榈油的二维荧光相关谱特性(图4-1)。对于同步谱，油茶籽油和菜籽油分

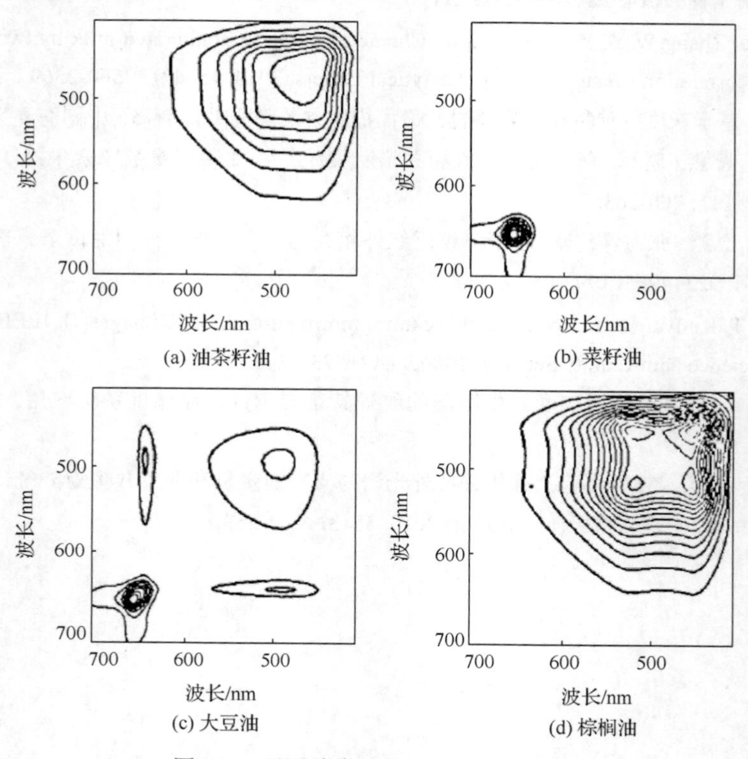

图 4-1 不同种类油的二维荧光相关谱

别在 480nm、675nm 处出现自相关峰，大豆油在 500nm 和 675nm 处出现自相峰，棕榈油在 450nm 和 515nm 处出现自相关峰，因此根据自相关峰的位置和强度，很直观地区分 4 种植物油[1]。

2) 掺假油鉴别

在上述鉴别四种植物油的基础上，研究了该方法判别油茶籽油是否掺入其他食用植物油的可行性，指出当油茶籽油中掺入其他油时，二维相关谱会发生改变，根据自动峰、交叉峰位置和强度，可以判定是否掺入其他类食用植物油，检测限可达 5%。图 4-2 和图 4-3 分别是油茶籽油中掺入 5%、15%和 25%的菜籽油时的同步和异步二维荧光相关谱。与纯油茶籽油和菜籽油的同步谱(图 4-1)相比，掺混油(5%)在主对角线外侧(675，480) nm 处出现正的交叉峰，表明油茶籽油 480nm 和菜籽油 675nm 处荧光强度随温度增高同向变化，且是逐渐减弱。随着掺入菜籽油浓度的增加，在 675nm 处出现逐渐变强的自相关峰，(675，480) nm 处正相关强度也逐渐变强。异步谱中(图 4-3)，在不同菜籽油浓度下，(675，480) nm 处都存在正交叉峰，根据 Noda 规则可推断出：菜籽油 675nm 处荧光强度减小的速度要快于油茶籽油 480nm 处。

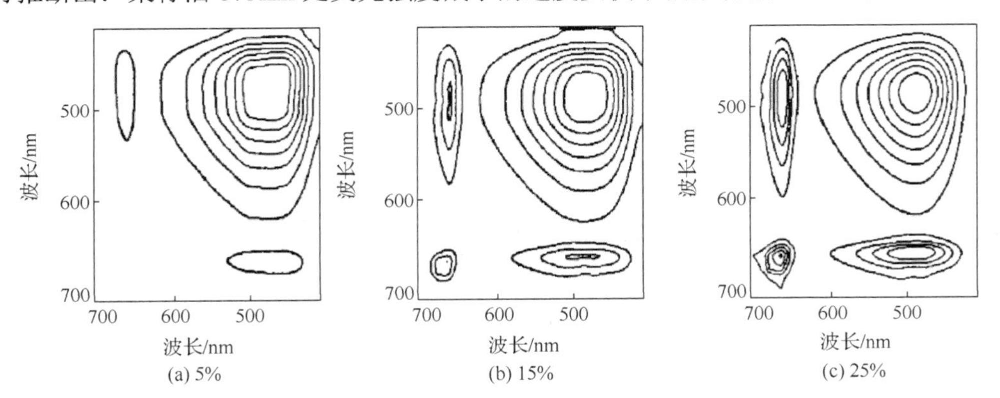

图 4-2　油茶籽油掺入 5%、15%和 25%菜籽油的同步二维荧光相关谱

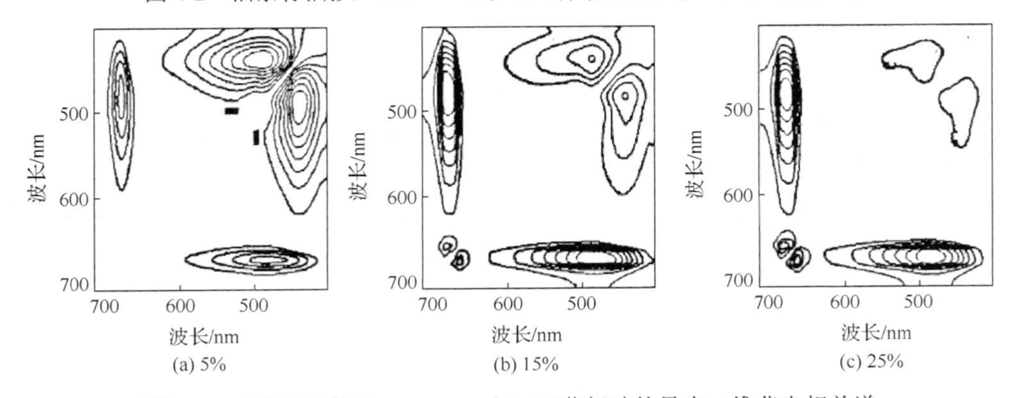

图 4-3　油茶籽油掺入 5%、15%和 25%菜籽油的异步二维荧光相关谱

2. 二维近红外相关谱

陈斌等以溶剂环己烷为外扰(体积分数 5%～95%，间隔 10%)，在 4220～4310cm^{-1} 波数范围内构建了大豆油、葵花籽油、菜籽油和橄榄油的同步和异步二维近红外光谱。图 4-4 为四种油对应的同步二维相关谱。由图可见，四种油在 4255cm^{-1} 和 4276cm^{-1} 处都存在较强的自相关峰。不同的是，大豆油和菜籽油在 4230cm^{-1} 和 4300cm^{-1} 处存在自相关峰，而葵花籽油在 4305cm^{-1} 处存在自相关峰，可实现葵花籽油的鉴别；橄榄油在 4230cm^{-1} 和 4295cm^{-1} 处存在自相关峰，可实现橄榄油的鉴别[2]。

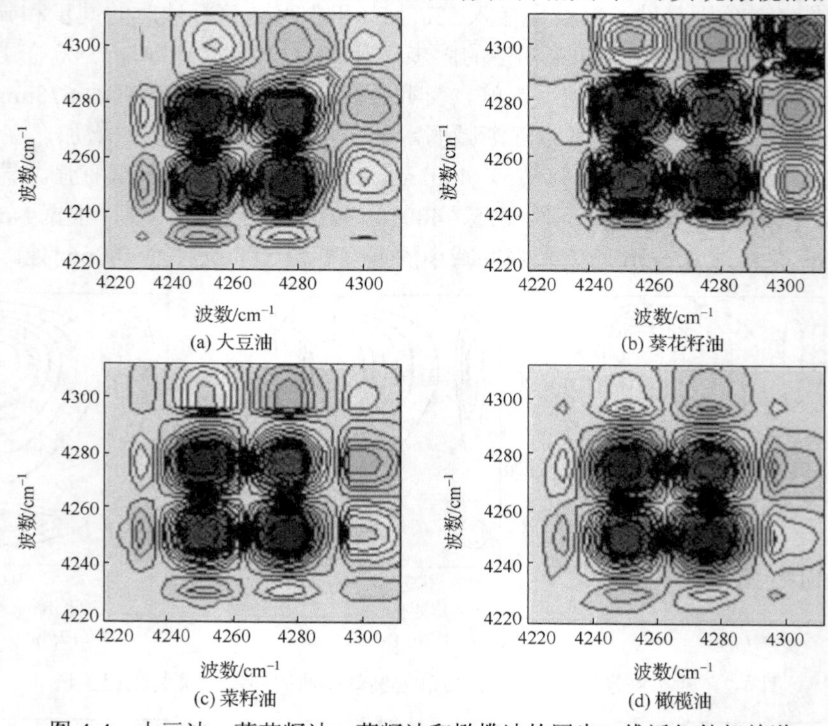

图 4-4　大豆油、葵花籽油、菜籽油和橄榄油的同步二维近红外相关谱

同时，陈斌等在研究异步二维相关谱特性的基础上指出：大豆油在(4275，4305)cm^{-1} 附近出现较强的负交叉峰，在(4246，4304)cm^{-1} 和(4244，4279)cm^{-1} 附近出现较强的正交叉峰；而葵花籽油则在(4279，4301)cm^{-1} 附近出现较强的正交叉峰，在(4250，4301)cm^{-1} 附近出现较强的负交叉峰，可以据此来区分大豆油和葵花籽油；菜籽油在(4248，4283)cm^{-1} 附近出现较强负交叉峰，据此可区分大豆油和菜籽油；橄榄油在 4290～4310cm^{-1} 范围几乎没有相关峰，可区分菜籽油和橄榄油。

王哲等以菜籽油、大豆油、橄榄油、花生油、葵花籽油和玉米油为研究对象(每种油包含两个品牌产品)，选择正己烷为溶剂，按照体积分数比例 20%、40%、60%、80%和 100%分别来配置六种植物油的正己烷溶液。采用美国 PE 公司傅里叶变换近红外光谱仪获得动态光谱，并进行预处理。在此基础上，以正己烷浓度作为外扰，构建了六种油的同步二维近红外相关谱。图 4-5 为六种植物油的自相关谱，可以观察到同种油自相关谱变化趋势、峰的数量和位置比较相似，不同种类的油自相关峰的数量、位置和强度都存在明显差别[3]。

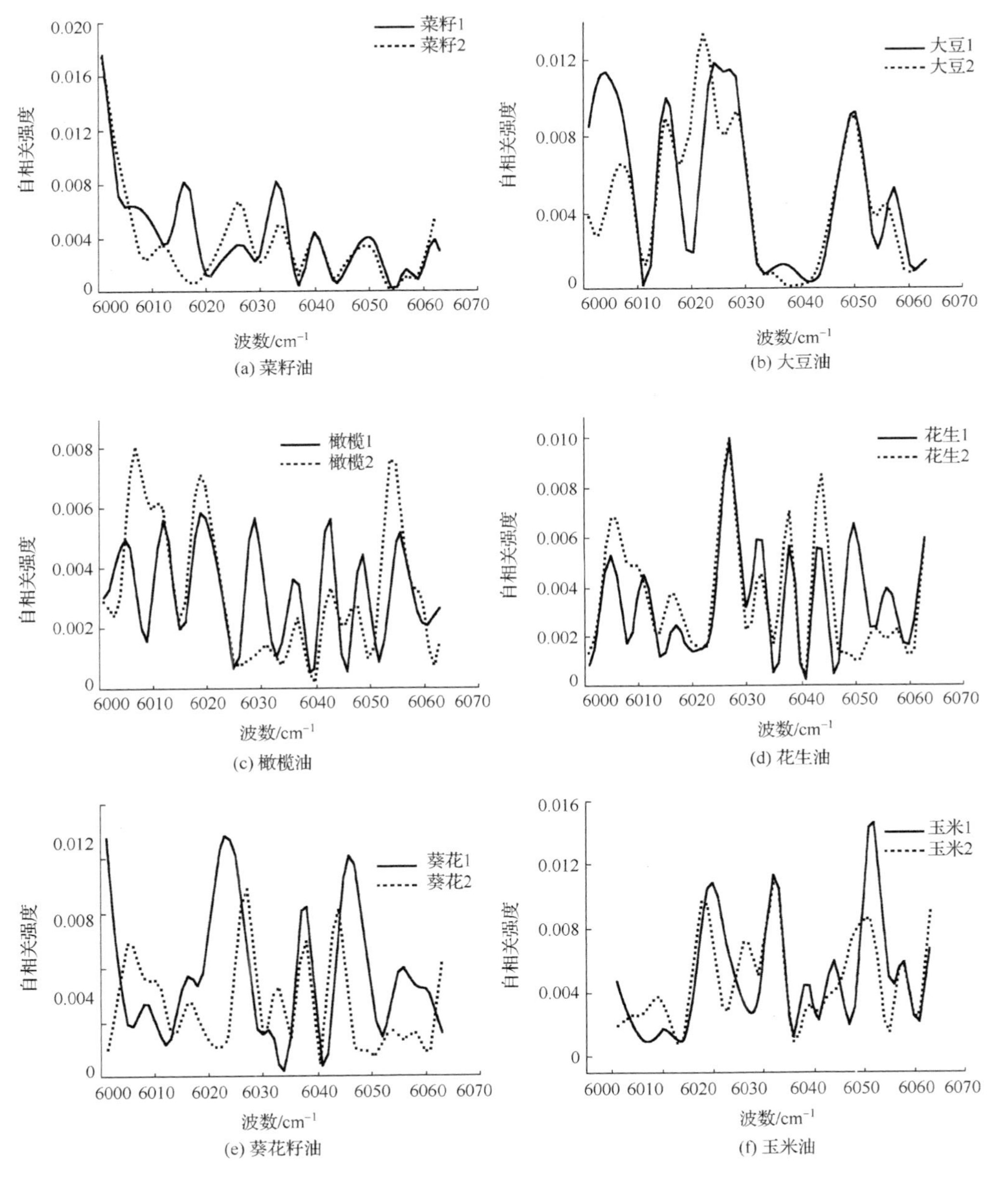

图 4-5　六种植物油的自相关谱

对六种植物油的自相关谱进行主成分分析，选取 8 个主成分(贡献率 95%)来代表各个样品的自相关谱，以 6 个不同植物油样品为参考样品，计算参考样品与测试样品之间的欧氏距离，结果如表 4-1 所示。可以看到，同种植物油自相关谱主成分欧氏距离最小，不同种类植物油距离较大，如不同品牌菜籽油之间距离为 1.944，而与其他种类植物油之间的距离普遍大于 3。因此根据自相关谱主成分欧氏距离可以实现不同种类植物油判别。

表 4-1　欧氏距离及分类结果

	菜籽 1	大豆 1	橄榄 1	花生 1	葵花 1	玉米 1
菜籽 2	**1.944**	3.402	3.207	3.259	3.340	3.488
大豆 2	4.428	**2.182**	4.981	3.397	3.388	4.485
橄榄 2	3.153	5.190	**2.256**	4.976	4.384	3.159
花生 2	3.046	3.765	3.284	**2.943**	3.234	3.500
葵花 2	3.119	3.618	3.465	3.826	**1.699**	3.060
玉米 2	3.236	3.644	4.296	3.382	2.743	**2.710**

3. 二维拉曼相关谱

图 4-6(a)～(d)是温度(15～20℃，间隔 5℃)外扰下纯橄榄油和掺假橄榄油的同步二维拉曼相关谱。从图中可以看到，纯橄榄油和掺假橄榄油在 2925cm^{-1} 处都存在自相关峰，其强度排序为：纯橄榄油>掺假 5%橄榄油>掺假 10%橄榄油>掺假 20%橄榄油，表明随着橄榄油中掺入大豆油含量的增加，自相关峰强度降低。同时在(2925，2883)cm^{-1} 处存在负交叉峰，纯橄榄油的负交叉峰强度最强，随着掺入大豆油含量的增加，该负交叉峰强度减弱。因此以温度为扰动因子构建的同步二维拉曼相关谱可以实现纯橄榄油和掺假橄榄油判别[4]。

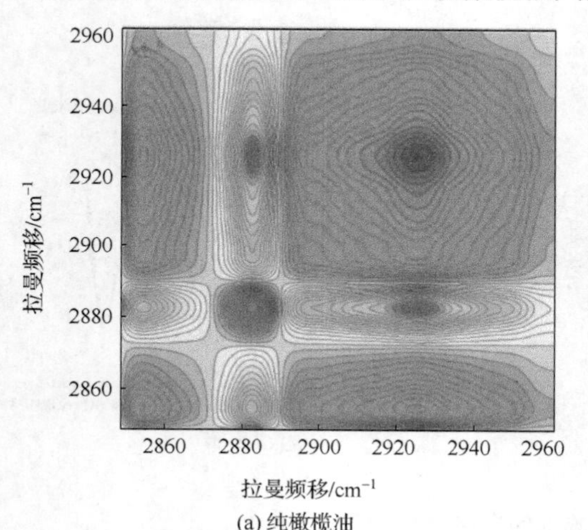

(a) 纯橄榄油

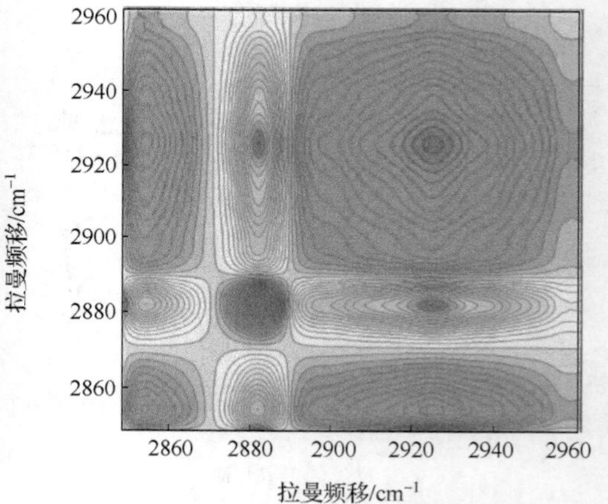

(b) 掺5%大豆油的橄榄油

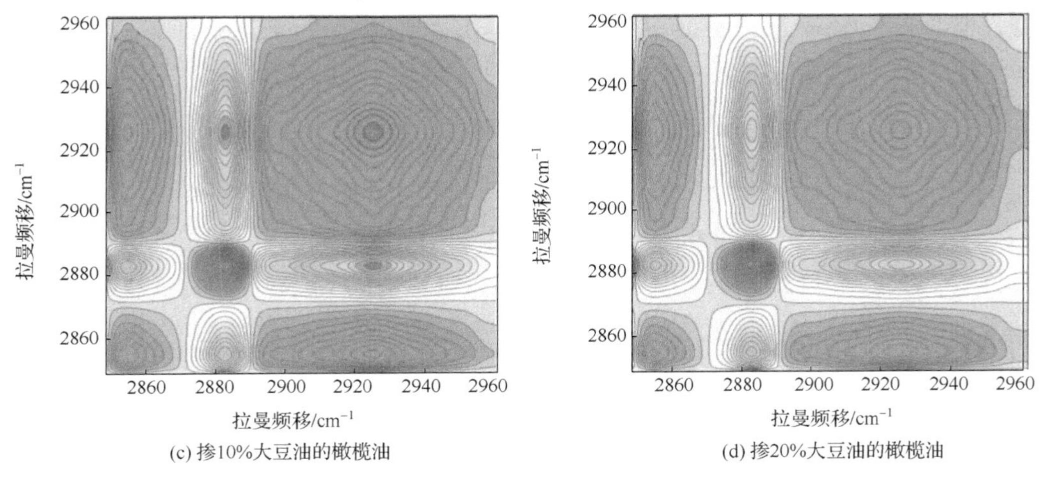

(c) 掺10%大豆油的橄榄油　(d) 掺20%大豆油的橄榄油

图 4-6　纯橄榄油和掺杂大豆油-橄榄油的同步二维相关谱

4.1.2　同谱二维相关光谱掺假食用油检测

1. 二维近红外相关谱

1) 实验与样品

准备 80 个纯芝麻油样品，在其中 40 个纯芝麻油样品中添加不同体积分数的玉米油，配置 40 个不同体积分数(3%～60%)的掺假玉米油-芝麻油样品，通过搅拌，使添加的玉米油均匀分布在芝麻油中。

采用 Spectrum GX 傅里叶变换红外(FTIR)光谱仪(美国 PerkinElmer 公司)。在近红外波段，仪器配备有石英分束器、InGaAs 检测器，将待检测样品(未稀释)装于光程为 5mm 的石英池中，在 4000～10000cm^{-1} 范围扫描样品的近红外透射光谱。

2) 纯芝麻油与掺假芝麻油 NIR 光谱特性

图 4-7 是纯芝麻油和纯玉米油在 4000～10000cm^{-1} 的近红外光谱图。显然，在整个近红外波段，芝麻油和玉米油吸收峰的形状和位置都非常相似。这是由于植物油的主要成分都为甘油三酯，其含量高达 95%以上，因此，芝麻油和玉米油的近红外光谱轮廓基本相同，无法通过肉眼判别芝麻油中是否掺入玉米油。从图 4-7 中可以看到，芝麻油和玉米油的主要吸收峰位于 4540～6000cm^{-1} 波数区间。因此，选择 4540～6000cm^{-1} 进行同步二维相关谱计算，图 4-8(a)和(b)分别为纯芝麻油和掺玉米油-芝麻油的同步二维近红外相关谱。

3) 纯芝麻油与掺假芝麻油 2D NIR 相关谱的 NPLS-DA 模型

基于同步二维 NIR 相关谱矩阵和多维偏最小二乘判别建立定性分析掺假芝麻油的数学模型。采用马氏距离法对 80 个样品进行异常样品检测，并未发现异常样品存在，根据 K-S (Kennard-Stone) 法，从 80 个样品中选取 53 个(纯芝麻油 26 个，掺假芝麻油 27 个)作为校正集，余下 27 个样品(纯芝麻油 14 个，掺假芝麻油 13 个)作为预测集。

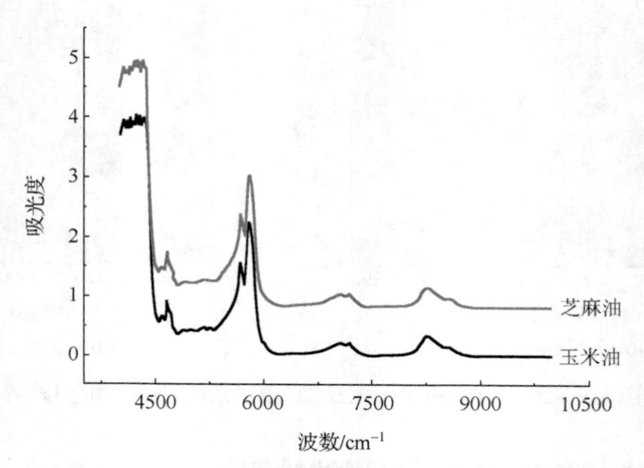

图 4-7　纯芝麻油和纯玉米油的近红外光谱

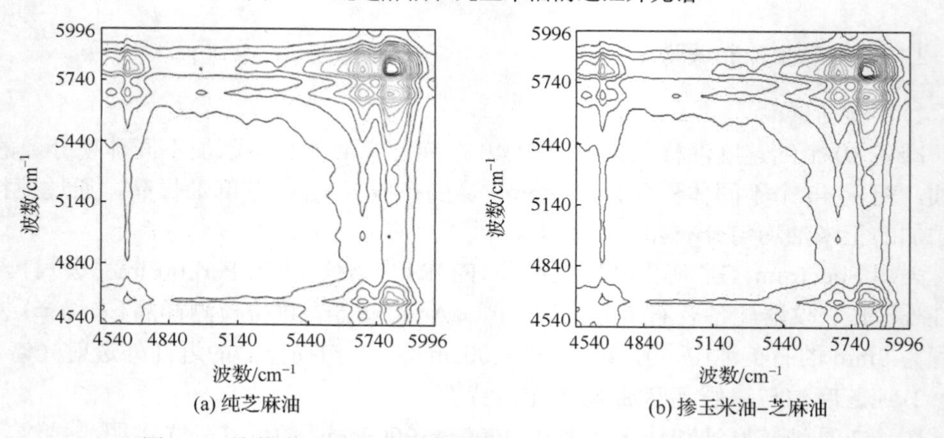

(a) 纯芝麻油　　(b) 掺玉米油-芝麻油

图 4-8　纯芝麻油和掺玉米油-芝麻油的同步二维近红外相关谱

图 4-9 是基于二维近红外相关谱多维偏最小二乘判别模型对校正集所有样品的预测结果。在校正集 53 个样品中，有 1 个纯芝麻油和 2 个掺玉米油-芝麻油样品被误判，所建立的基于二维 NIR 相关谱多维偏最小二乘判别模型对校正集样品的判别正确率分别为 94.3%。

图 4-10 是基于二维近红外相关谱多维偏最小二乘判别模型对预测集所有样品的预测结果。在预测集 27 个样品中，13 个纯芝麻油样品都得到正确识别，2 个掺玉米油-芝麻油样品被误判，所建立的基于二维 NIR 相关谱多维偏最小二乘判别模型对预测集样品的判别正确率为 92.6%。

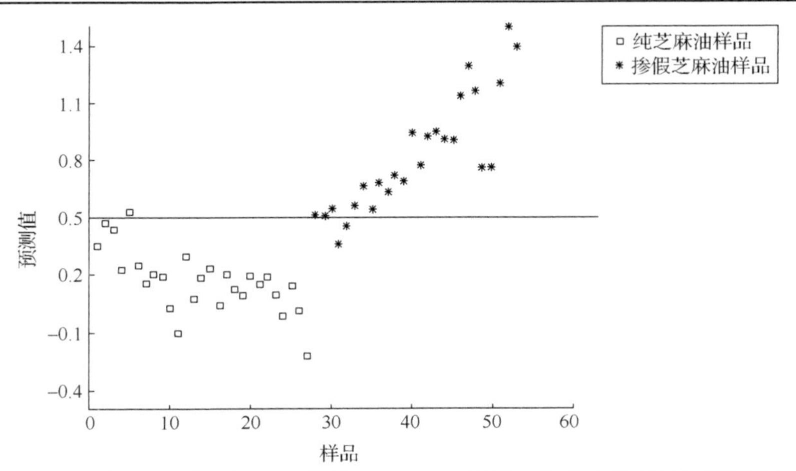

图 4-9　同步二维近红外相关谱 NPLS-DA 模型对校正集样品的预测结果

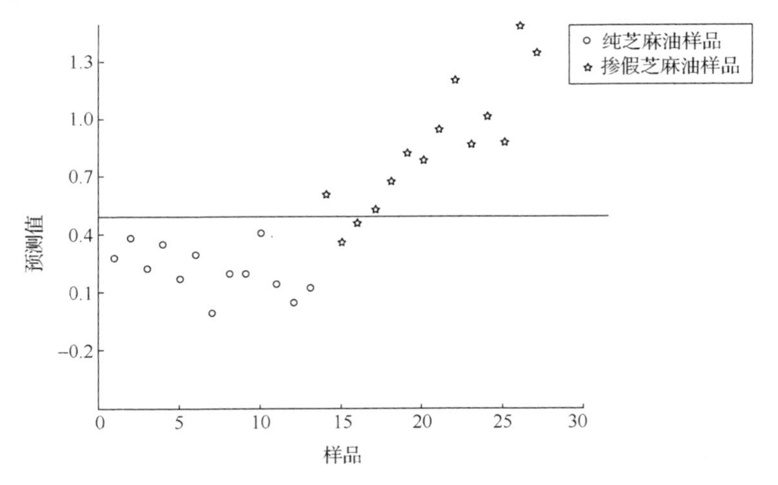

图 4-10　同步二维近红外相关谱 NPLS-DA 模型对预测集样品的预测结果

为对比，基于同样的校正集和预测集样品，基于一维近红外光谱(80×183)建立掺玉米油-芝麻油的 PLS-DA 模型。图 4-11 是所建模型对校正集 53 个样品的预测结果，其中 27 个纯芝麻油样品都得到正确识别，4 个掺玉米油-芝麻油样品被误判，所建模型对校正集内部样品的判别正确率为 92.5%。

图 4-12 是所建模型对预测集 27 个样品的预测结果，其中 13 个纯芝麻油样品都得到正确识别，3 个掺玉米油-芝麻油样品被误判，所建模型对预测集未知样品的判别正确率为 88.9%。

表 4-2 是给出了基于同步二维近红外相关谱 NPLS-DA 模型和一维近红外光谱 PLS-DA 模型的性能指标。可以看出，对于校正集和预测集样品，NPLS-DA 模型都能提供更好的判别结果。

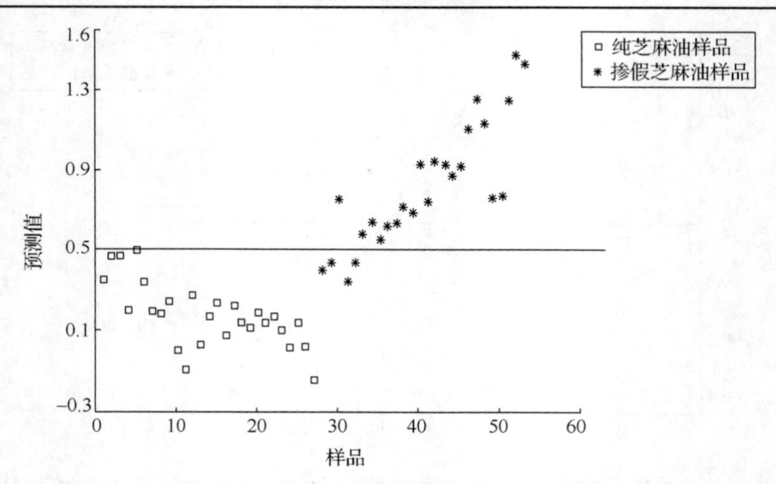

图 4-11　一维近红外光谱 PLS-DA 模型对校正集样品的预测结果

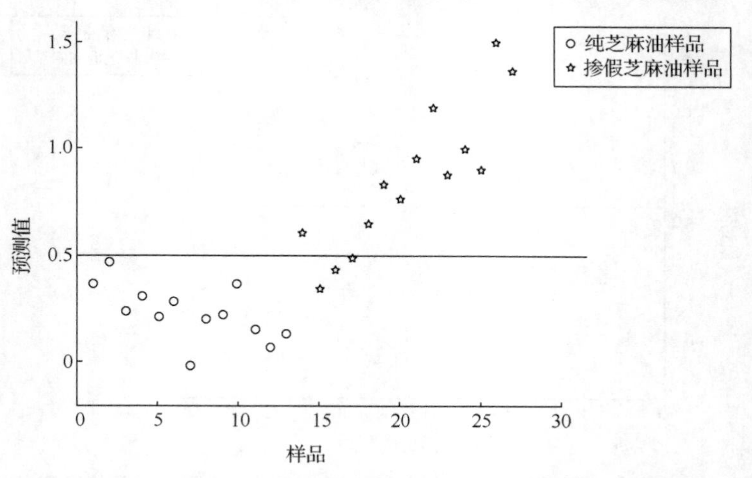

图 4-12　一维近红外谱 PLS-DA 模型对预测集样品的预测结果

表 4-2　两个模型对纯芝麻油和掺玉米-芝麻油样品判别结果

模型	判别正确率	
	校正集/%	预测集/%
2D NIR	94.3	92.6
1D NIR	92.5	88.9

2. 二维中红外相关谱

1) 实验与样品

对于前文所准备的 80 个样品，采用 Spectrum GX 傅里叶变换红外(FTIR)光谱仪(美国 PerkinElmer 公司)采集所有样品的中红外光谱，仪器配备有溴化钾分束器、DTGS 检测器和衰减全反射(ATR)附件,吸取待测样品约 1.0mL 滴在 ATR 晶体表面，在 650～4000cm^{-1} 范围扫描样品的 FTIR 光谱，光谱分辨率为 4cm^{-1}，每个样品扫描 16 次求平均值。

2) 纯芝麻油与掺假芝麻油 MIR 光谱特性

图 4-13 是纯芝麻油和纯玉米油在 650～4000cm^{-1} 的中红外光谱图。由于植物油的主要组成成分相似，因此，芝麻油和玉米油的中红外光谱轮廓也基本相同。为了实现对掺假芝麻油的有效判别，需要借助化学计量学方法。从图 4-13 中可以看到，芝麻油和玉米油的主要吸收峰位于 650～1800cm^{-1} 波数区间。因此，选择 650～1800cm^{-1} 进行二维相关谱计算，图 4-14 和图 4-15 分别为纯芝麻油和掺玉米油-芝麻油的同步和异步二维中红外相关谱。

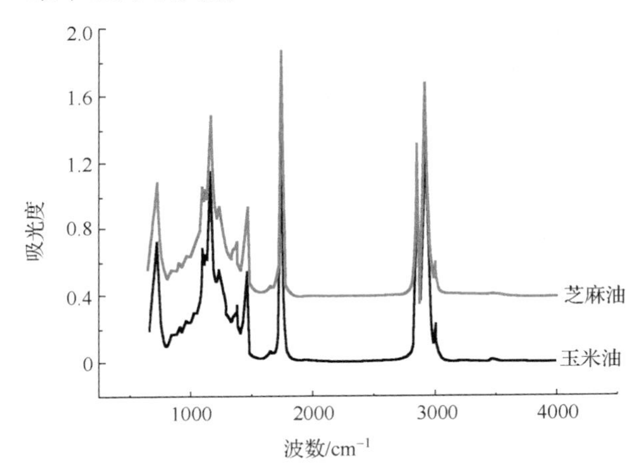

图 4-13　纯芝麻油和纯玉米油的中红外光谱

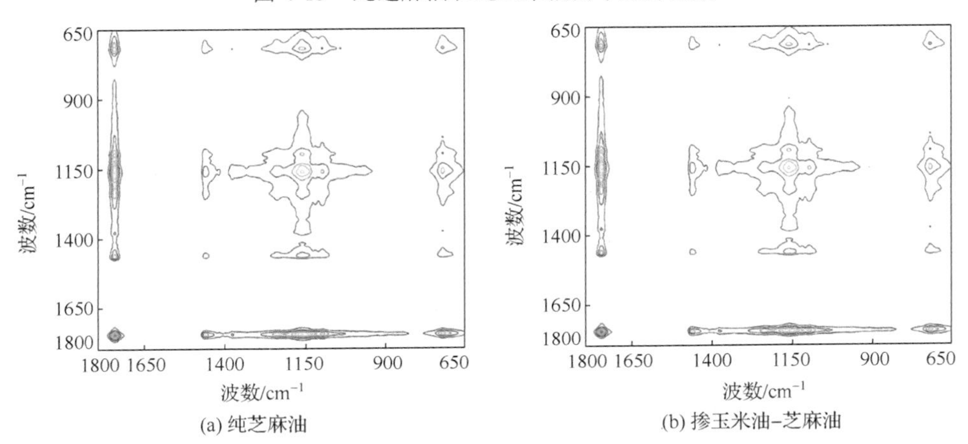

图 4-14　纯芝麻油和掺玉米油-芝麻油的同步二维中红外相关谱

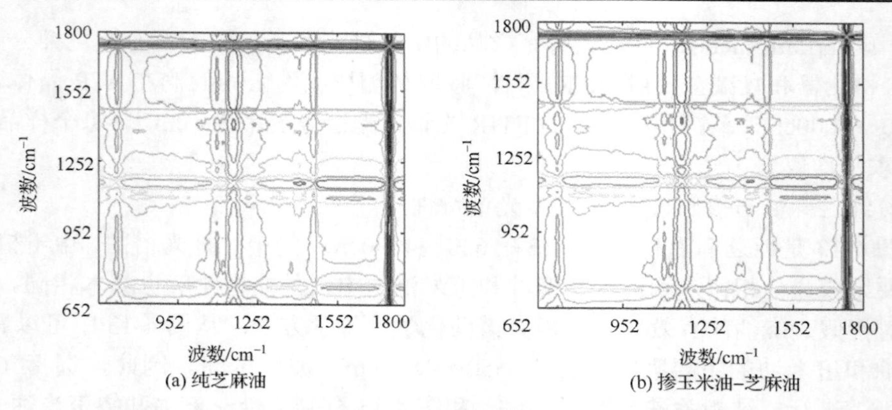

(a) 纯芝麻油　(b) 掺玉米油-芝麻油

图 4-15　纯芝麻油和掺玉米油-芝麻油的异步二维中红外相关谱

3) 纯芝麻油与掺假芝麻油同步 2D MIR 相关谱的 NPLS-DA 模型

基于同步谱矩阵（80×288×288）建立定性 NPLS-DA 模型。图 4-16 为所建模型对校正集 53 个样品的预测结果，从图上可以看到 3 个掺假芝麻油被误判为纯芝麻油，判别正确率为 94.3%。图 4-17 为所建模型对预测集 27 个未知样品的预测结果，所有的纯芝麻油样品都被正确识别，仅有 1 个掺假芝麻油被误判，所以所建模型对未知样品的判别正确率为 96.3%。

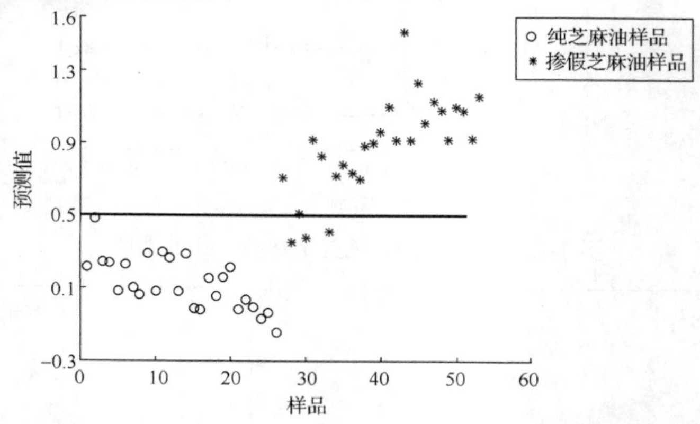

图 4-16　所建同步 2D MIR 模型对校正集纯芝麻油和掺假芝麻油的预测结果

4) 纯芝麻油与掺假芝麻油异步 2D MIR 相关谱的 NPLS-DA 模型

图 4-18 为基于异步谱矩阵建立的 NPLS-DA 模型对校正集 53 个样品的预测结果，从图上可以看到 26 个纯芝麻油样品都得到正确识别，4 个掺假芝麻油被误判为纯芝麻油。所建模型对校正集内部样品的判别正确率为 92.5%。

图 4-19 为所建模型对预测集 27 个未知样品的预测结果，所有的纯芝麻油样品都被正确识别，仅有 1 个掺假芝麻油被误判，所以所建模型对未知样品的判别正确率为 96.3%。

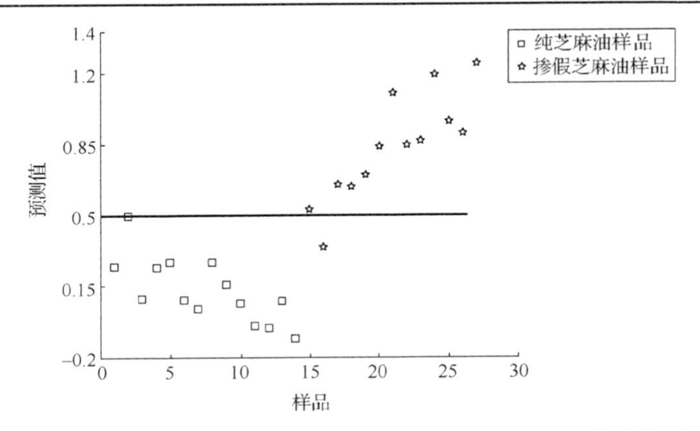

图 4-17　所建同步 2D MIR 模型对预测集纯芝麻油和掺假芝麻油的预测结果

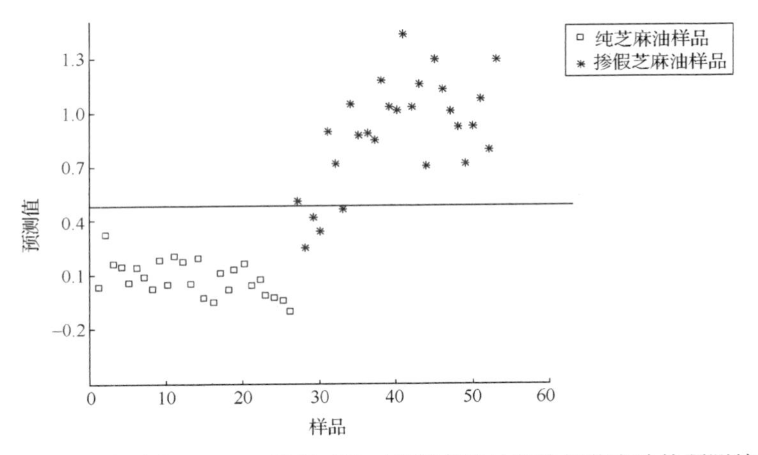

图 4-18　所建异步 2D MIR 模型对校正集纯芝麻油和掺假芝麻油的预测结果

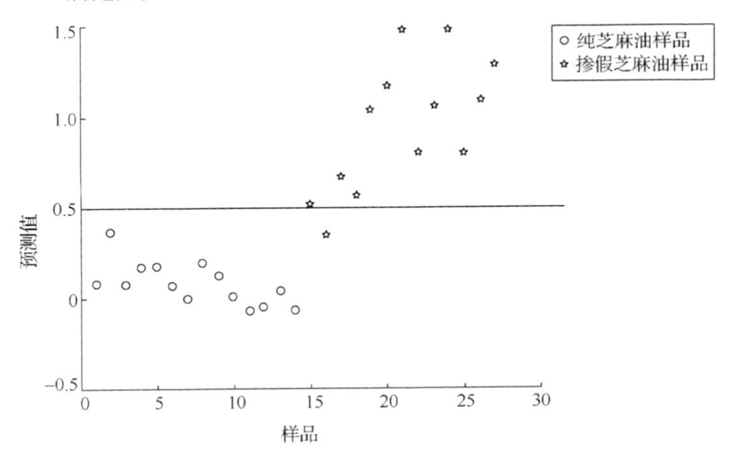

图 4-19　所建异步 2D MIR 模型对预测集纯芝麻油和掺假芝麻油的预测结果

为了比较，对于同样的校正集样品，基于一维中红外光谱(80×288)，建立掺假芝麻油的 PLS-DA 模型。利用所建模型对校正集和预测集样品进行预测，对于校正集和预测集，各有 3 个掺假芝麻油被误判为纯芝麻油，所建模型对校正集和预测集样品的判别正确率分别为 94.3%和 88.9%。

4.1.3 二维相关谱定量分析掺假芝麻油

Yang 等[5]将同步二维中红外相关谱与 N-PLS 方法相结合，建立了定量检测芝麻油中掺入玉米油的数学模型。图 4-20 为掺入不同浓度玉米油(3%～60%)芝麻油的一维衰减全反射光谱。选择 650～1800cm^{-1} 波数范围对掺玉米油-芝麻油光谱进行同步二维相关计算，得到掺假芝麻油的同步二维中红外谱矩阵(40×288×288)。

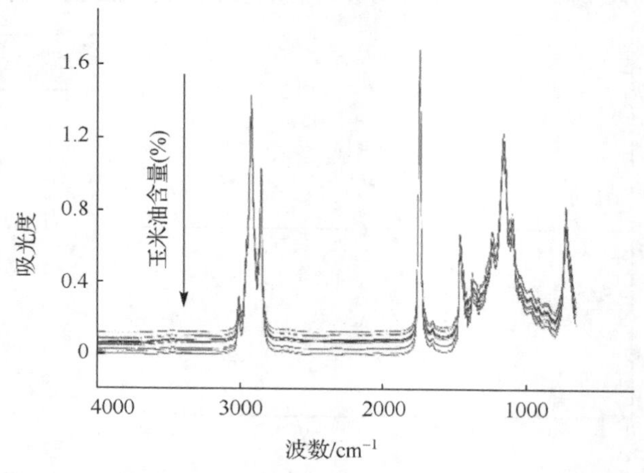

图 4-20 掺入不同浓度玉米油(3%～60%)芝麻油的一维衰减全反射光谱

基于掺玉米油-芝麻油同步二维中红外谱矩阵(27×288×288)建立了定量分析掺假芝麻油的 N-PLS 模型。根据 RMSECV 来选择 6 个主成分建立定量分析掺假芝麻油的 N-PLS 模型。

利用所建立的模型对预测集(13×288×288)进行预测，图 4-21 是芝麻油中掺入玉米油浓度预测值与实际值的线性拟合，其相关系数为 0.998，预测均方根误差为 0.98%。表 4-3 给出了所建模型对预测集未知样品的预测结果，表明所建模型具有较强的预测能力。

为了比较，基于一维中红外光谱(27×288)，建立了定量分析芝麻油中掺入玉米油含量的数学模型。利用所建立的模型对预测集(13×288)进行预测，图 4-22 是芝麻油中掺入玉米油浓度预测值与实际值的线性拟合，其相关系数为 0.998，预测均方根误差为 1.15%。

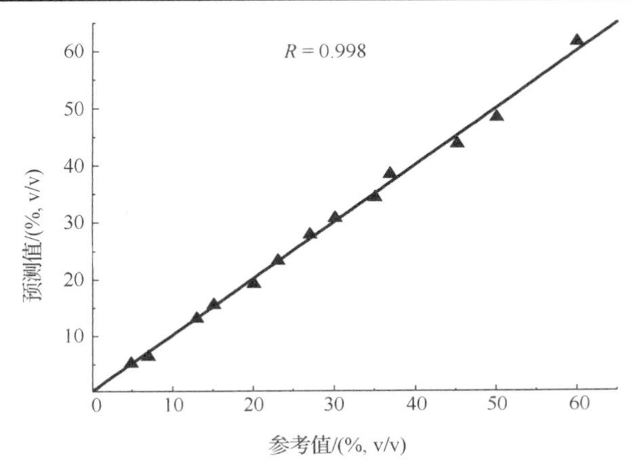

图 4-21　同步二维中红外相关谱的 N-PLS 模型对未知样品的预测结果

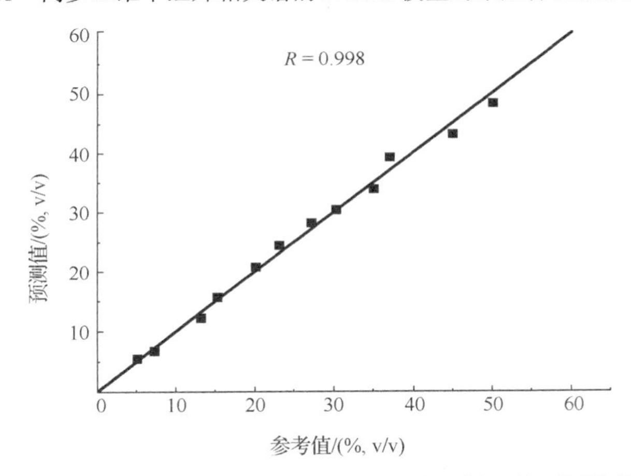

图 4-22　一维中红外谱的 PLS 模型对未知样品的预测结果

表 4-3　两个模型的预测结果比较

	N-PLS 模型		PLS 模型	
化学值/%	预测值/%	误差/%	预测值/%	误差/%
5	5.31	0.31	5.32	0.32
7	6.86	−0.14	6.78	−0.22
13	13.45	0.45	12.31	−0.69
15	15.41	0.41	15.49	0.49
20	19.23	−0.77	20.60	0.6
23	23.33	0.33	24.26	1.26
27	27.89	0.89	28.04	1.04
30	30.84	0.84	30.33	0.33

续表

化学值/%	N-PLS 模型		PLS 模型	
	预测值/%	误差/%	预测值/%	误差/%
35	34.37	−0.63	33.86	−1.14
37	38.43	1.43	39.23	2.23
45	43.82	−1.18	43.10	−1.9
50	47.97	−2.03	48.35	−1.65
60	61.31	1.31	60.81	0.81

表 4-4 是两种方法模型的性能比较，基于二维中红外相关谱的 N-PLS 模型的 RMSECV 为 1.21%，RMSEP 为 0.98%，而一维谱 PLS 模型的 RMSECV 为 1.86%，RMSEP 为 1.15%。无论是相关系数 R，还是 RMSECV、RMSEP，二维相关谱方法都优于一维谱。

表 4-4　两模型性能比较

模型	主成分数	校正集		预测集	
		R	RMSECV/（%，v/v）	R	RMSEP/（%，v/v）
N-PLS	6	0.998	1.21	0.998	0.98
PLS	5	0.994	1.86	0.998	1.15

4.1.4　自相关谱掺假食用油检测

1. 自相关谱特性

对 4.1.2 节中 40 个纯芝麻油和 40 个掺玉米油-芝麻油的同步二维中红外相关谱进行自相关谱提取，得到所有样品的自相关谱。图 4-23(a)和(b)分别是 40 个纯芝麻油和 40 个掺玉米油-芝麻油在 650～1800cm^{-1} 范围的自相关谱。从图上可以看到两类样品仅在细微处和自相关强度存在差别，无法实现掺假芝麻油判别。

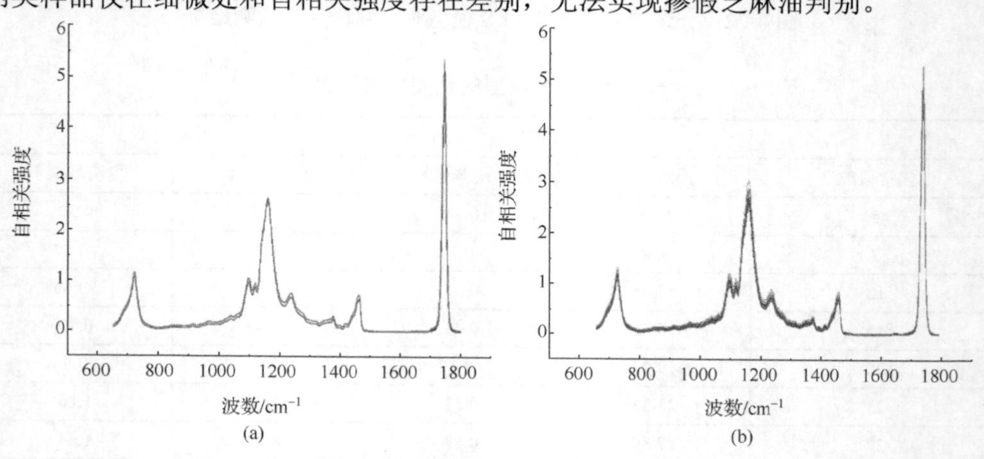

图 4-23　纯芝麻油和掺玉米油-芝麻油中红外自相关谱

2. 定性分析

基于中红外自相关谱矩阵，建立纯芝麻油和掺假芝麻油的 PLS-DA 模型。图 4-24 是所建模型对校正集 54 个内部样品(纯芝麻油和掺假芝麻油各 27 个)的判别结果。可以看到所有的纯芝麻油样品都得到正确识别，其判别正确率为 100%；4 个掺假芝麻油被误判，掺假芝麻油样品的判别正确率为 85.2%；模型对于校正集内部样品的判别正确率为 92.6%。

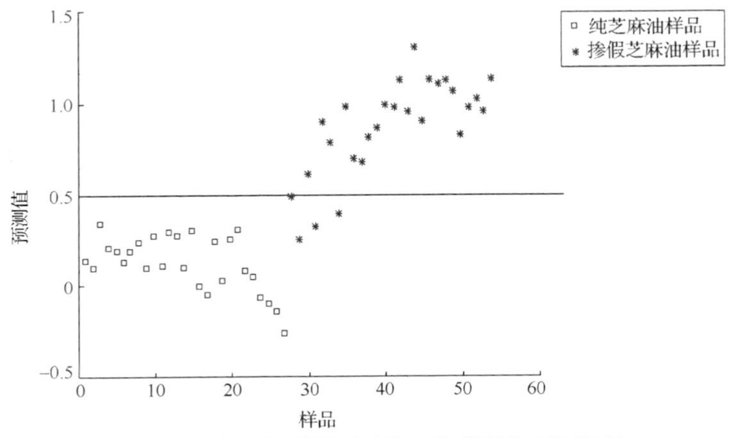

图 4-24　自相关谱模型对校正集样品的判别结果

表 4-5 为所建 PLS-DA 模型对预测集 26 个未知样品的预测结果。从表中可以看到各有 1 个纯芝麻油和掺玉米油-芝麻油被误判，模型对于预测集未知样品的判别正确率为 92.3%。

表 4-5　所建模型对预测集纯芝麻油和掺假芝麻油样品的预测结果

样品	初始设定	预测	最后判定	样品	初始设定	预测	最后判定
1	0	0.625	1	14	1	0.747	1
2	0	0.173	0	15	1	0.307	0
3	0	0.219	0	16	1	0.554	1
4	0	0.260	0	17	1	0.676	1
5	0	0.057	0	18	1	0.891	1
6	0	0.064	0	19	1	0.862	1
7	0	0.352	0	20	1	1.094	1
8	0	0.234	0	21	1	0.914	1
9	0	0.012	0	22	1	0.919	1
10	0	−0.072	0	23	1	1.315	1
11	0	−0.108	0	24	1	0.910	1
12	0	0.032	0	25	1	0.946	1
13	0	−0.222	0	26	1	1.189	1

3. 定量分析

在上述定性分析的基础上，基于 40 个掺玉米油-芝麻油样品的自相关谱矩阵(40×288)建立定量分析掺假芝麻油的 PLS 模型。根据浓度梯度法，选择 27 个样品来建立校正模型，余下 13 个样品来验证模型。

根据 RMSECV 选择 4 个主成分建立定量分析 PLS 模型。图 4-25 是所建 PLS 模型对校正集 27 个样品预测值与实际值的线性拟合，其拟合方程为 $C_{pre}= -0.0028+0.999C_{act}$，其相关系数 R^2=0.98，RMSEC=0.0242。

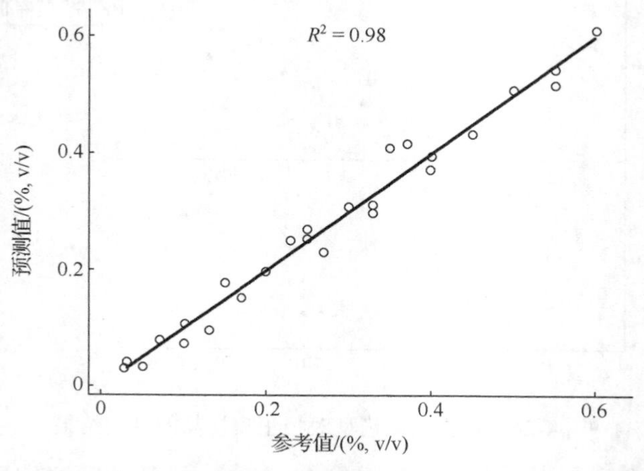

图 4-25　自相关谱 PLS 模型对校正集样品的预测值与实测值的线性拟合

图 4-26 是所建 PLS 模型对预测集 13 个样品的预测值与实际值的线性拟合，其拟合方程：C_{pre}=0.0052+1.0036C_{act}，其相关系数 R^2=0.999，RMSEP=0.0203。模型具有相似的 RMSEC 和 RMSEP，表明所建模型具有好的稳定性。

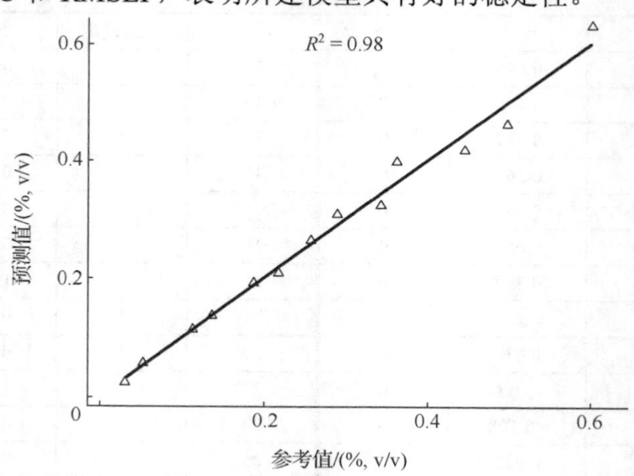

图 4-26　自相关谱 PLS 模型对预测集样品的预测值与实测值的线性拟合

4.1.5　融合同步和异步二维相关光谱食用油品质检测

1. 同步和异步二维近红外相关谱

Liu 等[6]以丙酮为溶剂，按照体积分数比例 5%、10%和 15%分别来配置三种不同产地橄榄油的丙酮溶液(A、B 和 C 产地样品各 300 个)。采集每一样品的动态近红外光谱，并进行同步和异步二维相关计算。图 4-27(a)～(f)分别是产地 A、B 和 C 橄榄油在 4000～4500cm^{-1} 波数区间的同步和异步二维相关谱。对于同步谱(a)～(c)，三个产地橄榄油相关峰的位置和强度都非常相似；对于异步谱(d)～(f)，相关峰的位置也相似，但强度存在差异，如产地 A、B 和 C 橄榄油在(4345，4335)cm^{-1}处都存在负交叉峰，其强度分别为-4.34×10^{-4}，-3.65×10^{-4}和-4.06×10^{-4}。

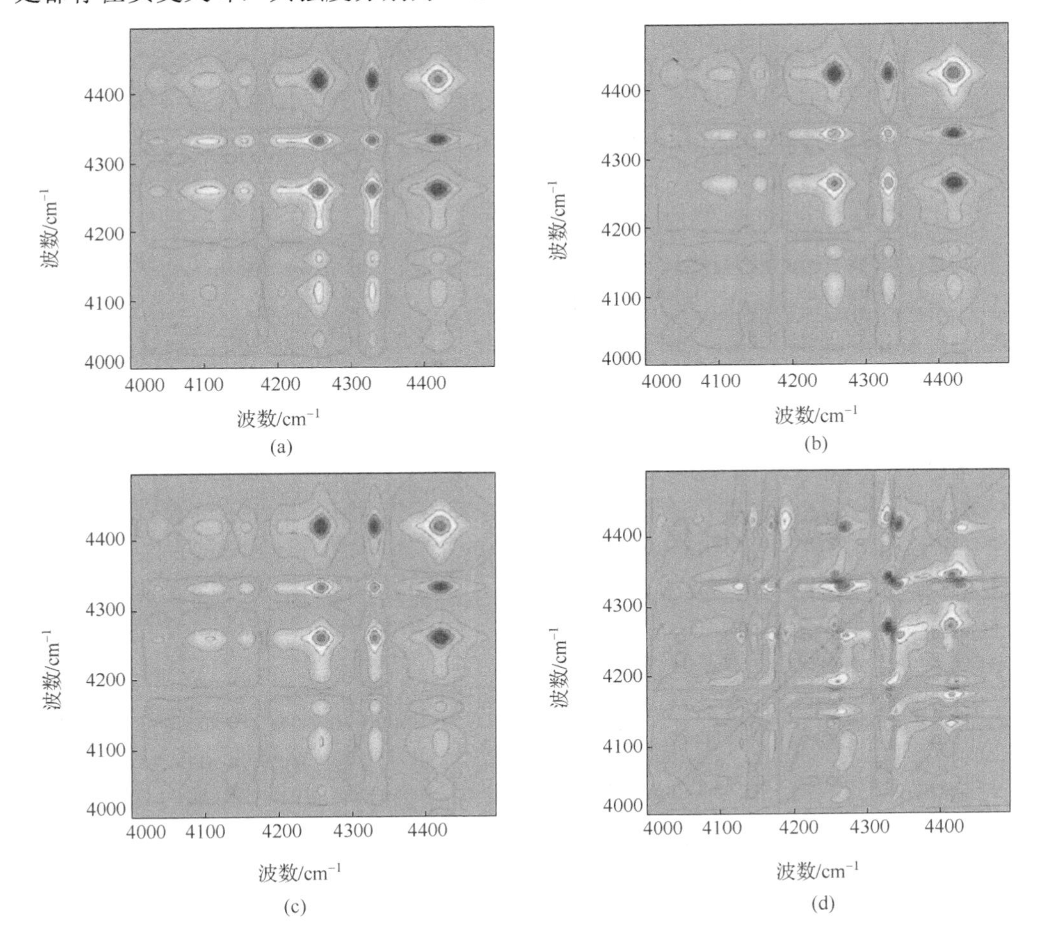

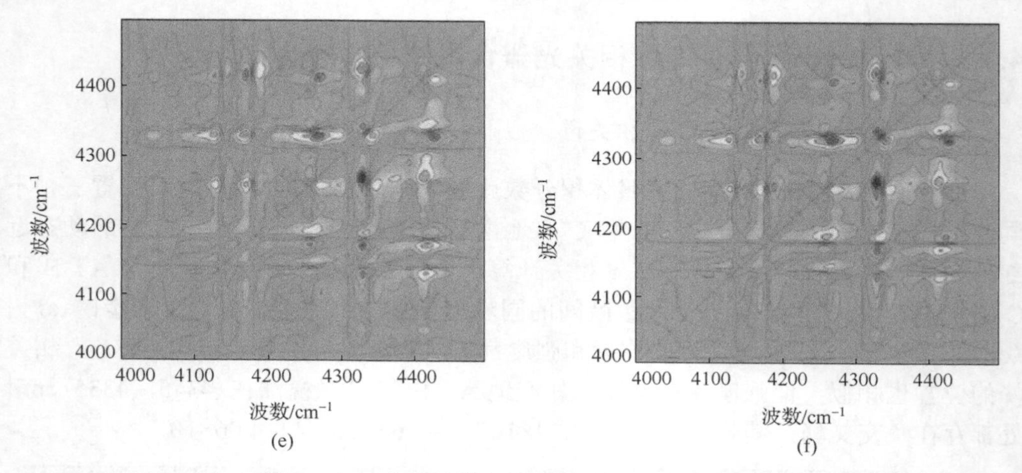

图 4-27　三产地橄榄油的同步和异步二维相关谱

为建立同步和异步二维近红外相关谱的橄榄油产地判别模型，首先将 900 个样品的同步(900×250×250)和异步(900×250×250)二维相关谱的三维矩阵拉直变为二维矩阵(900×125000)，并采用主成分分析法对其进行特征提取，在此基础上，建立了 A、B 和 C 产地判别的人工神经网络模型。

选择 600 个样品作为校正集(A、B 和 C 产地各 200 个)，建立校正模型，余下 300 个样品作为预测集(A、B 和 C 产地各 100 个)，来验证模型。图 4-28(a)为模型对校正集样品的判别结果，对于 A 产地 200 个样品中，其中 2 个样品被误判为 C 产地，其判别正确率为 99%；对于 B 产地 200 个样品，都得到正确识别，其判别正确率为 100%；对于 C 产地 200 个样品，其中 3 个样品被误判为 B 产地，其判别正确率为 98.5%。所建模型对校正集 600 个样品产地判别正确率为 99.2%。

图 4-28(b)为模型对预测集样品的判别结果，对于 A 产地 100 个样品中，其中 1 个样品被误判为 C 产地，其判别正确率为 99%，对于 B 产地 100 个样品，都得到正确识别，其判别正确率为 100%；对于 C 产地 100 个样品，其中 3 个样品被误判为 B 产地，4 个样品被误判为 A 产地，其判别正确率为 93%。所建模型对预测集 300 个样品产地判别正确率为 97.3%。

同时，L iu 等基于同步和异步二维近红外相关谱，建立了纯橄榄油和掺假橄榄油的人工神经网络模型。从 150 个纯橄榄油(P)，150 个大豆-橄榄油(A1)，150 个玉米-橄榄油(A2)和 150 个菜籽-橄榄油(A3)中随机选择 400 个样品建立校正模型(四类样品各 100 个)，余下 200 个样品来验证模型。

图 4-29(a)是模型对校正集内部样品的判别结果，对于纯橄榄油，100 个样品中共有 13 个样品被误判，其中 1 个样品被误判为掺大豆-橄榄油，5 个样品被误判为掺玉米-橄榄油，7 个样品被误判为掺菜籽-橄榄油，判别正确率为 87%；对于掺大

豆-橄榄油，共有 7 个样品被误判，其中 6 个被误判为纯橄榄油，1 个被误判为掺玉米-橄榄油，判别正确率为 93%；对于掺玉米-橄榄油，共有 6 个样品被误判，其中 4 个被误判为纯橄榄油，2 个被误判为掺大豆-橄榄油，判别正确率为 94%；对于掺菜籽-橄榄油，共有 12 个样品被误判，其中 11 个被误判为纯橄榄油，1 个被误判为掺玉米-橄榄油，判别正确率为 88%。所建模型对校正集所有样品的判别正确率为 90.5%。

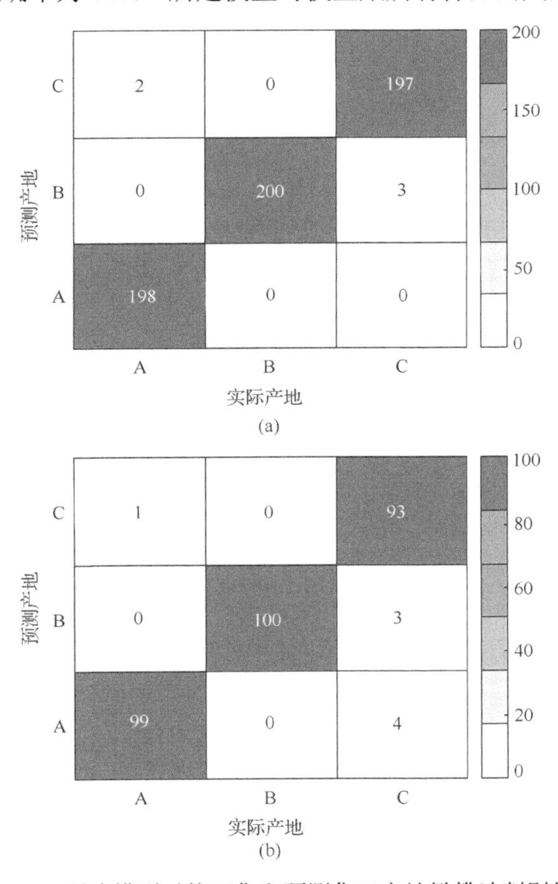

图 4-28　所建模型对校正集和预测集三产地橄榄油判别结果

图 4-29(b)是模型对预测集外部样品的判别结果，对于纯橄榄油，50 个样品中共有 6 个样品被误判，其中 1 个样品被误判为掺大豆-橄榄油，2 个样品被误判为掺玉米-橄榄油，3 个样品被误判为掺菜籽-橄榄油，判别正确率为 88%；对于掺大豆-橄榄油，3 个样品被误判为纯橄榄油，判别正确率为 94%；对于掺玉米-橄榄油，共有 6 个样品被误判，其中 1 个被误判为纯橄榄油，5 个被误判为掺大豆-橄榄油，判别正确率为 88%；对于掺菜籽-橄榄油，8 个样品被误判为纯橄榄油，判别正确率为 84%。所建模型对预测集所有样品的判别正确率为 88.5%。

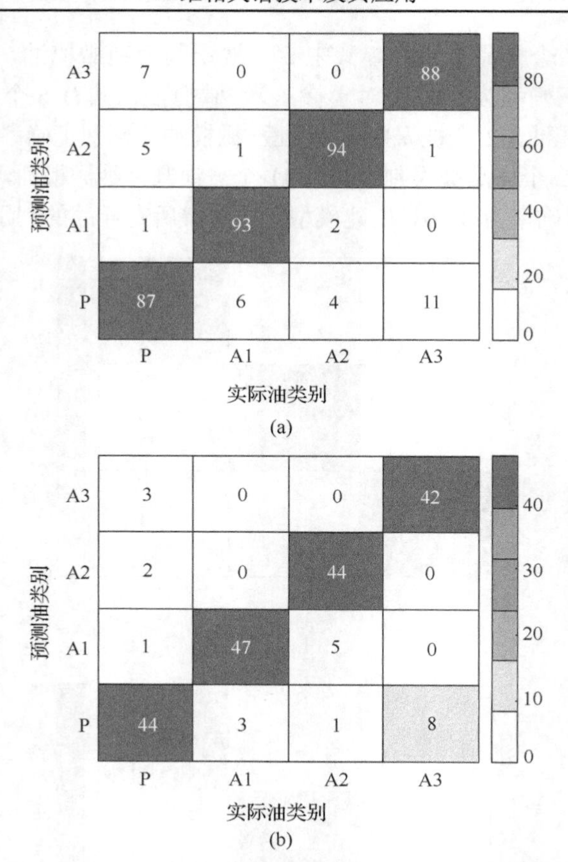

图 4-29　所建模型对校正集和预测集纯橄榄油和掺假橄榄油判别结果

2. 同步-异步二维中红外相关谱

于舸等[7]在研究掺假芝麻油同步-异步二维中红外相关谱特性的基础上，建立了判别掺假芝麻油的 NPLS-DA 模型，并与同步、异步二维中红外相关谱的 NPLS-DA 模型的性能进行比较。

对于 4.1.2 节所述的 80 个样品的一维中红外光谱，以芝麻油中掺假的玉米油浓度为外扰，在 650～1800cm^{-1} 范围内进行同步和异步相关计算，并进行处理，得到同步-异步二维中红外相关谱(见图 4-30)。正如上面所述，植物油的主要组分是相同的，因此，纯芝麻油与掺假芝麻油的同步-异步二维相关谱也非常相似，仅在细微处存在弱小差别，无法判别芝麻油是否掺假。

在上述研究掺假芝麻油中红外光谱特性的基础上，基于同步-异步二维 MIR 相关谱矩阵(80×288×288)和 NPLS-DA 建立定性分析掺假芝麻油的数学模型。对于校正集样品同步-异步二维中红外相关谱矩阵(54×288×288)，应用所建模型进行交互验证预测(见图 4-31)。从图中可以看到纯芝麻油样品都得到正确识别，仅有 2 个掺假芝麻油被误判，其识别正确率为 96.3%，这表明所建模型的可靠性。

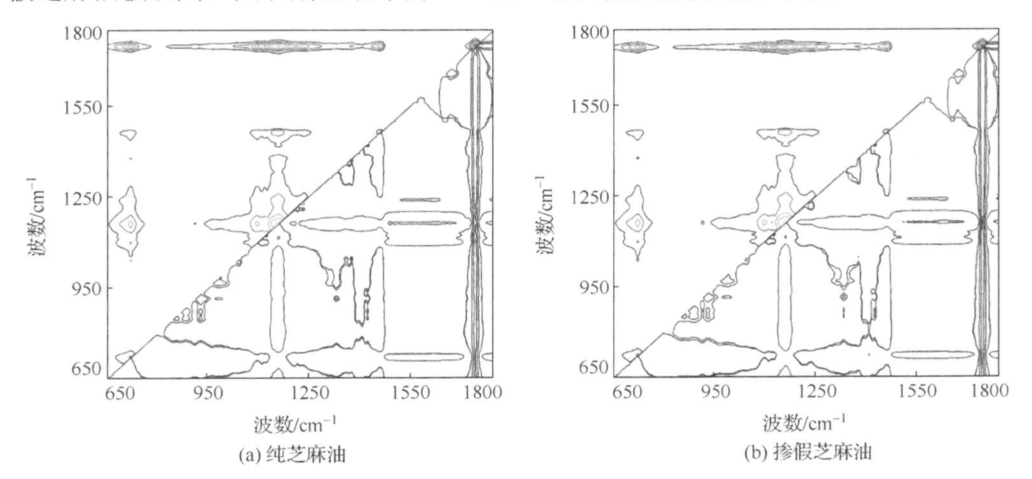

图 4-30　纯芝麻油和掺假芝麻油的同步-异步二维中红外相关谱

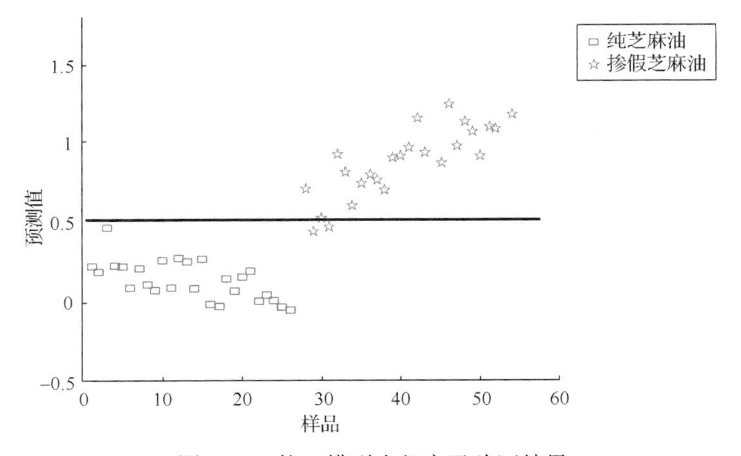

图 4-31　校正模型内部交叉验证结果

将预测集样品同步-异步二维 MIR 相关谱矩阵(26×288×288)输入所建立的模型，对预测集 26 个样品进行外部预测，其预测结果见图 4-32。全部样品均被正确识别，其判别正确率为 100%，进一步印证了所建模型的稳定性。

为了与仅包含“相似性”信息的同步二维相关谱和仅包含“差异性”信息的异步二维相关谱的预测结果进行比较，分别建立了基于同步二维 MIR 相关谱和异步二维 MIR 相关谱掺假芝麻油的 NPLS-DA 模型。两个模型对预测集未知样品的识别正确率均为 96.2%。表 4-6 给出了基于同步-异步、同步和异步二维 MIR 相关谱 NPLS-DA 模型的预测结果。从表中可以看到，无论对于校正集和预测集样品，基于同步-异步二维 MIR 相关谱的 NPLS-DA 模型判别正确率都优于同步和异步二维 MIR 相关谱。其原因可能是同步-异步二维 MIR 相关谱既包含了同步谱中“相似性”的信息，又包含了异步谱中“差异性”的信息，同时又剔除了同步二维 MIR 相关谱或异步二维 MIR 相关谱中冗余的信息。因此基于同步-异步二维 MIR 相关谱和 NPLS-DA 可对掺假芝麻油进行有效识别。

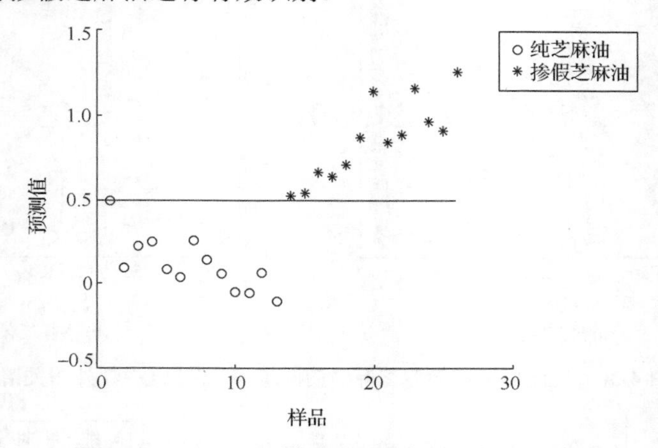

图 4-32　NPLS-DA 模型对预测集样品的预测结果

表 4-6　同步-异步、同步和异步二维 MIR 相关谱 NPLS-DA 模型的判别结果

模型	主成分数	判别正确率	
		校正集/%	预测集/%
同步-异步二维 MIR 相关谱	7	96.3	100
同步二维 MIR 相关谱	6	94.4	96.2
异步二维 MIR 相关谱	7	92.6	96.2

3. 融合同步-异步二维近红外和中红外相关谱

张婧等[8]提出并建立一种融合同步-异步二维近红外相关谱和中红外相关谱掺假芝麻油的判别方法，既包含了近红外的倍频、合频吸收，又包含了中红外的基频吸收，同时还包含了同步相关谱“相似性”信息和异步相关谱“差异性”信息，对掺假芝麻油取得较好的判别结果，具体步骤如下：

(1) 采用 3.6.1 节所述方法得到每一个样品的同步-异步二维近红外相关谱矩阵 E 和同步-异步二维中红外相关谱矩阵 F；

(2) 采用多维主成分分析法(MPCA)对上述得到的同步-异步 2D NIR 相关谱矩阵 E 和 2D MIR 相关谱矩阵 F 进行特征提取，分别得到对应的得分矩阵 M 和 N；

(3) 将近红外相关谱的得分矩阵 M 与中红外相关谱的得分矩阵 N 按列进行融合，得到各样品融合后的相关谱得分矩阵 U。

(4) 将融合后的相关谱得分矩阵 U 与模式识别相结合来实现掺假芝麻油的检测分析。

图 4-33 是纯芝麻油和掺假芝麻油的同步-异步二维近红外相关谱。融合后的同步-异步二维中红外相关谱(图 4-30) 矩阵 (80×288×288) 和近红外相关谱矩阵 (80×183×183) 包含大量的数据，若直接用于建模分析，不仅会使一些无用的信息进入模型，而且建模所需时间长，效率低。因此，在建立判别模型前，首先采用多维主成分分析(MPCA)对其特征进行了提取。图 4-34(a)和(b)分别是基于融合后的同步-异步二维近红外相关谱，中红外相关谱纯芝麻油和掺假芝麻油样品在前三个主成分空间散点图。从图上可以看到，纯芝麻油类样品和掺假芝麻油类样品基本按其种类分布在不同的空间区域，但存在部分重叠区域，无法对重叠区域的样品进行鉴定分类。

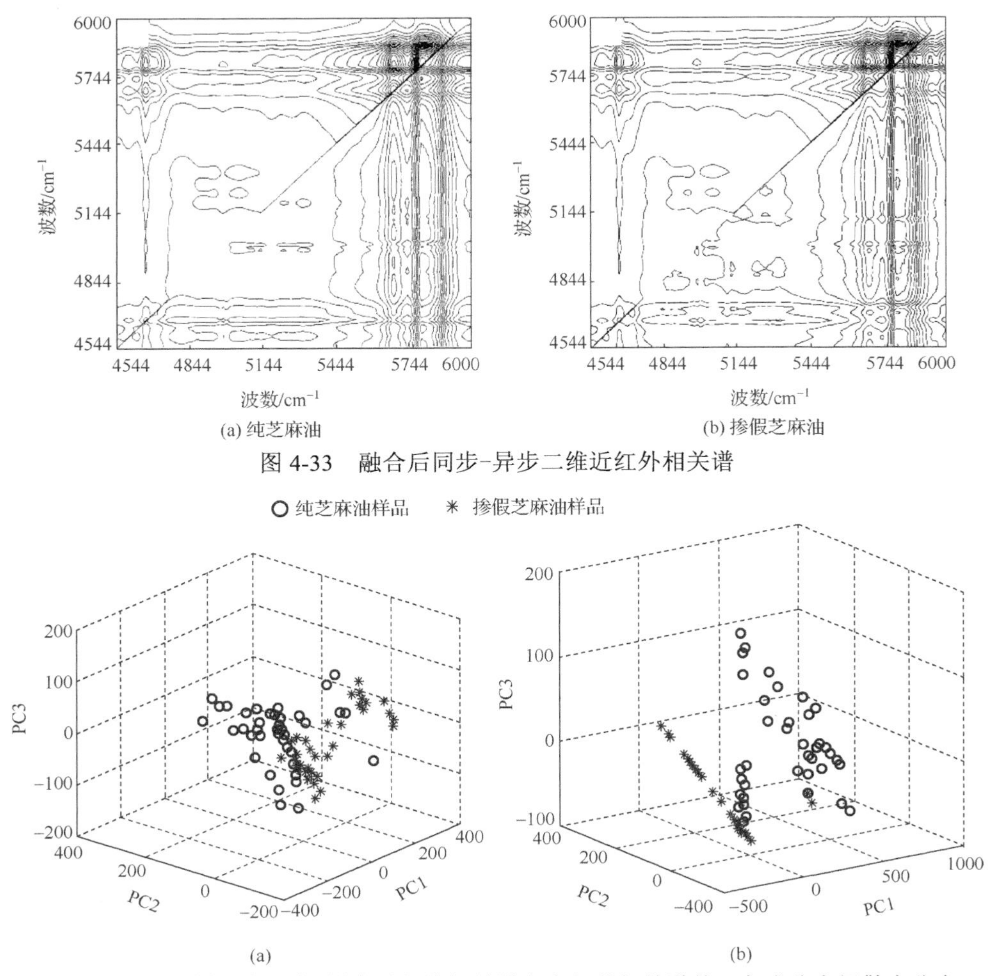

图 4-33　融合后同步-异步二维近红外相关谱

图 4-34　80 个样品在同步-异步近红外相关谱和中红外相关谱前三主成分空间散点分布

在对80个样品的同步-异步二维近红外相关谱和中红外相关谱MPCA分析的基础上，提取了同步-异步二维近红外相关谱MPCA得分矩阵$M(80×12)$和同步-异步二维中红外相关谱MPCA得分矩阵$N(80×9)$用于建立纯芝麻油和掺假芝麻油的判别模型。

对上述所提取的得分矩阵 $M(80×12)$和 $N(80×9)$按列进行合并，得到既包含同步和异步相关谱信息，又包含近、中红外光谱特征信息的融合得分矩阵$U(80×21)$。采用浓度梯度法从80个样品中(纯芝麻油和掺假芝麻油样品各40个)选择54个样品(纯芝麻油和掺假芝麻油样品各27个)作为校正集，建立偏最小二乘判别(PLS-DA)模型，余下26个样品(纯芝麻油和掺假芝麻油样品各13个)作为预测集，来检测模型。图4-35是所建PLS-DA模型对校正集中54个样品内部预测结果，所有的样品都得到正确判别，其判别正确率为100%。为了检验模型的有效性和预测能力，采用所建的模型对预测集中26个未知样品进行预测，表4-7给出了其预测结果和判定结果。从表中可知，26个未知样品都得到正确类别判定，表明所建立的模型具有很好的预测能力。

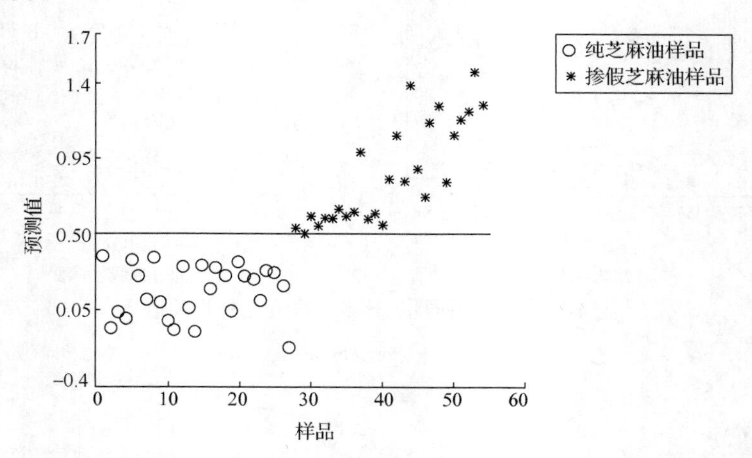

图4-35　所建融合得分模型对校正集纯样品和掺假样品的预测结果

表4-7　所建模型对预测集纯芝麻油和掺假芝麻油样品的预测结果

样品	初始设定	预测	最后判定	样品	初始设定	预测	最后判定
1	0	0.125	0	7	0	0.283	0
2	0	0.326	0	8	0	0.401	0
3	0	0.259	0	9	0	0.279	0
4	0	0.108	0	10	0	0.058	0
5	0	−0.013	0	11	0	0.087	0
6	0	0.266	0	12	0	0.339	0

续表

样品	初始设定	预测	最后判定	样品	初始设定	预测	最后判定
13	0	0.292	0	20	1	1.064	1
14	1	0.554	1	21	1	1.126	1
15	1	0.710	1	22	1	0.959	1
16	1	0.857	1	23	1	0.630	1
17	1	0.677	1	24	1	0.733	1
18	1	1.152	1	25	1	1.247	1
19	1	0.699	1	26	1	0.849	1

为了验证上述建立方法的优势，对于同样的校正集和预测集样品，基于融合前同步-异步二维近红外相关谱 MPCA 得分矩阵(80×12)和同步-异步二维中红外相关谱 MPCA 得分矩阵(80×9)分别建立 PLS-DA 模型，采用这些模型对所有的样品进行预测，并与融合后的偏最小二乘判别模型的预测结果作比较(表 4-8)。可以看出：所建立的融合检测方法对校正集和预测集样品的判别正确率均为 100%；未融合前的近红外相关谱得分矩阵对校正集和预测集样品的判别正确率均为 96.2%；未融合前的中红外相关谱得分矩阵对校正集和预测集样品的判别正确率分别为 98.1%和 96.2%。从上述分析结果可以看出，相对于融合之前的检测方法，所建立融合检测方法对芝麻油提供更好的判别结果，其原因是该方法既包含官能团基频、倍频和合频的近、中红外特征吸收，也包含同步“相似性”和异步“差异性”信息。

表 4-8　三个 PLS-DA 模型预测结果比较

模型	判别正确率	
	校正集/%	预测集/%
融合后得分矩阵	100	100
近红外相关谱得分矩阵	96.2	96.2
中红外相关谱得分矩阵	98.1	96.2

4.1.6　异谱二维相关光谱掺假食用油检测

1. 同步异谱二维相关谱

对于 4.1.2 节中的 80 个纯芝麻油和掺假芝麻油的一维近红外和中红外光谱，在 4540～6000cm^{-1} 和 650～1800cm^{-1} 范围进行同步异谱二维 NIR-MIR 相关谱计算(图 4-36)。

王宝贺等[9]基于同步异谱二维 NIR-MIR 相关谱矩阵(80×183×288)和多维偏最小二乘判别建立定性分析掺假芝麻油的数学模型。采用马氏距离法对 80 个样品进行异常样品检测，并未发现异常样品存在，根据 K-S (Kennard-Stone)法，从 80 个样品中选取 53 个(纯芝麻油 26 个，掺假芝麻油 27 个)作为校正集，余下 27 个样品(纯芝麻油 14 个，掺假芝麻油 13 个)作为预测集。采用 5 个主成分建立同步二维 NIR-MIR 相关谱 NPLS-DA 模型，对校正集 53 个内部样品进行预测，其预测结果见图 4-37。在校正集中，26 个纯芝麻油样品都得到正确识别，仅有 2 个掺假芝麻油被误判，因此，所建的同步二维 NIR-MIR 相关谱 NPLS-DA 模型对校正集样品的判别正确率为 96.2%。

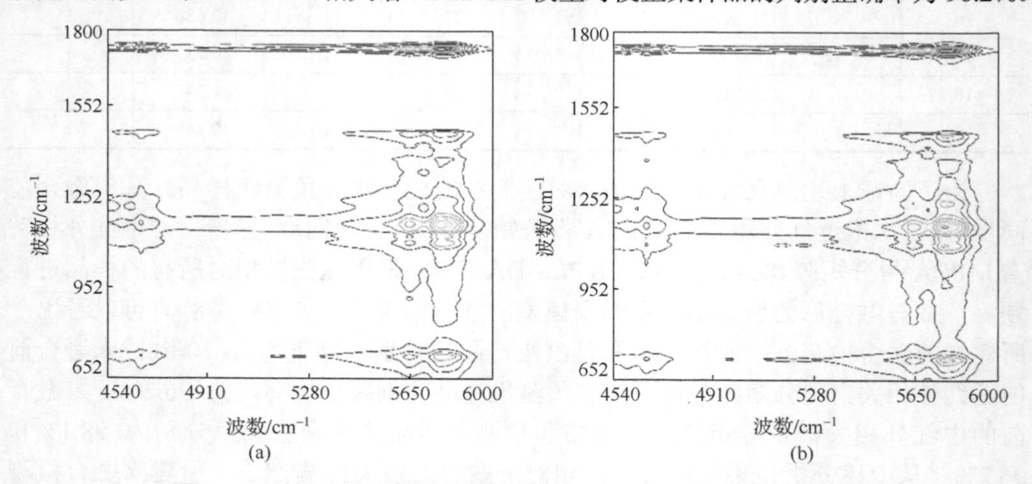

图 4-36　纯芝麻油和掺假芝麻油的同步异谱二维 NIR-MIR 相关谱

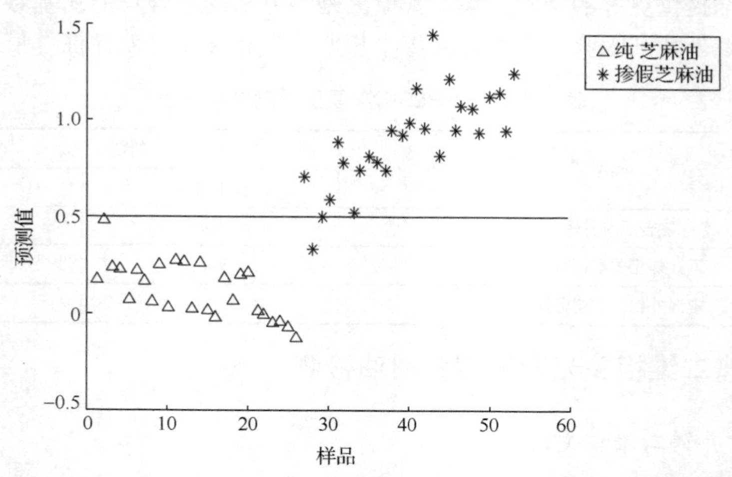

图 4-37　所建同步 2D NIR-MIR 模型对校正集纯芝麻油和掺假芝麻油样品的预测结果

利用所建立的同步二维 NIR-MIR 相关谱 NPLS-DA 模型，对预测集 27 个未知样品进行预测，其预测结果见图 4-38。在预测集中，14 个纯芝麻油样品都得到正确识别，仅有 1 个掺假芝麻油样品被误判。因此，所建的同步二维 NIR-MIR 相关谱 NPLS-DA 模型对预测集样品的判别正确率为 96.3%。

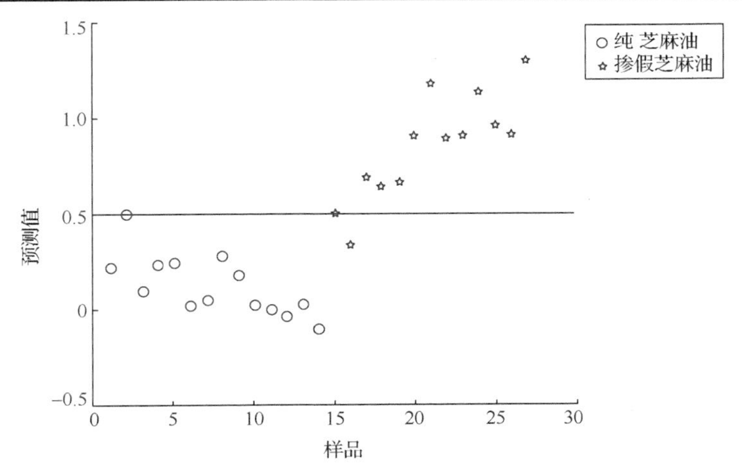

图 4-38　所建同步 2D NIR-MIR 模型对预测集纯芝麻油和掺假芝麻油样品的预测结果

同步 2D NIR-MIR 相关谱的 NPLS-DA 模型与 4.1.2 节的同步 2D NIR 相关谱和同步 2D MIR 相关谱的 NPLS-DA 模型性能相比，能提供更好的判别结果。其原因可能是同步二维 NIR-MIR 相关谱不仅包含了近红外和中红外波段的光谱信息，同时也包含了两个波段特征峰的相关信息，与模式识别结合更有利于准确判别芝麻油是否掺假。

2. 同步-异步异谱二维相关光谱

Yang 等[10]发展了一种基于融合同步和异步 2D NIR-MIR 相关光谱信息的掺玉米油的芝麻油判别新方法。该检测方法融合了近红外和中红外光谱信息，不仅包含了官能团基频、倍频和合频吸收的信息，而且也包含了同步谱“相似性”和异步谱“差异性”信息，同时，降低了数据维数，压缩了数据，克服了直接基于二维相关谱建模效率低的问题，该方法简易、科学，分析效率和判别准确度高。

图 4-39(a)和(b)分别是纯芝麻油和掺假芝麻油的异步二维 NIR-MIR 相关谱。对同步(图 4-36)和异步二维 NIR-MIR 相关谱(图 4-39)采用多维偏最小二乘判别法(NPLS-DA)来提取特征，前三个主成分分别能提取原始同步和异步谱总信息的 95.88%和 95.64%。图 4-40(a)、(b)分别为同步和异步二维 NIR-MIR 相关谱前三个主成分的得分图，从图上可以看到根据前三个主成分无法对纯芝麻油和掺假芝麻油进行有效区分，需要更多的主成分，以实现纯芝麻油和掺假芝麻油的判别。因此，最后选择 6 个主成分分别对同步和异步二维 NIR-MIR 相关谱信息进行提取，共解释了原始变量 99.8%和 99.6%的信息，得到 80 个同步二维 NIR-MIR 相关谱的得分矩阵 U_1(80×6)和异步二维 NIR-MIR 相关谱得分矩阵 U_2(80×6)，并将其合并，得到 80 个样品信息融合后的得分矩阵(80×12)。

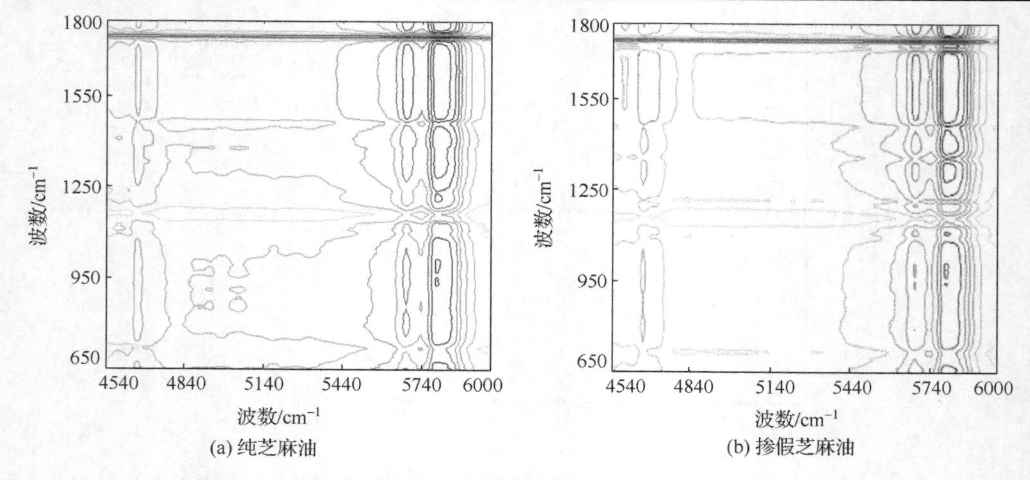

图 4-39　纯芝麻油和掺假芝麻油的异步二维 NIR-MIR 相关谱

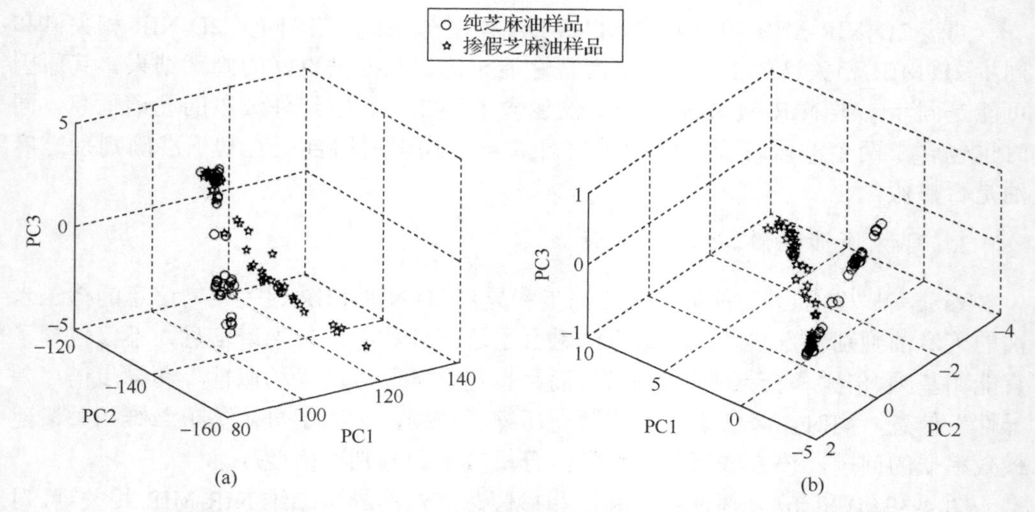

图 4-40　基于同步和异步二维 NIR-MIR 相关谱 NPLS-DA 三维得分图

将合并得分矩阵 $U(80\times12)$ 输入到 LS-SVM 中，构建判别模型。从 80 个样品中随机选取 53 个样品(27 个纯芝麻油和 26 掺假芝麻油)来建立校正模型，剩下的 27 个样品(13 个纯芝麻油和 14 个掺假芝麻油)作为预测集来验证模型。

图 4-41 为选择最佳建模参数γ和 RBF 组合搜索过程图，选择最佳参数：γ=18.9 和σ^2=11.8 建立纯芝麻油与掺假芝麻油的 LS-SVM 判别模型。图 4-42 给出了 LS-SVM 模型对校正集和预测集中样品的预测结果。对于校正集中的 53 个样品，所有纯芝麻油样品都被正确识别，只有一个掺假芝麻油未被正确识别，正确识别率为 98.1%。对预测集中的 27 个样品，所有样品都被正确分类，正确识别率为 100%。

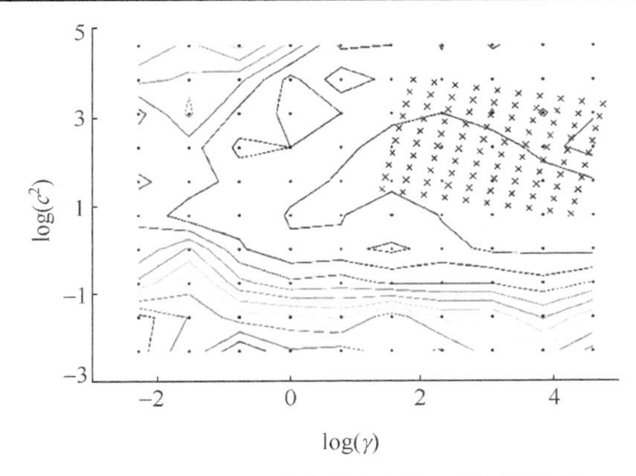

图 4-41　最小二乘支持向量机寻优化过程

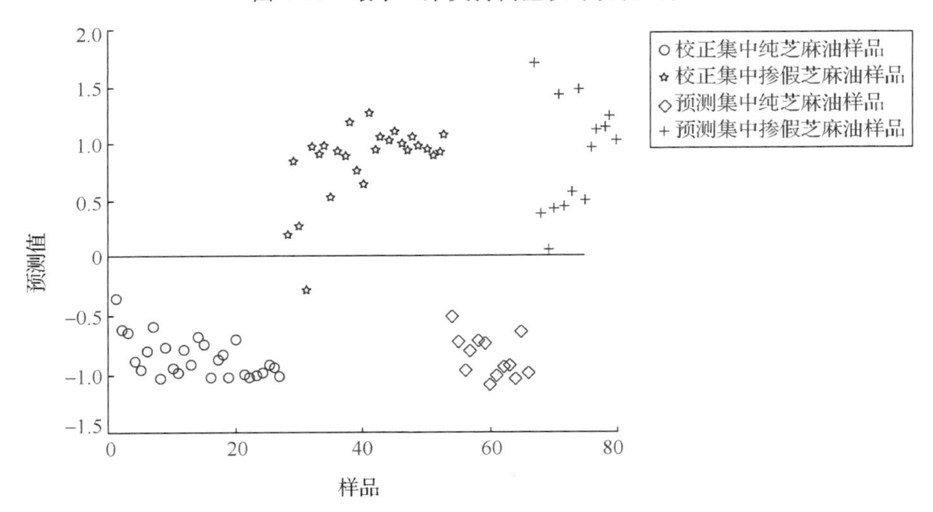

图 4-42　基于融合同步和异步二维 NIR-MIR 相关谱主成分的 LS-SVM 判别结果

为了比较，对分别提取的同步和异步 2D NIR-MIR 相关矩阵的得分矩阵 $U_1(80\times6)$ 和 $U_2(80\times6)$，建立 LS-SVM 判别模型。对于同步 2D NIR-MIR 相关矩阵的得分矩阵 $U_1(80\times6)$，通过两步网格搜索方法 RMSECV 选择γ=21.5 和σ^2=9.7 最优参数组合来建立 LS-SVM 判别模型。采用所建立的模型对校正集和预测集样品进行预测（见图 4-43），正确识别率分别为 94.3%和 96.3%。

对于异步 2D NIR-MIR 相关矩阵的得分矩阵 $U_2(80\times6)$，通过两步网格搜索方法 RMSECV 选择γ=21.5 和σ^2=9.7 最优参数组合来建立 LS-SVM 判别模型。图 4-44 给出了所建模型对校正集和预测集所有样品的预测结果。对于校正集中的 53 个样品，有 2 个掺玉米-芝麻油样品未正确识别，正确识别率为 96.2%。对于预测集中的 27 个样品，有 1 个掺玉米-芝麻油样品被错误分类，正确识别率为 96.3%。

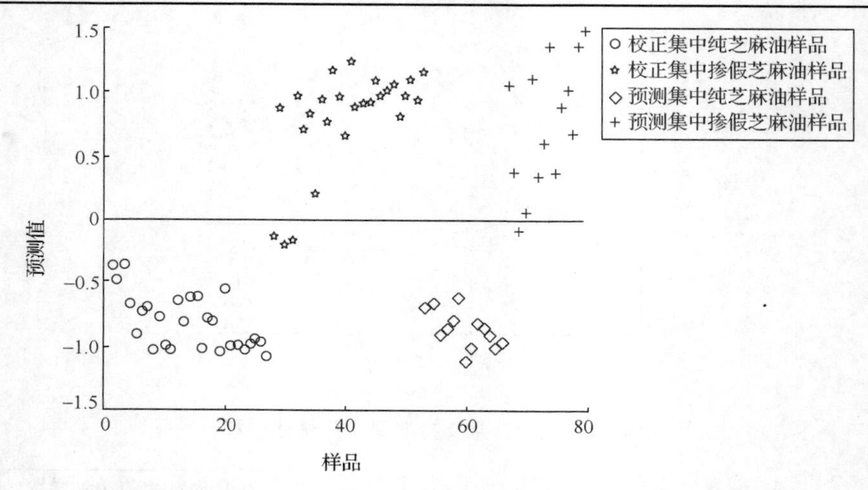

图 4-43　基于同步二维 NIR-MIR 相关谱主成分的 LS-SVM 判别结果

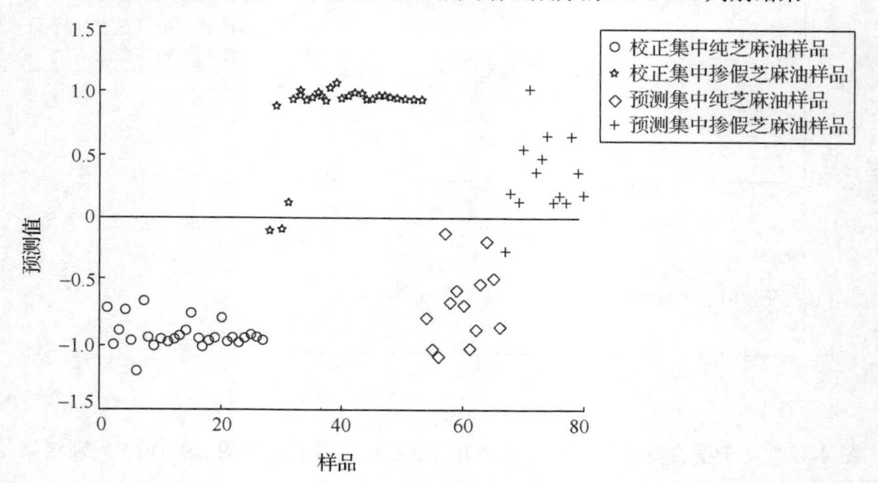

图 4-44　基于异步二维 NIR-MIR 相关谱主成分的 LS-SVM 判别结果

表 4-9 列出了 LS-SVM 模型对纯芝麻油和掺假芝麻油进行分类的结果。与单独同步和异步 2D NIR-MIR 的相关矩阵相比，可以看出，融合后的同步和异步 2D NIR-MIR 相关矩阵信息的判别模型，提高了校正集和预测集样品的判别正确率。

表 4-9　LS-SVM 模型对纯芝麻油和掺假芝麻油进行分类的结果

模型	判别正确率	
	校正集/%	预测集/%
同步 2D NIR-MIR 相关谱	94.3	96.3
异步 2D NIR-MIR 相关谱	96.2	96.3
融合得分矩阵	98.1	100

4.2 酒 类 检 测

4.2.1 掺假酒类二维相关谱特征信息提取

1. 二维荧光相关谱

1) 实验与样品

将购买的红酒用超纯水稀释 40 倍数，在 10mL 容量瓶中，准确加入 100 μL 的胭脂红标准溶液，用稀释后的红酒定容、摇匀，配制成含胭脂红浓度为 10 μg/mL 的红酒待测样品，采用逐步稀释法，配置 18 个浓度(0.1～10μg/mL)的添加胭脂红的红酒样品。

采用美国 Perkin Elmer 公司的 LS-55 荧光分光光度计，光源为脉冲氙灯，比色皿为 1cm 带塞石英液体池。设置仪器的激发波长为 240nm。扫描速度为 1000nm/min，激发狭缝为 5.0nm，发射狭缝为 5.0nm，在 200～700nm 波长范围内测定待测溶液的荧光光谱。

2) 常规荧光光谱特性

图 4-45 是 18 个添加了胭脂红红酒样品的荧光光谱，从图上几乎看不到胭脂红色素的特征荧光信息(尤其当添加的色素浓度较低时)，添加胭脂红色素红酒的荧光峰与红酒稀释后的荧光峰在位置、峰形、峰宽都很相近，这就说明当红酒中掺入微量的色素后，无法根据常规一维荧光图谱直接判别红酒中是否掺入胭脂红色素[11,12]。

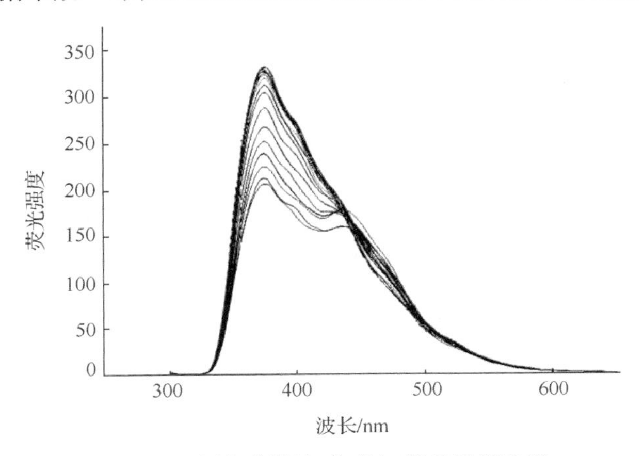

图 4-45 添加胭脂红色素红葡萄酒荧光谱

3) 二维荧光相关谱特性

以添加不同浓度的胭脂红色素为外扰，对图 4-45 动态谱进行相关计算，

图 4-46(a)、(b)分别是其对应的同步谱和异步谱。从同步谱可以看到在主对角线上377nm 处有一个自相关峰，该特征峰来自红葡萄酒本身，在主对角线外侧(377，464)nm 处存在负的交叉峰，这表明 377nm 与 464nm 处所对应官能团来源不同，可以判断 464nm 处官能团来源为添加的胭脂红色素。从图 4-46(b)进一步可判定 377nm 与 464nm 处所对应的官能团来源不同。

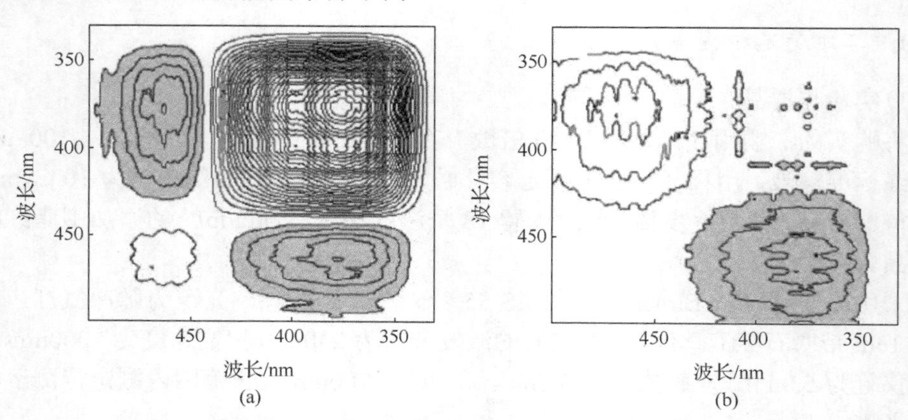

图 4-46　添加胭脂红色素红葡萄酒的同步和异步二维荧光相关谱

2. 二维中红外相关谱

1)实验与样品

准确量取甲醇溶液 10ml 转移至 100mL 容量瓶中，用白酒稀释至刻度，摇匀、定容，配置体积分数为 10%的甲醇白酒溶液。采用逐步稀释法，配置不同体积分数的甲醇白酒溶液(0.1%～10%)。

采用美国 PerkinElmer 公司的 Spectrum 100 傅里叶变换红外光谱仪，使用 ATR 晶体池，样品累积扫描 16 次，扫描间隔为 4cm^{-1}，分辨率为 4cm^{-1}，扫描范围 652～4000cm^{-1}。

2)一维中红外光谱特性

采集了白酒和甲醇溶液在 652～4000cm^{-1} 区间的一维中红外光谱。研究发现，由于白酒中的水吸收严重，在 652～800cm^{-1} 和 1200～4000cm^{-1} 区间不能提供任何有用信息，因此，仅对 800～1200cm^{-1} 区间的特征光谱信息来进行分析。图 4-47(a)和(b)分别是红星二锅头白酒和甲醇溶液在 800～1200cm^{-1} 的常规一维中红外吸收谱。显然，在 800～1200cm^{-1} 范围内，白酒存在三个吸收峰，其位置分别在 880cm^{-1}、1044cm^{-1} 和 1084cm^{-1} 处，其中，1044cm^{-1} 和 1084cm^{-1} 处的吸收峰是白酒中乙醇的 C—O 键伸缩振动所引起；而甲醇溶液存在两个吸收峰，其位置分别在 1020cm^{-1} 和 1116cm^{-1} 处，其中 1020cm^{-1} 处吸收峰是甲醇的 C—O 键伸缩振动所引起的。

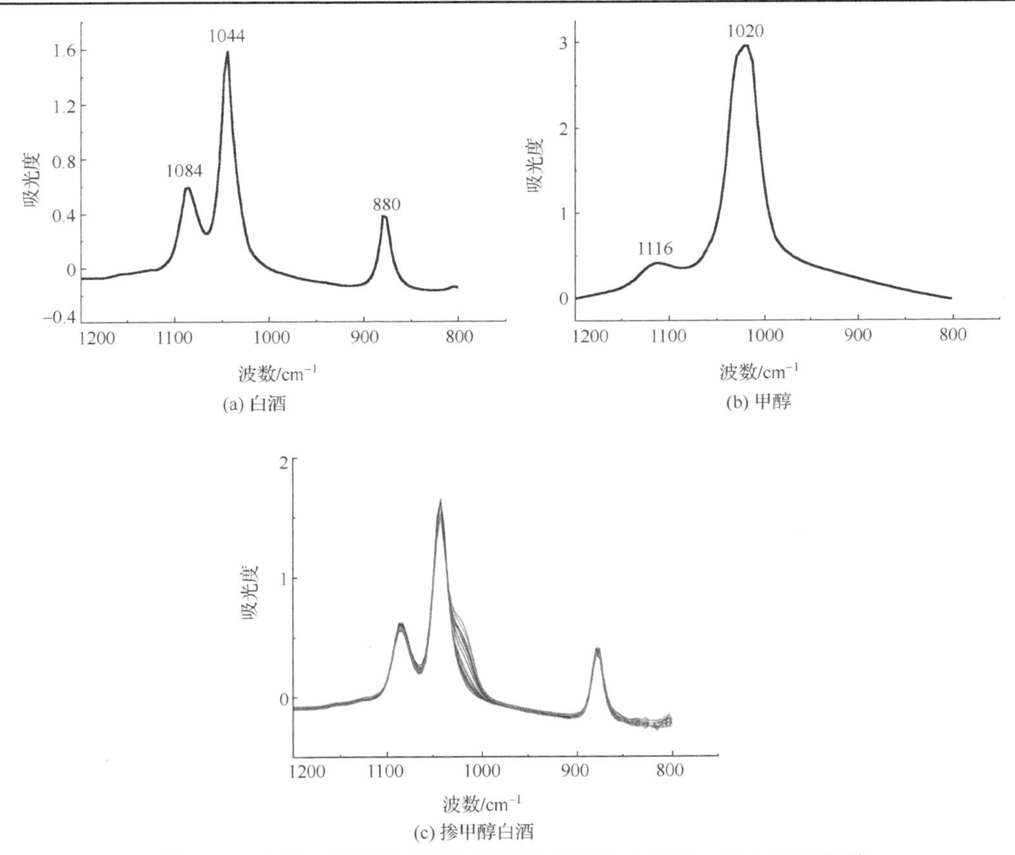

(a) 白酒　(b) 甲醇　(c) 掺甲醇白酒

图 4-47　白酒、甲醇和掺不同体积分数甲醇白酒的一维中红外光谱

以白酒中掺入甲醇的体积分数为外扰，以平均谱为参考谱，对图 4-47(c)动态光谱进行同步二维相关谱计算。图 4-48(a)～(c)分别是掺入甲醇白酒的同步二维中红外相关谱、对应的自相关谱和在 1020cm^{-1} 处的切谱。从图中可观察到，在主对角线上 1020cm^{-1} 处存在较强的自相关峰，从上文分析可知，该峰来自白酒中掺入的甲醇；在 1044cm^{-1} 处出现弱的自相峰，其原因可能是由于受附近 1020cm^{-1} 处甲醇峰强的变化而出现。在主对角线外侧(880，1020)cm^{-1}、(1044，1020)cm^{-1} 和(1084，1020)cm^{-1} 位置出现负的交叉峰，这表明 880cm^{-1}、1044cm^{-1}、1084cm^{-1} 与 1020cm^{-1} 处所对应的官能团来源不同，这与前述分析结果一致。同时，从图 4-48(c)中可以看到，在(1020，1116)cm^{-1} 存在正的交叉峰，表明 1020cm^{-1} 和 1116cm^{-1} 峰所对应的官能团来源相同，都来自白酒中的甲醇。需要说明的是，在图 4-48(a)中，在主对角线 880cm^{-1} 和 1084cm^{-1} 处未出现自相关峰，在主对角线外侧(880，1044)cm^{-1}、(880，1084)cm^{-1} 和(1044，1084)cm^{-1} 处未出现交叉峰，其原因是这些吸收峰都来自白酒，不随外扰甲醇的体积分数变化而变化[13]。

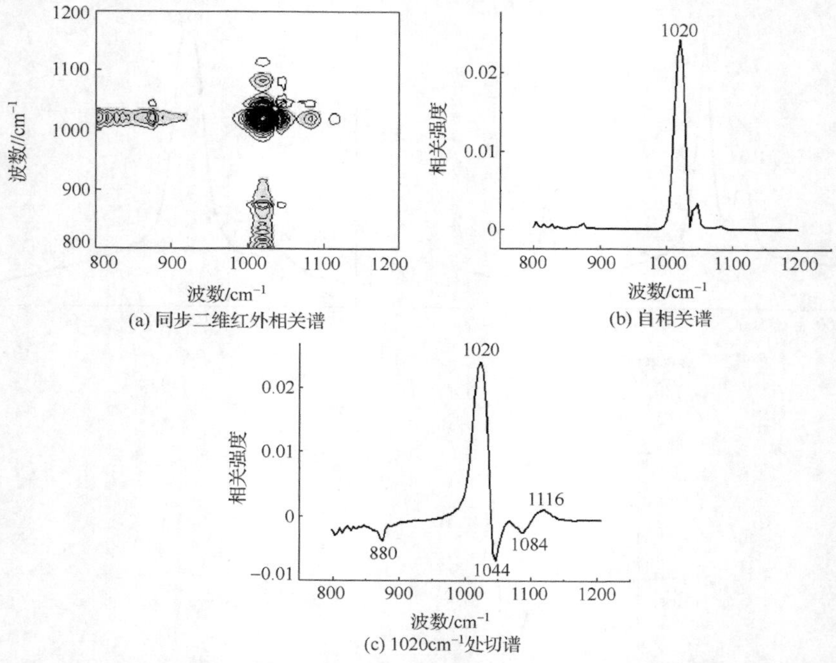

(a) 同步二维红外相关谱　(b) 自相关谱

(c) $1020cm^{-1}$处切谱

图 4-48　含甲醇白酒的同步二维中红外相关谱、对应的自相关谱和 $1020cm^{-1}$ 处切谱

图 4-49(a)和(b)分别是含甲醇白酒的异步二维中红外相关谱和对应 $1020cm^{-1}$ 的切谱。显然在(880，1020)cm^{-1} 和(1044，1020)cm^{-1} 处都出现正的交叉峰，表明 $880cm^{-1}$、$1044cm^{-1}$ 与 $1020cm^{-1}$ 处吸收峰强度随外扰甲醇体积分数变化的速率不同，这进一步说明 $880cm^{-1}$、$1048cm^{-1}$ 与 $1020cm^{-1}$ 吸收峰所对应的官能团来源不同。需要说明的是在异步谱(图 4-49(a))中，(880，1044)cm^{-1}、(880，1084)cm^{-1} 和(1044，1084)cm^{-1} 处未出现交叉峰，表明三个吸收峰所对应的官能团来自同一物质，都来自白酒固有组分的吸收。

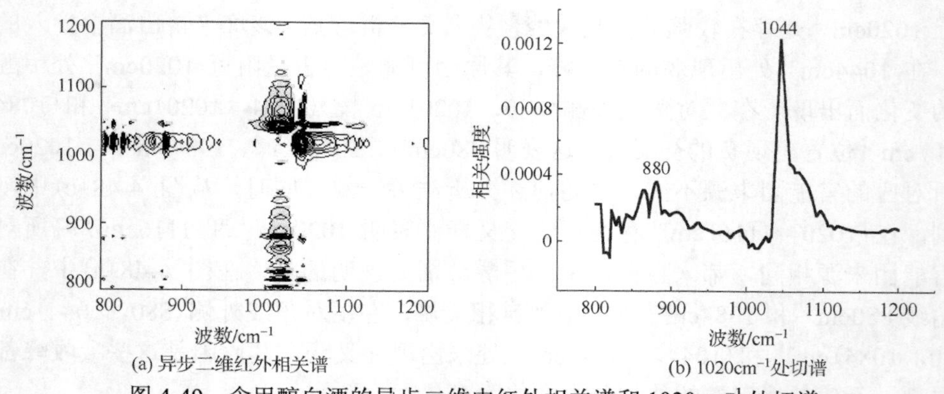

(a) 异步二维红外相关谱　(b) $1020cm^{-1}$处切谱

图 4-49　含甲醇白酒的异步二维中红外相关谱和 $1020cm^{-1}$ 处切谱

3. 二维近红外相关谱

1) 一维近红外光谱特性

Yang 等[14]采集了 38 个含有不同浓度甲醇(0.1%～10%，v/v)白酒的一维近红外光谱，在研究二维近红外相关谱特性的基础上，建立了定量分析白酒中甲醇的 N-PLS 模型。图 4-50(a)是未添加甲醇白酒和甲醇在 4300～4450cm^{-1} 的吸收谱。显然，甲醇在这个波段仅有一个吸收峰，其位置在 4396cm^{-1}。未添加甲醇的白酒存在两个吸收峰，位置分别在 4344cm^{-1} 和 4412cm^{-1} 处。图 4-50(b)是添加甲醇不同体积分数的 38 个白酒样品的近红外光谱。从图中可以看出，各浓度甲醇白酒近红外光谱的轮廓与未添加甲醇白酒近红外光谱相似，甲醇在 4396cm^{-1} 处的吸收峰被白酒 4412cm^{-1} 处峰所覆盖，无法根据常规一维近红外谱判别白酒中是否掺杂甲醇。

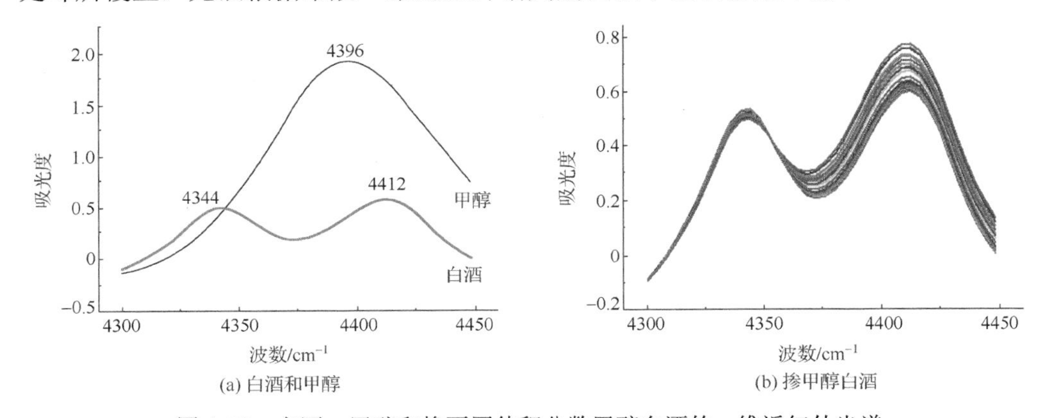

图 4-50　白酒、甲醇和掺不同体积分数甲醇白酒的一维近红外光谱

2) 二维近红外相关谱特性

以白酒中添加的甲醇浓度为外扰，对图 4-50(b)中动态光谱进行相关计算，得到同步和异步二维近红外相关谱(见图 4-51)。图 4-51(a)是添加甲醇白酒的同步二维近红外相关谱。从图中可以看到：在主对角线上 4396cm^{-1} 处仅出现一个自相关峰，该特征峰来自白酒中添加的甲醇；在主对角线外侧，在(4344，4396)cm^{-1} 处存在一个负的交叉峰，这表明 4344cm^{-1} 与 4369cm^{-1} 所对应的官能团来源不同。同时，在主对角线上并未观察到图 4-20 中白酒的两个特征吸收峰(4344cm^{-1} 和 4412cm^{-1})，其原因是这两个吸收峰特征不随外扰发生变化。图 4-51(b)是添加甲醇白酒的异步二维近红外相关谱，在(4344，4396)cm^{-1} 处存在负的交叉峰；在(4396，4412)cm^{-1} 处存在正的交叉峰，这是由于随着白酒中甲醇体积浓度的增大，4412cm^{-1} 处的峰强度也在增大；在(4344，4412)cm^{-1} 处未出现交叉峰，这就进一步说明 4344cm^{-1} 和 4412cm^{-1} 所对应的官能团来源相同，与 4396cm^{-1} 所对应的官能团来源不同。显然，与常规一维近红外光谱相比，二维近红外相关谱能提供更多白酒中甲醇的特征信息。

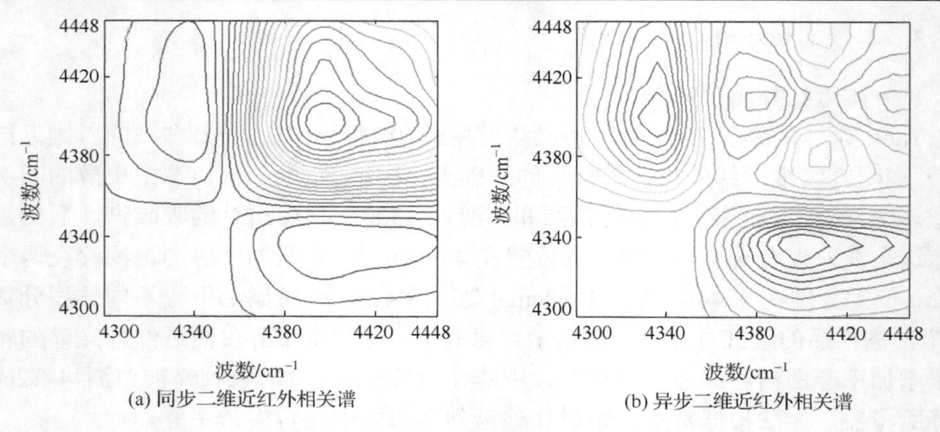

(a) 同步二维近红外相关谱　(b) 异步二维近红外相关谱

图 4-51　添加甲醇白酒的同步和异步二维近红外相关谱

4.2.2 基于二维相关谱定量分析掺假白酒

对掺假白酒样品的近红外光谱进行同步二维相关谱计算，得到每个掺假样品的同步二维相关谱，并将其与多维偏最小二乘法建立定量分析白酒中甲醇的数学模型。根据 K-S 法，从 38 个含甲醇不同体积分数样品中选取 25 个作为校正集，余下 13 个样品作为预测集。

对于校正集样品，通过交叉验证法来确定定量分析 N-PLS 模型的最佳主成分数。分别计算在不同主成分数下所对应的 RMSECV(见图 4-52)。从图中可以看到，当主成分数为 3 时，RMSECV 最小。因此，选择 3 个主成分建立定量分析白酒中甲醇的 N-PLS 模型。

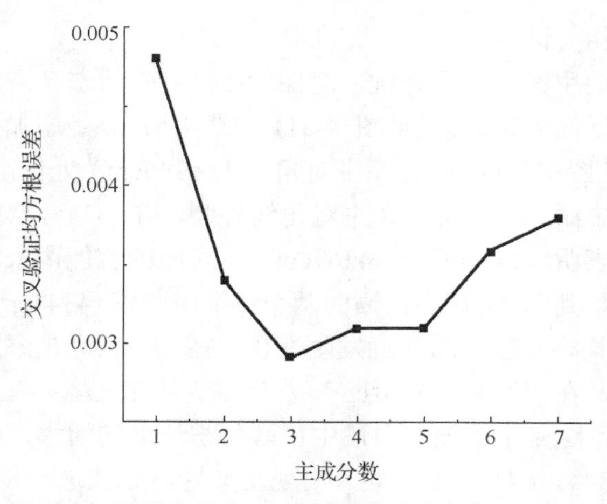

图 4-52　不同主成分下 N-PLS 模型对应的 RMSECV

对于校正集样品同步二维近红外相关谱矩阵(25×38×38)，在 3 个主成分下，建立定量分析的 N-PLS 模型。为评价所建的 N-PLS 定量分析模型的稳定性，对校正集所有样品进行交互验证预测，RMSECV=0.1092。图 4-53 是其预测体积分数与实际体积分数的线性拟合，其拟合关系为 $C_{pre}=0.998C_{act}+0.0071$，相关系数为 0.99，说明基于同步二维近红外相关谱所建立的 N-PLS 模型具有较好的稳定性和拟合效果。

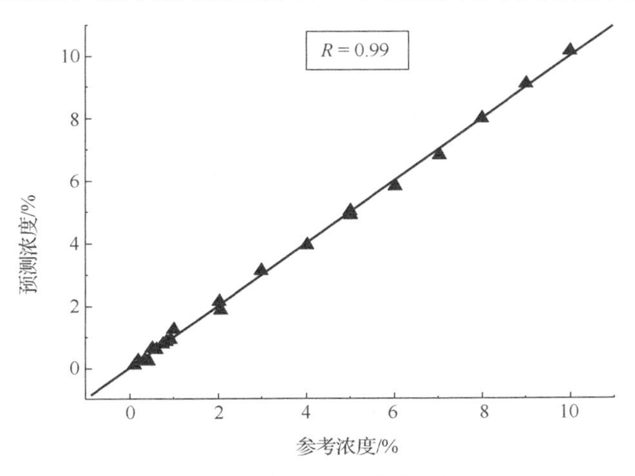

图 4-53　校正集内部预测结果

将预测集样品同步二维近红外相关谱矩阵(13×38×38)输入所建立的 N-PLS 模型，对预测集 13 个未知样品进行外部预测，其预测结果见表 4-10。为了进一步说明二维近红外相关谱相对于一维近红外谱的优势，对于同样的校正集(25×38)和预测集样品(13×38)所对应的一维近红外光谱数据，建立定量分析白酒甲醇的偏最小二乘数学模型。同样，依据内部交叉验证的 RMSECV 选择 3 个主成分建立模型，并对外部 13 个未知样品进行预测，预测结果也在表 4-10 给出。从表中可以看出，基于二维近红外相关谱的N-PLS模型和常规一维红外谱的PLS模型对最低浓度样品(0.1%，v/v)的预测都具有最大的相对误差，其分别是 9%和 17%；两个模型最小相对误差分别为 0.5%和 0.8%，平均相对误差分别为 2.79%和 5.3%，RMSEP 分别为 0.064 和 0.079。研究结果表明：基于二维近红外相关谱的 N-PLS 模型能提供更好的预测结果。

表 4-10　二维近红外相关谱和一维近红外光谱模型的预测结果

		N-PLS 模型		PLS 模型	
样品	化学值/%	预测值/%	相对预测误差/%	预测值/%	相对预测误差/%
1	0.1	0.091	9.0	0.117	17
2	0.3	0.316	5.33	0.331	10.33
3	0.4	0.368	8.0	0.360	10.0

续表

样品	化学值/%	N-PLS 模型		PLS 模型	
		预测值/%	相对预测误差/%	预测值/%	相对预测误差/%
4	0.6	0.589	1.83	0.574	4.33
5	0.7	0.690	1.43	0.738	5.43
6	0.9	0.915	1.67	0.874	2.89
7	1	1.01	1.0	1.06	6.0
8	3	2.86	4.67	2.85	5.0
9	4	3.94	1.5	4.14	3.5
10	6	6.11	1.83	5.91	1.5
11	7	6.96	0.57	6.94	0.86
12	9	9.11	1.22	9.12	1.33
13	10	10.05	0.50	10.08	0.80

4.2.3　二维相关光谱葡萄酒种类检测

Zhang 等[15]将二维中红外相关谱和三级宏观指纹方法结合，实现不同厂家红酒的判别。Fudge 等[16]采用二维中红外相关谱对带烟熏味的葡萄酒(因存放在橡木容器而产生的气味)特征光谱信息进行提取，指出在 1400～1500cm^{-1} 范围内的吸收峰主要来自酚类的 C—C 伸缩振动。研究结果表明：该方法可快速高效地对烟熏葡萄酒进行初步识别。

Chen 等[17]基于二维相关谱欧氏距离和相关系数实现干红葡萄酒和甜红葡萄酒的分类。以葡萄酒在空气中挥发时间为外扰，对每个干红和甜红葡萄酒样品进行同步二维红外相关谱计算，并进行归一化处理，在此基础上，根据式(3-4)计算了各样品同步二维相关谱之间的欧氏距离。图 4-54(a)是干红葡萄酒相关谱组内欧氏距离统计分布的柱状图，组内平均欧氏距离为 0.022，标准偏差为 0.007。图 4-54(b)是干红葡萄酒相关谱与甜红葡萄酒相关谱组间欧氏距离统计分布的柱状图，组间平均欧氏距离为 0.269，标准偏差为 0.105。同时还计算了各样品间的相关系数，干红葡萄酒相关谱组内平均相关系数为 0.9995，标准偏差为 0.0003；干红葡萄酒相关谱与甜红葡萄酒相关谱组间平均相关系数为 0.9178，标准偏差为 0.0558。采用 t 检验对组内和组间欧氏距离和相关系数进行显著性检验，结果表明，组间样品欧氏距离显著大于组内样品欧氏距离，组间样品相关系数显著小于组内样品相关系数。根据相关谱之间的欧氏距离和相关系数两个参数可实现干红葡萄酒和甜红葡萄酒正确识别。

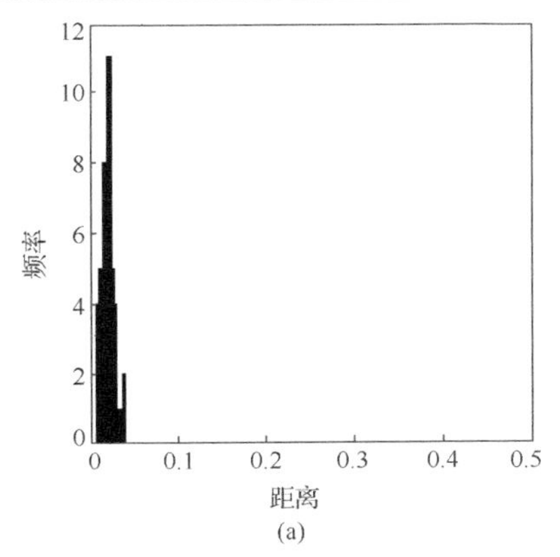

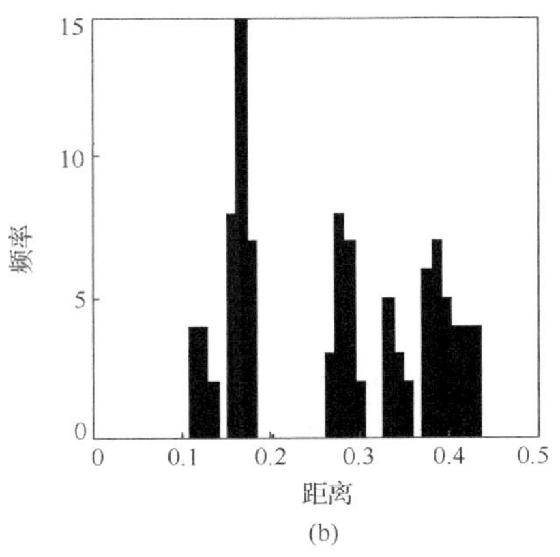

图 4-54 欧氏距离统计图

4.2.4 二维相关光谱葡萄酒发酵过程检测

Wynne 等[18]采用二维红外相关谱对葡萄酒发酵过程进行监控，图 4-55(a)和(b)分别是同步和异步二维红外相关谱在 1030cm^{-1}(果糖)、1044cm^{-1}(酒精)和 1062cm^{-1}(葡萄糖)的切谱，可以看到，在(1062，1030)cm^{-1}处交叉峰为正，(1062，1044)和(1044，1030)cm^{-1}处交叉峰为负，表明在葡萄酒发酵过程中，果糖和葡萄糖浓度变化方向相同(减小)，酒精浓度变化方向相反(增大)；从异步谱切谱可以看到，在(1062，1030)cm^{-1}处交叉峰为正，结合同步谱可知，在发酵过程中葡萄糖变化的速率要快于果糖，证明了该方法用于发酵过程监控的潜力，并采用简单的三组分模型对数据进行解释。

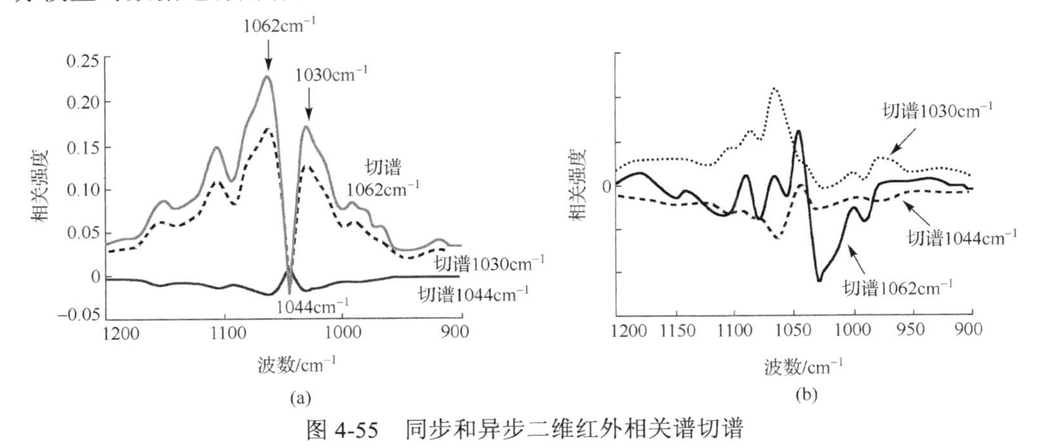

图 4-55 同步和异步二维红外相关谱切谱

4.2.5 基于二维相关光谱白酒品质检测

Sun 等[19]研究了茅台酒、金士酒及假茅台酒在 1500～1800cm^{-1}范围内的二维红外相关谱特性。图 4-56(a)～(c)分别是三种酒的同步二维红外相关谱，从图上可以看到：茅台酒和金士酒在 1725cm^{-1} 处都出现较强的自相关峰，而茅台酒除了 1725cm^{-1} 自相关峰之外，还在 1585cm^{-1} 处有自相关峰出现，在(1585，1725)cm^{-1} 和(1725，1585)cm^{-1} 处存在交叉峰，同时，假茅台酒在 1615cm^{-1} 和 1750cm^{-1} 处出现明显的自相关峰，在(1615，1750)cm^{-1} 和(1750，1615)cm^{-1} 处存在强的交叉峰。根据这些差异可对茅台酒、金士酒和假茅台酒进行识别。同时指出：图 4-56(a)中 1585cm^{-1} 和图 4-56(c)中 1615cm^{-1} 自相关峰在原始谱和二阶导数谱中都并未出现，因此，相对于原始谱和二阶导数谱，二维相关谱具有更高的光谱分辨率。

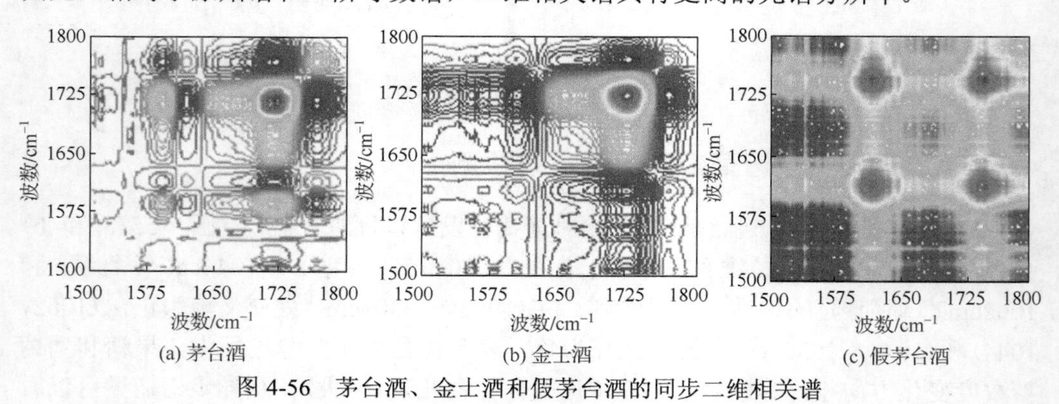

图 4-56　茅台酒、金士酒和假茅台酒的同步二维相关谱

4.3　肉 类 检 测

二维相关光谱技术已经被用于鸡肉冷冻过程、解冻过程、蒸煮过程中物理化学生物学变化的研究，同时也被应用于合格鸡肉和不合格鸡肉的鉴别。

4.3.1　二维相关光谱肉类蒸煮过程检测

图 4-57 是鸡肉在 150℃下，不同加热时间对其可见-近红外光谱的影响。在可见区 445nm 和 560nm 的吸收是由不同状态的肌红蛋白引起；近红外区 980nm 吸收是肌红蛋白中血红素的 C—H 振动所引起，1600～1850nm 和 1100～1300nm 的吸收是 C—H 振动的一级倍频和二级倍频所引起。Liu 等[20]对图 4-57 的动态光谱进行可见光、短波近红外、近红外不同波段的相关分析，指出：在可见区 415nm、425nm、445nm、475nm、520nm、560nm 和 585nm 处存在吸收峰，其中 445nm 和 560nm 的峰分别来自脱氧和携氧肌红蛋白，其随着加热时间强度逐渐降低，表明脱氧和携氧肌红蛋白氧化变性为高铁肌红蛋白，475nm、520nm 和 585nm 的吸收峰可能来自氧化衍生物；在近红外区，随着加热时间增长，1655nm、1195nm 和 1360nm 吸收峰(分别来自 C—H 伸缩振动的一级、二级倍频和合频吸收)强度逐渐降低，脱氧和携氧肌

红蛋白中的血红素容易氧化变性，OH/NH 基团(1455nm 波带来自水或蛋白)振动早于 C—H 振动发生；可见区 445nm 和 560nm 波带、短波近红外区 980nm 波带、近红外区 1195nm、1360nm 和 1655nm 波带存在正交相关，表明这些波带随加热时间具有相似的变化，其可能来源同一组分。

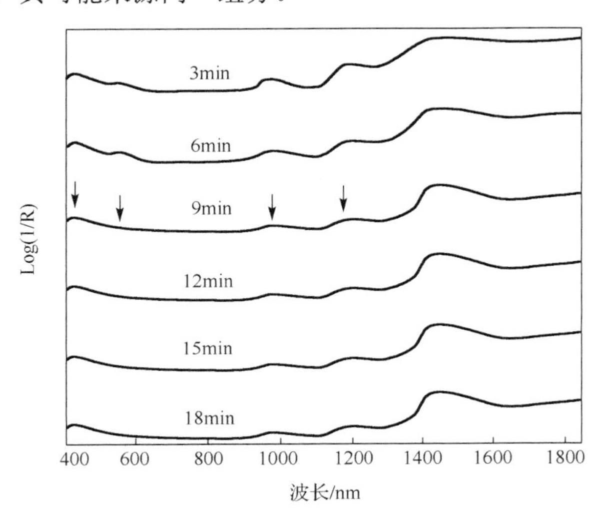

图 4-57　鸡肉可见-近红外光谱随蒸煮时间的变化

4.3.2　二维相关光谱肉类冷冻过程检测

Liu 等[21]研究了冷冻鸡肉(0℃)可见近红外光谱随冷冻时间的变化。发现在可见区，随鸡肉冷冻时间(2～9 天)的增加，485nm 和 635nm 波带的强度逐渐增强，560nm 波带强度逐渐减弱，这些波带在冷冻第二阶段(10～18 天)几乎不发生变化，表明冷冻鸡肉体系组分基本已达到稳定状态；在近红外区，1100～1300nm、1300～1400nm 和 1600～1850nm 波段的光谱信息随冷冻时间增长仅发生较小的变化。

图 4-58 是冷冻鸡肉在可见区的二维相关谱(2～9 天)。同步谱(图 4-58(a))：主对角线 440nm、495nm、560nm 和 635nm 波带处出现自相关峰，表明这些波带处强度随冷冻时间变化显著；主对角线外侧，(440，560)nm 和(495，635)nm 处出现正交叉峰，(440，495)nm、(440，635)nm、(560，495)nm 和(560，535)nm 处出现负交叉峰，表明脱氧和携氧肌红蛋白在减少(与鸡肉变色有关)；而 495nm 和 635nm 波带强度逐渐升高，表明脱氧和携氧肌红蛋白被氧化为新的衍生物。异步谱(图 4-58(b))：在 495nm 和 560nm 附近出现多个交叉峰，如 495nm 波带附近还存在 485nm 和 500nm 两个波带，560nm 波带附近还存在 575nm 和 585nm 两个波带。这些波带可能是肌红蛋白二级结构改变(如从 α-螺旋变为 β-折叠)或蛋白质与水或脂类发生作用改变了血红素分子环境所引起的；635nm 处波带是鸡肉冷藏第二天才出现的，不

同于 440nm、485nm、500nm 和 585nm 波带，其可能是鸡肉在冷藏期间细菌产生的 H_2S 与肌红蛋白反应生成的硫肌红蛋白所引起的。

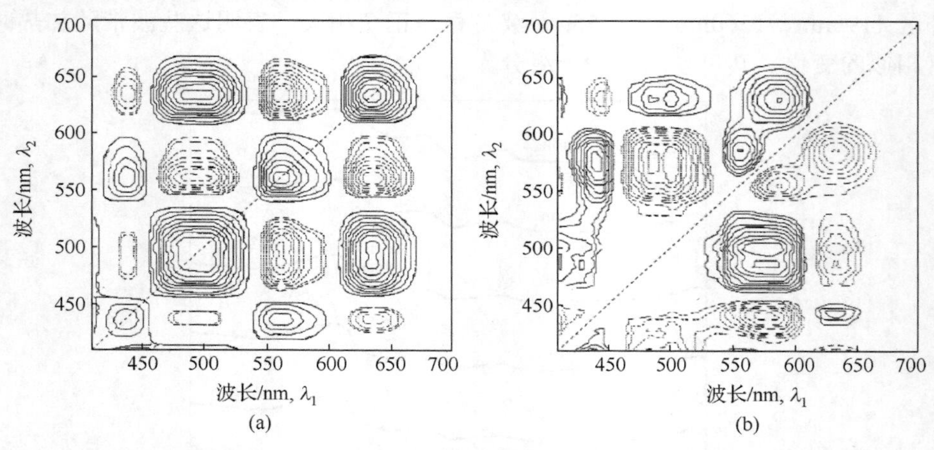

图 4-58　鸡肉在第一个冷冻阶段(2～9 天)的同步和异步二维可见相关谱

Liu 等同时还研究了冷冻鸡肉的二维近红外相关谱(2～9 天)特性。同步谱：在 1205nm、1395nm、1480nm 和 1650nm 波带处出现自相关峰和交叉峰，1205nm 波带与 1359nm 和 1650nm 存在正交叉峰，表明三个波带强度随冷冻时间发生相似的变化。异步谱：在 1460nm 波带附近出现几个交叉峰(这是由于 O—H/N—H 基团伸缩振动所产生的峰与鸡肉组分 OH/NH 基团振动所产生的峰重叠所致)，表明随冷冻时间，亲水性 O—H/N—H 基团伸缩振动吸收情况变化与疏水性 C—H 振动变化不同；结合同步谱，可推断 OH/NH 基团振动早于 C—H 振动发生，与 4.3.1 节中两基团发生的顺序正好相反，表明鸡肉在蒸煮和冷冻过程中，所发生的物理化学生物学变化的机制是不同的，在蒸煮过程中，脂类首先被氧化，而在冷冻过程中，蛋白质首先变性和水解。

张同刚等[22]采用二维拉曼相关光谱研究了冷鲜牛肉肌红蛋白含量随储藏时间的变化，研究结果表明：牛肉在 4℃贮藏过程中肌红蛋白发生了氧化生成了 MetMb，并随着贮藏时间增长肌红蛋白发生解聚。在 1460～1650cm^{-1} 范围出现了较多自相关峰，表明肌红蛋白在冷藏 21 天过程中蛋白质发生了变性。

4.3.3　二维相关光谱冷冻肉消解过程检测

Liu 等[23]采用二维可见、近红外相关谱技术对冷冻鸡肉的消解过程(0～60min，75～180min)进行分析，指出随着脱氧和携氧肌红蛋白组分的松弛恢复，435nm 和 555nm 波带强度逐渐增大，随着高铁肌红蛋白和硫肌红蛋白的消解，475nm 和 620nm 波带强度逐渐减小；高铁肌红蛋白和硫肌红蛋白消解先于脱氧和携氧肌红蛋白松弛之前发生，脱氧肌红蛋白松弛的速率快于携氧肌红蛋白。通过对冷冻鸡肉在消解 0～

60min 阶段同步和异步二维可见-近红外相关谱分析，可推断脱氧肌红蛋白松弛先于 C—H 官能团松弛发生。

不同于冷冻鸡肉刚开始消解阶段的二维可见-近红外相关谱，作者在研究后消解阶段(75～180min)二维相关谱特性基础上，推断可见区 435nm 和 575nm 波带强度增强先于近红外区 1450nm 和 1750nm 波带发生，后于 1165nm 和 1385nm 波带发生，表明脱氧和携氧肌红蛋白松弛先于水络合物形成之前发生，后于 C—H 官能团松弛发生。从上述分析可知，在冷冻鸡肉消解的两个阶段(0～60min 和 75～180min)，研究体系发生着不同的物理、化学和生物学变化。

4.3.4　二维相关光谱肉类质量检测

Liu 等[24]研究了质量合格鸡肉与不合格鸡肉的二维紫外-可见相关谱特性，实现对质量不合格鸡肉的判别。首先研究了质量合格鸡肉和 5 种质量不合格鸡肉的一维紫外-可见光谱特性，发现在整个波长范围内，各类鸡肉的谱图形状和轮廓都非常相似，无法对质量不合格鸡肉进行判别。

图 4-59 是将质量合格鸡肉(15 个样品)与不合格样品(42 个样品：败血病鸡肉、肉气囊炎病鸡肉和腹水病鸡肉各 8 个样品，病死鸡肉和肿瘤鸡肉各 9 个样品)进行相关分析得到的二维相关谱。在 445nm、485nm 和 560nm 处出现自相关峰，表明合格鸡肉与不合格鸡肉在三个波带处吸收存在很大差异；在异步谱(485，445) nm 和(485，560) nm 处出现交叉峰，而在(445，560) nm 处不存在交叉峰，表明 485nm 处波带变化与 455nm 和 560nm 波带变化不同。通过对比分析指出：合格鸡肉和不合格鸡肉都含有脱氧肌红蛋白、氧合肌红蛋白和高铁肌红蛋白组分，但含量不同；疾病改变

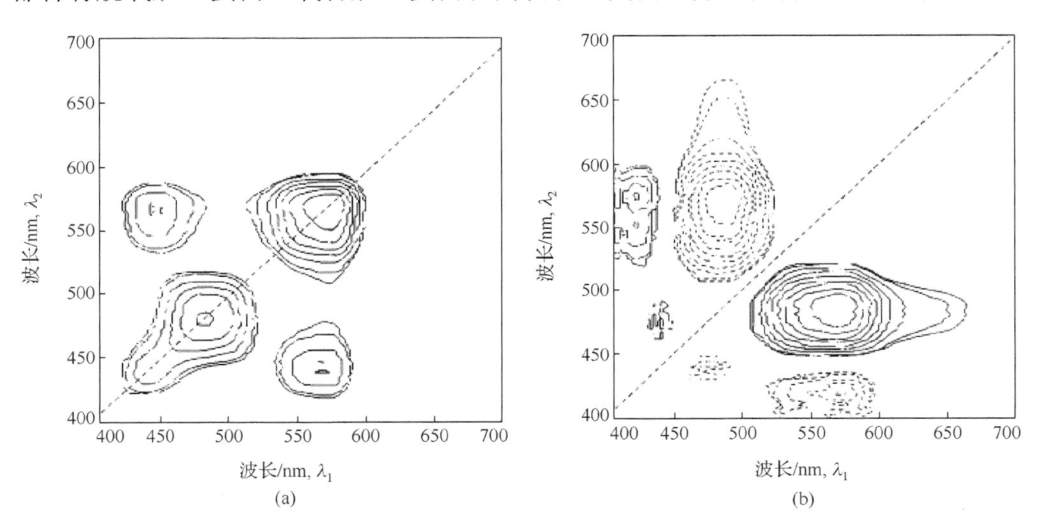

图 4-59　质量合格和不合鸡肉同步和异步二维紫外可见相关谱

了鸡肉的成分和颜色，引起 485nm 波带发生显著变化；相对于不合格鸡肉，合格鸡肉中脱氧肌红蛋白和携氧肌红蛋白比高铁肌红蛋白更易发生变化。

同时，Liu 等还研究了不同剪切力(<3.0，3～10kg，间隔 1kg)鸡肉在 1100～2490nm 范围的近红外光谱特性[25]。研究发现当剪切力小于 8kg 时，1465nm 和 1960nm 波带强度随剪切力增加而增加，当剪切力小于 8kg 时，两波带强度逐渐减小。这是由于其肉质地不一样造成的，剪切力小于 8kg 的肉具有柔嫩性，而大于 8kg 的肉具有韧性。

以剪切力为外扰，柔嫩鸡肉(剪切力小于 8kg)和韧性鸡肉(剪切力大于 8kg)近红外光谱进行相关分析。对于柔嫩鸡肉：同步谱在 1465nm 和 1960nm 处出现自相关峰，两峰强度随着剪切力的增加而增强；异步谱在 1120nm、1275nm、1450nm、1960nm、2000nm、2230nm 和 2430nm 处出现交叉峰。结合同步谱和异步谱，推断 1450nm 和 1960nm 波带强度变化后于 1120nm 和 1275nm 波带发生；1450nm 波带强度变化后于 2000nm，2230nm 和 2430nm 波带发生。与柔嫩肉相关谱比较，韧性肉 1465nm 和 1960nm 波带强度随剪切力的增加而减小；1440nm 和 1860nm 波带强度变化早于 1960nm、2300nm 和 2430nm 波带发生。对于柔嫩鸡肉，相关谱中至少有 8 个波带，而韧性鸡肉相关谱有 6 个波带，具体见表 4-11。

表 4-11　柔嫩和韧性鸡肉的近红外特征

<table>
<tr><th rowspan="2"></th><th colspan="2">波长/nm</th></tr>
<tr><th>柔嫩肉</th><th>韧性肉</th></tr>
<tr><td rowspan="2">同步相关谱</td><td>1465</td><td>1465</td></tr>
<tr><td>1960</td><td>1960</td></tr>
<tr><td rowspan="11">异步相关谱</td><td>1120</td><td>—</td></tr>
<tr><td>1275</td><td>—</td></tr>
<tr><td>—</td><td>1440</td></tr>
<tr><td>1450</td><td>—</td></tr>
<tr><td>—</td><td>1860</td></tr>
<tr><td>1960</td><td>1960</td></tr>
<tr><td>2000</td><td>—</td></tr>
<tr><td>2230</td><td>—</td></tr>
<tr><td>—</td><td>2300</td></tr>
<tr><td>2430</td><td>2430</td></tr>
</table>

Chao 等[26]对 8 个不同辐射量下鸡肉的光谱进行相关计算，图 4-60(a)是其同步二维可见相关谱。在 440nm、480nm 和 560nm 出现自相关峰，表明 3 个波带强度随辐照量增加发生显著变化，在(440，560)nm 存在正交叉峰，说明随辐照量增加，

两波带强度变化方向相同(增强),这是由于辐照有助于脱氧和携氧肌红蛋白的产生。图 4-60(b)是未受辐射鸡肉在冷冻过程(0℃)的同步相关谱。在 440nm、560nm 和 510nm 出现强的相关峰，在(440，560)nm 处也出现正的交叉峰。

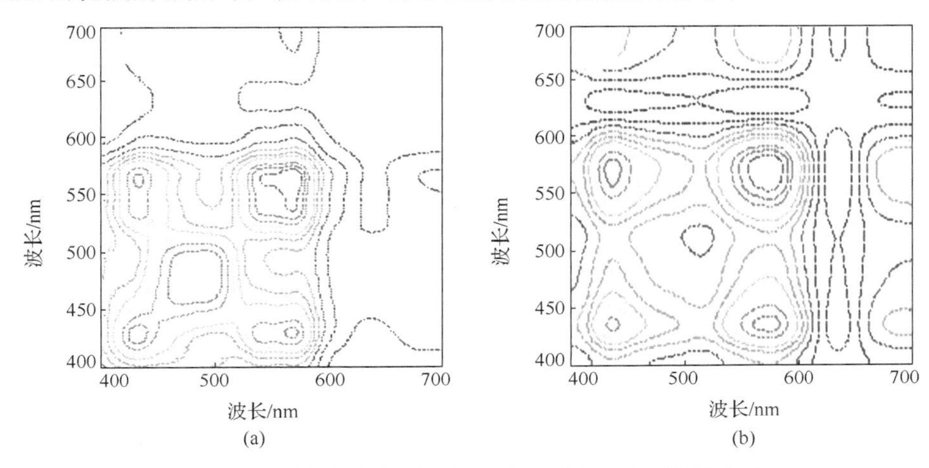

图 4-60　受辐射和未受辐射鸡肉的同步二维可见相关谱

同时，Chao 等也对受低辐射量(1kGy)和辐射量(5kGy)鸡肉的同步二维可见相关谱特性进行研究。发现无论是低辐射量的鸡肉，还是高辐射量的鸡肉，其都在 440nm、560nm 和 605nm 处出现自相关峰，在(440，560)nm 和(440，600)nm 出现交叉峰。与未受辐射鸡肉的相关谱比较发现，在 510nm 处未出现相关峰，因此，可根据 510nm 波带来判断鸡肉是否被辐射处理过。

孙艳辉等[27]采集了丙二醛诱导熟猪肉糜体系的三维同步荧光谱，并对其进行了 2 因子的平行因子分析，在此基础上，以反应时间为外扰，对第一主成分($\Delta\lambda$=50nm)的同步荧光谱进行相关分析。图 4-61(a)和(b)分别是其同步谱和异步谱。在同步谱中，主对角线 292nm 和 406nm 处出现强的自相关峰，主对角线外侧(292，406)nm 出现负的交叉峰，表明两个荧光峰强度变化方向相反；在异步谱中，(292，406)nm 出现负的交叉峰。根据 Noda 规则可得，292nm 处荧光强度变化速率快于 406nm 处速率。为了进一步对丙二醛诱导熟肉糜氧化过程进行分析，对第一主成分($\Delta\lambda$=50nm)的同步荧光谱与第二主成分($\Delta\lambda$=70nm)的同步荧光谱进行了相关分析。图 4-62(a)和(b)分别是其同步谱和异步谱。在同步谱中，(400，406)nm 处出现正交叉峰，在异步谱(400,406)nm 处未出现交叉峰，表明 400nm 处荧光强度的变化速率与 406nm 处变化速率一样，具有相同的来源，都来自丙二醛蛋白结合物的特征荧光峰；此外，Φ(292，400)·Ψ(292，400)>0，表明 292nm 处荧光强度变化速率快于 400nm 速率，即色氨酸残基荧光强度变化速率快于丙二醛蛋白结合物的速率。

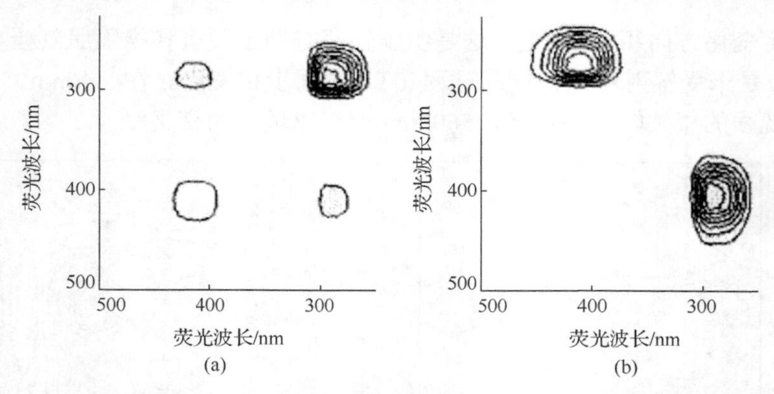

图 4-61　丙二醛诱导熟猪肉糜体系的同步和异步二维荧光相关谱(第一主成分)

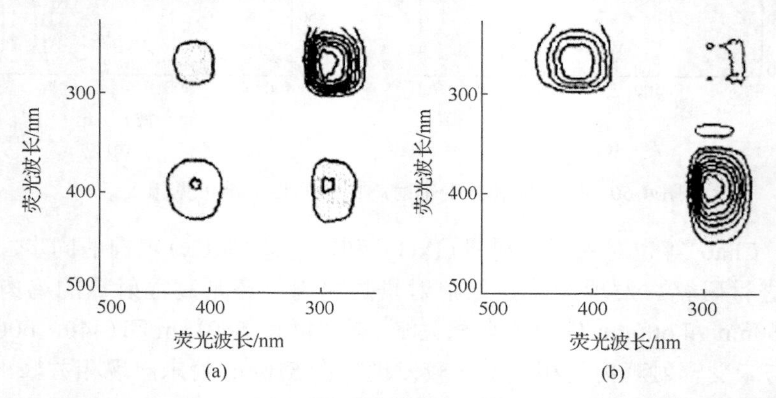

图 4-62　丙二醛诱导熟猪肉糜体系的同步和异步二维荧光相关谱(前两个主成分)

4.4　蜂蜜检测

4.4.1　二维中红外相关谱掺假蜂蜜判别

焦东升等[28]在研究纯蜂蜜和掺蔗糖蜂蜜一维中红外谱的基础上，基于二维中红外相关谱建立了定性判别掺蔗糖蜂蜜的 NPLS-DA 模型。图 4-63(a)和(b)分别是纯蜂蜜和掺蔗糖蜂蜜在 650～4000cm^{-1} 范围内的一维衰减全反射中红外光谱，在整个光谱范围内，纯蜂蜜与掺蔗糖蜂蜜的谱型轮廓和谱峰位置都非常相似。为了便于观察到纯蜂蜜和掺蔗糖蜂蜜谱图差别。图 4-63(a)和(b)的右上角给出了两个样品在 900～1100cm^{-1} 内的光谱图。相比纯蜂蜜光谱，掺入 10%蔗糖的蜂蜜在 920cm^{-1} 和 988cm^{-1} 处存在明显的肩峰，这两处吸收峰主要是蜂蜜中添加的蔗糖所引起的。由于掺假蜂蜜和纯蜂蜜图谱差异很小，无法根据图谱直接比对来实现蜂蜜是否掺假的判别。

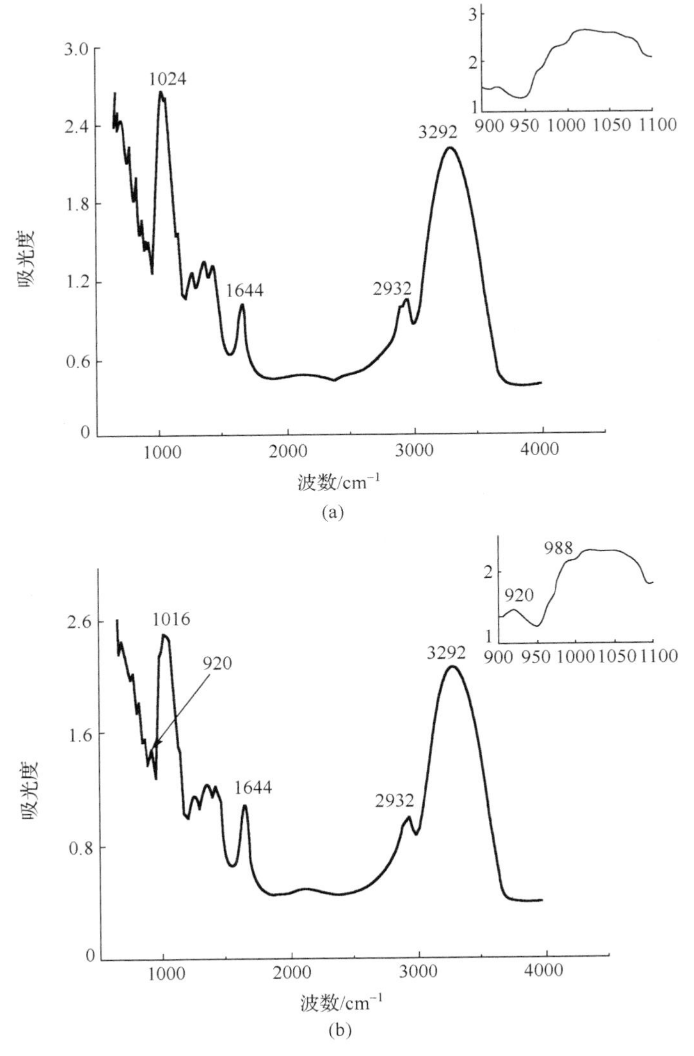

图 4-63　纯蜂蜜和掺蔗糖蜂蜜的一维中红外光谱

以蜂蜜中掺假的蔗糖浓度为外扰，计算了各样品在 900～1800cm^{-1} 范围的同步二维中红外相关谱。图 4-64(a)和(b)分别是纯蜂蜜和掺假体积分数为 1%蔗糖蜂蜜的同步二维中红外相关谱。虽然，二维中红外相关谱相对于一维中红外谱，具有更好的提取特征信息能力，但由于蜂蜜中添加的蔗糖浓度很小，且其特征峰被蜂蜜固有组分的吸收峰所覆盖，因此，纯蜂蜜和掺蔗糖蜂蜜的同步二维中红外相关谱也非常相似，无法实现掺假蜂蜜的判别。

为了实现掺杂蜂蜜的有效判别，将同步二维中红外相关谱矩阵和 NPLS-DA 相结合建立掺假蜂蜜的判别模型。图 4-65 为所建模型对校正集 40 个(纯蜂蜜和掺假蜂蜜样品各 20 个)样品的判别结果。20 个纯蜂蜜样品都被正确识别，判别正确率为 100%；1 个掺假蜂蜜样品(蔗糖的体积分数为 1%)被误判。因此，对校正集样品的判别正确率为 97.5%。采用所建模型对预测集中的 20 个外部未知样品(纯蜂蜜和掺假蜂蜜样品各 10 个)进行判别，同样仅一个掺蔗糖蜂蜜样品被误判，对预测集未知样品的判别正确率为 95%。

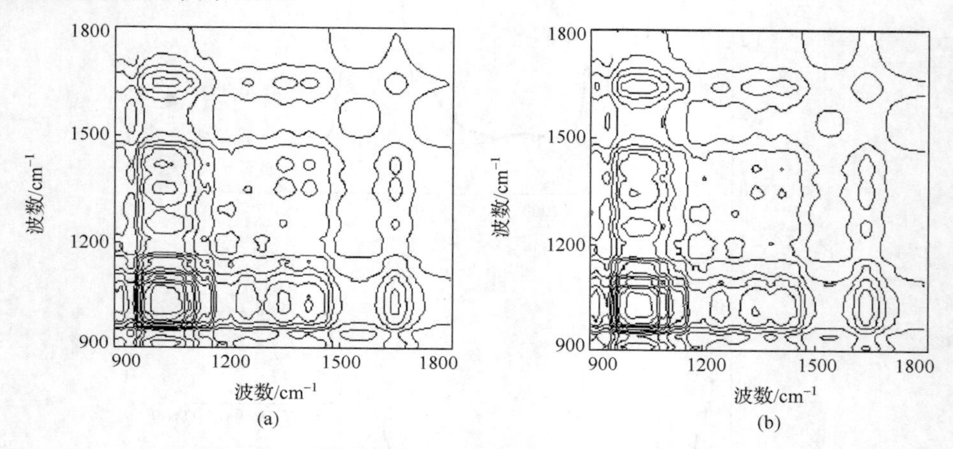

图 4-64　纯蜂蜜和掺假蜂蜜的同步二维中红外相关谱

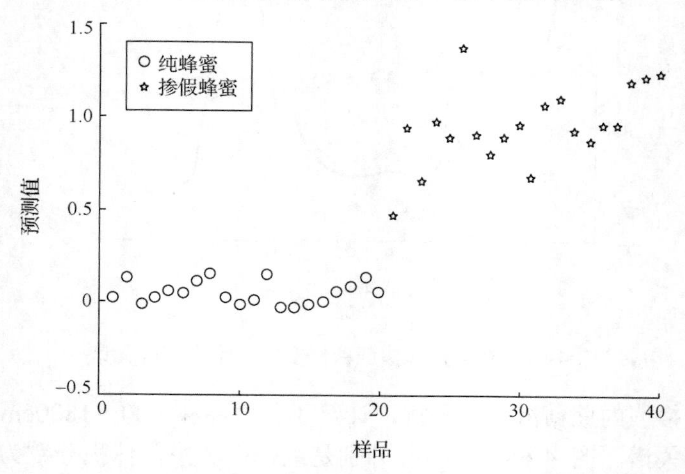

图 4-65　NPLS-DA 模型对校正集内部样品的预测结果

为了比较，基于一维中红外光谱建立了掺蔗糖蜂蜜的 PLS-DA 模型。表 4-12 给出了两个模型的建模参数和判别结果。从表中可以看出，基于二维中红外相关谱的 NPLS-DA 模型的预测性能要优于常规一维谱的 PLS-DA 模型，主要表现在以下三个方面：①NPLS-DA 模型所需最佳主成分数小于 PLS-DA 模型；②NPLS-DA 模型对预测集未知样品判别正确率高于 PLS-DA 模型；③NPLS-DA 模型的 RMSECV 和预测误差均方根(RMSEP)值都低于 PLS-DA 模型。

表 4-12　NPLS-DA 与 PLS-DA 模型的预测结果

模型	主成分数	校正集		预测集	
		RMSECV	判别正确率/%	RMSEP	判别正确率/%
NPLS-DA	5	0.1956	97.5	0.204	95
PLS-DA	7	0.1985	97.5	0.217	92.5

4.4.2　二维近红外相关谱蜂蜜脱水过程检测

Chen 等[29]对两种自然蜜(油菜蜜和荆条蜜)脱水过程的近红外光谱特性进行了研究，发现在蜂蜜脱水过程中，随着水分的流失，蜂蜜的含水率也在降低。根据蜂蜜中含水率随脱水时间的变化，将其分为 R，RDa，RDb，RDc，RDd，RDe 六个阶段(见表 4-13)。

表 4-13　蜂蜜脱水不同阶段，蜂蜜湿度的变化

脱水阶段	脱水时间(h±0.5h)	湿度(g/100g±0.2)
R	0	31.1
RDa	14.3	29.8
RDb	28.55	28.5
RDc	48.00	27
RDd	61.65	25.9
RDe	80.00	24.3

以蜂蜜的脱水时间为外扰，对 6 个阶段的一阶导数近红外光谱分别进行相关计算，得到不同阶段的同步二维近红外相关谱(见图 4-66)。R 阶段：在 1055nm，1073nm，1006nm，1036nm 和 964nm 处出现自相关峰，相关强度依次降低，表明这些波长处氢键官能团随外扰的变化，自相关峰强度越强，变化越大。在(1055nm、1073nm、(1057，1003)nm、(1057，1021)nm 和(1001，964)nm 处出现负交叉峰，表明这些波长处存在氢键形成或断裂。RDa 阶段：在 999nm(最强)、1080nm、1069nm 和 963nm 出现自相关峰，在主对角线外侧出现 4 个正的交叉峰。RDb 阶段：在 998nm(最强)、1063nm、963nm 和 909nm 处出现自相关峰，存在 1 个正交叉峰和 2 个负交叉峰。RDc 阶段与 RDd 阶段的二维相关谱虽然都存在 6 个自相关峰，但存在明显差别，RDc 阶段最强的自相关峰在 999nm 处，存在 4 个正交叉峰和 4 个负交叉峰；而在 RDd 阶段，最强的自相关峰在 1059nm 处，存在 3 个正交叉峰和 3 个负交叉峰，出现这个差别的原因可能是在这个阶段蜂蜜中挥发组分发生变化。RDe 阶段(最后脱

水阶段)：二维近红外相关谱存在 8 个自相关峰，最强自相关峰出现在 1080nm 处。结果表明：脱水过程不同阶段，自相关峰和交叉峰位置、强度的变化都反映了由于蜂蜜中水分和挥发组分的减少所引起氢键官能团的变化，指出二维近红外相关谱能提取由于水和溶质作用所引起的 O—H 和 N—H 振动变化的信息，能提取蜂蜜组分微小的变化，为蜂蜜质量检测提供一种新的方法。

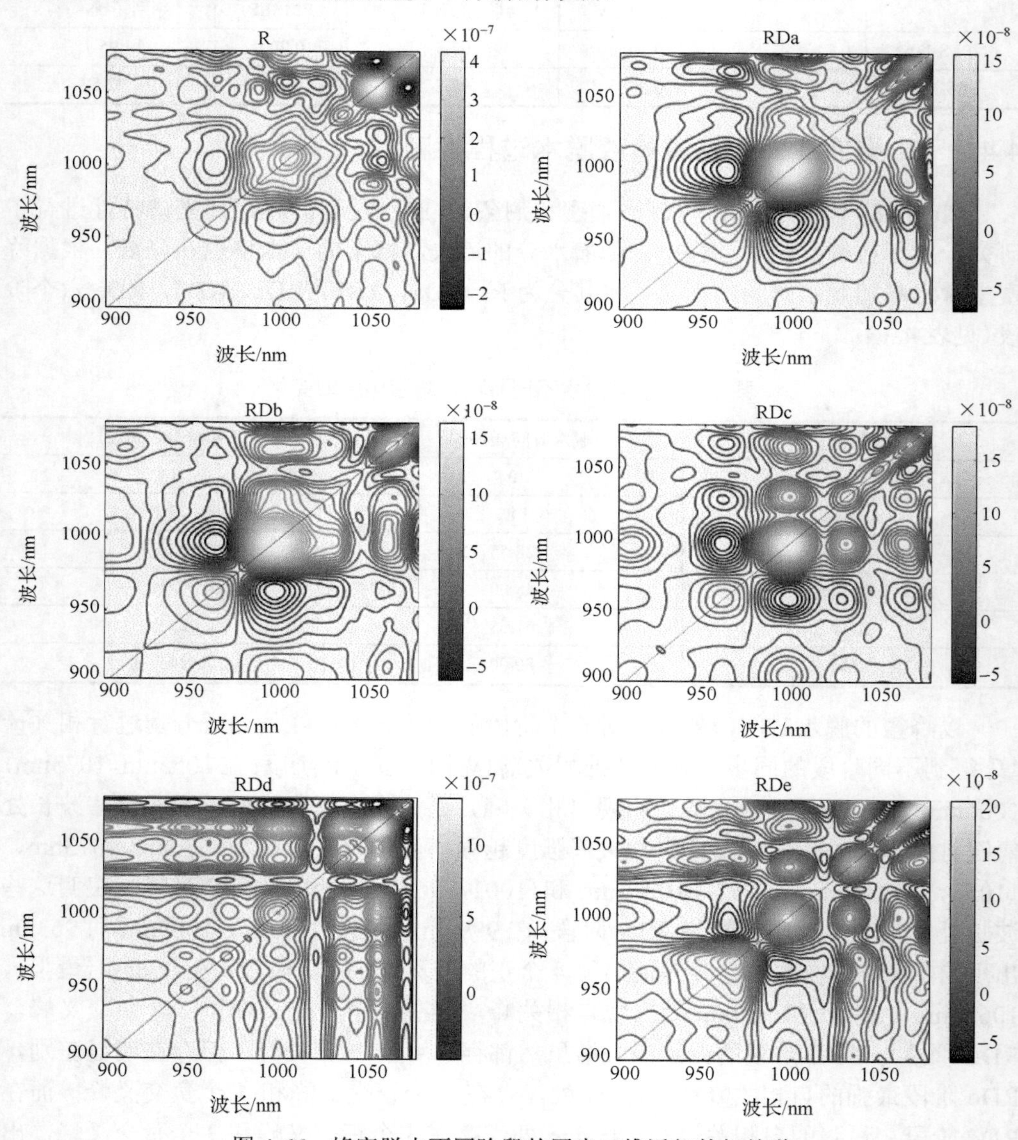

图 4-66　蜂蜜脱水不同阶段的同步二维近红外相关谱

4.5　茶 叶 检 测

4.5.1　二维紫外-荧光相关谱红茶中色素特征信息提取

廖彩淇等[30]提出并建立一种基于紫外-荧光相关谱掺胭脂红色素红茶的判别方法，并对掺入的胭脂红色素浓度进行定量分析。从某超市购置红茶茶叶，用烧好的沸水泡制，茶与水比例 1∶50 得到茶汤，准确定时 5min 泡茶后用直径 0.125mm 的细筛将茶与茶汤分离。从获得的茶汤中取出 300mL，准确称取质量为 0.006g 的胭脂红粉末添加到茶汤中，配得浓度 20μg/mL 的掺胭脂红茶溶液，依次配置浓度范围为 0.1～20μg/mL 的掺杂胭脂红茶汤各 20mL，共 29 个样品。放置冷却后用紫外和荧光仪器对其进行数据采集。

图 4-67(a)为未掺色素和掺色素茶汤(浓度 10 μg/mL)在 200～700nm 的一维紫外可见吸收光谱，掺色素茶汤在 510nm 处有 1 个明显的峰，且未掺色素茶汤在此处无吸收峰，表明 510nm 处峰主要是茶汤中掺入的胭脂红吸收所引起；在 200～400nm 之间未掺色素和掺色素茶汤都存在吸收峰，无法确定这些吸收峰是否仅由茶汤引起，还是掺入胭脂红和茶汤特征吸收叠加引起。

图 4-67(b)为 318nm 脉冲氙灯光激发下，未掺色素和掺色素茶汤(浓度 10 μg/mL)在 320～900nm 的一维荧光谱图。可观察到，未掺色素和掺色素茶汤在 430nm 附近都存在强荧光峰，无法确定未掺色素茶汤 430nm 处荧光峰是来自茶汤中其他组分，还是茶叶中的胭脂红(即所购茶叶中掺有胭脂红)。为进一步提取被茶汤覆盖的胭脂红特征信息，明确其归属，采用高光谱分辨率的二维相关谱技术对其进行分析。

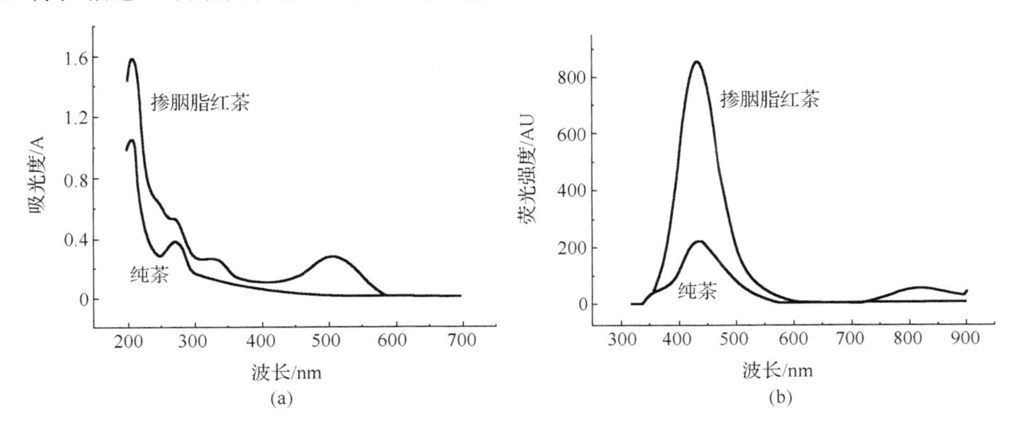

图 4-67　未掺和掺色素茶汤的一维紫外可见光谱和荧光谱

以茶汤中胭脂红浓度为外扰，平均谱为参考谱，对随外扰变化的一维动态紫外-

可见吸收光谱进行同步和异步二维相关计算(见图 4-68)。图 4-68(a)同步谱中，在对角线 216nm、330nm 和 510nm 处出现自相关峰；在对角线外侧(216，510)nm 和(330，510)nm 处存在正交叉峰，表明 216nm、330nm 和 510nm 处吸光度随外扰变化方向相同，其来源可能相同。图 4-68(b)异谱中，在(330，510)nm 不存在交叉峰，说明两吸收峰随外扰变化速率相同，进一步确认两吸收峰都来自茶汤中的胭脂红；在(216，510)nm 处存在交叉峰，两吸收峰随外扰变化速率不同，说明掺胭脂红茶汤在 216nm 附近吸收峰是由胭脂红和茶汤特征吸收叠加引起。

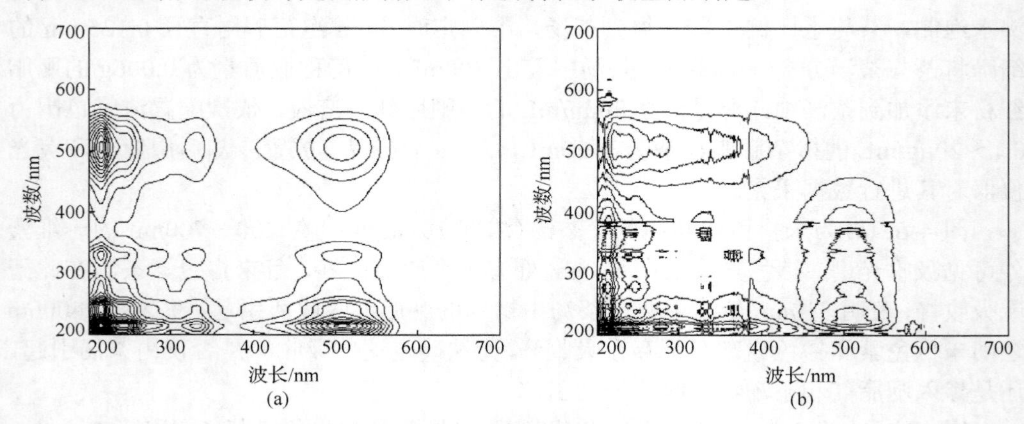

图 4-68　同步和异步二维紫外可见相关谱

对随外扰变化的一维动态荧光谱进行同步和异步二维相关计算(见图 4-69)。对于同步荧光相关谱，仅在 430nm 处出现较强自相峰；对于异步荧光相关谱，在 430nm 附近出现宽的交叉峰，表明掺胭脂红茶汤在 430nm 处附近荧光峰是由胭脂红荧光和茶汤中其他组分荧光叠加引起。

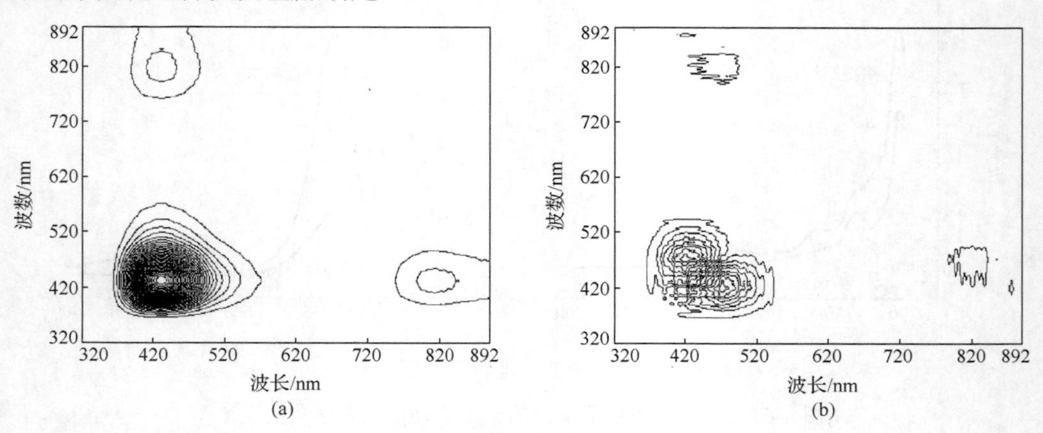

图 4-69　同步和异步二维荧光相关谱

为进一步说明特征峰的归属，对原始动态光谱数据进行异谱紫外可见-荧光相关计算(见图 4-70)。在同步和异步相关谱中，(216，430)nm，(330，430)nm 和(510，430)nm 处出现交叉峰，进一步说明掺胭脂红茶汤在 430nm 处存在重叠峰，该峰由胭脂红和茶汤中其他组分荧光叠加引起。

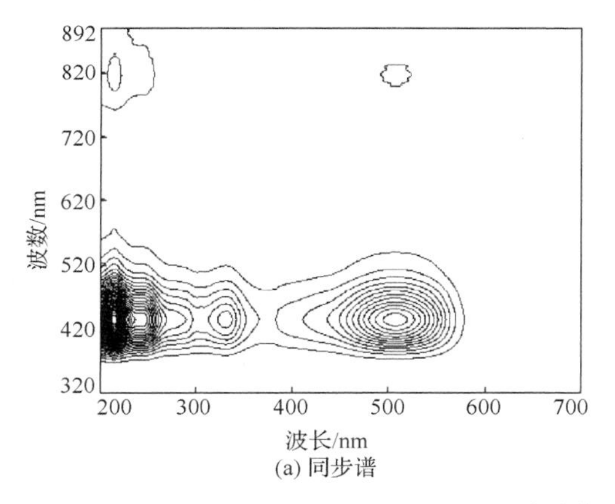

(a) 同步谱

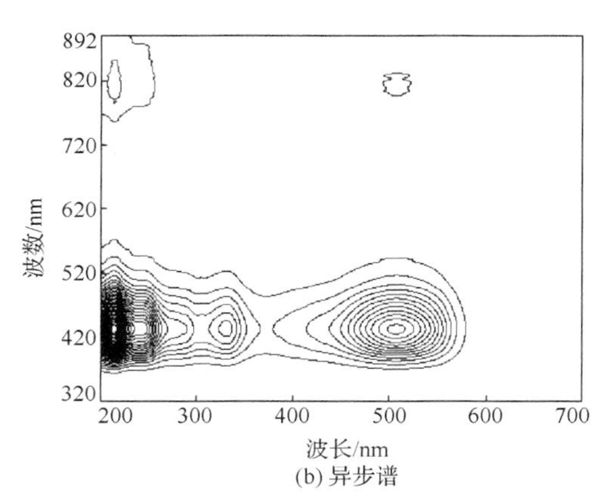

(b) 异步谱

图 4-70　异谱紫外可见-荧光相关谱

4.5.2　二维拉曼相关谱茶叶中“毒死蜱”特征信息提取

图 4-71(a)～(d)分别为不同浓度“毒死蜱”残留茶叶样品在 400～750cm^{-1}，750～1100cm^{-1}，1100～1450cm^{-1} 和 1450～1800cm^{-1} 波段的同步二维拉曼相关光谱。从图 4-71(a)中可以观察到，在 450cm^{-1}，524cm^{-1}，604cm^{-1} 和 674cm^{-1} 处存在自相关峰，674cm^{-1} 处自相关峰最强，表明该波数所对应的官能团随外扰“毒死蜱”浓度变化更显著；在 750～1100cm^{-1} 范围内，主对角线 856cm^{-1} 和 936cm^{-1} 处出现较强的自相关峰，824cm^{-1} 和 1096cm^{-1} 处出现次强自相关峰；在 1100～1450cm^{-1} 范围内，主对角线 1268cm^{-1}，1322cm^{-1}，1352cm^{-1} 和 1420cm^{-1} 处出现 4 个较强的自相关峰；在 1450～1800cm^{-1} 范围内，主对角 1494cm^{-1} 和 1538cm^{-1} 处出现 2 个自相关峰。在上述 14 个自相关峰中，450cm^{-1} 和 856cm^{-1} 为吡啶环上 C—Cl 单取代伸缩振动的变形振动，604cm^{-1} 为吡啶环的呼吸振动，674cm^{-1} 和 1494cm^{-1} 为吡啶环的振动，824cm^{-1} 为 P—OC_2H_5 上 P—O—C 的振动，1096cm^{-1} 和 1268cm^{-1} 为 P—O—C_2H_5 中上的 C—H 面内摇摆，1352cm^{-1} 为吡啶环上 C—N 伸缩振动。

胡潇等[31]采用二维相关谱优选的 14 个特征谱峰，建立了茶叶中“毒死蜱”农药残留的 SVM 模型，取得较好的分析结果。

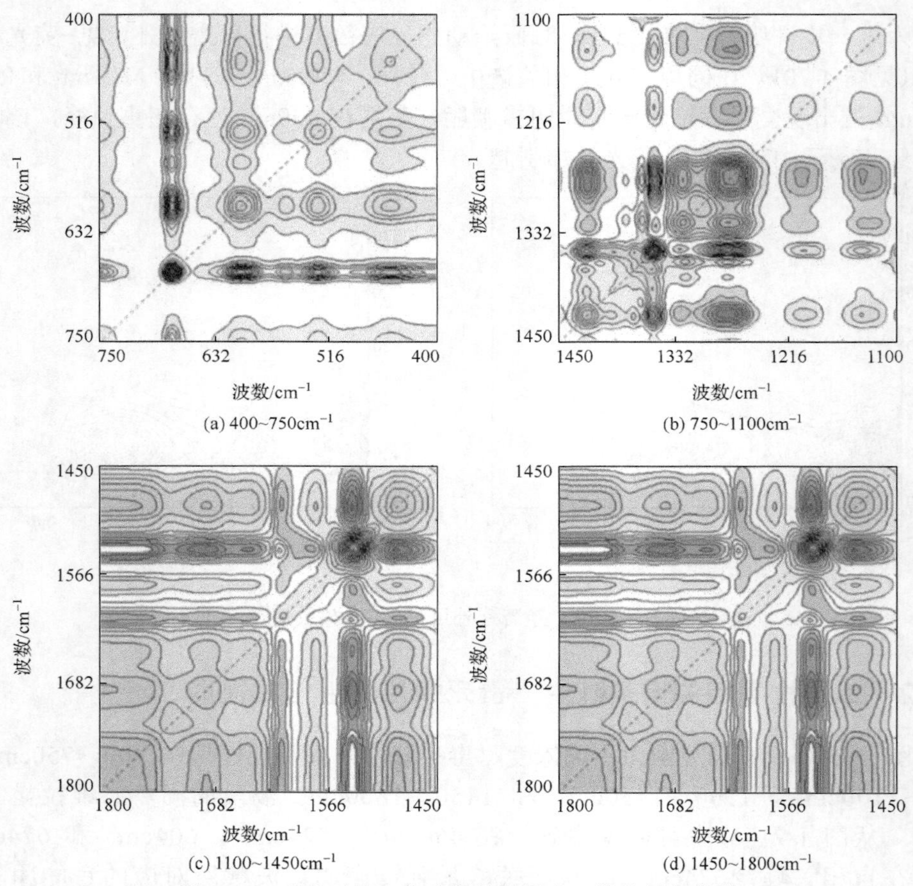

图 4-71　“毒死蜱”茶叶样品的同步二维拉曼相关谱

4.5.3　二维中红外相关谱不同品种茶叶鉴别

徐留仙等[32]对三类滇产茶：绿茶、红茶和普洱熟茶进行了二维中红外相关光谱鉴定。表 4-14 给出了三类滇产茶的自相关峰情况，从表 4-14 中可以看出：绿茶和红茶均存在 5 个自相关峰，但其位置不同；而普洱熟茶存在 4 个自相关峰。因此，可根据自相关峰的位置和数量可实现三类滇茶的鉴别。

表 4-14　三类滇产茶自相关峰情况

三类滇产茶	自相关峰	
	个数	峰位置/cm^{-1}
绿茶	5	1455，1470，1559，1615，1635
红茶	5	1451，1470，1563，1607，1629
普洱熟茶	4	1467，1559，1619，1639

4.6　水 果 检 测

4.6.1　二维相关光谱不同成熟期水果品质检测

罗雪宁等[33]研究了不同成熟度下新疆灰枣的二维相关谱特性，指出该方法可以预测红枣在成熟过程中总糖、总酸和水分的动态变化情况。图 4-72 为灰枣白熟期、脆熟期和完熟期不同时间阶段的同步二维相关谱，可观察到，随外扰成熟时间变化的光谱信息主要集中在 4092.2～7784.8cm^{-1} 区间，表明在灰枣成熟过程中，其内部的总糖、总酸和水分含量在发生变化。图 4-72(a)和(b)是白熟期两个时间段的同步谱，自相关峰最强峰在 4126.8～4837.6cm^{-1} 范围内，表明在白熟期阶段，灰枣内部主要是水分含量发生变化。图 4-72(c)和(d)是脆熟期两个时间段的同步谱，在 7058.2cm^{-1}、5307.1cm^{-1}、7127.6cm^{-1} 和 5260.8cm^{-1} 处出现很强的自相关峰，表明在脆熟期阶段，灰枣内部主要是总糖和总酸含量发生变化；在 4184.7cm^{-1}、4979.3cm^{-1} 和 4489.4cm^{-1} 处出现较强的自相关峰，表明脆熟期红枣内部水分含量有所变化，主要是红枣内部自由水与结合水的转化。图 4-72(d)和(e)是完熟期两个时间段的同步谱，在 6826.7cm^{-1} 和 6919.3cm^{-1} 处出现最强峰，说明完熟期红枣内部单糖、多糖等

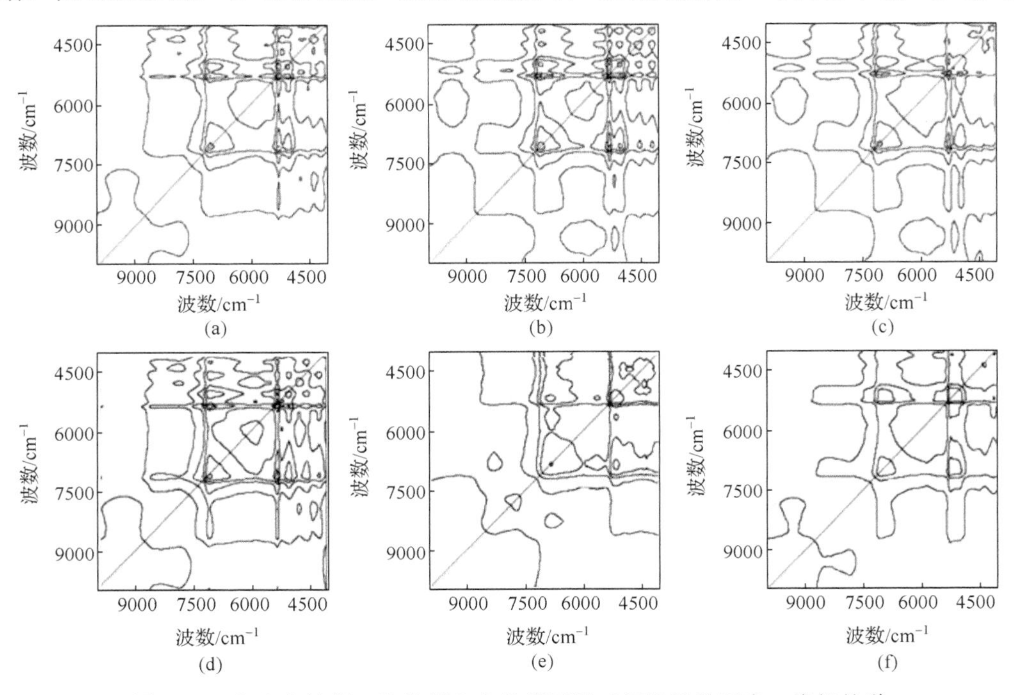

图 4-72　灰枣白熟期、脆熟期和完熟期不同时间阶段的同步二维相关谱

糖类的相互转化；在 7737.5cm^{-1}、5122.6cm^{-1} 和 4396.8cm^{-1} 较强峰，说明完熟期红枣内部蛋白质、酸类和水分的变化。

薛建新等[34]采用二维相关光谱技术对不同成熟时期壶瓶枣样品(白熟期、着色期、脆熟期和完熟期)判别模型的特征波长进行了选取。图 4-73 是不同成熟时期壶瓶枣样品的同步和异步二维相关谱。同步和异步谱 561nm 和 678nm 处都存在相关峰，因此选择这两个波带建立判别模型。

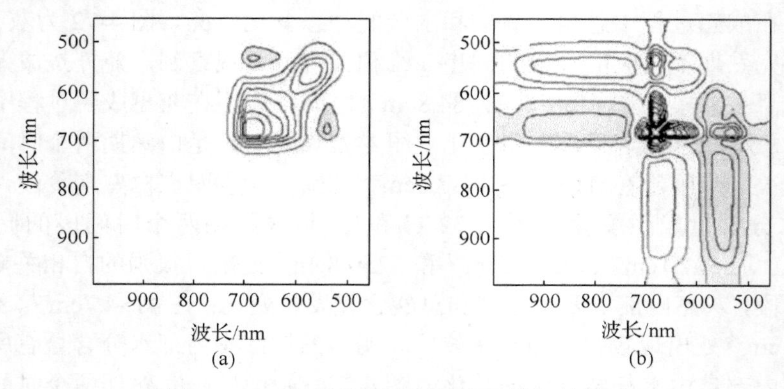

图 4-73　壶瓶枣的同步和异步二维相关谱

4.6.2　二维相关光谱水果储藏阶段品质检测

罗雪宁等[35]采用二维相关光谱技术对不同冷藏温度的新疆骏枣品质进行了分析。图 4-74(a)为新疆骏枣在常温(25℃)储存的同步二维相关谱，在 9299cm^{-1} 和 8296cm^{-1} 处出现自相关峰，表明骏枣在常温储存期间蛋白质含量发生变化；最强自相关峰 7173cm^{-1} 表明骏枣中总酸含量变化最大，5168cm^{-1} 和 4512cm^{-1} 出现弱自相关峰，表明骏枣中维生素、总糖和碳水化合物含量变化较小。图 4-74(b)为 1℃冷藏随时间变化的同步二维相关谱，7145cm^{-1} 和 6826cm^{-1} 处出现较强自相关峰，表明在 1℃冷藏期间，骏枣中总酸含量变化较大。与对照组相比，在 1℃冷藏期间，蛋白质含量几乎没有发生变化，说明冷藏可以抑制红枣的呼吸作用，能在很大程度上延长红枣的保鲜期。图 4-74(c)为 0℃冷藏随时间变化的同步二维相关谱，在 8296cm^{-1}、7081cm^{-1}、5820cm^{-1} 和 4399cm^{-1} 处出现弱自相关峰，表明在 0℃冷藏期间，骏枣中各组分变化不明显。图 4-74(d)为−1℃冷藏随时间变化的同步二维相关谱，在 7127cm^{-1}、5145cm^{-1} 和 4512cm^{-1} 处出现自相关峰，表明在−1℃冷藏期间，骏枣中总酸变化最大，总糖变化最小。研究结果表明：0℃冷藏效果最好，为新疆骏枣的最佳冷藏温度。

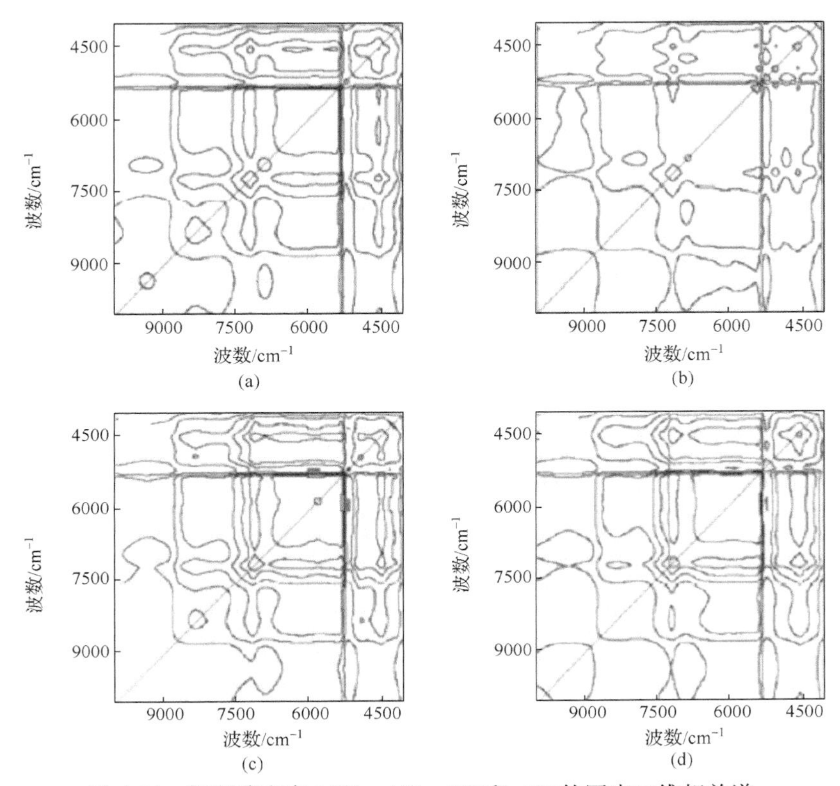

图 4-74　新疆骏枣在 25℃、1℃、0℃和−1℃的同步二维相关谱

4.6.3　二维相关光谱病变水果检测

刘晓华等[36]在分析正常苹果、炭疽苹果、灰霉苹果和霉心苹果二阶导数红外光谱的基础上，以温度为外扰，研究了四种苹果的二维相关谱特性，实现正常苹果和病变苹果的鉴别。表 4-15 是四种苹果自相关峰情况，从表中可以看出：在

表 4-15　四种苹果自相关峰情况

样品	相关波数区间	自相关峰		
		个数	峰位置/cm^{-1}	最强峰/cm^{-1}
正常苹果	1020～1140cm^{-1}	4	1100，1080，1059，1038	1080
炭疽苹果		3	1120，1070，1039	1039
灰霉苹果		3	1100，1080，1040	1040
霉心苹果		2	1050，1089	1050
正常苹果	1400～1710cm^{-1}	4	1693，1539，1488，1459	1639
炭疽苹果		3	1639，1449，1421	1639
灰霉苹果		2	1639，1459	—
霉心苹果		2	1639，1459	—

1020～1140cm^{-1}范围，正常果存在 4 个自相关峰，炭疽苹果、灰霉苹果存在 3 个自相关峰，而霉心苹果存在 2 个自相关峰，且四种苹果自相关峰的位置和强度也存在差别，容易对四种苹果进行判别。在 1400～1710cm^{-1}范围，与正常苹果相比，霉变苹果在自相关峰的位置和个数都发生了变化，表明苹果中的蛋白质和糖含量发生了变化，从而可以实现正常苹果和霉变苹果的判别。

4.6.4　二维相关光谱果汁纯度检测

顾颂[37]将比色皿的光谱数据与苹果汁的荧光谱数据进行 2T2D 相关计算，得到每一苹果汁的同步二维荧光相关谱，提取了自相关谱，并结合 Fish 判别分析法，实现了鲜榨苹果汁和市售 100%浓缩还原苹果汁的正确分类。图 4-75 为勾兑浓度均为 5%花牛鲜榨果汁和欧尚 100%浓缩还原果汁的同步和异步二维荧光相关谱，相对于浓缩果汁，鲜榨果汁同步谱在 312nm 处存在很强的自相关峰和交叉峰；异步谱二者都在 312nm、426nm 和 536nm 附近存在交叉峰。表 4-16 给出了自相关谱 Fish 模型对校正集和预测集样品的判别结果，所有的样品都得到正确识别。

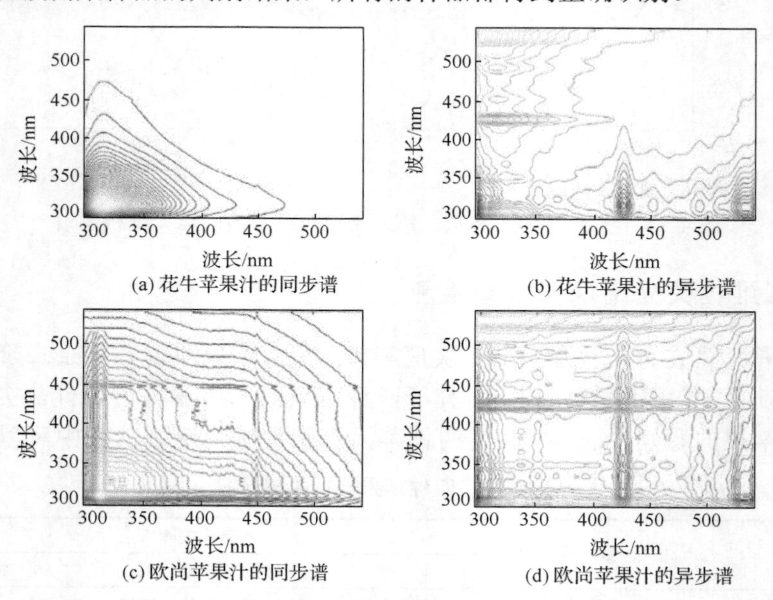

(a) 花牛苹果汁的同步谱　(b) 花牛苹果汁的异步谱

(c) 欧尚苹果汁的同步谱　(d) 欧尚苹果汁的异步谱

图 4-75　5%花牛苹果汁和 5%欧尚苹果汁的同步和异步谱

表 4-16　苹果汁校正样品和预测样品的判别结果

校正样品	样品编号	实际类型	预测类型	预测样品	样品编号	实际类型	预测类型
花牛苹果	1	1	1	进口红蛇果	4	1	1
进口加纳果	2	1	1	烟台红富士	5	1	1

续表

校正样品	样品编号	实际类型	预测类型	预测样品	样品编号	实际类型	预测类型
进口青蛇果	3	1	1	陕西红富士	6	1	1
大湖苹果汁	7	0	0	芬特乐苹果汁	10	0	0
都乐苹果汁	8	0	0	欧尚苹果汁	11	0	0
汇源苹果汁	9	0	0	味全苹果汁	12	0	0

4.7　在食品其他检测方面的应用

4.7.1　建模变量的选择

Cocciardi 等[38]基于异谱二维 NIR-MIR 相关技术分别研究了葡萄糖/果糖、果糖/半乳糖和葡萄糖/半乳糖三种溶液(两组分的浓度反向变化，溶液中总糖含量为 20%)的相关谱特性。MIR 区域果糖 1062cm^{-1} 特征峰与 NIR 区域 2098nm，2258nm 和 2278nm 存在正的交叉峰；MIR 区域半乳糖 1147cm^{-1} 特征峰与 NIR 区域 2306nm，2336nm，2368nm 存在正的交叉峰；MIR 与 NIR 相关交叉峰正负情况具体见表 4-17。

表 4-17　葡萄糖/果糖、果糖/半乳糖和葡萄糖/半乳糖三种溶液 MIR 与 NIR 相关交叉峰正负情况

波长/nm	果糖/半乳糖		果糖/ 葡萄糖		半乳糖/ 葡萄糖	
	果糖(1062cm^{-1})	半乳糖(1147cm^{-1})	果糖(1062cm^{-1})	葡萄糖(1032cm^{-1})	半乳糖(1147cm^{-1})	葡萄糖(1032cm^{-1})
1589	–	+	0	0	0	0
1671	–	+	0	0	0	0
1673	0	0	–	+	0	0
1686	+	–	+	–	0	0
1692	0	0	–	+	–	+
1701	0	0	+	–	0	0
1710	0	0	–	+	–	+
1721	+	–	+	–	0	0
1736	0	0	+	–	0	0
1750	–	+	–	+	0	0
1780	0	0	–	+	–	+
1811	–	+	0	0	0	0
1826	–	+	0	0	0	0
2098	+	–	+	–	0	0
2141	0	0	0	0	+	–
2230	0	0	–	+	–	+

续表

波长/nm	果糖/半乳糖		果糖/ 葡萄糖		半乳糖/ 葡萄糖	
	果糖 ($1062cm^{-1}$)	半乳糖 ($1147cm^{-1}$)	果糖 ($1062cm^{-1}$)	葡萄糖 ($1032cm^{-1}$)	半乳糖 ($1147cm^{-1}$)	葡萄糖 ($1032cm^{-1}$)
2258	+	–	+	–	0	0
2263	0	0	0	0	+	–
2278	+	–	+	–	0	0
2282	0	0	0	0	–	+
2306	–	+	0	0	0	0
2324	0	0	0	0	–	+
2336	–	+	0	0	0	0
2337	0	0	–	+	–	+
2368	–	+	0	0	0	0
2395	0	0	0	0	+	–

基于表 4-17，确定了葡萄糖的近红外特征波带为：1589nm、1736nm、1780nm、1811nm、2141nm、2258nm、2282nm、2306nm 和 2324nm；果糖的近红外特征波带为：1686nm、1710nm、1721nm、1736nm、2141nm、2282nm、2306nm 和 2324nm；半乳糖的近红外特征波带为：1589nm、1686nm、1736nm、1780nm、1826nm、2141nm、2263nm、2282nm 和 2306nm。为了比较，表 4-18 给出了近红外光谱二阶导数和异谱二维相关谱（H2D-COS）所确定的特征波段。

表 4-18 导数光谱和异谱二维相关谱选择特征波带比较

波长	葡萄糖		果糖		半乳糖	
	二阶导数	H2D-CS	二阶导数	H2D-CS	二阶导数	H2D-CS
λ_1	—	1589	—	—	—	1589
λ_2	—	—	—	1686	1690	1686
λ_3	—	—	—	1710	—	—
λ_4	—	—	—	1721	—	—
λ_5	1738	1736	1738	1736	1739	1736
λ_6	1779	1780	1779	—	1779	1780
λ_7	—	1811	—	—	—	—
λ_8	—	—	—	—	—	1826
λ_9	—	—	2092	—	—	—
λ_{10}	—	2141	—	2141	—	2141
λ_{11}	2258	2258	—	—	—	—
λ_{12}	2267	—	2267	—	2267	2263
λ_{13}	2276	2282	2276	2282	2276	2282
λ_{14}	—	2306	—	2306	—	2306
λ_{15}	2323	2324	2323	2324	—	—

基于 NIR-MIR 相关谱和导数谱所确定的 NIR 特征波段，对校正集 32 个样品分别建立了定量分析各糖浓度多元线性回归模型。表 4-19 给出了三种方法所确定波段建模的性能比较，从表中可以看到，相对于一阶和二阶导数谱所确定的波带，无论是复相关系数，还是残差标准误差，基于二维 NIR-MIR 相关谱所确定波带的模型性能都要优于二阶导数谱所确定波带的模型性能。

表 4-19　MLR 定量分析模型的性能比较

方法	葡萄糖		果糖		半乳糖	
	R^2	RSE(%，w/w)	R^2	RSE(%，w/w)	R^2	RSE(%，w/w)
MLR(H2D-CS)	0.9983	0.299	0.9991	0.216	0.9969	0.403
MLR(一阶导数)	0.9964	0.433	0.9989	0.237	0.9947	0.527
MLR(二阶导数)	0.9969	0.400	0.9987	0.260	0.9938	0.570

基于上述所建立的 MLR 模型，对验证集 24 个样品中葡萄糖、果糖和半乳糖的浓度进行预测。结果表明基于异谱二维相关选择波段建立的模型对葡萄糖、果糖和半乳糖的预测标准偏差都是最低的，分别为 0.423%、0.18%和 0.539%，优于二阶导数光谱法。研究结果表明：通过异谱二维 NIR-MIR 相关选择近红外建模所需波带，可有效提高校正模型的性能。

4.7.2　食品加工过程检测

Barton 等[39]基于二维近红外、拉曼、近红外-拉曼相关谱对大米质量以及其蒸煮过程进行了研究，蒸煮的大米在近红外 960nm、1445nm 和 1930nm 处存在强吸收(由水的 O—H 伸缩振动所引起)，并指出，近红外光谱适合研究大米蒸煮过程水的相互作用，拉曼光谱适合研究蛋白质和淀粉的相互作用，通过相关谱可提取大米在蒸煮过程中蛋白质、淀粉和脂肪含量的微小变化信息。

Sinelli 等[40]基于二维近红外相关谱对蓝莓渗透空气脱水处理过程进行监控，指出该方法适合多种产品的脱水控制。对于蔗糖渗透空气脱水蓝莓过程的二维相关谱(图 4-76)，在(5269，4960)cm^{-1} 和(5269，4432)cm^{-1} 处出现正的交叉峰，表明来自水和糖 O—H 键 5269cm^{-1} 吸收峰强度变化方向与来自葡萄糖 O—H 键伸缩和弯曲振动合频 4960cm^{-1} 吸收峰强度变化方向，以及 O—H 键伸缩振动和 C—O 键伸缩振动 4432cm^{-1} 吸收峰强度变化方向相同；在(5344，5269)cm^{-1} 和(5344，4960)cm^{-1} 处出现负交叉峰，表明来自水的 O—H 键对称振动和弯曲振动 5344cm^{-1} 吸收峰强度变化与来自水和糖 O—H 键 5269cm^{-1} 吸收峰强度变化，以及来自葡萄糖 O—H 键伸缩和弯曲振动的合频 4960cm^{-1} 吸收峰强度变化方向相反。对于葡萄糖/果糖渗透空气脱水蓝莓过程的二维相关谱分析可得到相似的结果。在(5296，4432)cm^{-1} 和(5296，4902)cm^{-1} 处存在正的交叉峰，在(5334，4432)cm^{-1} 和(5334，4902)cm^{-1} 处存在负的交叉峰，其中 $4902cm^{-1}$ 特征峰来自糖的吸收，$5334cm^{-1}$ 特征峰来自水的吸收。结果表明：二维相关谱技术可以揭示蓝莓脱水过程中水和糖浓度变化之间的关系。

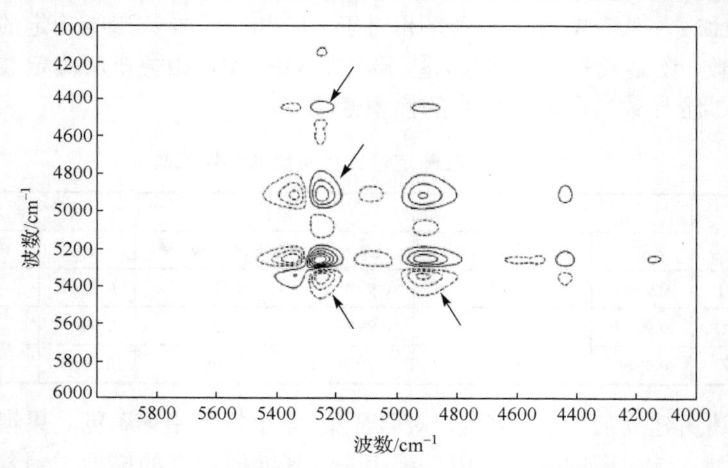

图 4-76　蔗糖渗透空气脱水蓝莓过程的二维相关谱

Kaddour 等[41]基于异谱二维 MIR-NIR 相关谱技术研究了面包发酵过程中蛋白质的物理、化学、生物学过程，分别采用原始谱数据和二阶导数谱数据来构建二维 MIR-NIR 相关谱（800～$4000cm^{-1}$ vs. 1000～2325nm），根据中红外氨基酸特征指纹信息确认并验证了在近红外区蛋白质特征吸收有关的特征吸收带，并对两种相关谱分析结果进行比较，指出基于二阶导数二维相关谱能更好地对近红外区蛋白质结构变化信息进行确认和验证。

同时，Kaddour 等[42]通过二维相关谱和移动窗口二维相关谱对 9 个不同厂家生产的面粉和面过程发生的物理-化学变化进行了研究。指出：9 种面粉在发酵和面过程中具有相似的二维相关谱特性，两种相关谱相互补充，能完整地描述和面过程中所发生的物理-化学变化，而这些变化主要是由面粉中的淀粉、水、面筋的变化所引起的。图 4-77 为和面过程的同步和异步二维近红外相关谱。在同步谱主对角线 1900nm 附近，出现四叶形状（由 1870nm 和 1910nm 两个自相关峰组成）的交叉峰，表明峰波带发生了平移或重叠峰强度发生了变化。在 1870～1910nm 区域出现负的交叉峰，表明在面粉发酵过程中，这些波长处峰不仅强度发生了变化（方向相反），而且峰位置发生了平移，其主要是发酵和面过程中由于面粉组分的水合作用导致自由水减少所引起的。在主对角线外侧（2238，2280）nm 处出现负交叉峰，表明来自蛋白或淀粉的 2238nm 吸收峰强度与来自面筋 2280nm 吸收峰强度变化方向相反，但在异步谱（图 4-77（b））中，该交叉峰并未出现，说明两个吸收带高度重叠。同时可观察到，2238～1870nm 区间与 2280～1910nm 区间存在正相关，2280～1870nm 区间与 2238～1910nm 区间存在负相关。与同步谱相比，异步谱具有更好的光谱分辨率，可进一步揭示同步谱中无法提取的近红外特征波带 1438nm、1780nm、1967nm 和 2015nm；在 1900nm 附近出现蝴蝶状相关峰，其主要是吸收波带平移引起的。结合同步谱和异步谱，根据 Noda 规则，可推断波带 1900nm 处峰强度变化和峰位置偏移速率都慢于波带 2280nm、2238nm、2015nm、1967nm、1780nm 和 1438nm 的变化。

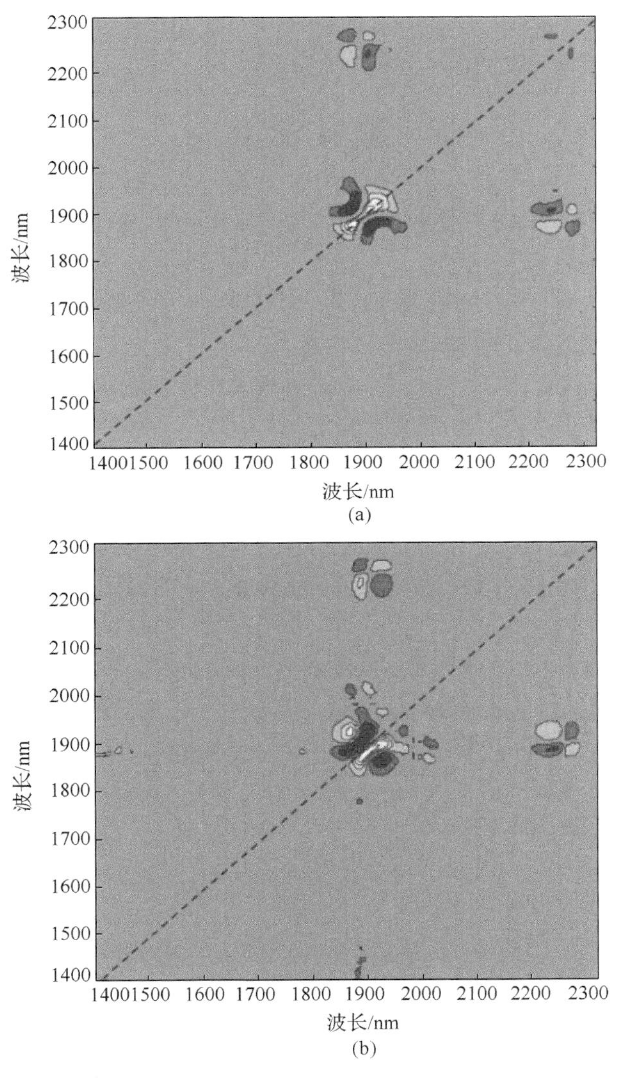

图 4-77　和面过程同步和异步二维近红外相关谱

为了进一步研究面粉发酵过程中发生的物理-化学现象，对原始谱和二阶导数谱进行了移动窗口二维相关谱分析。通过原始谱移动窗口相关分析发现，根据最优面团紧致性所需时间可将过程分为两个阶段，在面团紧致前，在 1460nm、1890nm、2050nm 和 2300nm 存在吸收波带，面团紧致后，仅在 1940nm 处存在一个波带，表明在面粉发酵过程中，面粉组分发生了水合作用，以及蛋白结构和水分子振动都发生了变化。通过导数谱移动窗口相关分析发现，在发酵过程中，吸收波带发生了蓝移，在面团紧致前，来自淀粉的 1890nm 处吸收强度降低，而来自水的 1930nm 处吸收强度增大；在面团紧致后，两峰吸收强度以相似的方式发生变化。

参 考 文 献

[1] 赵守敬，多种荧光光谱分析技术在食用植物油品种识别中的便应用[D]. 镇江：江苏大学，2012.

[2] 陈斌，崔路，林振兴，等. 基于浓度外扰的二维相关近红外光谱快速鉴别 4 种食用植物油[J]. 应用化工, 2016, 45(4): 784-788.

[3] 王哲，李晨曦，钱蕊，等. 二维相关近红外光谱的植物油鉴别方法[J]. 光谱学与光谱分析，2020, 40(10): 3230-3234.

[4] 迎涛，王季锋，孙玉叶，等. 采用降温扰动二维相关拉曼光谱鉴别掺假橄榄油[J]. 光谱学与光谱分析, 2020, 12(40): 3727-3731.

[5] Yang R J, Xun X S, Wang B H, et al. Adulteration of sesame oil with corn oil detected by use of two-dimensional infrared correlation spectroscopy and multivariate calibration[J]. Spectroscopy Letters, 2016, 49(5): 355-361.

[6] Liu Y, Yao L Y, Xia Z Z, et al. Geographical discrimination and adulteration analysis for edible oils using two-dimensional correlation spectroscopy and convolutional neural networks (CNNs)[J]. Spectrochimica Acta Part A: Molecular and Biomolecular Spectroscopy, 2021, 246, 118973.

[7] 于舸，杨仁杰，吕爱君，等. 同步-异步二维中红外相关谱检测掺假芝麻油[J]. 光谱学与光谱分析, 2017, 37(4): 1105-1109.

[8] 张婧，单慧勇，杨仁杰，等. 基于近-中红外相关谱融合判定掺伪芝麻油[J]. 光子学报，2019, 48(6): 0630003.

[9] 王宝贺，杨仁杰，杨延荣，等. 二维近红外-中红外相关谱在掺假芝麻油判别中的应用[J]. 理化检验：化学分册, 2017, 53(2): 134-138.

[10] Yang R, Dong G, Sun X, et al. Discrimination of sesame oil adulterated with corn oil using information fusion of synchronous and asynchronous two - dimensional near - mid infrared spectroscopy[J]. European Journal of Lipid Science and Technology, 2017, 119(9). DOI: 10. 1002/ejlt. 201600459.

[11] 王芳，单慧勇，杨延荣，等. 基于二维相关荧光光谱鉴别葡萄酒中合成色素胭脂红的研究[J].

实验室科学, 2017, 20(1): 4-6.

[12] 单慧勇, 杨延荣, 杨仁杰, 等. 应用二维相关荧光光谱检测红酒中胭脂红色素[J]. 食品工业, 2017, (5): 297-300.

[13] Yang R J, Yang Y R, Dong G M, et al. Characterization of methanol in white spirits based on two-dimensional infrared correlation spectroscopy[C]. 2017 4th International Conference on Information Science and Control Engineering, 2017: 1441-1445.

[14] Yang Y R, Ren Y F, Dong G M, et al. Determination of methanol in alcoholic beverages by two-dimensional near-infrared correlation spectroscopy [J]. Analytical Letters, 2016, 49(14): 2279-2289.

[15] Zhang Y L, Chen J B, Yu L, et al. Discrimination of different red wine by Fourier-transform infrared and two-dimensional infrared correlation spectroscopy[J]. Journal of Molecular Structure, 2010, 974(1-3): 144-150.

[16] Fudge A L, Wilkinson K L, Ristic R, et al. Synchronous two-dimensional MIR correlation spectroscopy (2D-COS) as a novel method for screening smoke tainted wine [J]. Food Chemistry, 2013, 139(1-4): 115-119.

[17] Chen J, Zhou Q, Noda I, et al. Quantitative classification of two-dimensional correlation spectra[J]. Applied Spectroscopy, 2009, 63(8): 920-925.

[18] Wynne L, Clark S, Adams M J, et al. Compositional dynamics of a commercial wine fermentation using two-dimensional FTIR correlation analysis[J]. Vibrational Spectroscopy, 2007, 44(2): 394-400.

[19] Sun S Q, Li C W, Wei J P, et al. Discrimination of Chinese sauce liquor using FT-IR and two-dimensional correlation IR spectroscopy[J]. Journal of Molecular Structure, 2006, 799(1-3): 72-76.

[20] Liu Y, Chen Y R , Ozaki Y. Two-dimensional visible/near-infrared correlation spectroscopy study of thermal treatment of chicken meats[J]. Journal of Agricultural & Food Chemistry, 2000, 48(3): 901-908.

[21] Liu Y L, Chen Y R. Two-dimensional correlation spectroscopy study of visible and near-infrared spectral variations of chicken meats in cold storage[J]. Applied Spectroscopy, 2000, 54(10): 1458-1470.

[22] 张同刚, 范玲, 李亚蕾, 等. 基于拉曼光谱法测定冷鲜牛肉中肌红蛋白含量[J]. 食品科学, 2018, 2: 210-214.

[23] Liu Y, Chen Y R. Two-dimensional visible/near-infrared correlation spectroscopy study of thawing behavior of frozen chicken meats without exposure to air[J]. Meat Science, 2001, 57(3): 299-310.

[24] Liu Y, Chen Y R, Ozaki Y. Characterization of visible spectral intensity variations of wholesome and unwholesome chicken meats with two-dimensional correlation spectroscopy[J]. Applied Spectroscopy, 2000, 54(4): 587-594.

[25] Liu Y, Barton F E, Lyon B G, et al. Two-dimensional correlation analysis of visible /near-infrared spectral intensity variations of chicken breasts with various chilled and frozen storages[J]. Journal of Agricultural and Food Chemistry, 2004, 52(3): 505-510.

[26] Chao K, Liu Y, Chen Y R, et al. Characterization of spectral variations of irradiated chicken breasts with 2D-correlation spectroscopy[J]. Applied Engineering in Agriculture, 2002, 18(6): 745-750.

[27] 孙艳辉, 贾小丽, 孟金, 等. 平行因子结合二维荧光光谱相关技术解析丙二醛诱导熟肉糜氧化过程[J]. 光谱学与光谱分析, 2013, 33(4): 1014-1017.

[28] 焦东升, 孙雪衫, 朱文碧, 等. 基于二维红外相关谱判别掺假蜂蜜[J]. 天津农学院学报, 2017, 24(2): 67-71.

[29] Chen G, Sun X, Huang Y, et al. Tracking the dehydration process of raw honey by synchronous two-dimensional near infrared correlation spectroscopy[J]. Journal of Molecular Structure, 2014, 1076: 42-48.

[30] 廖彩淇, 孙长虹, 杨潇, 等. 紫外吸收和荧光光谱检测红茶中的胭脂红色素[J]. 食品工业, 2019, 40(3): 296-299.

[31] 胡潇, 吴瑞梅, 朱晓宇, 等. 表面增强拉曼光谱结合二维相关谱快速检测茶叶中的毒死蜱残留[J]. 光学学报, 2019, 39(7): 432-441.

[32] 徐留仙, 伍贤学, 李亮星, 等. 三类滇产茶的红外光谱解析及三级鉴定[J]. 云南民族大学学报(自然科学版), 2014, 23(6): 424-428.

[33] 罗雪宁, 孔维楠, 李伟伟, 等. 基于二维相关光谱的新疆红枣成熟期营养成分变化试验研究[J]. 塔里木大学学报, 2017, 29(1): 85-90.

[34] 薛建新. 基于光谱及成像技术的鲜枣品质检测研究[D]. 太原: 山西农业大学, 2016.

[35] 罗雪宁, 倪明航, 孔维楠, 等. 二维相关红外光谱技术对不同冷藏温度的新疆骏枣品质分析研究[J]. 现代食品科技, 2016, 32(2): 171-175+170.

[36] 刘晓华, 李锐, 刘艳芬. 苹果病害的 FTIR 鉴别[J]. 激光杂志, 2017, 38(7): 52-55.

[37] 顾颂. 几种常见饮料的荧光相关光谱分析[D]. 无锡: 江南大学, 2017.

[38] Cocciardi R A, Ismail A A, Wang Y, et al. Heterospectral two-dimensional correlation spectroscopy of mid-infrared and Fourier self-deconvolved near-infrared spectra of sugar solutions[J]. Journal of Agricultural & Food Chemistry, 2006, 54(18): 6475-6481.

[39] Barton F E, Himmelsbach D S, McClung A M, et al. Two dimensional vibration spectroscopy of rice quality and cooking[J]. Cereal Chemistry, 2002, 79(1): 143-147.

[40] Sinelli N, Casiraghi E, Barzaghi S, et al. Near infrared (NIR) spectroscopy as a tool for

monitoring blueberry osmo-air dehydration process[J]. Food Research International, 2011, 44(5): 1427-1433.

[41] Kaddour A A, Mondet M, Cuq B. Application of two-dimensional cross-correlation spectroscopy to analyse infrared (MIR and NIR) spectra recorded during bread dough mixing[J]. Journal of Cereal Science, 2008, 48(3): 678-685.

[42] Kaddour A A, Barron C, Robert P, et al. Physico-chemical description of bread dough mixing using two-dimensional near-infrared correlation spectroscopy and moving-window two-dimensional correlation spectroscopy[J]. Journal of Cereal Science, 2008, 48(1): 10-19.

第 5 章　二维相关光谱分析技术在药学领域中的应用

5.1　中药产地鉴别

产地是影响中药材质量非常重要的因素[1]，不同产地的生态环境因素，包括土壤、气候、海拔、雨水和生态群落等均会对药材质量产生影响。药材产区不同，化学成分的积累不同，其药效和药性也就不会相同。因此，药材产区的鉴别对于药材的质量控制以及提高药材的质量具有重要的意义。

5.1.1　不同产地茯苓皮

马芳等[2]以温度为外扰，研究了 7 个产地茯苓皮：湖北罗田、湖北英山、安徽岳西、安徽霍山、云南永平、云南丙麻和云南腾冲，在 850～1050cm^{-1} 波数范围的同步二维红外相关谱特性，表 5-1 给出了 7 产地茯苓皮自相关峰情况。从表 5-1 中可以看出，不同产地的茯苓皮自相关峰的个数、位置和较强峰的位置都存在差别，表明：不同产地的茯苓皮对外扰温度的热敏感程度不同，所以其二维相关图谱就表征不同的特征信息，从而实现不同产地茯苓皮的分类和鉴别。

表 5-1　7 个产地茯苓皮自相关峰情况

不同产地茯苓皮	自相关峰		
	个数	峰位置/cm^{-1}	较强峰/cm^{-1}
湖北罗田	4	883，919，973，1005	973
湖北英山	5	878，920，931，977，1005	977
安徽岳西	4	882，917，975，1006	975
安徽霍山	4	889，917，973，1004	973
云南永平	5	881，920，975，1005，1041	975
云南丙麻	7	880，911，921，938，973，1005，1021	973
云南腾冲	8	877，905，922，933，961，971，1001，1020	961

5.1.2　不同产地药用蕈菌

Choong 等[3]采用二维相关光谱技术对购置吉隆坡中医药商店的药用蕈菌样品 M26，采集马来西亚士毛月的新鲜样品 M49 和瓜拉立卑的新鲜样品 M23 进行鉴别。图 5-1(a)～(c)分别是 3 个样品温度外扰下(50～120℃)在 1300～1800cm^{-1} 范围的同步二维红外相关谱。M26 和 M23 具有相似的相关谱特征，在 $1659cm^{-1}$ 和 $1654cm^{-1}$ 处都存在较强的自相关峰，而样品 M49 在这两个波数处自相关峰强度很小；同时，M26 在 (1310，1650) cm^{-1}、(1340，1650) cm^{-1}、(1403，1650) cm^{-1}、(1454，1650) cm^{-1}、(1512，1650) cm^{-1} 和 (1531，1650) cm^{-1} 处存在交叉峰，与样品 M23 相似；而样品 M26 仅在 (1405，1335) cm^{-1} 处出现正交叉峰，在 (1674，1335) cm^{-1}、(1674，1404) cm^{-1} 和 (1674，1532) cm^{-1} 处出现负交叉峰。同时 Choong 等也研究了 3 个样品温度外扰下 (50～120℃) 在 400～$900cm^{-1}$ 范围的同步二维红外相关谱特性，发现样品 M26 和 M23 在 $731cm^{-1}$ 和 $729cm^{-1}$ 存在相似的自相关峰，而样品 M39 仅在 $881cm^{-1}$ 处存在强的自相关峰。有趣的是对于鲜样 M23 在 $696cm^{-1}$ 和 $729cm^{-1}$ 处存在强度几乎相同的吸收峰，其中 $696cm^{-1}$ 吸收峰是由硫醇或硫醚 CH_2—S 或 C—S 基团的伸缩振动引起，表明鲜样 M23 相对于样品 M26 中含有更多的碳水化合物。

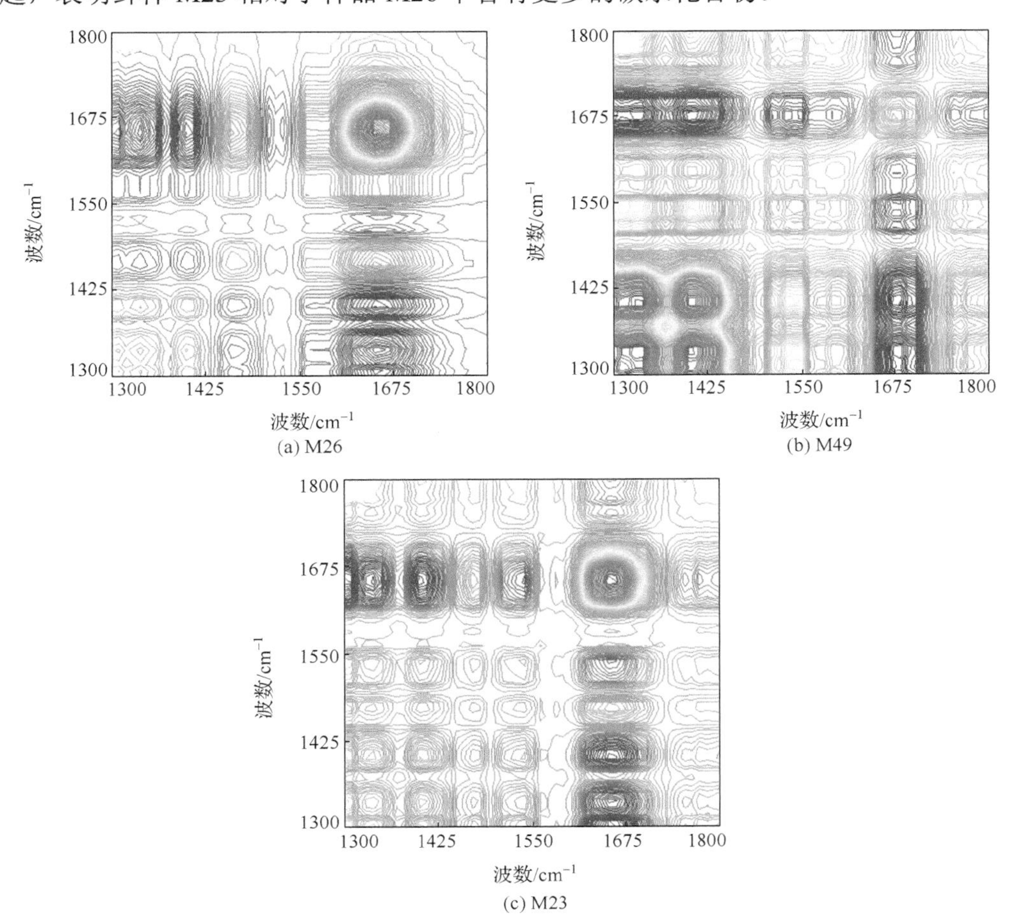

图 5-1　M26、M49 和 M23 样品的同步二维相关谱

5.1.3　不同产地仙鹤草

武晓丹等[4]研究了江苏、四川、黑龙江、湖北、天津、河南和浙江 7 种产地仙鹤草丙酮提取物在 1400～1800cm^{-1} 波段范围的同步二维红外相关谱特性，表 5-2 给出了 7 种产地仙鹤草自相关峰的信息。从表中可以看出：江苏、湖北和浙江三个产地的仙鹤草存在 4 个自相关峰；而四川、黑龙江、天津和河南产地的仙鹤草存在 5 个自相关峰，但峰的位置和较强峰的位置都存在不同，因此可根据自相关峰的个数、峰的位置和强度实现不同产地仙鹤草的鉴定。

表 5-2　不同产地仙鹤草自相关峰的信息

不同产地仙鹤草	自相关峰		
	个数	峰位置/cm^{-1}	较强峰/cm^{-1}
江苏	4	1450，1617，1658，1700	1658
四川	5	1450，1537，1568，1612，1658	1450，1612
黑龙江	5	1450，1530，1624，1658，1697	1658，1697
湖北	4	1450，1530，1612，1658	1450，1612
天津	5	1450，1528，1619，1657，1697	1619
河南	5	1450，1528，1609，1657，1697	1450 和 1610
浙江	4	1450，1528，1619，1657	1450 和 1619

5.1.4　不同产地老鹳草

图 5-2 为黑龙江、吉林和辽宁三产地老鹳草在 1300～1750cm^{-1} 波数范围的自相关谱[5]。可以看到，对于黑龙江老鹳草，在 1700cm^{-1}，1649cm^{-1}、1621cm^{-1}、1561cm^{-1}、1469cm^{-1}、1368cm^{-1} 和 1330cm^{-1} 处出现 7 个自相关峰，其中 1621cm^{-1} 处强度最强；对于吉林产地老鹳草，在 1649cm^{-1}、1580cm^{-1}、1560cm^{-1} 和 1450cm^{-1} 处出现 4 个自相关峰，其中 1580cm^{-1} 和 1560cm^{-1} 处强度最强；而辽宁产地老鹳草，在 1649cm^{-1}、

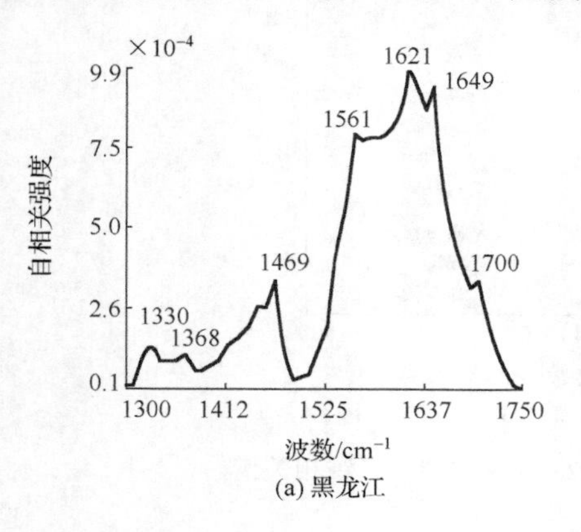

(a) 黑龙江

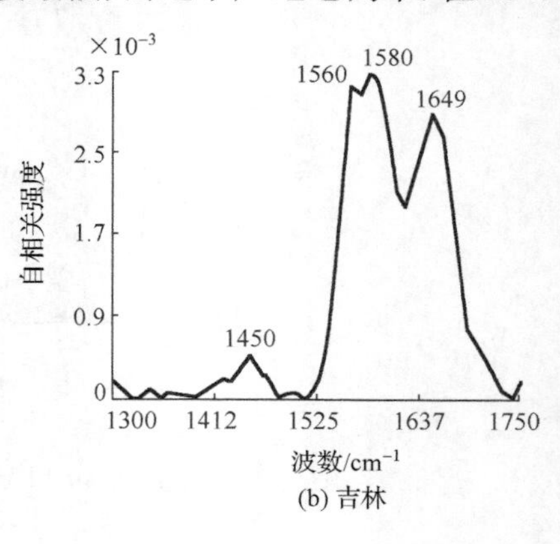

(b) 吉林

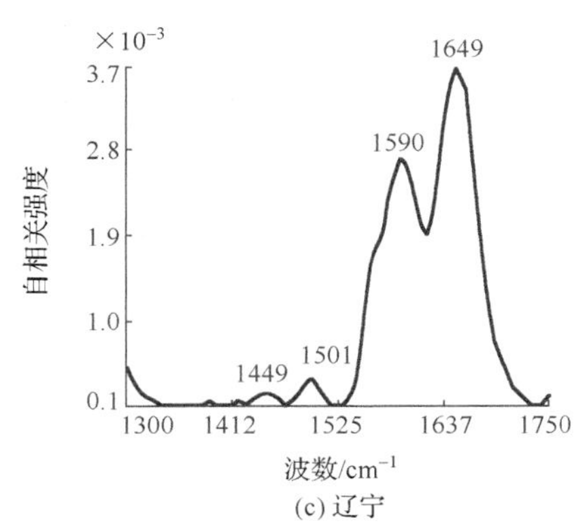

(c) 辽宁

图 5-2　黑龙江、吉林、辽宁三产地老鹳草的自相关谱

1590cm^{-1}、1501cm^{-1}和 1449cm^{-1}处出现 4 个自相关峰，其中 1649cm^{-1}处强度最强。由于三个产地老鹳草自相关峰的个数、位置和强度都存在差别，从而实现其产地的鉴定。

5.1.5　不同产地藿香

巩丽丽等[6]采用二维红外相关光谱法鉴定石牌广藿香(牌香)、高要广藿香(肇香)、海南广藿香(南香)、湛江广藿香(湛香)四种药材。表 5-3 给出了四种药材的自相关峰情况，南香存在 7 个自相关峰，而其余三种藿香存在 6 个自相关峰；肇香与牌香和湛香三者相比，肇香在 940cm^{-1}处自相关峰最强，而牌香和湛香在 947cm^{-1}和 975cm^{-1}处自相关峰最强；牌香与湛香相比，湛香自相关峰 1151cm^{-1}处强度高于牌香。此外，湛香 947cm^{-1}的交叉峰强度也高于牌香的交叉峰，可根据自相关峰和交叉峰强度的大小实现牌香和湛香的鉴别。

表 5-3　四种药材的自相关峰情况

不同产地藿香	自相关峰		
	个数	峰位置/cm^{-1}	较强峰/cm^{-1}
石牌广藿香(牌香)	6	886，947，975，1000，1092，1151	947，975
高要广藿香(肇香)	6	887，940，974，998，1092，1149	940
海南广藿香(南香)	7	908，942，973，1022，1037，1088，1149	1149，942
湛江广藿香(湛香)	6	886，947，975，1000，1092，1151	947，975

5.1.6　不同产地沙棘

Liu 等[7]研究了中国沙棘(HRSS)、江孜沙棘(HG)、肋果沙棘(HN)和西藏沙棘(HT)温度外扰下在 800～1300cm^{-1}范围的同步二维相关谱特性，表 5-4 给出了四种沙棘自相关峰情况。从表中可以看出：HRSS、HN 和 HT 均存在 5 个自相关峰，而

HG 存在 6 个自相关峰；HRSS5 个自相关峰的强度几乎相同，而 HN 和 HT 的最强自相关峰位置不同，分别在 1140cm^{-1} 和 827cm^{-1} 处。同时，对四个样品在 1300～1800cm^{-1} 范围进行上述类似分析，可得到以下结论：最强自相关强度主要出现在 1140～1250cm^{-1} 和 1628～1760cm^{-1}，这些峰主要来自沙棘中类黄酮和脂族基团的吸收，且 HRSS 的自相关峰强度明显强于另外三个样品，表明 HRSS 样品具有高的类黄酮和脂肪酸含量。

表 5-4　四种沙棘自相关峰情况

不同产地沙棘	自相关峰		
	个数	峰位置/cm^{-1}	较强峰/cm^{-1}
HRSS	5	950，992，1040，1110，1250	—
HG	6	908，1058，1088，1140，1170，1220	1170
HN	5	1280，1214，1140，1078，1000	1140
HT	5	1290，1142，1112，950，827	827

5.2　不同种药材鉴定

5.2.1　不同灵芝

图 5-3(a)～(d)分别是赤芝、黑芝、松杉灵芝和树舌灵芝在 1320～1520cm^{-1} 波段范围的自相关谱。可以观察到：赤灵芝存在 3 个自相关峰，其位置分别在 1374cm^{-1}、1450cm^{-1} 和 1509cm^{-1} 处，其中 1450cm^{-1} 处相关强度最大；黑芝存在 5 个自相关峰，其位置分别在 1330cm^{-1}、1370cm^{-1}、1400cm^{-1}、1450cm^{-1} 和 1500cm^{-1} 处，其中 1450cm^{-1} 处相关强度最大；松杉灵芝存在 3 个自相关峰，其位置分别在 1330cm^{-1}、1458cm^{-1} 和 1498cm^{-1} 处，其中 1458cm^{-1} 处相关强度最大；而树舌灵芝存在 3 个自相关峰，其位置分别在 1329cm^{-1}、1374cm^{-1} 和 1449cm^{-1} 处，其中 1449cm^{-1} 处相关强度最大。根据自相关峰的数目及其位置，可以实现 4 种灵芝的判别分类[8]。

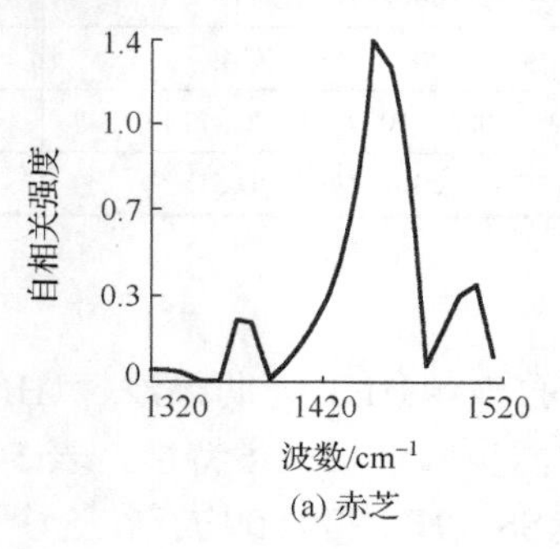

(a) 赤芝

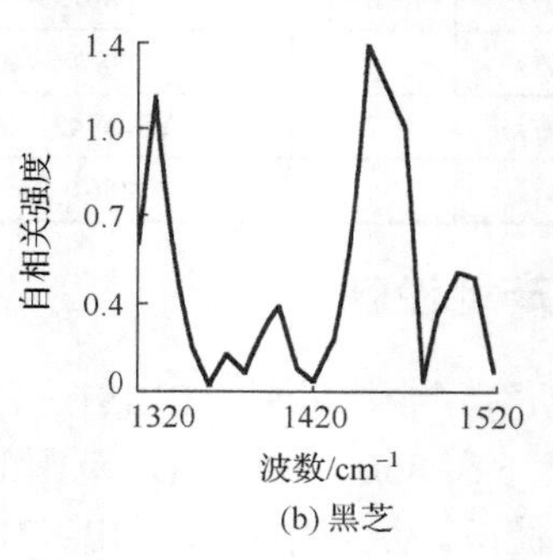

(b) 黑芝

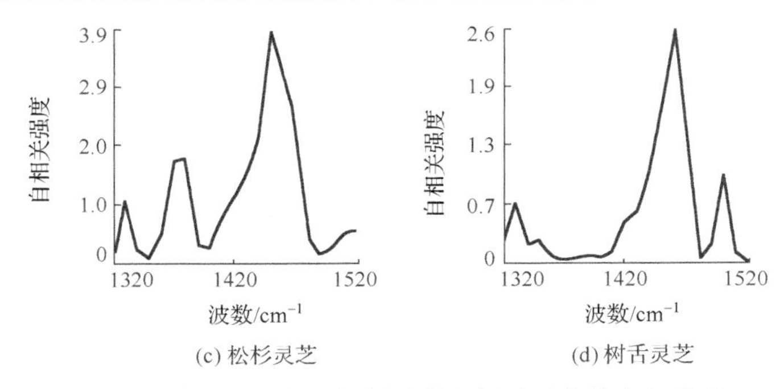

(c) 松杉灵芝　(d) 树舌灵芝

图 5-3　赤芝、黑芝、松杉灵芝和树舌灵芝的自相关谱

采用上述类似的分析方法，对赤芝、黑芝、松杉灵芝和树舌灵芝在 1000～1160cm^{-1} 范围内进行二维相关谱分析，发现各灵芝在自相关峰位置、数目、相关强度及正负交叉峰情况均存在很大差异，表明四种灵芝所含的糖苷类化学物的组分和含量不同。

5.2.2　不同党参

黄冬兰等[9]以温度为外扰，在 870～1120cm^{-1} 和 1170～1510cm^{-1} 范围研究了纹党参(WDS)和白条党参(BTDS)的自相关谱特性，表 5-5 给出了两种党参自相关峰情况。从表中可以看出，在 1170～1510cm^{-1} 范围，WDS 存在 3 个自相关峰，而 BTDS 存在 4 个自相关峰，两者存在较大差别；在 870～1120cm^{-1} 范围，两者虽然都存在 5 个自相关峰，但其位置和最强峰位置都存在差别。同样根据自相关峰的个数、位置和强度可实现两种党参的判别。

表 5-5　两种党参自相关峰和交叉峰情况

不同党参	相关波数区间	自相关峰		
		个数	峰位置/cm^{-1}	最强峰/cm^{-1}
WDS	870～120cm^{-1}	5	900，935，1000，1039，1090	1039
BTDS		5	908，949，998，1060，1080	998
WDS	1170～510cm^{-1}	3	1459，1298，1209	1209
BTDS		4	1209，1260，1340，1450	1450

5.2.3　不同猫须草

猫须草为唇形科肾茶属植物，主要用于治疗急慢性肾炎、膀胱炎、尿路结石和风湿性关节炎。众所周知，猫须草的花有两种颜色，白色和紫色，其花色的差异可能导致不同的化学组分，在临床上可能发挥不同的生物活性作用。Man 等[10]在温度(50～20℃)外扰下，研究了猫须草白花和紫花在 1000～800cm^{-1} 范围的同步二维相关谱特性，表 5-6 给出了两种猫须草的自相关峰情况。从表中可以看到：对于白花，存在 4 个自相关峰，且在(1654，1579) cm^{-1} 处出现强的交叉峰；而紫花，存在 5 个自相关峰，在(1392，1217) cm^{-1} 处出现弱交叉峰(白花在此位置未有交叉峰出现)。因此，通过自相关峰和交叉峰的位置和强度，可实现猫须草两种花的鉴别，为临床使用提供依据。

表 5-6　两种猫须草的自相关峰和交叉峰情况

不同猫须草	自相关峰			交叉峰/cm^{-1}
	个数	峰位置/cm^{-1}	最强峰/cm^{-1}	
白花	4	1175，1280，1580，1682	1580	(1654，1579)
紫花	5	1169，1283，1384，1546，1658	1546	(1392，1217)

5.2.4　不同羌活

中药羌活为常用的祛风湿药，羌活与宽叶羌活均含羌活醇、异欧前胡素、紫花前胡苷等活性成分，但其含量不同。对于羌活醇含量，羌活大于宽叶羌活，其分别为 0.6%和 0.12%；而对于异欧前胡素和紫花前胡苷含量，宽叶羌活大于羌活，其分别为 1.3%、2.5%和 0.1%，<0.5%。吴方斌等[11]研究了两种羌活温度外扰下(50～120℃)在 850～1150cm^{-1} 和 1150～1500cm^{-1} 范围内的同步二维红外相关谱特性，表 5-7 给出了两种羌活的自相关峰情况。从表中可以看出：在 850～1150cm^{-1} 范围内，羌活存在 9 个自相关峰，而宽叶羌活存在 6 个自相关峰；在 1150～1500cm^{-1} 范围内，羌活存在 4 个自相关峰，且两两交叉峰为负，而宽叶羌活存在 3 个自相关峰，两两交叉峰为正。根据以上分析，可以根据自相关峰的数目或交叉峰的正负实现两种羌活的鉴别分类。

表 5-7　两种羌活的自相关峰情况

不同羌活	相关波数区间	自相关峰	
		个数	峰位置/cm^{-1}
羌活	850～1150cm^{-1}	9	903，913，937，952，976，1008，1063，1096，1145
宽叶羌活		6	889，907，946，973，1004，1093
羌活	1150～1500cm^{-1}	4	1198，1218，1458，1467
宽叶羌活		3	1199，1214，1297

5.2.5　黑豆和牵牛子

中药材黑豆和牵牛子由于外形比较相似，所以经常被混淆。由于二者都含有大量的油脂和蛋白质组分，所以两种药材的常规一维红外光谱非常相似，无法对二者进行有效区分[12]。图 5-4 为温度外扰下两种药材在 1500～1700cm^{-1} 波数范围内的同步二维红外相关谱和其对应的自相关谱。对于黑豆，在主对角线上出现 2 个自相关峰，其位置分别在 1556 和 $1629cm^{-1}$ 处，其中 $1629cm^{-1}$ 处自相关峰最强，而牵牛子，在主对角线上有 3 个自相关峰出现，其位置分别在 $1558cm^{-1}$、$1630cm^{-1}$ 和 $1651cm^{-1}$ 处，其中 $1630cm^{-1}$ 处自相关峰最强。从上述分析可以看出两种药材在自相关峰的数目和强度上都存在差别，据此可实现两种药材的区分。

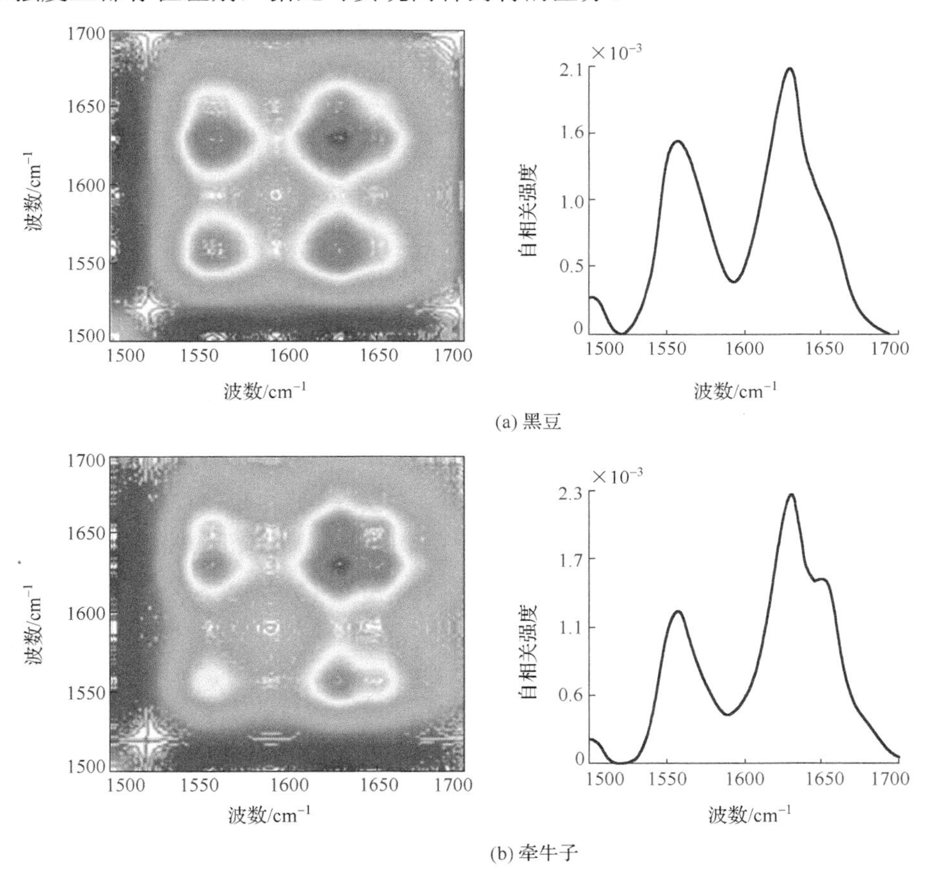

图 5-4 黑豆和牵牛子同步二维红外相关谱和自相关谱

5.2.6 金银花和山银花

金银花(LJF)是临床上治疗痈、疖、丹毒、急性痢疾、咽炎、上呼吸道感染的常用中药。山银花(LF)为忍冬科植物灰毡毛忍冬(LF-M)、红腺忍冬(LF-H)、华南忍冬(LF-C)、成黄褐毛忍冬(LF-F)的干燥花蕾或带初开的花。夏初花开放前采收，干燥。具有清热解毒、疏散风热的功能，临床上用于治疗痈肿疔疮、喉痹、丹毒、热毒血痢、风热感冒和温病发热。

LJF 和 LF 来源于同一属的植物，所以它们的外观非常相似。此外，LF 比 LJF 便宜得多。由于这些原因，LF 经常被误用或伪造为 LJF。然而，LF 的药物作用弱于 LJF。另一个关键点是 LF 中高含量的皂苷可能引起副作用。因此，开发一种快速鉴别 LJF 和 LF 的方法，以保证中草药的安全性和有效性，是十分必要的。Yan 等[13]以温度为外扰，研究了 LJF、LF-M、LF-F、LF-C 和 LF-H 在 1260～1120cm^{-1} 范围的同步二维相关谱特性，表 5-8 给出了其自相关峰的情况。从表中可以看出，金银花与山银花自相关峰位置不同，据此可实现两种药材的鉴别。

表 5-8　金银花和山银花自相关峰情况

样品	自相关峰	
	个数	峰位置/cm^{-1}
LJF	4	1140，1181，1196，1219
LF-M	4	1141，1178，1199，1217
LF-F	4	1143，1175，1199，1221
LF-C	3	1141，1193，1223
LF-H	3	1133，1189，1221

Yan 等同时研究了在 870～1108cm^{-1} 的同步二维相关谱特性，指出金银花和山银花存在明显差别，LJF 存在 8 个自相关峰，972cm^{-1} 处峰最强；LF-M 存在 7 个自相关峰，906cm^{-1} 处峰最强；LF-F 存在 10 个自相关峰，978cm^{-1} 处峰最强；LF-C 存在 7 个自相关峰，971cm^{-1} 处峰最强；LF-H 存在 9 个自相关峰，905cm^{-1} 处峰最强。

5.2.7　川芎和当归

川芎、当归是临床常用的中药，根据中医理论，川芎的主要作用是活气、活血、祛风、止痛。由于川芎具有改善血液循环和分散血瘀的作用，常用于治疗心绞痛、心律失常、高血压和中风。当归主要用于补血、活血、止痛、润肠，传统上用于治疗血虚型及月经失调，如痛经、闭经、月经不调。由于两种药材都来自伞形科植物，并且彼此具有几乎相似的化学成分。因此，建立一种能有效、准确地区分川芎和当归的方法，对促进川芎和当归的质量控制和安全应用是非常必要的。

Xiang 等[14]研究了川芎和当归温度外扰下在 900～1250cm^{-1} 范围的同步二维相关谱特性。发现川芎在 971cm^{-1} 处出现最强自相关峰，而当归在 1068cm^{-1} 处出现最强自相关峰；从整个波数范围自相关强度来看，川芎要大于当归，表明川芎的化学组成对温度更敏感；除此之外，当归在 909cm^{-1} 处存在一个明显的峰，而川芎几乎观察不到。川芎和当归自相关峰的不同位置和强度表明二者具有不同的化学组成。

同时，Xiang 等也研究了川芎和当归水提取物在 1120～1500cm^{-1} 范围的同步二维相关谱特性，表 5-9 给出了二者水提物自相关峰情况。从表中可以看出：二者差别比较明显，川芎水提取物存在 9 个自相关峰，并形成 9×9 交叉峰簇，而当归水提取物存在 7 个自相关峰，并形成 7×7 交叉峰簇。研究结果表明：高分辨率 2D-IR 光谱能够较容易地区分所有样品的差异，并且结果比一维 FT-IR 光谱更加显著和有说服力。

表 5-9　川芎和当归水提取物自相关峰情况

水提取物	自相关峰	
	个数	峰位置/cm^{-1}
川芎	9	1149，1189，1220，1260，1295，1346，1395，1439，1458
当归	7	1131，1180，1198，1219，1289，1394，1459

Guo 等[15]采用二维相关谱技术对川芎药材中活性成分进行分析，通过对川芎 10%、30%、50%和 70%乙醇提取物温度外扰下在 1400～1800cm^{-1} 范围的同步二维相关谱特性进行研究。指出：对于 10%的川芎乙醇提取物，在 1559cm^{-1} 处出现最强自相关峰，在 1670cm^{-1} 处出现中等强度自相关峰，其分别来自酰胺 II 带和酰胺 I 带的吸收，二者交叉峰为正，这些峰也出现在高浓度乙醇提取物的图谱中，表明川芎中的蛋白组分容易被乙醇提取。对于 30%川芎乙醇提取物，在 1540cm^{-1} 处出现最强自相关峰，而 50%和 70%川芎乙醇提取物在 1560cm^{-1} 处出现最强自相关峰。对于 50%川芎乙醇提取物，在 1740cm^{-1} 处出现自相关峰，这些峰都来自川芎内酯的羰基的吸收，表明乙醇提取物中含有高浓度的川芎内酯。

5.3　不同栽培方式中药材鉴别

5.3.1　不同栽培金线莲

金线莲是一种珍贵的中草药，由于金线莲在食品和卫生保健工业中的大量使用，野生金线莲不再满足需求。为了解决金线莲的供应问题，通常采用组织培养和栽培技术来大规模生产金线莲。由于野生金线莲的市场价格远高于培养和栽培的金线莲，为获得更多利润，一些不良商家将组织培养或栽培的金线莲掺入到野生金线莲中进行出售。因此，迫切需要一种有效的鉴别方法来区分这些不同类型的金线莲。

Chen 等[16]以温度为外扰，研究了野生金线莲、栽培金线莲和组织培育金线莲在 850～1250cm^{-1} 范围的同步二维红外相关谱特性。发现三种类型的金线莲自相关谱略有不同。栽培金线莲的自相关峰比野生和组织培育金线莲的峰尖锐得很多，野生金线莲具有宽而强的自相关峰，表明野生金线莲比栽培金线莲和组织培育金线莲含有更多的化合物，从而导致宽的重叠峰，这可能是因为野生的金线莲容易从土壤中吸收更多的矿物质。野生金线莲和组织培育金线莲的最大自相关峰都在 1215cm^{-1} 附近，而栽培金线莲的最大自相关峰在 1066cm^{-1} 附近。此外，栽培金线莲在 1183cm^{-1}

处出现自相关峰，而野生金线莲和组织培育金线莲均无此峰；同时，野生金线莲和组织培育金线莲分别在 1021cm^{-1} 和 1042cm^{-1} 处出现自相关峰。因此，根据自相关峰的形状、最强的自相关峰的位置及峰的数量可以实现三种不同类型金线莲的区分。值得一提的是，组织培育金线莲在 885cm^{-1}、978cm^{-1}、1005cm^{-1}、1042cm^{-1}、1067cm^{-1}、1094cm^{-1} 和 1139cm^{-1} 处出现自相关峰，与淀粉的吸收相对应，表明组织培育的金线莲含有大量的淀粉。

5.3.2 不同栽培丹参

栽培丹参与野生丹参，由于其生长环境不同，药材中各项组分的含量也有所不同，因此会影响到丹参药材的药效[17]。吴婧等对两种丹参在 860～1170cm^{-1} 和 1170～1500cm^{-1} 范围内的同步二维红外相关谱特性进行了研究，表 5-10 给出两种丹参的自相关峰情况。从表中可以看出，在 860～1170cm^{-1} 范围，栽培丹参存在 5 个自相关峰，而野生丹参存在 6 个自相关峰，可根据野生丹参在 950cm^{-1} 处存在较强自相关峰，而栽培丹参在此不存在自相关峰，来实现栽培丹参与野生丹参的鉴别[18]；在 1170～1500cm^{-1} 范围，虽然二者都存在 4 个自相关峰，但野生丹参的自相关强度大于栽培丹参。

表 5-10 栽培丹参和野生丹参的自相关峰情况

不同丹参	相关波数区间	自相关峰		
		个数	峰位置/cm^{-1}	最强峰/cm^{-1}
栽培丹参	860～1170cm^{-1}	5	905，970，1011，1100，1133	970
野生丹参		6	908，950，973，1068，1099，1139	950，937
栽培丹参	1170～1500cm^{-1}	4	1200，1223，1462，1469	—
野生丹参		4	1200，1223，1462，1469	—

5.3.3 不同栽培重楼根

重楼根（PR）是多叶香的干燥根茎，具有解热、镇痛、解毒的作用。现代临床和药理学研究还发现 PR 具有抗肿瘤、止血免疫、调节及抗菌等药理活性。由于需求量大，野生的重楼根已不能满足需求，于是人工栽培的重楼也成为重楼根的主要来源，但栽培重楼的医学价值一直存在争议。

Yang 等[19]研究了野生和栽培 PR 在 1350～1750cm^{-1} 范围内的同步二维红外相关谱特性，表 5-11 给出了两种 PR 自相关峰情况。对于野生 PR，出现 8 个自相关峰；而人工栽培 PR 仅出现 4 个自相关峰。野生 PR 在 1550～1750cm^{-1} 范围内出现复杂的特征峰，应归因于其包含丰富的次生代谢产物，这对其药用价值至关重要。栽培 PR 在 1649cm^{-1} 处的强自相关峰可归因于蛋白质的酰胺键，野生 PR 中丰富的第二代谢物应来源于蛋白质。研究结果表明：由于生长环境的不同，第二代谢物变化剧烈，导致其医学价值差距较大。

表 5-11　野生 PR 与栽培 PR 自相关峰情况

不同栽培方式	自相关峰	
	个数	峰位置/cm^{-1}
野生 PR	8	1398，1468，1560，1576，1616，1642，1654，1683
栽培 PR	4	1398，1467，1514，1649

5.4　中药炮制过程分析

中药炮制是制备中药饮片的一门独特的传统制药技术，用以保证中医用药的安全性和有效性。它是通过对中药原药材的加工，达到减毒增效转变药性产生新的药效等目的。中药炮制前后，有不同的药性和药效，所以对中药炮制品的鉴定和质量控制非常重要。

5.4.1　附子

吴志生等[20]对附子蒸制过程（1～10h）的一维红外光谱特性进行研究，发现在蒸制过程不同时间段峰位置和形状非常相似，无法明确附子炮制过程中各组分官能团之间的变化关系和顺序。

图 5-5 为附子蒸制过程各个阶段的自相关谱，从图中可以观察到，在 2～3 和 8～9h 两个阶段，自相关强度最大，表明在这两个阶段附子发生了剧烈水解。炮制初期（1～2h），自相关峰强度较弱，最强自相关峰位置在 993.24cm^{-1} 处。在第一次剧烈水解阶段（2～3h），1016.7cm^{-1}、1077.42cm^{-1} 和 1161.55cm^{-1} 处出现很强的自相关峰，在 3272.1cm^{-1} 和 3523.76cm^{-1} 处出现较强自相关峰，在 2898.27cm^{-1} 和 2994.05cm^{-1} 处出现较弱的自相关峰。炮制 3～4h 阶段，在 1052.2cm^{-1}、1078.03cm^{-1} 和 1163.28cm^{-1} 处出现很强的自相关峰，在 3279.82cm^{-1} 和 3608.01cm^{-1} 处出现较强自相关峰，在 1364.56cm^{-1}、1417.39cm^{-1} 和 1671.41cm^{-1} 处出现较弱的自相关峰。炮制 4～6h，自相关峰较弱，炮制 6～8h，在 1001.34cm^{-1} 和 1077.42cm^{-1} 处出现很强的自相关峰，在 1138.14cm^{-1}，1136.4cm^{-1} 和 1412.48cm^{-1} 处出现较强的自相关峰。炮制 8～9h，发生第二次剧烈水解，在 1031.24cm^{-1}、1084.74cm^{-1} 和 1161.55cm^{-1} 处出现强的自相关峰，在 1359.07cm^{-1}、1427.84cm^{-1} 和 1648.77cm^{-1} 处出现较强自相关峰，在 2927.05cm^{-1} 和 3310.14cm^{-1} 出现弱自相关峰。随着炮制时间的增长，自相关峰强度发生改变，炮制 9～10h 阶段，自相关强度下降，炮制过程中化学反应减弱。研究结果表明：经炮制后附子中毒性较大的双酯型生物碱发生水解，脱去乙酰基生成毒性

较小的苯甲酰单酯型生物碱，随着炮制时间增长，进一步发生水解脱去苯甲酰基生成毒性更小的乌头胺。

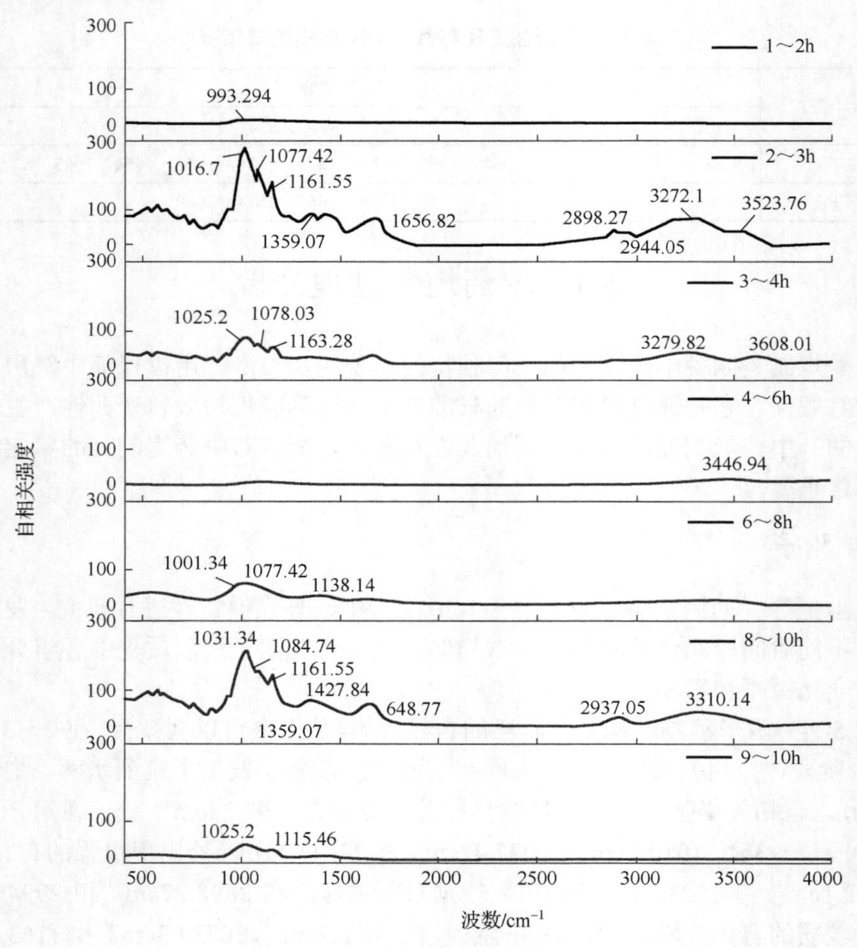

图 5-5 附子蒸制过程的自相关谱

5.4.2 草乌

草乌又名乌头，在传统中医术语中，它具有祛风、除湿、温经止痛的药理作用，其主要成分乌头碱、次乌头碱、中乌头碱，既具有有效药理作用，又有毒。一般需要炮制减小毒性后用于临床[21]。不同加工产品的毒性因加工方法不同而不同。因此，寻找一种快速、准确地区分不同加工产品的方法，对草乌的质量控制具有重要意义。

Ya 等[22]研究了未加工的原材料草乌、糯米酒加工草乌，清酒加工草乌，酸奶加工草乌，人尿加工草乌、烘烤草乌和炖草乌温度外扰下在 1300～1800cm^{-1} 范围的同步二维相关谱特性，表 5-12 给出了七种加工方式的自相关峰情况。从表中可以看到，未加工的原材料草乌和不同加工的草乌都存在四个自相关峰，但峰位置和峰强不同。对于原材料草乌，自相关峰强度大小顺序为：$1470cm^{-1}>1568cm^{-1}>1688cm^{-1}>1397cm^{-1}$；对于糯米酒加工草乌，自相关峰强度大小顺序为：$1469cm^{-1}>1558cm^{-1}>1399cm^{-1}>1679cm^{-1}$；对于清酒加工草乌，自相关峰强度大小顺序为：$1469cm^{-1}>1399cm^{-1}>1565cm^{-1}>1679cm^{-1}$；对于酸奶加工草乌，自相关峰强度大小顺序为：$1580cm^{-1}>1468cm^{-1}>1678cm^{-1}>1399cm^{-1}$；对于人尿加工草乌，自相关强度大小的顺序为：$1649cm^{-1}>1587cm^{-1}>1399cm^{-1}>1478cm^{-1}$；对于烘烤草乌，自相关峰强度大小顺序为：$1472cm^{-1}>1570cm^{-1}>1689cm^{-1}>1400cm^{-1}$；对于炖草乌自相关峰强度大小顺序为：$1560cm^{-1}>1470cm^{-1}>1398cm^{-1}>1680cm^{-1}$。因此，根据自相关峰的位置和强度可实现不同加工处理草乌的鉴别。

表 5-12　不同加工草乌自相关峰情况

不同加工方式草乌	自相关峰	
	个数	峰位置/cm^{-1}
未加工	4	1397，1470，1568，1688
糯米酒	4	1399，1469，1558，1679
清酒	4	1399，1469，1565，1679
酸奶	4	1468，1580，1678，1399
人尿	4	1399，1478，1587，1649
烘烤	4	1400，1472，1570，1689
炖	4	1398，1470，1560，1680

图 5-6 为草乌花原药材、水提取物、乙醚提取物和乙醇提取物在 1300～$1800cm^{-1}$ 范围的同步二维相关谱[23]。对原药材，在 $1578cm^{-1}$、$1560cm^{-1}$ 和 $1470cm^{-1}$ 处出现较强的自相关峰，其中 $1560cm^{-1}$ 处峰最强，其主要是由药材中苯环骨架结构振动所引起；草乌花水提取物在 $1558cm^{-1}$、$1660cm^{-1}$ 和 $1745cm^{-1}$ 处出现较强的自相关峰；而乙醚和乙醇提取物仅在 $1740cm^{-1}$ 处出现较强的自相关峰。同时，对原药材和三种不同溶剂提取物在 800～$1300cm^{-1}$ 进行上述类似相关分析，指出草乌花原药材及不同溶剂提取物的二维相关谱存在明显差异，可提供药材化学成分的变化规律，有助于药材的整体质量控制，为药材有效成分的追踪、同类化学成分的定向转移和不同提取工艺的鉴别提供一种快速、有效的宏观检测手段。

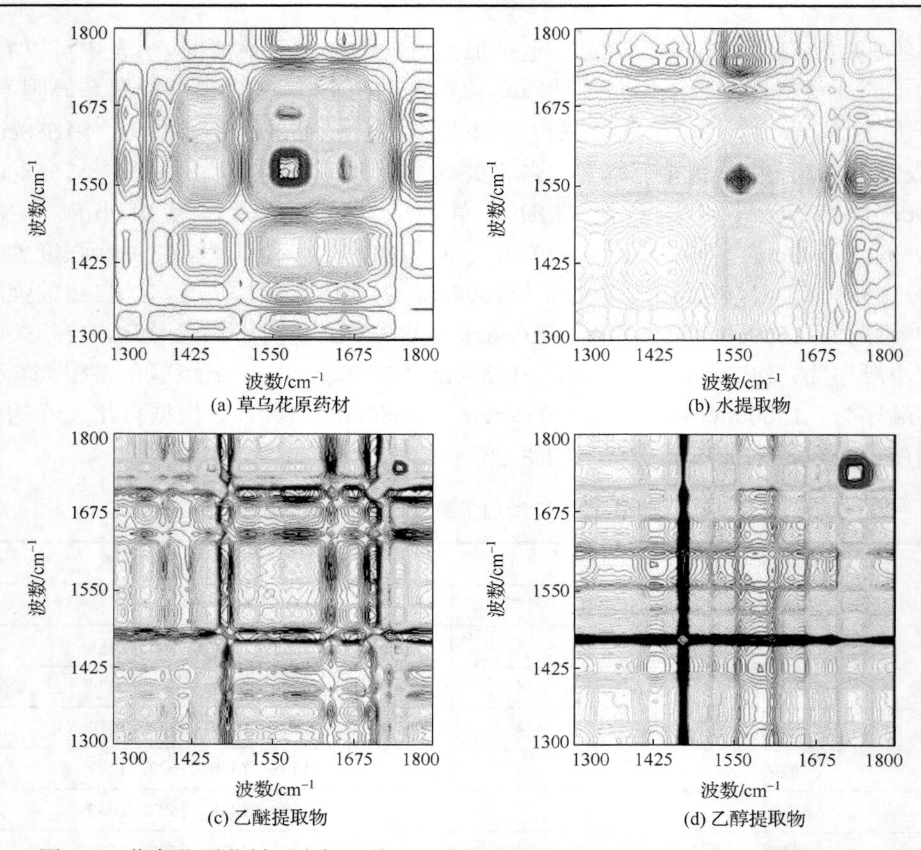

图 5-6　草乌花原药材、水提取物、乙醚提取物和乙醇提取物的同步二维相关谱

5.4.3　蔓荆子

蔓荆子为三叶蔓荆的干燥成熟果实，它是马鞭草属的一种，一般具有苦味、辛辣味，其主要药理作用是祛风解热(如发热)、祛头晕、视力模糊。经适当烘烤，可减轻蔓荆子干的辛辣口感。挥发油、氨基酸、黄酮类化合物是蔓荆子的主要成分，在加工过程中易挥发或被高温破坏。烘烤的程度对其化学成分和功效及主要的药理作用都有很大影响，因此对蔓荆子的烘烤工艺进行科学的研究和准确描述是非常必要的。

Xu 等[24]对蔓荆子炒制过程 5 个阶段在 900～1100cm^{-1} 范围的同步二维相关谱特性进行研究，表 5-13 给出炒制过程不同阶段自相关峰的变化情况。从表中可以看出，在蔓荆子炒制过程不同阶段二维红外相关光谱中自相关峰的位置、强度、形状和数量都在发生变化，描述了炒制过程中蔓荆子由逐渐变化到质变的变化规律。研究结果表明，蔓荆子及其炮制品的二维红外相关谱都具有自己独特的宏观指纹特征。利用宏观指纹图谱，可以很容易地区分蔓荆子及其炮制品，尤其是烘烤成棕色和深棕色的蔓荆子。

表 5-13 蔓荆子炒制过程不同阶段的自相关峰情况

蔓荆子炒制阶段	自相关峰		
	个数	峰位置/cm^{-1}	较强峰/cm^{-1}
原料	7	910，920，943，970，980，1011，1090	943，1011
微烤阶段	9	910，920，943，960，970，980，1011，1089，1095	943，1011
烤成棕色阶段	5	941，950，974，1011，1090	943，1011
烤至深棕色阶段	5	910，941，977，1013，1095	943，1011
烤焦阶段	5	941，959，979，1013，1095	979，1013

5.4.4 三七

图 5-7(a)和(b)分别是生三七和熟三七温度外扰下在 1400～1700cm^{-1} 范围(包含共轭羰基 C═O 的伸缩振动吸收峰和芳香基团骨架振动吸收峰)的同步二维相关谱和对应的自相关谱。生三七在 1650cm^{-1} 处仅出现一个强的自相关峰，而熟三七在 1649cm^{-1} 和 1640cm^{-1} 处存在两个自相关峰，这些峰都来自三七中黄酮物质的羰基 C═O 伸缩振动吸收。相关峰数量和位置的差异，说明生三七与熟三七所含的黄酮类成分不一致，即炮制后三七黄酮类成分发生了变化[25]。

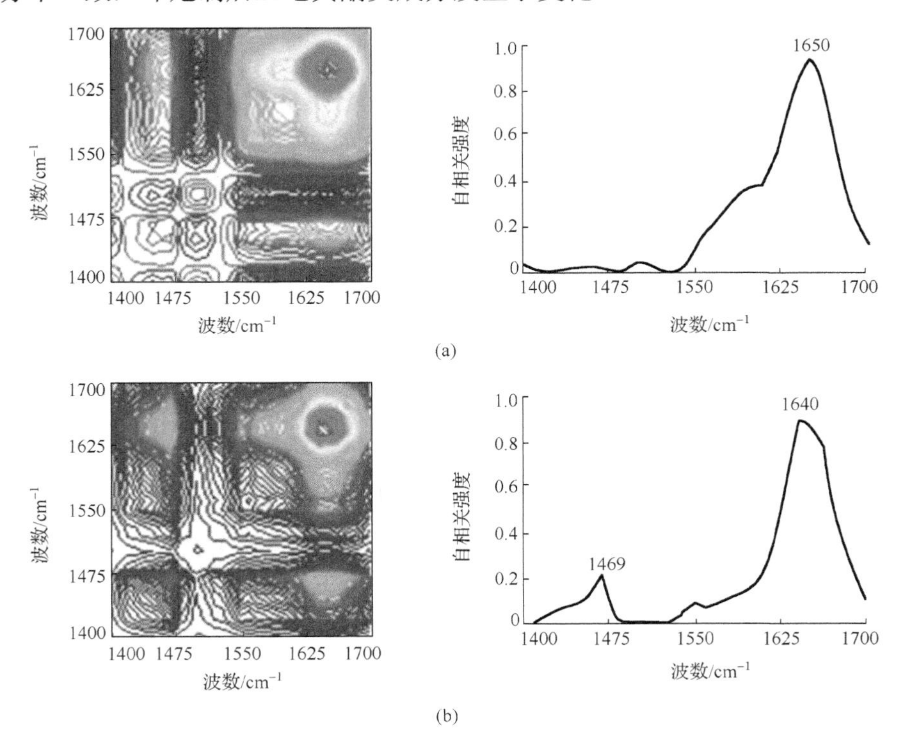

图 5-7 生三七和熟三七在 1400～1700cm^{-1} 范围的同步二维相关谱和对应的自相关谱

图 5-8(a)和(b)分别是生三七和熟三七温度外扰下在 1120～1250cm^{-1} 范围(包含多糖类和皂苷类的 C—O 伸缩振动吸收)的同步二维相关谱和对应的自相关谱。生三七在 1139cm^{-1}、1194cm^{-1} 和 1219cm^{-1} 处存在 3 个明显的自相关峰，其中 1194cm^{-1} 和 1219cm^{-1} 处自相关峰最强，各峰之间形成正的交叉峰，说明生三七中糖苷的 C—O 伸缩振动随温度变化敏感。而熟三七在 1137cm^{-1}、1165cm^{-1}、1196cm^{-1} 和 1221cm^{-1} 处存在 4 个明显的自相关峰，其中以 1165cm^{-1} 处自相关峰最强，除 1165cm^{-1} 与其他峰形成负交叉峰之外，其他峰之间形成正交叉峰。对比发现，虽然生三七和熟三七在 1139cm^{-1}、1194cm^{-1} 和 1219cm^{-1} 附近出现自相关峰，但其强度发生了变化，炮制后 1139cm^{-1} 处自相关峰增强，而 1194cm^{-1} 处自相关峰减弱。其原因是生三七经高温处理后，多糖类和三七皂苷等成分被破坏，从而引起其 C—O 伸缩振动吸收峰强度发生变化。生三七之所以能止血、活血和镇痛，主要是三七中的总皂苷在起作用，生三七在高温炮制过程中，导致多糖类和三七皂苷等成分被破坏，从而使得其活血功能减弱，而补血、生血功能增强。值得注意的是，熟三七在 1165cm^{-1} 处还出现了一个很强的自相关峰，其主要来自脂肪油的吸收，这是由于采用油炸法炮制生三七所引起的。

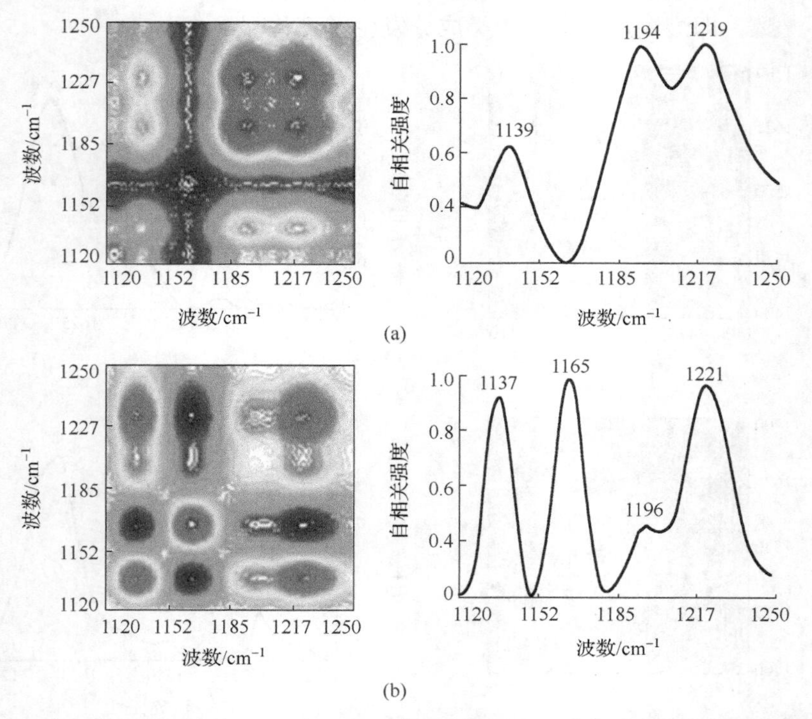

图 5-8　生三七和熟三七在 1120～1250cm^{-1} 范围的同步二维相关谱和对应的自相关谱

5.4.5　黄芩

陈影等[26]研究了生黄芩、酒黄芩和黄芩炭温度外扰下在 800～1300cm^{-1} 和 1300～1800cm^{-1} 范围的同步二维相关谱特性，表 5-14 给出了三种黄芩炮制品自相关峰情况。从表中可以看到：三种黄芩炮制品在两个波数区间的自相关峰位置和强度都存在差异性，表明黄芩在炮制过程中糖苷类、酚羟基以及黄酮母核发生了一定的变化，特别在炒炭的过程中，由于炮制温度较高，黄芩中的苷类成分不断转化为苷元，同时，苷元又被破坏，从而引起特征峰的变化。

表 5-14　三种黄芩炮制品自相关峰和交叉峰情况

不同炮制饮片	相关波数区间 /cm^{-1}	自相关峰		
		个数	峰位置/cm^{-1}	最强峰/cm^{-1}
生黄芩	800～1300	3	1078，1042，1109	1078
酒黄芩		4	1066，1052，1097，1243	1066
黄芩炭		3	1129，1081，1051	—
生黄芩	1300～1800	4	1576，1501，1440，1470	1576
酒黄芩		4	1620，1357，1410，1450	1620
黄芩炭		4	1558，1419，1460，1670	1558

同时，Adib 等研究了黄芩乙酸乙酯和甲醇提取物在 1000～1400cm^{-1} 范围的同步二维红外相关谱特性[27]，发现黄芩乙酸乙酯提取物存在 6×6 交叉峰，而甲醇提取物存在 4×4 交叉峰，指出通过二维相关光谱技术可以容易地对二者抽提物进行鉴定。

5.5　真伪药品鉴定

5.5.1　真伪冬虫夏草

Yang 等[28]研究了冬虫夏草标准品、不同产地冬虫夏草和伪品冬虫夏草在 1400～1700cm^{-1} 范围的同步二维相关谱特性，表 5-15 给出了标准品、青海兴海、西藏那曲、玉树、黄南和祁连冬虫夏草的自相关峰和交叉峰强度的相关信息。对比发现，玉树、那曲冬虫夏草和标准品都在 1567cm^{-1} 处存在强自相关峰，在(1567，1627) cm^{-1} 处存在强交叉峰，而其他三个产地的冬虫夏草在 1467cm^{-1} 处存在明显的自相关峰和交叉峰，其中 1467cm^{-1} 和 1567cm^{-1} 峰分别来自 CH_3 和 CH_2 弯曲振动和酰胺 II 带的吸收，说明玉树和那曲的冬虫夏草具有高蛋白质含量，质量较好。通过对两个伪冬虫夏草样品相关谱特性研究，发现其仅在 1619cm^{-1} 处出现明显自相关峰，而真品冬虫夏草在 1627cm^{-1} 和 1567cm^{-1} 处附近存在强自相关峰，据此可实现真伪冬虫夏草的鉴定。

表 5-15　不同冬虫夏草自相关峰和交叉峰情况

样品	自相关峰/cm^{-1}			交叉峰/cm^{-1}		
	1467	1567	1627	(1467，1567)	(1467，1627)	(1567，1627)
标准品	++	++	++++	++	+++	+++
青海兴海	+	+	++++	+	++	++
西藏那曲	+++	++	++++	++	+++	+++
玉树	+++	++	++++	+++	+++	+++
黄南	–	+	++++	–	+	++
祁连	+	+	++++	+	+	++

为了进一步对真伪冬虫夏草进行鉴别，对八种冬虫夏草进行了不同光谱区间(670～780 vs 1400～1700)cm^{-1} 同步二维相关谱分析，真品冬虫夏草在(723，1619～1641)cm^{-1} 处存在较强且宽的交叉峰，而两个伪品冬虫夏草在(723，1619)cm^{-1} 处存在窄的交叉峰；同时，真品冬虫夏草在(723，1567)cm^{-1} 处存在强交叉峰，而伪品在该处交叉峰很弱。

同时，Yang 等也采用二维相关谱技术研究了真品和其他 5 种冬虫夏草胶囊在 1400～1700cm^{-1} 范围的二维相关谱特性。指出：对于胶囊 1，在 1627cm^{-1} 和 1570cm^{-1} 处出现明显自相关峰，在 1464cm^{-1} 处出现弱自相关峰，与真品胶囊比较像，应为真品；对于胶囊 2(厂家标注由 100%冬虫夏草菌丝体组成)，在 1619cm^{-1} 处存在明显自相关峰，可能是冬虫夏草菌丝体与冬虫夏草的区别。与胶囊 2 相似，胶囊 3 也在 1619cm^{-1} 处存在明显相关峰，根据厂家描述其主要是通过人工栽培冬虫夏草组成。胶囊 4 存在很强的自相关峰和宽的交叉峰，表明是未经任何处理的天然冬虫夏草组成；胶囊 5 在 1467cm^{-1}、1567cm^{-1} 和 1627cm^{-1} 处存在弱自相关峰，表明其蛋白含量较低。

5.5.2　真伪沉香

沉香(ALR)不仅是一种昂贵的香料，而且是一种有价值的中药。ALR 的形成通常需要几十年甚至几百年的时间。因此，为了获得更多的利益，掺假的 ALR 在市场上非常普遍。为了保证 ALR 在医学应用中的有效性和安全性，就必要建立准确、快速、方便的识别方法，以保证 ALR 的真实性。Qu 等[29]对 ALR 标准品和 3 个掺假 ALR 样品温度外扰下在 1500～1700cm^{-1} 范围的同步二维相关谱特性进行研究，表 5-16 给出了四个样品自相关峰和交叉峰情况。对于标准品，存在明显 4 个自相关峰，1659cm^{-1} 处峰最强，所有交叉峰都为正；对于掺假样品 1 和掺假样品 2，均出现 3 个自相关峰，其最强相关峰分别为 1647cm^{-1} 和 1519cm^{-1}，交叉峰也均为正；对于掺假样品 3，存在 4 个自相关峰，1690cm^{-1} 峰最强，出现负交叉峰。通过比较自相关峰和交叉峰分布情况，可实现掺假样品的鉴别。同时指出：从自相关峰可判断标准 ALR 含有一定含量的树脂化合物，而三种假冒品含有很少或不同的树脂。

表 5-16　不同沉香样品的自相关峰和交叉峰情况

样品	自相关峰			交叉峰/cm^{-1}
	个数	峰位置/cm^{-1}	最强峰/cm^{-1}	
标准品	4	1597，1620，1631，1659	1659	所有交叉峰均为正
掺假样品 1	3	1617，1636，1647	1647	交叉峰为正
掺假样品 2	3	1519，1597，1615	1519	交叉峰为正
掺假样品 3	4	1507，1597，1645，1690	1690	(1597，1507)、(1645，1507)、(1690，1507)出现负交叉峰

5.5.3　真伪圆叶锦香草

圆叶锦香草(PRL)，其叶汤常用于治疗疟疾、胃痛、发热，或用于分娩等，叶子也被添加到洗澡水中以达到清新和放松的目的[30]。由于匙叶锦香草(PPL)外观形态与 PRL 非常相似，难以对其进行有效分辨。因此，有不良原材料供应商经常把 PRL 和 PPL 当作同一物种，这两种成分的混合物常被用作制备传统药物和妇女保健草药的原料，这极大地影响原材料和衍生产品的一致性和质量。图 5-9(a)和(b)分别是纯 PRL 和 PPL 温度外扰下在 1000～1500cm^{-1} 范围的同步二维红外相关谱，PRL 在(1492，1190)cm^{-1} 处存在明显的交叉峰，而 PPL 在该处交叉峰不明显；PPL 在 1450cm^{-1} 处存在较强的自相关峰，而 PRL 在 1450cm^{-1} 处不存在自相关峰。对于两组分混合物，其浓度比值分别为 7∶3 和 1∶3 时，对比同步谱发现随着混合物中 PRL 浓度的减小，PPL 浓度的增大，在(1492，1190)cm^{-1} 处的交叉峰强度逐渐减弱，而 1450cm^{-1} 处自相关峰强度逐渐增强。研究表明，可通过(1492，1190)cm^{-1} 处交叉峰的强度和 1450cm^{-1} 处自相关峰的有无和强度来实现 PRL 和 PPL 的鉴别。

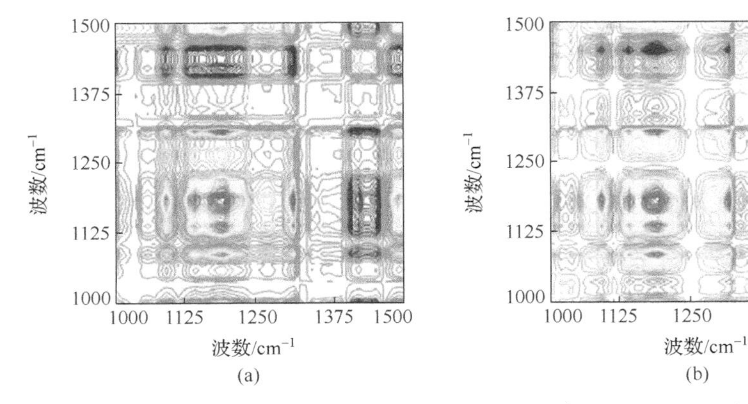

图 5-9　纯 PRL 和 PPL 温度外扰下在 1000～1500cm^{-1} 范围的同步二维红外相关谱

5.5.4 真伪白芍

Liu 等[31]对规范化种植的白芍、医药生物研究所提供的标准品以及市场上购置的白芍的同步二维红外相关谱特性进行研究，表 5-17 给出了三种白芍自相关峰情况。从表中可以看出：对于标准品白芍，在主对角线上存在 5 个自相关峰，其中 1196cm^{-1} 和 1121cm^{-1} 处自相关峰强度最大；对于规范化种植的白芍，除了存在标准品 5 个自相关峰之外，在 1300cm^{-1} 处还存在一个自相关峰；而对于市场购置的白芍仅在 1071cm^{-1} 处存在自相关峰。因此，规范化种植的白芍与标准品比较接近，而市场购置的白芍与标准品相差甚远。

表 5-17　三种白芍自相关峰情况

样品	自相关峰	
	个数	峰位置/cm^{-1}
规范化种植白芍	6	1071，1099，1142，1196，1121，1300
标准品	5	1071，1099，1142，1196，1121
市场购置	1	1071

5.6 保健品鉴别

5.6.1 灵芝粉

灵芝粉由于采用的原料和提取工艺的不同，质量有很大差异。从原料上讲，用带孢子粉的椴木赤芝子实体为原料提取出来的精粉质量好，采收过孢子粉的椴木赤灵芝质量次之，袋料赤灵芝提取的灵芝精粉质量较差；从提取工艺上讲，用酒精提取的成本要比水提的高，质量也更好。生产 1 公斤好的灵芝精粉大约需要 25 公斤灵芝干品，即每 1 克灵芝精粉的药用价值相当于 25 克原木灵芝。因此，灵芝精粉是灵芝原料中的高科技产品之一，具有更高的药用价值，以此为原料开发出来的产品大都属于高档产品。但是，有些厂家为了能让自己的产品具有价格优势，在提取灵芝精粉的时候，在原料中掺入淀粉或葡聚糖。

Choong 等[32]研究了淀粉、β-葡聚糖、WG(新鲜野生灵芝风干并研磨为粉末)提取物和 WG 提取物+淀粉混合物温度外扰下在 500～1300cm^{-1} 范围(C═O 伸缩振动区域)的同步二维相关谱。在该区域可以观察到，WG 提取物与其他三种物质相关图谱存在较大差异；WG 提取物+淀粉混合物、淀粉与 β-葡聚糖自相关峰和交叉峰强度也存在明显差别，即 WG 提取物+淀粉混合物具有多个强自相关峰和交叉峰，淀粉存在中等强度自相关峰，而β-葡聚糖仅存在少数几个弱自相关峰。上述结果证明，当淀粉加入 WG 提取物后，在 500～800cm^{-1} 和 900～1300cm^{-1} 区间自相关峰和交叉峰强度增加，WG 提取物相关峰被覆盖，同时，在 1000～1300cm^{-1} 范围区间出现 3 个强相关峰，其主要来自添加的淀粉。

在上述研究 WG 提取物相关谱特性的基础上，对不同零售商购置的三个灵芝样品(购置于不同商家，样品 NL 标注含 100%天然灵芝，样品 YKG 标注为灵芝提取物，样品 LC 标注为添加孢子的灵芝提取物)在 1300～1800cm^{-1} 范围内进行二维相关谱分析(见图 5-10)。对于样品 NL，仅在 1635cm^{-1} 处出现强自相关峰，交叉峰很少；对于样品 YKG，与 WG 提取物相关谱相似，在 1573cm^{-1} 和 1650cm^{-1} 处出现自相关峰，在(1650，1573)cm^{-1} 处出现交叉峰。虽然在样品 YKG 的二维相关图谱中未出现 1457cm^{-1} 自相关峰，上述结果也可证明样品 YKG 在生产过程中未添加淀粉。样品 LC 存在 5 个自相关峰，其中 1445cm^{-1} 处自相关峰最强，正交叉峰很少，与 WG 提取物+淀粉混合物相关谱相似。同时，作者也研究了三种灵芝在 500～1300cm^{-1} 范围的同步二维相关谱特性，进一步确认样品 NL 为天然灵芝原材料，YKG 为灵芝提取物，LC 为添加淀粉的灵芝提取物。

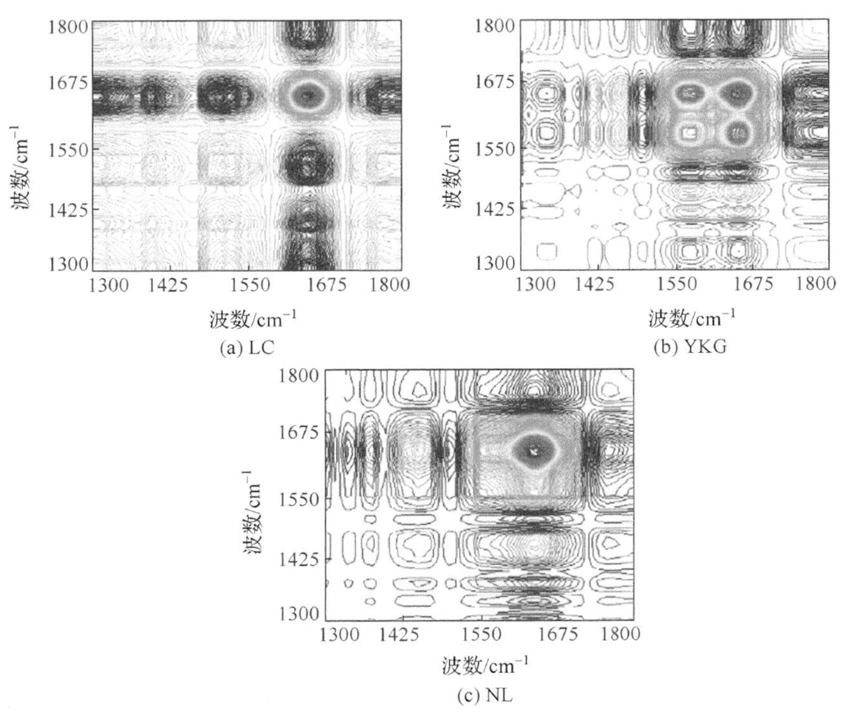

图 5-10　同步二维相关谱

5.6.2　人参和西洋参

Liu 等[33]研究了种植人参(CG)、山地种植参(TMG)以及野山参(WMG)在 1250～1800cm^{-1} 范围内随温度变化(50～120℃，间隔 10℃)的同步二维红外相关谱特性，表 5-18 给出了 3 种人参自相关峰情况。从表中可以看出：WMG 出现 5 个相关峰，而 CG 和 TMG 出现 6 个自相关峰，但其位置不同，指出 1647～1654cm^{-1} 和 1561～1594cm^{-1} 范围内吸收峰主要来自氨基苯酚 I 和 II 带特征吸收。根据自相关峰和交叉峰强度可推断出 WMG 中氨基酸含量高于 CG 和 TMG。

表 5-18　三种人参自相关峰情况

样品	自相关峰	
	个数	峰位置/cm^{-1}
CG	6	1272，1400，1467，1510，1576，1654
TMG	6	1295，1400，1465，1561，1647，1688
WMG	5	1272，1395，1455，1594，1652

Zhou 等[34]研究了栽培山参(MCG)、园林栽培参(GCG)和移植栽培参(TCG)温度外扰下在 1045～1160cm^{-1} 范围的同步二维相关谱特性，表 5-19 给出了 3 种山参自相关峰情况。从表中可以看出：TCG 存在 4 个自相关峰；而 MCG 和 GCG 均存在 5 个自相关峰，但有 3 个峰位置不同，从而实现不同栽培方式山参的鉴定。

表 5-19　不同栽培方式山参自相关峰情况

样品	自相关峰	
	个数	峰位置/cm^{-1}
MCG	5	1049，1069，1098，1082，1143
GCG	5	1049，1069，1094，1129，1151
TCG	4	1049，1069，1094，1143

Li 等[35]以温度为外扰，在 940～1100cm^{-1} 范围内研究了不同地域西洋参的同步二维红外相关谱特性，表 5-20 给出了三种地域西洋参自相关峰情况。指出威斯康星州西洋参出现 7 个自相关峰；温哥华西洋参和野生的西洋参均出现 5 个自相关峰，但有 2 个峰位置存在差别；北京西洋参和多伦多西洋参均出现 4 个自相关峰，但有 3 个峰的位置存在差别。因此，可通过自相关峰的位置和数量实现不同地域西洋参的判别。

同时，二维红外相关谱还用于人参年限的鉴定。Zhang 等[36]研究了不同年限人参在 1050～1165cm^{-1} 范围的同步谱特性，表 5-21 给出了不同年限人参自相关峰情况。从表中可以看出：对于 5 年人参出现 4 个自相关峰；10 年、15 年和 20 年人参均出现 3 个自相关峰，但 10 年人参有一个自相关峰位置与其余两年限人参不同；15 年和 20 年人参虽然自相关数和位置都相同，但其强度存在明显差别。詹达绮等对小波变换后的一维图谱进行相关计算，进一步提高二维相关谱分辨率，采用同样的方法实现了 2 年、3 年、4 年及 5 年不同年限人参的鉴定[37]。

表 5-20　三种地域西洋参自相关峰情况

不同地域西洋参	自相关峰	
	个数	峰位置/cm^{-1}
野生	5	976，1023，1054，1082，1095
北京	4	976，1037，1071，1095
温哥华	5	976，999，1023，1053，1082
威斯康星州	7	976，1000，1020，1054，1071，1083，1097
多伦多	4	976，991，1033，1098

表 5-21　不同年限人参自相关峰情况

不同年限人参	自相关峰	
	个数	峰位置/cm^{-1}
5 年	4	1062，1091，1132，1152
10 年	3	1066，1095，1140
15 年	3	1066，1095，1136
20 年	3	1066，1095，1136

5.6.3　螺旋藻

刘海静等[38]对温度外扰下的天然螺旋藻、螺旋藻粉和螺旋藻片在 1500～1700cm^{-1}(蛋白质区)的同步二维红外相关谱特性进行了研究。图 5-11 给出了三种螺旋藻的同步二维红外相关谱。对于天然螺旋藻，在 1563cm^{-1} 和 1555cm^{-1} 处出现一对平滑的尖自相关峰，两峰完全分开；而螺旋藻粉和螺旋藻片则形成了一对宽自相关峰，两峰不能完全分开，出现了多处分裂峰。螺旋藻粉酰胺 I 带分裂为 1558cm^{-1} 和 1574cm^{-1} 两个峰，酰胺 II 带分裂为 1623cm^{-1}、1635cm^{-1}、1645cm^{-1} 和 1652cm^{-1} 四个峰；螺旋藻片酰胺 I 带分裂为 1537cm^{-1}、1550cm^{-1} 和 1560cm^{-1} 三个峰，酰胺 II 带分裂为 1624cm^{-1}、1632cm^{-1}、1640cm^{-1} 和 1680cm^{-1} 四个峰。分裂峰的出现说明三种螺旋藻蛋白质组成不同。

同时，刘海静等也研究了三种螺旋藻在 1000～1230cm^{-1} 的同步二维红外相关谱特性，表 5-22 给出了三种螺旋藻自相关峰情况。从表中可以看出：天然螺旋藻、螺旋藻粉与螺旋藻片三者之间存在明显的差异。

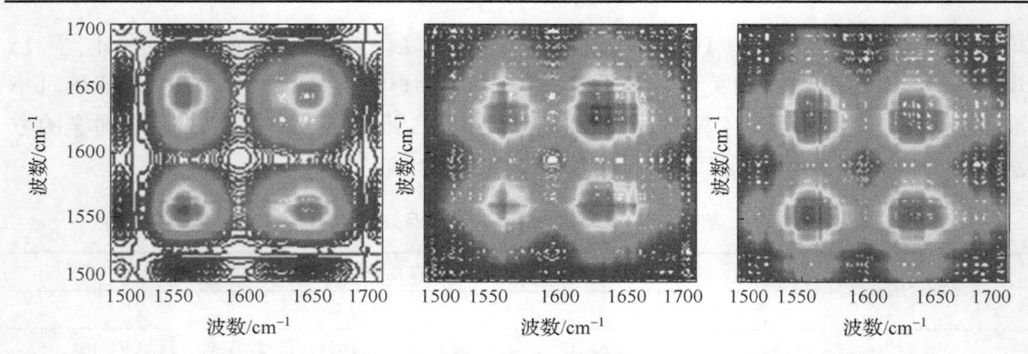

图 5-11　天然螺旋藻、螺旋藻粉和螺旋藻片的同步二维红外相关谱

表 5-22　三种螺旋藻自相关峰情况

样品	自相关峰	
	个数	峰位置/cm^{-1}
天然螺旋藻	5	1161，1138，1083，1054，1026
螺旋藻粉	1	1194
螺旋藻片	2	1143，1190

5.6.4　蜂胶

蜂胶(ECP)主要来源于杨树的树芽胶(EPB)，具有多种生物活性。蜂胶和杨树芽胶的理化成分及性质非常相似，为掺假蜂胶的鉴别带来了很大困难。Wu 等[39]研究了 ECP 和 EPB 在 650～850cm^{-1} 和 2800～3000cm^{-1} 范围内的同步二维红外相关谱特性。在 650～850cm^{-1} 区间，ECP 在 720cm^{-1} 处出现强自相关峰，而 EPB 却在 770cm^{-1} 处出现，其中 720cm^{-1} 处特征峰主要来自长链烷基化合物中 CH_2 面内振动引起，因此，与 EPB 相比，ECP 中含有更多的长链烷基化合物。在 2800～3000cm^{-1} 区域，ECP 在 2925cm^{-1} 和 2849cm^{-1} 处出现较强的自相关峰，表明在 ECP 中 CH_2 对称和反对称振动随外扰温度变化敏感；而 EPB 仅在 2980cm^{-1} 处出现强自相峰，同时在 2919cm^{-1} 和 2849cm^{-1} 处附近出现几个弱自相关峰，表明在 EPB 中 CH_2 振动随温度变化敏感性较弱。

5.7　药物的结构和活性表征

5.7.1　抗坏血酸药物结构表征

二维相关谱技术也被应用于药物结构的分析。由于抗坏血酸(维生素 C)分子中具有双烯醇结构，醇式和酮式结构，可以相互转变，因此研究其随温度的变化具有重要的意义。

Liu 等[40]基于二维近红外相关谱技术研究了抗坏血酸在升温氧化过程中结构的变化。图 5-12 为抗坏血酸温度外扰下(30～13℃，间隔 10℃)在 6600～7100cm^{-1} 范围的同步和异步二维相关谱，同步谱，在 6852cm^{-1} 和 6925cm^{-1} 处出现较强的自相关峰，在(6925，6852)cm^{-1} 处出现负交叉峰；异步谱，在(6925，6852)cm^{-1} 存在负交叉峰、在(6852，6720)cm^{-1} 处存在正交叉峰，根据 Noda 规则可推断：随温度升高，峰 6925cm^{-1} 先于 6852cm^{-1} 发生变化。值得一提的是，在同步谱中 6720cm^{-1} 自相关峰强度太弱未被显示，其与 6852cm^{-1} 形成正的交叉峰，说明峰 6852cm^{-1}(分子内氢键)先于 6720cm^{-1}(分子间氢键)发生变化，分子内氢键与分子间氢键相比，对温度更敏感。

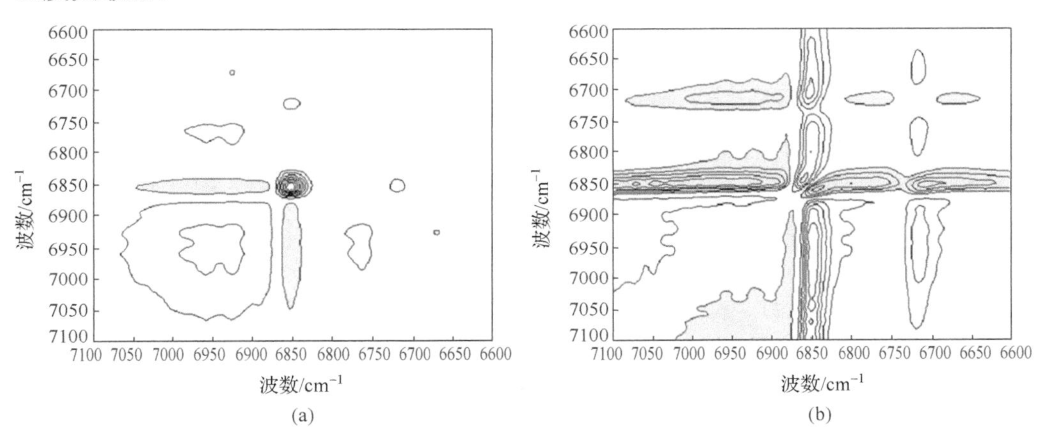

图 5-12　抗坏血酸在 6600～7100cm^{-1} 范围的同步和异步二维相关谱

为进一步说明抗坏血酸分子间氢键结构随温度的变化，对 7800～8500cm^{-1} 范围的二维相关谱特性进行了研究，进一步证明抗坏血酸分子内氢键随温度变化快于分子间氢键。

华瑞等[41]以温度为外扰，研究了抗坏血酸在 1750～1770cm^{-1}(C—O 伸缩振动)、1640～1685cm^{-1}(C—C 伸缩振动)与 1020～1035cm^{-1}(C—O—C 伸缩振动)区域之间的相关图谱特性，得出以下结论：抗坏血酸中各基团结构随温度变化的次序是 C—C、C—O—C 和 C—O，表明在氧化过程中，抗坏血酸先可逆脱氢氧化，C—C 键断裂，生成不稳定的去氢抗坏血酸，其环结构迅速被破坏，即 C—O—C 发生断裂，水解生成 2,3-二酮基古罗酸，最后分子的酯羰基转变为酸羰基，即 C—O 发生变化。

5.7.2　山栀子的活性表征

草药中的活性药物成分通常是多种多样，且其他草本植物也会影响草药中活性成分的结构、含量。同时，温度的微小差异可能导致草药材料的明显变化，因此，研究热处理过程中中药材成分的变化具有重要意义。Chen 等[42]研究了山栀子在温度升高过程四个阶段的同步二维相关谱特性，第一个阶段（30.0～93.0℃），在 1754cm^{-1} 和 1739cm^{-1} 处出现自相关峰，其来自羰基酯的特征吸收，在（1754，1708）cm^{-1} 处存在负交叉峰，可推断 1754cm^{-1} 处吸收强度增大（由于 1708cm^{-1} 处吸收强度减小）表明山栀子中有机酸发生了酯化反应；在（1739，1708）cm^{-1} 处存在正交叉峰，可推断 1739cm^{-1} 吸收强度减小，表明栀子中酯发生热解。第二个阶段（93.0～125.4℃），光谱变化相似于第一阶段，但羰基酯的自相关峰比第一阶段弱，这可能是由于酯的形成与分解反应速率较低所致。第三（125.4～165.0℃）和第四阶段（165.0～210.0℃）仅出现一个羰基酯的自相关峰，而酯羰基和羧基之间的交叉峰是正的，这意味着酯和酸的量在最后两个阶段都在减少，即都发生了热解。

5.7.3 芍药甘草汤活性表征

芍药甘草汤（SGT）由白芍和甘草两种中药组成，比例为 1∶1。芍药苷和甘草酸是 SGT 中两种典型的镇痛活性成分。在中药方剂中，成分的比例和剂量相互影响，不同配方因成分不同而具有不同的临床疗效。因此，揭示不同组合 SGT 中主要成分的变化规律对认识体内药效相互作用及临床合理用药具有重要意义。

Liu 等[43]以温度为外扰，研究了白芍与甘草不同比例 12g∶1g、12g∶4g、12g∶8g 和 12g∶12g 的 SGT 在 800～1350cm^{-1} 范围的同步二维相关谱特性，表 5-23 给出了各比例样品的自相关峰情况。从表中可以看到：四个不同比例 SGT 的自相关峰的位置和强度不同，表明它们具有不同的化学组成，主要表现为 C—O 的伸缩振动和糖的骨架伸缩振动的变化。研究发现，在 SGT-12g∶1g 样品 1204cm^{-1} 处出现最强自相关峰，进一步证明 SGT-12g∶1g 中含有大量的芍药苷。

表 5-23 白芍与甘草不同比例 SGT 自相关峰情况

白芍与甘草不同比例	自相关峰		
	个数	峰位置/cm^{-1}	最强峰/cm^{-1}
12g∶1g	6	908，1008，1038，1071，1139，1204	1024
12g∶4g	5	888，966，1008，1139，1199	1199
12g∶8g	4	897，968，1011，1199	1199
12g∶12g	5	898，968，1011，1099，1202	968

5.8 其他应用

二维相关光谱技术可用于不同级别中药材的鉴别。Ma 等[44]以温度为外扰，研究了 20 头、60 头和 120 头三七在 820～1000cm^{-1}、1000～1350cm^{-1} 和 1350～1750cm^{-1} 范围的同步二维相关谱特性。在 820～1000cm^{-1} 范围，20 头在 848cm^{-1}、885cm^{-1}、906cm^{-1} 和 969cm^{-1} 存在自相关峰，并形成 4×4 交叉峰簇，969cm^{-1} 最强，848cm^{-1}

最弱，这些峰主要来自 C—H 和 C—O—C 基团的吸收；60 头和 120 头图谱中也存在 4×4 交叉峰簇，但 885cm^{-1} 和 906cm^{-1} 自相峰强度不同，其从大到小顺序为 120 头>20 头>60 头。在 1000～1350cm^{-1} 范围，三个级别的三七均在 1006cm^{-1}、1034cm^{-1}、1067cm^{-1}、1095cm^{-1}、1116cm^{-1}、1137cm^{-1}、1193cm^{-1}、1221cm^{-1} 和 1275cm^{-1} 附近存在 9 个自相关峰，这些峰主要来自 C—O，C—C 和 C—O—H 基团的吸收；60 头与 20 头相比，自相关峰强度降低，特别是 1193cm^{-1} 和 1219cm^{-1} 处峰；与 20 头和 60 头相比，120 头级别样品 1140cm^{-1} 处自相关峰强高于 1196cm^{-1}。在 1350～1750cm^{-1} 范围，三个级别的三七存在较大差别，20 头在 1654cm^{-1} 处存在强的自相关峰，在 1398cm^{-1} 处存在弱自相关峰；60 头在 1348cm^{-1}、1460cm^{-1}、1560cm^{-1} 和 1654cm^{-1} 处出现自相关峰，其中峰 1384cm^{-1} 来自 NO_3^{-1}，峰 1654cm^{-1} 和 1560cm^{-1} 分别来自酰胺 I 带和 III 带，二者形成正交叉峰，峰 1384cm^{-1} 与峰 1460cm^{-1}、1560cm^{-1}、1654cm^{-1} 形成负交叉峰；120 头在 1398cm^{-1} 和 1654cm^{-1} 处存在较强自相关峰，在 1467cm^{-1} 和 1570cm^{-1} 处存在弱自相关峰。因此，可通过自相关强度比值来实现三个级别三七的鉴别。

二维相关光谱技术也被用于中药材叶、茎和根等不同部分组分的研究。Ng 等[45]研究了断肠草茎、叶与根温度外扰下在 850～1250cm^{-1} 范围的自相关谱。发现断肠草的茎、叶、根分别在 1193cm^{-1}、1175cm^{-1}、1070cm^{-1} 处出现最强自相关峰。因此，根据最强自相关峰的位置就可区分断肠草的茎、叶、根。断肠草的茎和叶的光谱基本一致。它们在 1139cm^{-1}，1094cm^{-1}，1068cm^{-1}，977cm^{-1} 和 907cm^{-1} 处具有相同的自相关峰，其交叉峰均为正，表明这些峰的 C—O 伸缩振动都属于同一类型的糖。茎在 933cm^{-1} 和 885cm^{-1} 处出现自相关峰，这两个峰在叶和根中不存在，因此，根据这两个峰可以区分出茎。同时可观察到，叶片还在 1175cm^{-1}、1043cm^{-1} 和 994cm^{-1} 处出现自相关峰，这三个峰在茎和根并未出现。除此以外，根在 1010cm^{-1} 和 1034cm^{-1} 处出现自相关峰，据此可以区分出根。上述茎、叶、根不同的特征峰说明断肠草三个部位都含有不同类型的糖。需要说明的是，根部在 1222cm^{-1}、1139cm^{-1}、1070cm^{-1}、973cm^{-1} 和 908cm^{-1} 处存在强的自相关峰，这些强自相关峰与淀粉中的自相关峰非常相似，证明了根中含有大量的淀粉。

二维相关光谱技术还可分析中药不同生长阶段组分的变化。Lai 等[46]以温度为外扰，研究了管花肉苁蓉茎开花期前和后的二维红外相关谱，指出，在开花前，管花肉苁蓉中酰胺、酯、脂类、不同糖苷类物质中 C—O—C 基团和 C═O 基团等多个基团存在振动吸收，表明管花肉苁蓉开花期前茎中包含多种具有药用价值的组分。而开花后，仅存在几个吸收峰，且峰的位置明显不同于花期前。相对于花期前，花期后特征峰少了很多，表明花期后管花肉苁蓉茎中很多组分消失。

参 考 文 献

[1] 刘悦，李静怡，范刚，等. 不同产地中国沙棘的傅里叶变换红外光谱识别研究[J]. 光谱学与

光谱分析, 2016, 36(4): 948-954.

[2] 马芳，张方，汤进，等. 不同产地茯苓皮药材红外光谱的识别[J]. 光谱学与光谱分析，2014, 34(2): 376-380.

[3] Choong Y K, Xu C H, Lan J, et al. Identification of geographical origin of Lignosus samples using Fourier transform infrared and two-dimensional infrared correlation spectroscopy[J]. Journal of Molecular Structure, 2014, 1069: 188-195.

[4] 武晓丹，金哲雄，孙素琴，等. 七种不同产地仙鹤草原药材及提取物的红外光谱与二维相关红外光谱的分析与鉴定[J]. 光谱学与光谱分析, 2010, 30(12): 3222-3227.

[5] 孙仁爽，金哲雄，张哲鹏，等. 老鹳草中药材红外光谱的分析与鉴定[J]. 光谱学与光谱分析, 2013, 33(1): 81-84.

[6] 巩丽丽，星星，魏爱华，等. 不同产地藿香的红外光谱分析[J]. 环球中医药，2015，8(1): 46-52.

[7] Liu Y, Zhang Y, Zhang J, et al. Rapid discrimination of sea buckthorn berries from different H. rhamnoides subspecies by multi-step IR spectroscopy coupled with multivariate data analysis[J]. Infrared Physics & Technology, 2018, 89: 154-160.

[8] 陈小康，黄冬兰，孙素琴，等. 粤北灵芝的红外光谱宏观三级鉴定研究[J]. 光谱学与光谱分析, 2010, 30(1): 78-82.

[9] 黄冬兰，徐永群，陈小康，等. 基于红外三级鉴定与聚类分析法的党参快速鉴别研究(英文)[J]. 光谱与光谱分析, 2017, 37(10): 3281-3288.

[10] Man S, Kiong L S, Ab'lah N A, et al. Differentiation of the white and purple flower forms of orthosiphon aristatus (Blume) Miq BY 1D and 2D correlation IR spectroscopy[J]. Jurnal Teknologi, 2015, 77(3): 81-86.

[11] 吴方斌，高姗姗，韦学敏，等. 羌活与宽叶羌活药材的红外光谱鉴别[J]. 中药材，2017，40(3): 543-549.

[12] 杜娟，彭惜媛，马芳. 黑豆和牵牛子红外光谱的分析与鉴定[J]. 光谱学与光谱分析，2014, 34(9): 2429-2433.

[13] Yan R, Chen J B, Sun S Q, et al. Rapid identification of Lonicerae Japonicae Flos and Lonicerae Flos by Fourier transform infrared (FT-IR) spectroscopy and two-dimensional correlation analysis[J]. Journal of Molecular Structure, 2016, 1124: 110-116.

[14] Xiang L, Wang J, Zhang G, et al. Analysis and identification of two similar traditional Chinese medicines by using a three-stage infrared spectroscopy: Ligusticum chuanxiong, Angelica sinensis and their different extracts[J]. Journal of Molecular Structure, 2016, 1124: 164-172.

[15] Guo Y, Lv B, Wang J, et al. Analysis of Chuanxiong Rhizoma and its active components by Fourier transform infrared spectroscopy combined with two-dimensional correlation infrared spectroscopy[J]. Spectrochimica Acta Part A: Molecular and Biomolecular Spectroscopy, 2016,

153: 550-559.

[16] Chen Y, Huang J, Yeap Z Q, et al. Rapid authentication and identification of different types of A. roxburghii by Tri-step FT-IR spectroscopy[J]. Spectrochimica Acta Part A: Molecular and Biomolecular Spectroscopy, 2018, 199: 271-282.

[17] 吴婧, 郁露, 孙素琴. 栽培与野生丹参的红外光谱三级鉴定研究[C]. 全国分子光谱学学术会议, 长春, 2006.

[18] 王风岭, 周建科, 吴婧. 栽培与野生丹参的红外光谱三级鉴定研究[J]. 现代仪器, 2006(5): 18-20.

[19] Yang L F, Ma F, Zhou Q, et al. Analysis and identification of wild and cultivated Paridis Rhizoma by infrared spectroscopy[J]. Journal of Molecular Structure, 2018, 1165, 37-41.

[20] 吴志生, 刘晓娜, 谭鹏, 等. 基于2D-COS红外光谱的附子炮制过程时序段解析研究[J]. 光谱学与光谱分析, 2017, 37(6): 1745-1748.

[21] 王朝鲁, 温建民, 程程, 等. 蒙药草乌炮制前后二维红外相关光谱的分析研究[J]. 光谱学与光谱分析, 2009, 29(6): 1498-1501.

[22] Ya T, Yang P, Sun S, Zhou Q, et al. Analysis of fingerprints features of infrared spectra of various processed products of Radix Aconiti kusnezoffii[J]. Journal of Molecular Structure, 2010, 974(1-3): 103-107.

[23] 图雅, 白金亮, 周群, 等. 蒙药草乌花及其提取物化学成分的红外光谱法整体结构解析[J]. 分析化学研究报告, 2011, 39(4): 481-485.

[24] Xu C H, Sun S Q, Guo C Q, et al. Multi-steps infrared macro-fingerprint analysis for thermal processing of Fructus viticis[J]. Vibrational Spectroscopy, 2006, 41(1): 118-125.

[25] 黄冬兰, 陈小康, 徐永群, 等. 三七炮制前后的红外光谱分析研究[J]. 光谱学与光谱分析, 2014, 34(7): 1849-1852.

[26] 陈影, 刘慧, 李普玲, 等. 黄芩不同炮制饮片的红外光谱特征分析[J]. 中国实验方剂学杂志, 2015, 21(22): 77-81.

[27] Adib A M, Jamaludin F, Kiong L S, et al. Two-dimensional correlation infrared spectroscopy applied to analyzing and identifying the extracts of Baeckea frutescens medicinal materials[J]. Journal of Pharmaceutical and Biomedical Analysis, 2014, 96: 104-110.

[28] Yang P, Song P, Sun S Q, et al. Differentiation and quality estimation of Cordyceps with infrared spectroscopy[J]. Spectrochimica Acta Part A: Molecular and Biomolecular Spectroscopy, 2009, 74(4): 983-990.

[29] Qu L, Chen J B, Zhou Q, et al. Identification of authentic and adulterated Aquilariae Lignum Resinatum by Fourier transform infrared (FT-IR) spectroscopy and two-dimensional correlation analysis[J]. Journal of Molecular Structure, 2016, 1124: 216-220.

[30] Tan H P, Ling S K, Chuah C H. One-and two-dimensional Fourier transform infrared correlation

spectroscopy of Phyllagathis rotundifolia[J]. Journal of Molecular Structure, 2011, 1006(1-3): 297-302.

[31] Liu Y, Wang J Q, Liu S H, et al. Two-dimensional correlation infrared spectroscopy applied to analyzing and identifying the Radix paeoniae Alba medicinal materials[J]. Journal of Molecular Structure, 2008, 883: 137-141.

[32] Choong Y K, Sun S Q, Zhou Q, et al. Verification of Ganoderma (lingzhi) commercial products by Fourier transform infrared spectroscopy and two-dimensional IR correlation spectroscopy[J]. Journal of Molecular Structure, 2014, 1069: 60-72.

[33] Liu D, Li Y G, Xu H, et al. Differentiation of the root of cultivated ginseng, mountain cultivated ginseng and mountain wild ginseng using FT-IR and two-dimensional correlation IR spectroscopy[J]. Journal of Molecular Structure, 2008, 883: 228-235.

[34] Zhou Q, Chen J, Sun S. What can two-dimensional correlation infrared spectroscopy (2D-IR) tell us about the composition, origin and authenticity of herbal medicines[J]. Biomedical Spectroscopy and Imaging, 2013, 2(2): 101-113.

[35] Li Y M, Sun S Q, Zhou Q, et al. Identification of American ginseng from different regions using FT-IR and two-dimensional correlation IR spectroscopy[J]. Vibrational Spectroscopy, 2004, 36(2): 227-232.

[36] Zhang Y L, Chen J B, Lei Y, et al. Evaluation of different grades of ginseng using Fourier-transform infrared and two-dimensional infrared correlation spectroscopy[J]. Journal of Molecular Structure, 2010, 974(1-3): 94-102.

[37] 詹达琦，张晓明，孙素琴. 基于小波变换的二维红外相关光谱鉴别人参的生长年限[J]. 光谱学与光谱分析, 2007, (8): 1497-1501.

[38] 刘海静，孙素琴，李安，等. 基于红外光谱三级鉴别技术的螺旋藻产品品质分析[J]. 中国农业科学, 2012, 45(22): 4738-4748.

[39] Wu Y W, Sun S Q, Zhao J Li, et al. Rapid discrimination of extracts of Chinese propolis and poplar buds by FT-IR and 2D IR correlation spectroscopy[J]. Journal of Molecular Structure, 2008, 883: 48-54.

[40] Liu H, Xiang B, Qu L. Structure analysis of ascorbic acid using near-infrared spectroscopy and generalized two-dimensional correlation spectroscopy[J]. Journal of Molecular Structure, 2006, 794(1-3): 12-17.

[41] 华瑞，孙素琴，周群. 抗坏血酸升温氧化过程的二维相关红外光谱分析[J]. 分析化学, 2003, 31(2): 134-138.

[42] Chen J B, Zhou Q, Sun S Q. Exploring the chemical mechanism of thermal processing of herbal materials by temperature-resolved infrared spectroscopy and two-dimensional correlation analysis[J]. Analytical Methods, 2016, 8(10): 2243-2250.

[43] Liu A, Wang J, Guo Y, et al. Evaluation on the concentration change of paeoniflorin and glycyrrhizic acid in different formulations of Shaoyao-Gancao-Tang by the tri-level infrared macro-fingerprint spectroscopy and the whole analysis method[J]. Spectrochimica Acta Part A: Molecular and Biomolecular Spectroscopy, 2018, 192: 93-100.

[44] Ma F, Chen J B, Wu X X, et al. Rapid discrimination of Panax notogeinseng of different grades by FT-IR and 2DCOS-IR[J]. Journal of Molecular Structure, 2016, 1124: 131-137.

[45] Ng C H, Chen Y, Ch'ng Y S, et al. Application of mid-infared spectroscopy with multivariate analysis for the discrimination of toxic plant, Gelsemium elegans[J]. Vibrational Spectroscopy, 2018, 99: 13-24.

[46] Lai Z L, Xu P, Wu P Y. Multi-steps infrared spectroscopic characterization of the effect of flowering on medicinal value of Cistanche tubulosa[J]. Journal of Molecular Structure, 2009, 917(2-3): 84-92.

第 6 章　二维相关光谱分析技术在环境领域中的应用

随着全球经济的快速发展，以及工农业生产规模的扩大，大量的废水、废气、有害物质被排放到水、大气和土壤中，对人们赖以生存的环境产生了很大的影响。这些排放的有害物质进入环境不仅严重威胁人体健康，而且也破坏了自然生态系统，已成为制约全球经济和良好生存环境可持续发展的最重要因素之一。光谱技术已经被广泛地应用于环境污染物的毒理学和形态学分析、污染物的定性定量分析，以及污染物在环境中的迁移转化和修复等研究中。但环境是一个由生物和非生物所组成的复杂体系，常规光谱技术无法对感兴趣的待分析组分特征信息进行有效提取。二维相关谱反映的是环境中物质组成和分子结构随外扰的动态变化，因此在研究环境中复杂物质间相互作用动力学过程具有很好的应用前景，特别适合研究污染物分子在环境中的演化和迁移规律、污染物修复过程中分子之间相互作用机理等。

6.1　水环境检测

6.1.1　水中污染物特征信息提取

1. 多环芳烃混合溶液重叠特征峰解析

多环芳烃(Polycyclic Aromatic Hydrocarbons，PAHs)是分子中含有两个或两个以上苯环的芳烃化合物。多环芳烃来源于大自然及人类生产生活，比如自然状态的石油等物质本身含有相当数量的多环芳烃；此外，森林火灾、垃圾焚烧、煎烤烹饪等都会产生多环芳烃，因此该物质分布较为广泛，与人类生活息息相关的空气、水体、土壤、作物和食品中都有被多环芳烃污染的可能性。由于部分多环芳烃对生物体具有一定的致癌、致畸、致突变的作用，因此对多环芳烃的检测已得到更多国家和地区人们的重视[1-5]。由于多环芳烃具有刚性平面结构等特点，在特定波长激发下，会产生较强的荧光，因此对其使用荧光光谱法进行检测成为可能[6-9]。但是，由于待分析的多环芳烃多处在成分复杂的基质中，因此常规荧光光谱相互重叠，无法对环境中的 PAHs 污染物荧光峰进行有效解析。将二维相关谱技术与荧光光谱技术相结合的二维荧光相关光谱技术，突破了传统荧光光谱分析法的局限性[10-14]，是污染物分析领域的一个有力工具。

图 6-1 为蒽、菲和芘单组分在超纯水中的常规一维荧光谱，浓度均为 0.00001g/L。

显然，蒽在381nm、402nm、425nm及452nm处存在荧光峰；芘在373nm及393nm处存在荧光峰；菲在356nm、365nm、347nm及385nm处存在荧光峰。

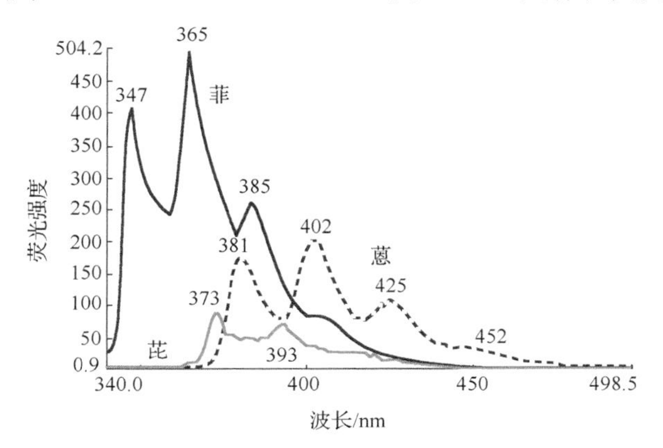

图6-1　蒽、菲和芘在超纯水中的单组分常规一维荧光谱

从图6-1可以看到蒽、菲和芘混合水溶液，其荧光特征信息相互重叠。为实现混合溶液中蒽、菲和芘荧光峰的解析和指认，设计并配置三种混合物体系，共27个样品；在27个样品中，样品No.1～No.9属于第一种体系，蒽浓度减小(从9.0×10^{-5}g/L减至1.0×10^{-5}g/L)，菲和芘的浓度增加(均由1.0×10^{-5}g/L增至9.0×10^{-5}g/L)样品No.10～No.18属于第二种体系，芘浓度减小(由9.0×10^{-5}g/L减至1.0×10^{-5}g/L)，而菲和蒽的浓度增加(均由1.0×10^{-5}g/L增至9.0×10^{-5}g/L)；样品No.19～No.27属于第三种体系，菲浓度减小(由9.0×10^{-5}g/L减至1.0×10^{-5}g/L)，而芘和蒽浓度增加(均由1.0×10^{-5}g/L增至9.0×10^{-5}g/L)。

图6-2给出了三种体系27个样品在340～460nm范围内的常规一维荧光谱。显然，三种体系中，在347nm处菲的荧光峰，都可以清晰地分辨出来，而蒽、菲和芘的其他荧光峰随着混合溶液中各自浓度的变化，其特征峰都被覆盖或淹没。因此，可根据347nm处菲的荧光峰，实现其他荧光峰的归属确认，即对于设计的不同体系，依据其他荧光峰与347nm处荧光峰在同步二维荧光相关谱中交叉峰的正负和异步二维荧光相关谱交叉峰的有无实现其他荧光峰的指认。

对第一种体系(样品No.1～No.9)，以浓度为外扰，对其进行同步二维荧光相关谱计算，得到第一种体系的同步二维荧光相关谱(图6-3)。同步谱图中在主对角线上425nm、402nm、381nm、373nm、365nm和347nm处存在较强的自相关峰，这表明这些波长处的荧光峰强度随着外扰蒽、菲、芘浓度的改变而变化。在主对角线外侧，存在一系列的交叉峰，在(381，347)nm、(402，347)nm、(425，347)nm及(452，347)nm处交叉峰均为负，这表明381nm、402nm、425nm和452nm处荧光峰强度随外扰变化的方向与347nm处变化方向相反。由于347nm处为菲的荧光峰，

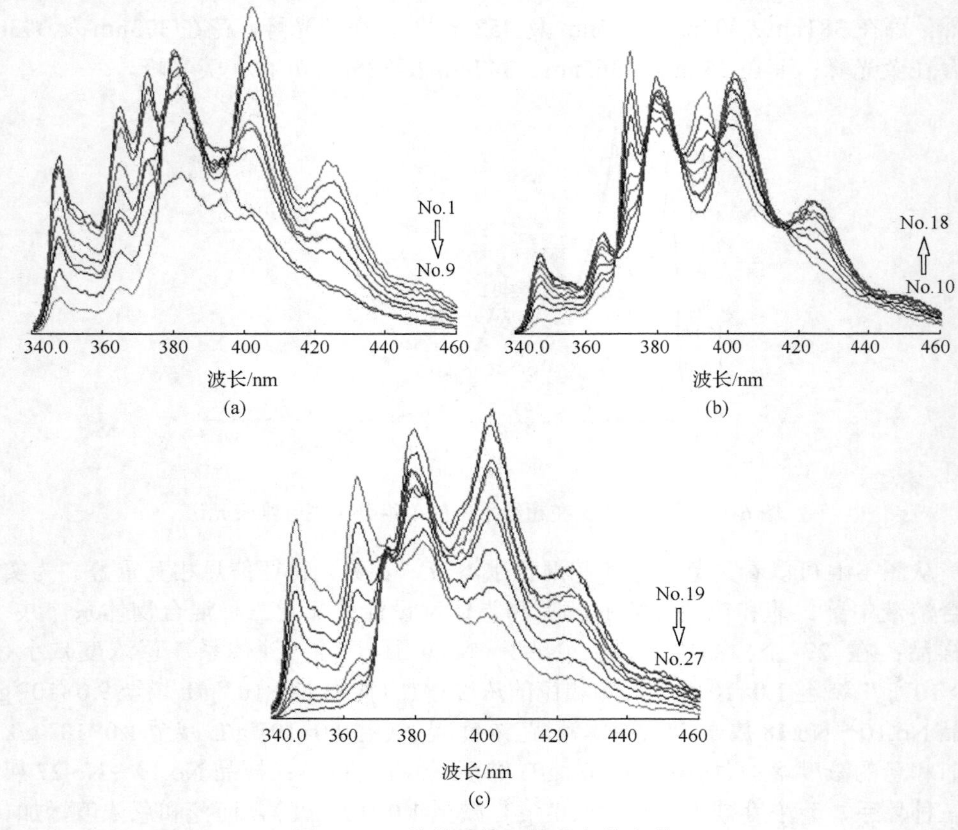

图 6-2 三种体系的一维动态荧光谱

且混合溶液中蒽浓度在减小，而菲和芘浓度在增大，因此可知 452nm、402nm、425nm 及 381nm 处荧光峰来自于混合溶液中的蒽，这与图 6-1 中单组分的蒽溶液荧光峰一致；同时，从图 6-3 中还可以看出，在(365，347) nm、(373，347) nm、(393，347) nm 处交叉峰均为正，可知 365nm、373nm 及 393nm 处荧光峰来自于混合溶液中的芘和菲，但具体归属无法判断，需要对第二种混合溶液体系进行二维荧光相关分析。

对第二种体系(样品 No.10～No.18)，以浓度为外扰，对其进行同步二维荧光相关谱计算，得到第二种体系的同步二维荧光相关谱(图 6-4)。同步谱图中在主对角线上 425nm、402nm、393nm、381nm、373nm、365nm 和 347nm 处存在较强的自相关峰。在主对角线外侧，存在一系列的交叉峰，在(373，347) nm 和(393，347) nm 处交叉峰均为负，这表明 373nm 和 393nm 处荧光峰强度随外扰变化的方向与 347nm 处变化方向相反。由于 347nm 处为菲的荧光峰，且混合溶液中芘浓度减小同时菲和蒽浓度在增大，因此可知 373nm 及 393nm 处荧光峰来自于混合溶液中的芘；在(365，347) nm 处存在正的交叉峰，并根据第一种分析体系解析的结果可知 365nm 和 347nm 处荧光峰应来自于溶液中的菲；同时，在图 6-4 中(425，393)nm、(425，373)nm、(402，393)nm、(402，373)nm 及(393，381)nm 处存在负相关峰，说明 393nm 及 373nm 处荧光峰与蒽的 425nm、402nm 及 381nm 处特征峰变化不同，进一步说明了 393nm 及 373nm 处荧光峰均来自于芘。

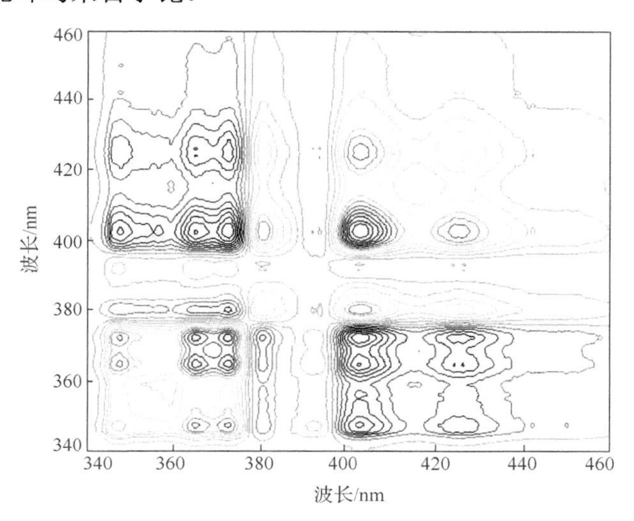

图 6-3 第一种体系的同步二维荧光相关谱

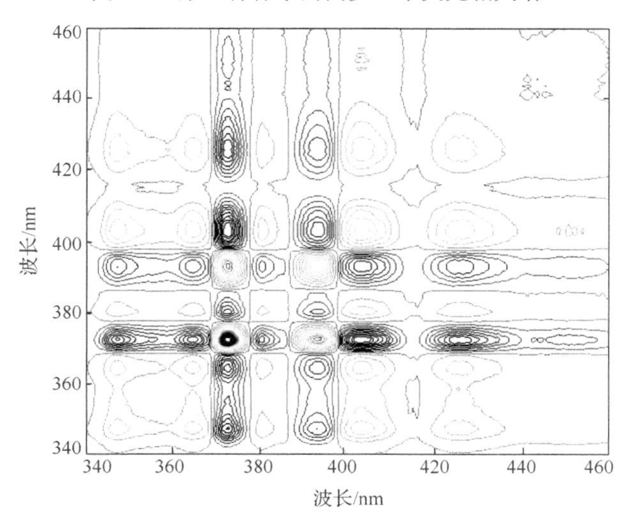

图 6-4 第二种体系的同步二维荧光相关谱

为验证上述两种体系对混合溶液中重叠峰解析的正确性，对第三种体系(样品 No.19～No.27)，以浓度为外扰，构建同步二维荧光相关谱(图 6-5)。在主对角线上 402nm、381nm、365nm 和 347nm 处存在较强的自相关峰。在主对角线外侧，存在一系列的交叉峰，其中(365，347)nm 处为正的交叉峰，由于混合溶液中菲浓度减小，同时芘和蒽浓度在增大，因此 365nm 处荧光峰必定与 347nm 处荧光峰源于同类荧光物质，即来自混合溶液中的菲。从图中还可看出，在(365，356)nm 处存在正的交叉峰，这表明 356nm 处荧光峰也来源于菲。在(425，347)nm、(381，347)nm、(393，347)nm、(373，347)nm、(452，347)nm 和(402，347)nm 处存在负交叉峰，进一步验证了第一、第二体系中荧光峰解析的正确性，即 393nm 和 373nm 处的荧光峰来自混合溶液中的芘，而 425nm、381nm、452nm 及 402nm 处荧光峰来自混合溶液中的蒽；同时，在(425，365)nm、(402，365)nm、(381，365)nm 及(356，402)nm 处存在负交叉峰，可知 365nm 和 356nm 处荧光峰与蒽的 381nm、402nm 和 425nm 处的特征荧光峰随外扰变化趋势不同，进一步说明 365nm、356nm 及 347nm 处荧光峰为菲的特征峰。

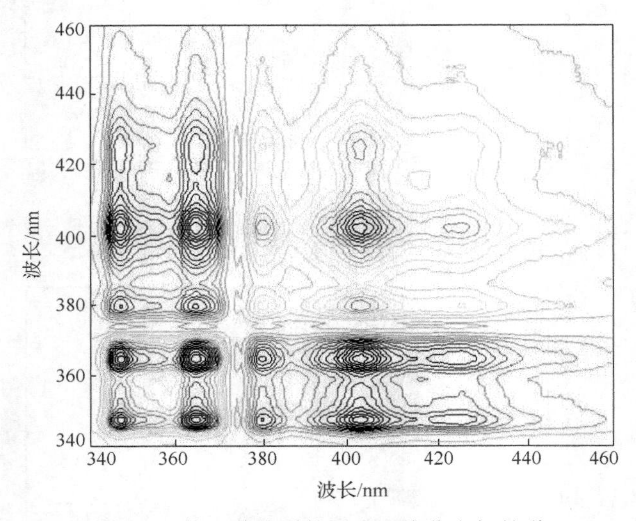

图 6-5　第三种体系的同步二维荧光相关谱

为了更进一步说明上述三种体系对混合溶液中重叠荧光峰解析的正确性，以浓度为外扰，对第一种(样品 No.1～No.9)和第二种体系(样品 No.10～No.18)，进行异步二维荧光相关谱计算，分别得到第一和第二种体系的异步二维荧光相关谱(图 6-6)。在 402nm、381nm、425nm 和 452nm 波长间不存在交叉峰，这表明这些波长处所对应的荧光峰随外扰蒽浓度变化的速率是相同的，说明这些峰的来源相同，都来自混合溶液中的蒽；荧光峰 373nm 与 393nm 波长间不存在交叉峰，这表明这些峰随外扰芘浓度变化的速率是相同的，进一步说明这些峰的来源相同，即都来自混合溶液中的芘；荧光峰 365nm、356nm 及 347nm 波长间不存在交叉峰，这表明这些峰随外扰菲浓度变化的速率是相同的，进一步说明这些峰的来源相同，即都来自混合溶液中的菲；而蒽、菲和芘彼此之间都存在交叉峰，也证明了上述结论。此外，从图 6-6 中还可观察到，在(385，373) nm，(385，393) nm 和(385，402) nm 处存在交叉峰，可判断出 385nm 处荧光峰源于混合溶液中的菲(该峰在同步谱中并未出现)，这也证明了异步谱比同步谱具有更好的光谱分辨率[15]。

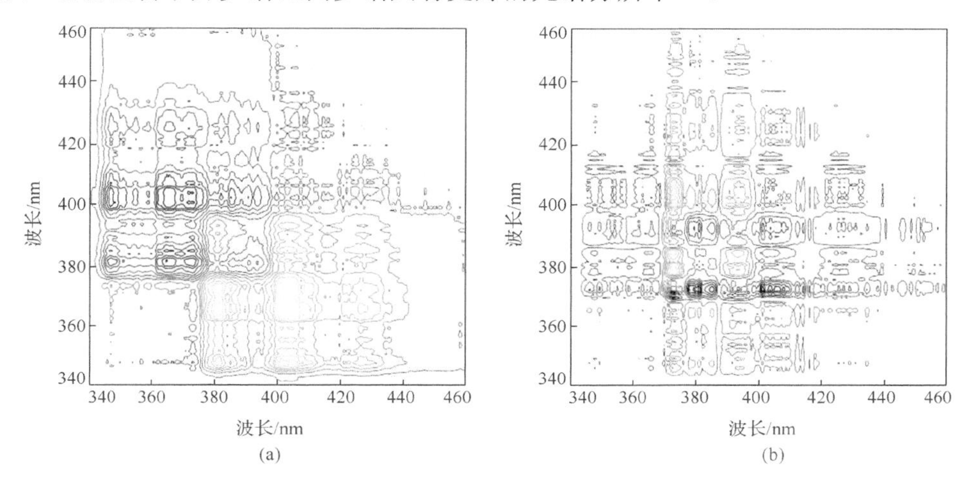

图 6-6　第一和第二体系的异步二维荧光相关谱

张婧等[16]采用同样的方法对水中苯并[a]芘、苯并[ghi]苝、苯并[k]荧蒽三种多环芳烃的混合溶液进行荧光峰解析。配置三种混合溶液体系，共 30 个样品。样品 No.1～No.9 组成体系一，苯并[ghi]苝浓度递减(均由 5.0×10^{-5}g/L 减至 6.0×10^{-6}g/L)，苯并[a]芘、苯并[k]荧蒽浓度递增(均由 5.0×10^{-6}g/L 增至 4.0×10^{-5}g/L)；样品 No.10～No.18 组成体系二，苯并[k]荧蒽浓度递增(均由 1.0×10^{-6}g/L 增至 3.0×10^{-6}g/L)，苯并[a]芘、苯并[ghi]苝浓度递减(均由 3.0×10^{-5}g/L 减至 1.0×10^{-6}g/L)；样品 No.19～No.30 组成体系三，苯并[a]芘浓度递减(均由 5.0×10^{-5}g/L 减至 6.0×10^{-6}g/L)，苯并[ghi]苝、苯并[k]荧蒽浓度递增(均由 5.0×10^{-6}g/L 增至 4.0×10^{-5}g/L)。

图 6-7 是浓度为 1×10^{-5}g/L 的三种单组分多环芳烃水溶液的一维荧光光谱图。苯并[a]芘有三个荧光峰，分别在 405nm、425nm 和 459nm 处；苯并[ghi]苝有两个荧光峰，分别在 471nm 和 500nm 处；苯并[k]荧蒽有两个荧光峰，分别在 417nm 和 433nm 处。图 6-8 是三种多环芳烃的混合溶液(浓度均为 1×10^{-5}g/L)在 238nm 波长光激发下的一维荧光光谱图。除了苯并[ghi]苝在 500nm 处的肩峰可以分辨出来之外，三种多环芳烃的其他荧光峰都被覆盖或淹没。因此，常规荧光光谱法无法有效区分出三种多环芳烃的特征峰。

对混合溶液体系一的 9 个样品，以浓度为外扰，以平均谱为参考谱，分别进行同步和异步二维荧光相关谱计算，分别得到体系一的同步(图 6-9(a))和异步(图 6-9(b))二维荧光相关谱，图 6-9(c)是异步谱在 425nm 处的切谱。

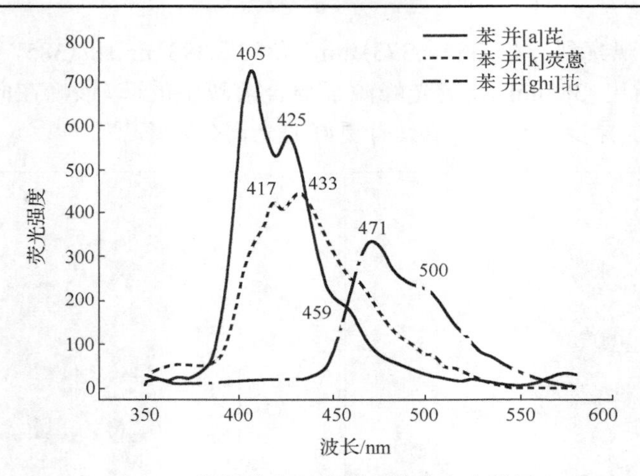

图 6-7　单组分多环芳烃一维荧光光谱图

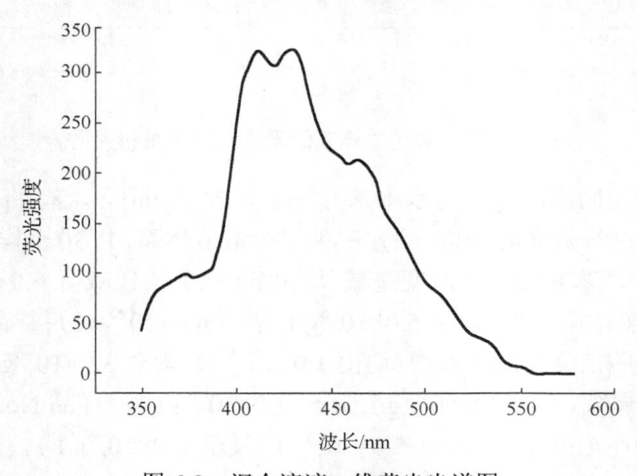

图 6-8　混合溶液一维荧光光谱图

对于同步二维荧光相关谱，在主对角线405nm、425nm、471nm、480nm和500nm处存在自相关峰，表明此波长处的荧光峰强度随外扰的变化而变化。在主对角线外侧(500，480)nm、(500，471)nm处存在正交叉峰，表明3个荧光峰强度随外扰变化方向相同，其可能来自混合溶液中的同一组分。由于混合溶液中苯并[ghi]苝浓度在减小，苯并[a]芘和苯并[k]荧蒽浓度在增大，再结合500nm处苯并[ghi]苝的峰(未被覆盖)，可推断480nm和471nm处的荧光峰也来自混合溶液中的苯并[ghi]苝；在(480，405)nm和(480，425)nm处存在负的交叉峰，表明405nm和425nm处的荧光峰强度随外扰的变化方向与480nm处变化方向相反，表明405nm和425nm处荧光峰可能来自混合溶液中的苯并[a]芘或苯并[k]荧蒽。

对于异步二维荧光相关谱，在(500，480)nm、(500，471)nm处不存在交叉峰，表明 3 个荧光峰强度随外扰变化的速率相等，进一步证实了 471nm、480nm 和 500nm 处荧光峰来自同一组分，都来自混合溶液的苯并[ghi]苝；(471，405) nm、(471，417) nm、(471，425) nm、(471，433) nm、(471，459) nm 和(471，491) nm 处存在交叉峰，表明 471nm 处荧光峰强度与 405nm、417nm、425nm、433nm、459nm 和 491nm 处荧光峰强度变化速率不同，表明 471nm 处的荧光峰与其他 6 个峰的来源不同，由于 471nm 处的峰来自苯并[ghi]苝，可推测 405nm、417nm、425nm、433nm、459nm 和 491nm 处荧光峰来自混合溶液中的苯并[a]芘或苯并[k]荧蒽。此外，(491，433) nm 和(491，443) nm 处的交叉峰表明 491nm 处的荧光峰与 433nm 和 443nm 处峰的来源不同。从图 6-9(c)异步谱 425nm 处切谱上可以看到 425nm 与 417nm、433nm、471nm 和 500nm 之间都存在交叉峰，而 425nm 与 405nm、459nm 之间不存在交叉峰，可推测 417nm 和 433nm 处荧光峰来源相同，405nm、425nm 和 459nm 处荧光峰来源相同，但对于具体来源还需要进一步分析。

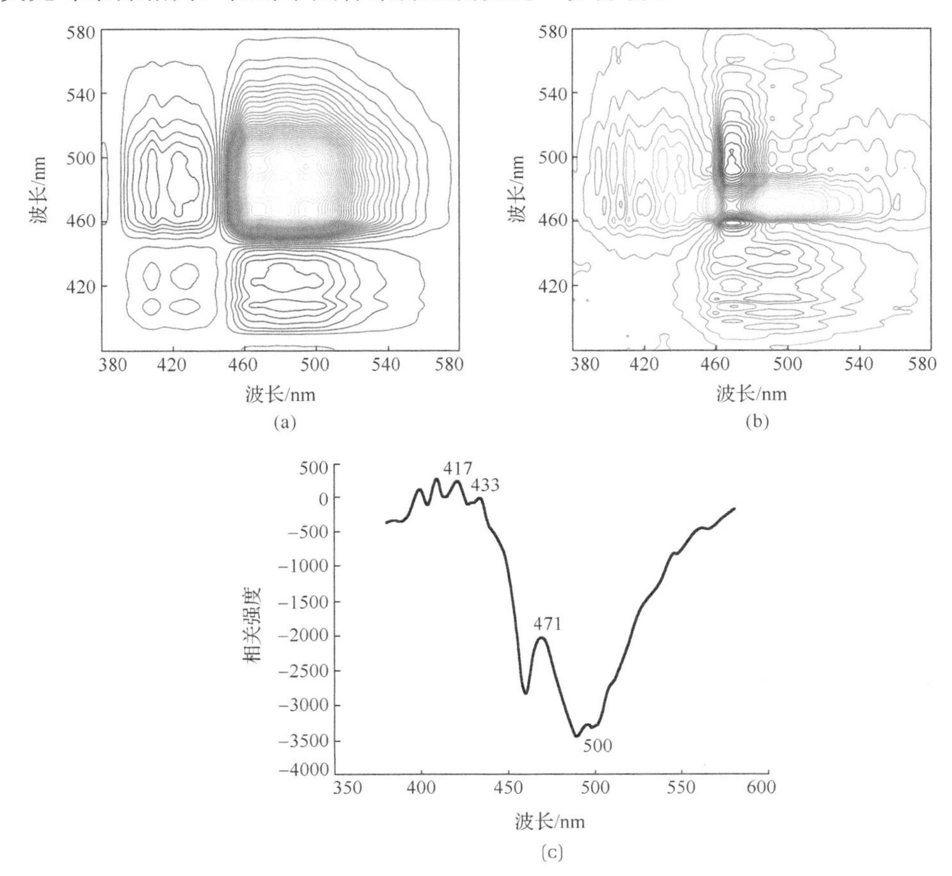

图 6-9　体系一的同步谱、异步谱和异步 425nm 处切谱

对于体系二动态光谱进行同步和异步相关计算。对于同步二维荧光相关谱(图 6-10(a))，在主对角线 405nm、471nm 和 500nm 处存在自相关峰。主对角线外侧存在一些正交叉峰，分别位于(471，405)nm、(471，425)nm 和(471，500)nm 处，表明 405nm、425nm、500nm 处与 471nm 处的荧光峰强度随外扰的变化方向相同。由于该混合溶液体系中苯并[ghi]苝和苯并[a]芘的浓度在减小，苯并[k]荧蒽的浓度在增大，再结合上述分析结果(471nm 和 500nm 峰来自苯并[ghi]苝，且与 405nm 和 425nm 峰来源不同)，可推测出 405nm 和 425nm 处的荧光峰来自于混合溶液中的苯并[a]芘。因为 405nm、425nm 和 459nm 处荧光峰来源相同，推测 459nm 处峰也来自苯并[a]芘。

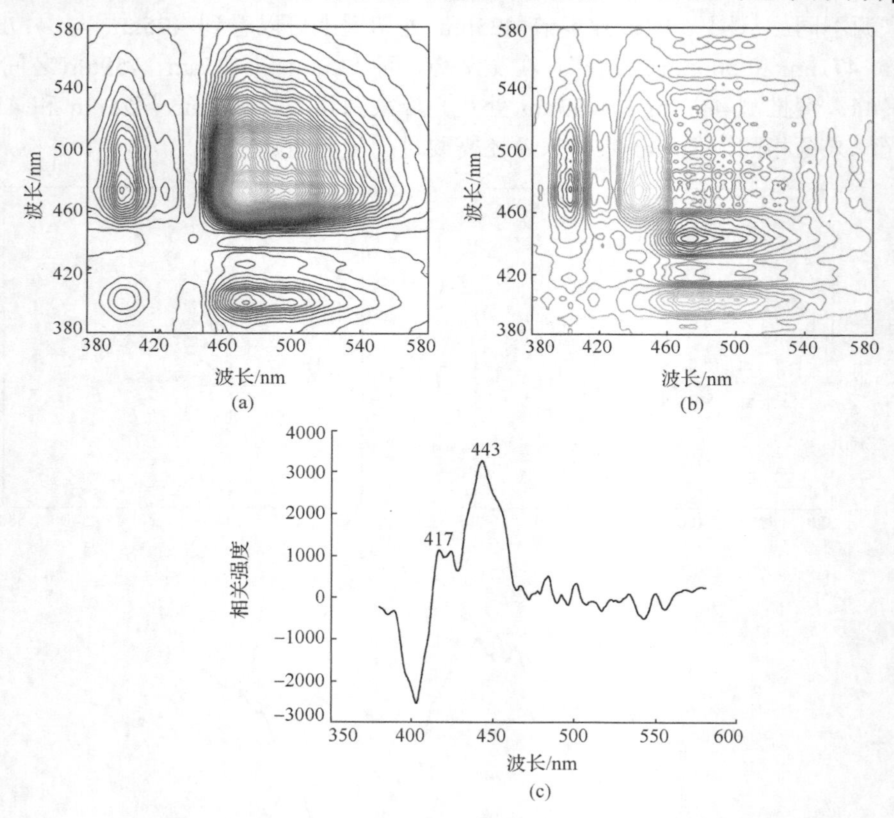

图 6-10　体系二的同步谱、异步谱和异步 471nm 处切谱

对于异步二维荧光相关谱(图 6-10(b))中，在(405，425)nm 处不存在交叉峰，表明两峰荧光强度随外扰变化速率相同，进一步确认两峰来源相同，都来自混合溶液的苯并[a]芘。图 6-10(c)为异步谱在 471nm 处的切谱，可以看到 471nm 与 417nm、443nm 之间存在交叉峰，结合上述分析结果(471nm 峰来自苯并[ghi]苝，425nm 峰来自苯并[a]芘，417nm 和 433nm 处荧光峰来源相同)，可推测 417nm 和 433nm 荧光

峰来自混合溶液中的苯并[k]荧蒽。由于 433nm 和 443nm 处峰与 471nm 和 491nm 两处峰来源都不相同，推测 491nm 处峰来自混合溶液中的苯并[a]芘，443nm 处峰来自苯并[k]荧蒽。

图 6-11(a)和(b)为体系三的异步二维荧光相关谱和在 433nm 处的切谱，从图上可以看到 433nm 与 405nm、425nm、471nm 和 500nm 处存在交叉峰；471nm 与 405nm、425nm、433nm、443nm、459nm 处存在交叉峰，进一步验证和确认：混合溶液中 405nm、425nm、459nm 和 491nm 处荧光峰来自苯并[a]芘，417nm、433nm 和 443nm 处荧光峰来自苯并[k]荧蒽，471nm、480nm 和 500nm 处荧光峰来自苯并[ghi]苝，解析结果与单组分荧光峰(图 6-7)位置一致。

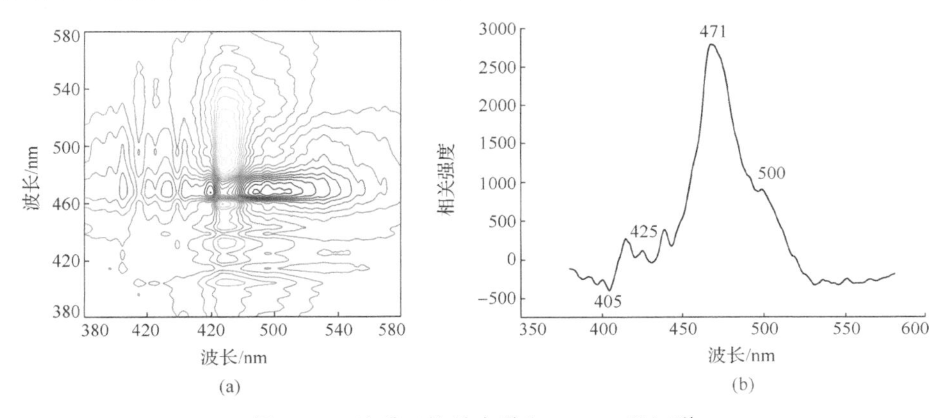

图 6-11 体系三的异步谱和 433nm 处切谱

2. 水中农药特征信息提取

成千上万吨的有机磷农药被用在农业上，该类农药在水中的残留危害了人类及其他生物的健康。杀螟硫磷硫代磷酸酯，是常用的有机磷农药。图 6-12 是以水中杀螟硫磷农药浓度为外扰的同步二维相关谱，可以观察到在主对角线 7184cm^{-1} 和 6369cm^{-1} 处出现较强的自相关峰，其分别是由杀螟硫磷农药中 CH_3 和苯环的 C—H 伸缩振动的一级和二级倍频吸收引起。同时，可以看到随着外扰水中杀螟硫磷农药浓度的变化，在 5365～6757cm^{-1} 和 6944～7800cm^{-1} 范围内，光谱信息发生了明显的变化。两个强的自相关峰位置正好处于两个波数区间的位置，因此，选择两个波数区间建立了判别水中杀螟硫磷农药的数学模型，能检测出水中含杀螟硫磷农药的最低浓度为 1μg/L[17]。

辛硫磷是农业生产中常用的有机磷杀虫剂。Gu 等[18]以纯水近红外谱为参考谱，研究了辛硫磷浓度外扰下的同步二维近红外相关谱特性，发现在 5364.8～7552.9cm^{-1} 范围内出现较强的自相关峰，主要是由辛硫磷中 CH 伸缩振动的一级倍频，CH_2 和 CH_3 伸缩振动的合频所引起的，并结合异步谱，选择随辛硫磷浓度外扰变化敏感的 5364.8～7552.9cm^{-1} 区间建立了水中辛硫磷农药的 PLS-DA 判别模型。所建模型对校正集和预测集样品的判别正确率分别为 93.3%和 97.8%，其检测限为 1μg/mL。

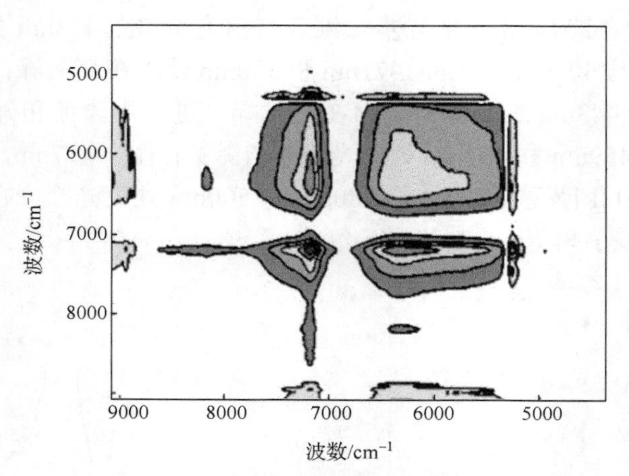

图 6-12 杀螟硫磷农药的同步二维相关谱

6.1.2 水中腐殖酸与 PAHs 之间相互作用

1. 仪器与样品

LS-55 荧光分光光度计，激发波长范围：240～460nm，发射波长范围：350～600nm，激发和发射狭缝均为 15nm，扫描速度为 1000nm/min，光电倍增管电压为 700V。

首先配置浓度为 100ug/mL 苯并[ghi]苝(BGP)的丙酮溶液，将上述 BGP 溶液逐步稀释至 0.12mg/L 作为待测样品。称量相应质量的腐殖酸(Sigma-Aldrich)，溶解在 0.1mol/L 的 NaOH 水溶液中，分别得到 10～60mg/L 的腐殖酸溶液。将不同浓度的腐殖酸溶液分别与 BGP 溶液混合，配制成 BGP 浓度为 0.12mg/L，腐殖酸浓度为 10～60mg/L 的一系列混合样品。

2. 单组分腐殖酸与 BGP 的荧光特性

通过研究腐殖酸的三维荧光光谱，发现腐殖酸的最佳激发发射波长会随着浓度的变化而变化。为了研究腐殖酸的荧光特性，选取了 7 个不同浓度的腐殖酸样品，在两个最佳激发波长 250nm 和 470nm 下扫描其发射光谱(图 6-13 和图 6-14)。需要注意的是，扫描时需要采用不同的发射滤波器，以避免瑞利散射的干扰。

图 6-13 为 7 个腐殖酸样品在 250nm 波长激发下，浓度从 10mg/L 增加到 60mg/L 时的常规一维荧光光谱(动态光谱)。从图中可以看出，荧光强度随腐殖酸浓度的增

加先增大(从 10mg/L 到 15mg/L)，然后荧光强度无明显变化(从 15mg/L 到 20mg/L)。最后，荧光强度随腐殖酸浓度的增加而降低(从 20mg/L 到 60mg/L)。可见，随着腐殖酸浓度的增加，荧光团在该位置的荧光被淬灭。图 6-14 为同一组 7 个腐殖酸样品在 470nm 激发下的动态光谱。从下往上，可以观察到荧光强度随着腐殖酸浓度的增加而增加直到 50mg/L。60mg/L 腐殖酸的荧光强度与 50mg/L 相近，说明在该浓度下存在淬灭拐点。同时也证明了腐殖酸的荧光强度会随着浓度的增加而降低。从上述分析结果中可以推测腐殖酸分子中至少存在两种不同的荧光团，这将导致腐殖酸浓度变化时荧光淬灭过程的差异[19]。

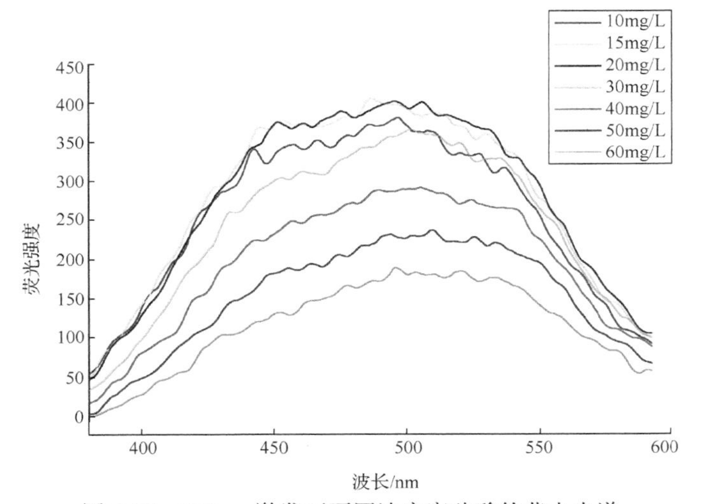

图 6-13　250nm 激发下不同浓度腐殖酸的荧光光谱

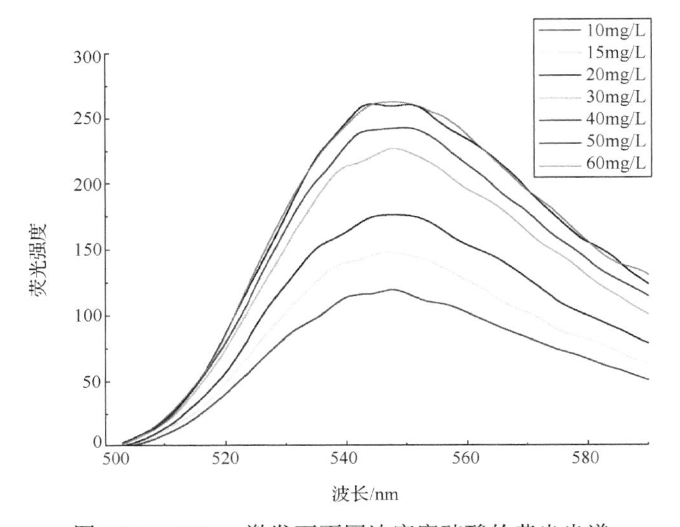

图 6-14　470nm 激发下不同浓度腐殖酸的荧光光谱

在最佳激发波长 304nm 激发下，采集 BGP 常规一维荧光光谱(图 6-15)。从图中可以看出 BGP 在 488nm 和 513.5nm 处有两个主要特征峰。

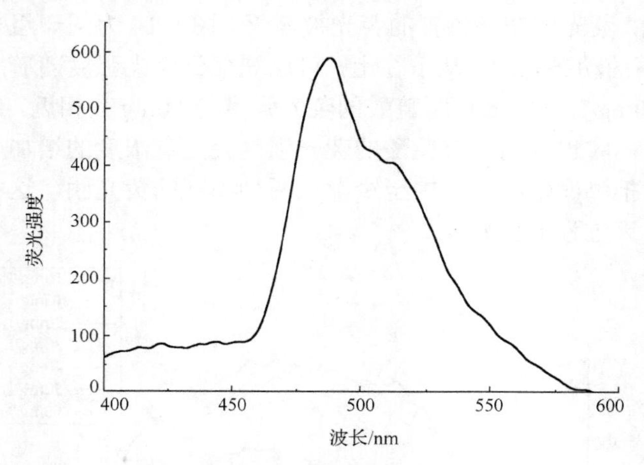

图 6-15　304nm 激发下的 BGP 一维荧光谱

3. 腐殖酸与 BGP 混合物的荧光特性

为了探讨腐殖酸对 BGP 荧光的影响，首先分别测定了不同浓度腐殖酸与相同浓度 BGP 混合后样品的常规一维荧光光谱。图 6-16 为腐殖酸浓度为 10～50mg/L 的 5 个混合样品的动态荧光光谱。可以看出，随着腐殖酸浓度的增加，荧光强度下降(大于腐殖酸自身的荧光)，BGP 的特征峰逐渐消失。可以推测，随着腐殖酸浓度的增加，荧光发生了淬灭，随后对 BGP 和腐殖酸混合样品进行同样实验也证实了这一点。

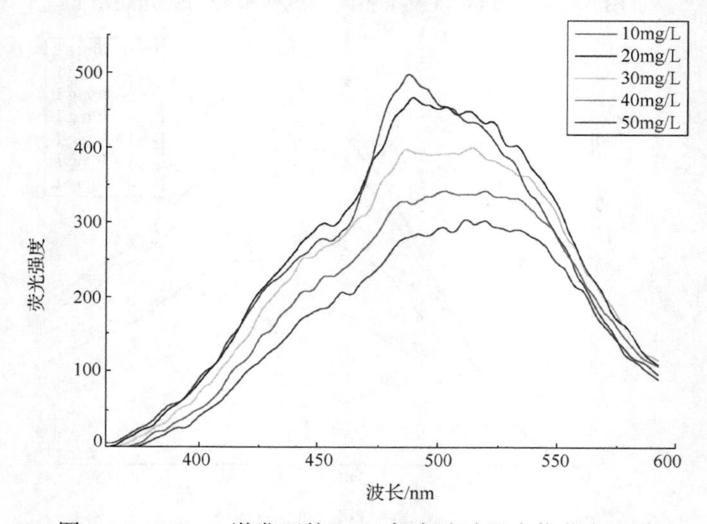

图 6-16　304nm 激发下的 BGP 与腐殖酸混合物荧光光谱

PAHs 荧光淬灭的可能原因是 PAHs 与腐殖酸的一部分组分发生相互作用，并与其结合导致其荧光量子产率减小。因此，可以根据荧光强度的变化来表征与腐殖酸结合的多环芳烃含量的大小。该方法可以确定腐殖酸与多环芳烃的结合强度及相互作用机制，探索对因二者结合引起 PAHs 荧光淬灭进行补偿的方法。

为了进一步分析腐殖酸和 BGP 的相互作用，对腐殖酸和 BGP 混合样品进行了二维荧光相关光谱研究。为了避免 BGP 发生淬灭，将较低浓度的腐殖酸与 BGP 混合（腐殖酸 10mg/L、BGP0.12mg/L），并对其进行荧光扫描。以激发波长 240～460nm，间隔 10nm 为外扰，选择平均光谱进行相关计算，得到同步和异步的二维荧光相关光谱，如图 6-17(a)和(b)所示。

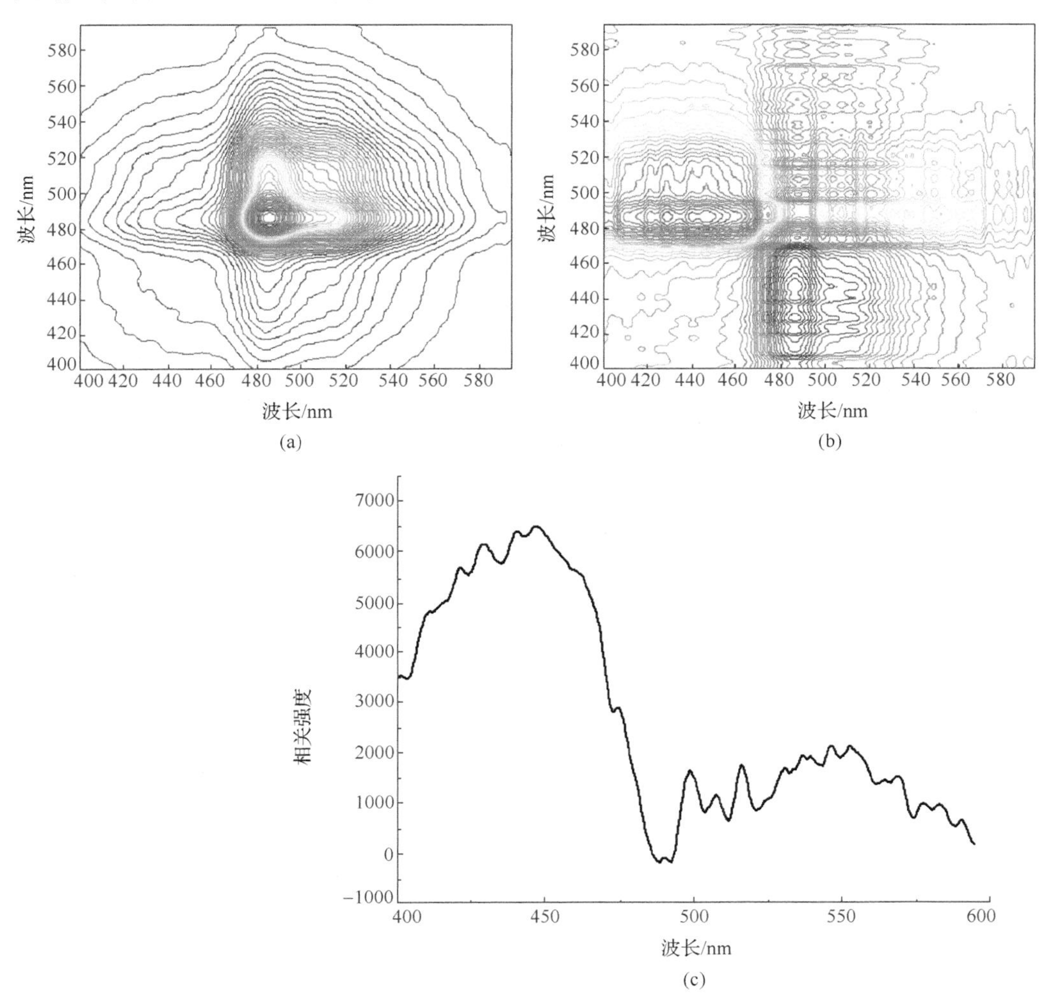

图 6-17　腐殖酸与 BGP 混合物同步和异步二维荧光相关光谱，异步 485.5nm 处切谱

从图 6-17(a)可以看出，同步二维荧光相关谱主对角上 485.5nm 处有一个较强的自相关峰，BGP 在该波长处的荧光强度最强。图中没有出现负交叉峰，说明同步光谱不能提取腐殖酸的信息。随后尝试在异步二维荧光相关谱中寻找腐殖酸。众所周知，异步二维荧光相关谱反映了峰强度不同的变化速率，对于不同的物质会出现交叉峰。因此，对异步谱在 BGP 的最强自相关峰 485.5nm 处相切，得到异步谱的切谱，如图 6-17(c)所示。从图中可以看出，交叉峰主要有两部分，其中心分别位于 446.5nm 和 549nm。结合图 6-13 和图 6-14 所示的一维光谱，可推断上述两个峰可以归为腐殖酸。

6.1.3 水中 PAHs 检测

1. 仪器与样品

美国 Perkin Elmer 公司的 LS-55 荧光分光光度计，脉冲氙灯为光源。激发波长范围 260～340nm，扫描间隔 3nm；发射波长范围 350～500nm，间隔 1nm；入射狭缝宽度 3nm，出射狭缝宽度 2.5nm，扫描速度 1000nm/min。

配置 40 个蒽和芘混合溶液，蒽和芘的浓度范围是 1×10^{-6}～1×10^{-4}g/L。以激发波长为外扰，进行二维相关谱计算，得到每一样品对应的同步二维荧光相关光谱。

2. 蒽和芘混合水溶液荧光特性

图 6-18 是蒽和芘浓度分别为 6.0×10^{-5}g/L、4.0×10^{-5}g/L 混合水溶液的三维荧光谱和同步二维荧光相关谱。从图 6-18(a)可以看出，蒽的最高荧光峰出现在 320nm 左右，发射峰出现在 401nm 左右；芘的最大荧光峰出现在 335nm 和 371nm 左右。从图 6-18(b)可以看到，在 371nm、379nm、392nm、401nm 和 422nm 处出现了 5 个自相关峰，其中 371nm 和 392nm 峰归属于芘；379nm、401nm 和 422nm 峰归属于蒽。

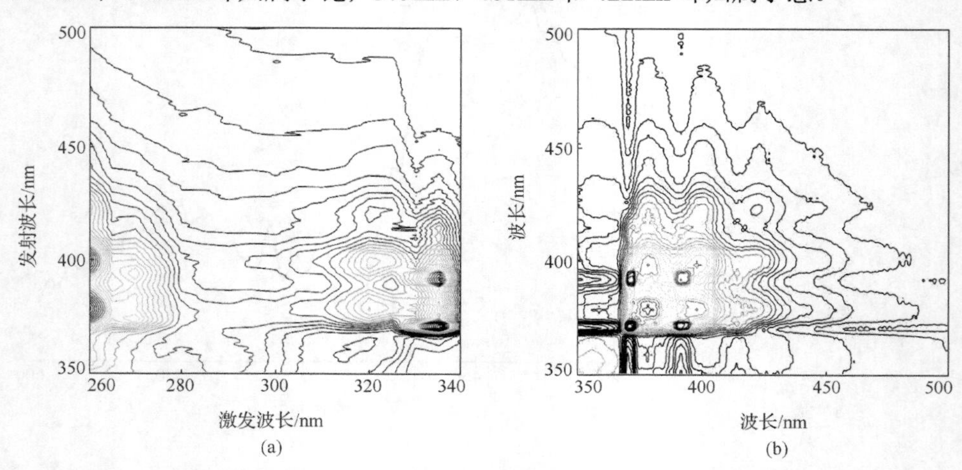

图 6-18　蒽芘混合溶液三维荧光谱同步二维荧光相关谱

3. 二维荧光相关谱的 N-PLS 模型

基于同步二维荧光相关谱，根据 K-S (Kennard-Stone)法，从 40 个不同浓度样品中，选取 27 个作为校正集，13 个作为预测集。首先，基于同步二维荧光相关谱，对于校正集样品，分别计算蒽、芘在混合溶液中不同主成分数下的 RMSECV (图 6-19)。从图中可以看到，当蒽主成分数为 7 时，RMSECV 最小；当芘主成分数为 5 时，RMSECV 最小。因此，分别选择 7 个和 5 个主成分建立定量分析溶液中蒽芘浓度的多维偏最小二乘模型。

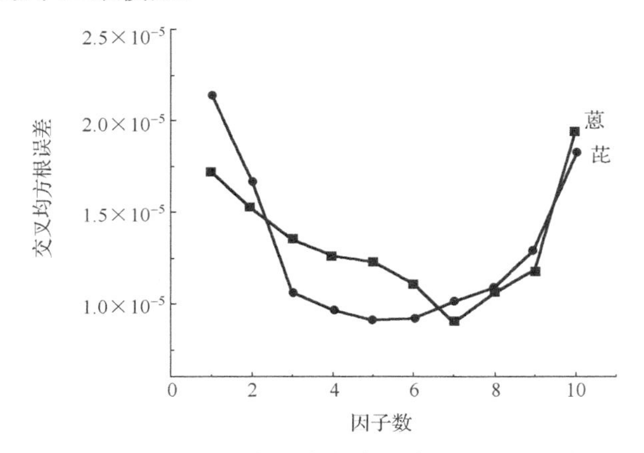

图 6-19　蒽、芘校正集的交叉验证均方根误差

利用所建立的模型分别对蒽和芘的校正集、预测集进行预测。图 6-20(a)和(b)分别是所建模型对蒽和芘校正集和预测集样品预测值与实际值线性拟合。同时，表 6-1 也给出了两个模型的预测性能，从图表中可以看到：蒽的校正集与预测集线性相关系数分别为 0.990 和 0.982，其 RMSEC 和 RMSEP 分别为 3.50 和 4.42；芘的

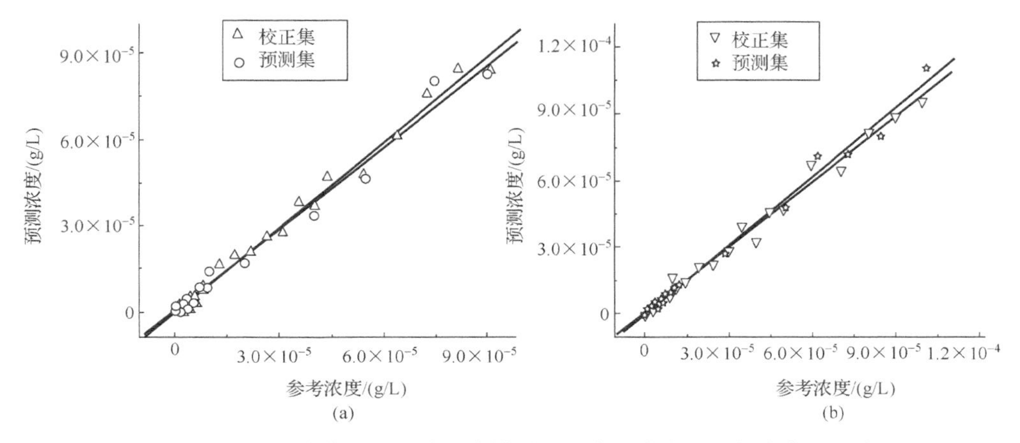

图 6-20　基于二维荧光相关谱所建模型对混合溶液中蒽和芘浓度预测结果

校正集与预测集线性相关系数分别为 0.990 和 0.990，其 RMSEC 和 RMSEP 分别为 3.61 和 4.29。两个模型的 RMSEC 和 RMSEP 都很低，线性相关系数较高，说明基于二维荧光相关谱定量分析多环芳烃含量是可行的和有效的。

表 6-1　基于二维荧光相关谱 N-PLS 模型预测结果

样品	主成分数	校正集		预测集	
		R^2	RMSEC / (10^{-6}g/L)	R^2	RMSEP/ (10^{-6}g/L)
蒽	7	0.990	3.50	0.982	4.42
芘	5	0.990	3.61	0.990	4.29

4. 三维荧光谱的 N-PLS 模型

为了进一步说明二维荧光相关谱的优势，对于同样的样品，基于三维荧光光谱建立了定量分析溶液中蒽、芘浓度的 N-PLS 模型。

三维荧光光谱数据是由 40 个样品的三维矩阵组成的，利用三维数据构建 N-PLS 模型，进行定量分析。分别计算了蒽、芘在混合溶液中不同主成分数下的 RMSECV，分别选择 4 个和 3 个主成分建立定量分析混合溶液中蒽和芘浓度的多维偏最小二乘模型。图 6-21 (a) 和 (b) 分别是所建模型对蒽和芘校正集和预测集样品预测值与实际值线性拟合。同时，表 6-2 也给出了两个模型的预测性能，从图表中可以看到：蒽的校正集与预测集线性相关系数分别为 0.988 和 0.976，其 RMSEC 和 RMSEP 分别为 3.97 和 4.63；芘的校正集与预测集线性相关系数分别为 0.990 和 0.982，其 RMSEC 和 RMSEP 分别为 4.46 和 4.52。

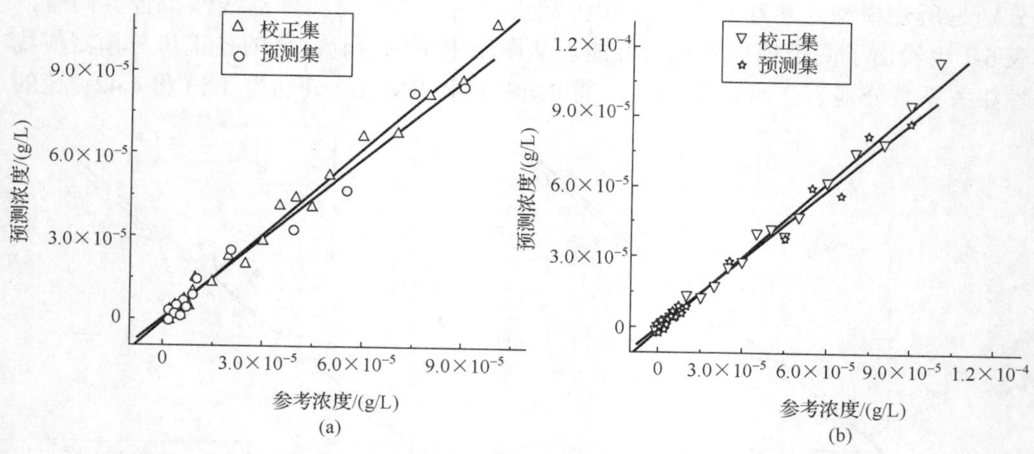

图 6-21　基于三维荧光谱所建模型对混合溶液中蒽和芘浓度预测结果

从分析结果来看，三维荧光的多维偏最小二乘法也取得好的预测结果。但与二维荧光相关谱的 N-PLS 模型的预测性能相比(表 6-1)，无论对溶液中的蒽，还是芘的预测，二维荧光相关谱的 N-PLS 模型都提供较低的 RMSEC 和 RMSEP 值。这表明基于二维荧光相关谱的 N-PLS 模型比三维荧光谱的 N-PLS 模型能提供更好的分析结果[20]。

表 6-2　基于三维荧光相关谱 N-PLS 模型预测结果

样品	主成分数	校正集		预测集	
		R^2	RMSEC/(10^{-6}g/L)	R^2	RMSEP/(10^{-6}g/L)
蒽	4	0.988	3.97	0.976	4.63
芘	3	0.990	4.46	0.982	4.52

6.1.4　水中农药检测

1. 仪器与样品

美国 Perkin Elmer 公司的 LS-55 荧光分光光度计，激发波长范围 220～265nm，扫描间隔 3nm；发射波长范围 310～400nm，间隔 1nm；入射狭缝宽度 8nm，出射狭缝宽度 10nm，扫描速度 1000nm/min。

配置 40 个不同质量浓度比西维因和百菌清的混合溶液(西维因的浓度为 5×10^{-7}～9.5×10^{-6}g/L，百菌清的浓度为 5×10^{-6}～9.5×10^{-5}g/L)。采用浓度梯度法，从 40 个样品中随机选择 27 个样品作为校正集进行建模，其余的 13 个样品作为预测集来验证模型的有效性。

2. 二维荧光相关谱的 N-PLS 模型

图 6-22 是西维因和百菌清浓度分别为 3×10^{-6}g/L 和 7×10^{-5}g/L 混合溶液的三维

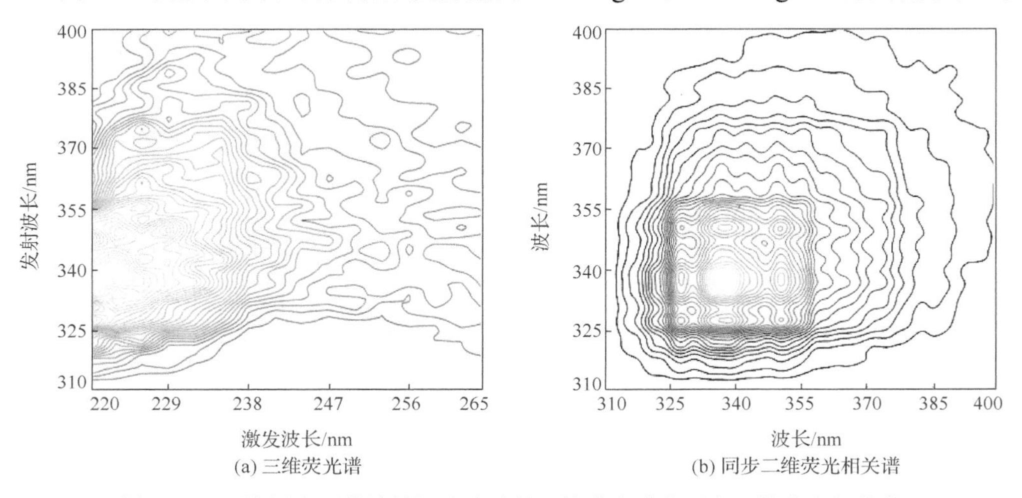

(a) 三维荧光谱　(b) 同步二维荧光相关谱

图 6-22　西维因和百菌清的混合溶液的三维荧光谱和同步二维荧光相关谱

荧光谱和同步二维荧光谱。由三维荧光谱可见西维因的最大激发波长在 223nm 附近，最大发射波长在 331nm 左右；百菌清的最大激发波长在 229nm 附近，最大发射波长在 350nm 左右。从二维荧光相关谱可以看到，在主对角线 331nm、338nm、347nm 和 350nm 处存在四个自相关峰，其中，331nm 峰来自水中的西维因；347nm 和 350nm 峰来自水中的百菌清；338nm 处强而宽的峰来自水中西维因(344nm)和百菌清(334nm)的重叠峰。同时还可以看到，在主对角线两侧的(330，347)nm、(330，350)nm 和(338，350)nm 处都存在交叉峰。

采用 N-PLS 算法，基于校正集样品的同步二维荧光相关光谱矩阵(27×91×91)建立定量分析水中西维因和百菌清浓度的数学模型。对百菌清，基于 RMSECV 选取 5 个因子建立定量模型。图 6-23(a)是模型对校正集和预测集样品中百菌清预测浓度与参考浓度之间的拟合关系图，校正相关系数 R_c=0.99，校正均方根误差 RMSEC=3.43×10^{-6}g/L；图中预测集的相关系数 R_p=0.97，预测均方根误差 RMSEP=5.86×10^{-6}g/L。从图中还可以看出，校正集水中百菌清预测浓度和参考浓度之间的拟合线与理想的 1∶1 线比较吻合;预测集拟合线与理想的 1∶1 线略有偏差，但偏差不显著。校正集和预测集拟合线的斜率分别为 0.98 和 0.85，其截距分别为 1.21×10^{-6} 和 5.98×10^{-6}。

对西维因，基于 RMSECV 选取 4 个因子建立定量模型。图 6-23(b)是模型对校正集和预测集样品中西维因预测浓度与参考浓度之间的拟合关系图，校正相关系数 R_c=0.98，校正均方根误差 RMSEC=5.24×10^{-7}g/L；预测集的相关系数 R_p=0.93，预测均方根误差 RMSEP= 9.20×10^{-7}g/L。从图 6-23(b)中还可以看出，校正集和预测集水中西维因预测浓度和参考浓度之间的拟合线与理想的 1∶1 线略有偏差，但偏差不显著。校正集和预测集拟合线的斜率分别为 0.80 和 0.88，其截距分别为 9.42×10^{-7} 和 6.35×10^{-7}。

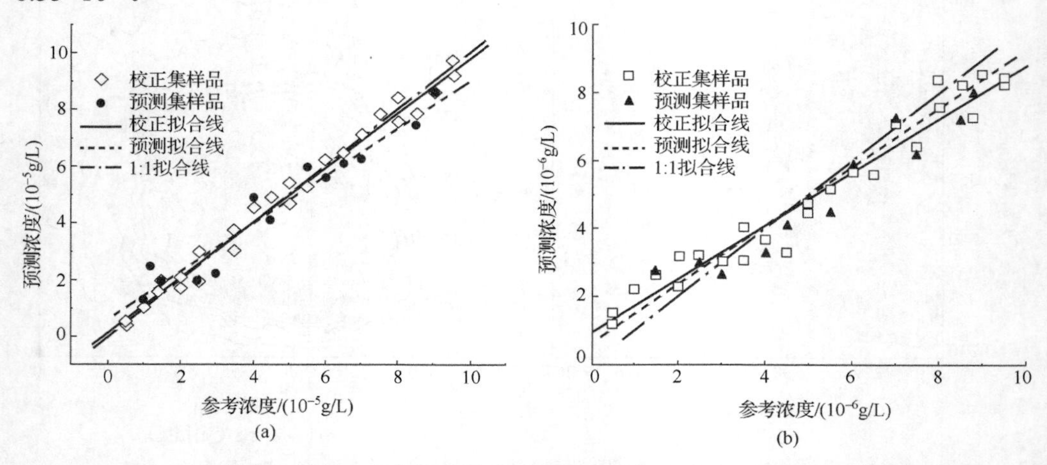

图 6-23 二维荧光相关谱混合溶液中百菌清和西维因实际浓度与预测浓度之间的关系

3. 三维荧光谱的 N-PLS 模型

为了比较，采用 N-PLS 算法，对于同样的校正集样品，基于三维荧光光谱矩阵 (27×11×91) 建立定量分析水中百菌清和西维因浓度的数学模型。对于百菌清，图 6-24(a) 是模型对校正集和预测集样品中百菌清预测浓度与参考浓度之间的拟合图，其 R_c=0.98，RMSEC=5.08×10^{-6}g/L；R_p=0.92，RMSEP=8.99×10^{-6}g/L。与二维荧光相关谱预测的结果相似，校正集和预测集的拟合线与理想的 1∶1 线比较吻合，但预测集拟合点散度较大。校正集和预测集拟合线的斜率分别为 0.96 和 0.74，其截距分别为 2.42×10^{-6} 和 1.21×10^{-5}。

对于西维因，图 6-24(b) 是模型对校正集和预测集样品中西维因预测浓度与参考浓度之间的拟合图，其 R_c=0.96，RMSEC=6.18×10^{-7}g/L；R_p=0.92，RMSEP=9.63×10^{-7}g/L。校正集拟合线与理想的 1∶1 线略有差别，拟合点的散度较大，预测集拟合线与理想的 1∶1 线差别较大。校正集和预测集拟合线的斜率分别为 0.78 和 0.76，其截距分别为 1.10×10^{-6} 和 1.55×10^{-8}。

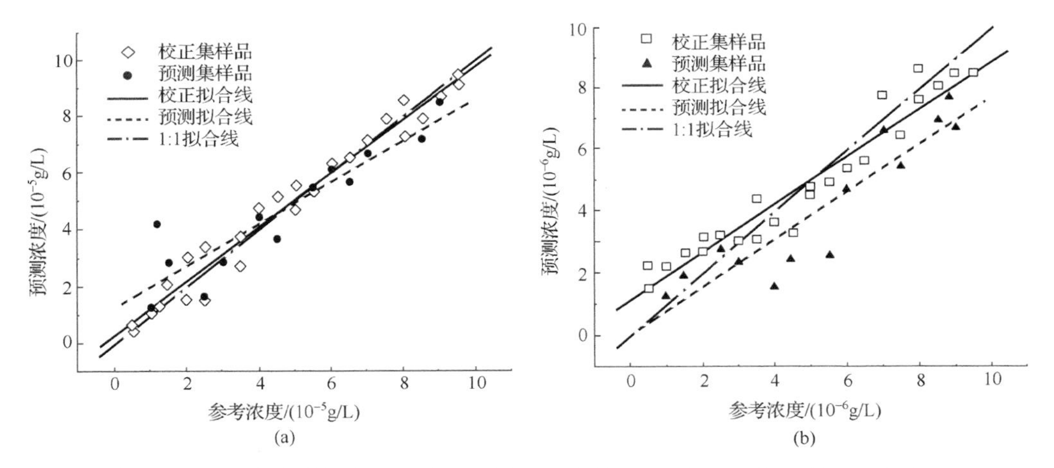

图 6-24　三维荧光谱混合溶液中百菌清和西维因实际浓度与预测浓度之间的关系

为了比较，表 6-3 给出了二维荧光相关光谱和三维荧光谱 4 个 N-PLS 模型校正集和预测集拟合线的斜率和截距。可以看出，二维荧光相关光谱可以提供比三维荧光谱更高的斜率。上述结果表明，相对于三维荧光谱，二维荧光相关光谱拟合线上的点更接近理想的 1∶1 线。

表 6-4 给出了两种方法所建定量分析水中百菌清和西维因浓度的模型性能。从表中看出：无论是相关系数，RMSEC，还是 RMSEP，相对于三维荧光，二维荧光相关谱都能提供较好的预测结果。其原因可能是，对于特征荧光严重重叠的百菌清和西维因混合水溶液，二维荧光相关谱能提取更多的有用信息[21]。

表 6-3　两种方法校正集和预测集拟合线的斜率和截距

模型	样品	校正集		预测集	
		斜率	截距	斜率	截距
二维荧光相关谱	百菌清	0.98	1.21×10^{-6}	0.85	5.98×10^{-6}
	西维因	0.80	9.42×10^{-7}	0.88	6.35×10^{-7}
三维荧光谱	百菌清	0.96	2.42×10^{-6}	0.74	1.21×10^{-5}
	西维因	0.78	1.10×10^{-6}	0.76	1.55×10^{-7}

表 6-4　两种方法所建模型的性能指标

模型	样品	校正集		预测集	
		R_c	RMSEC/(g/L)	R_p	RMSEP/(g/L)
二维荧光相关谱	百菌清	0.99	3.43×10^{-6}	0.97	5.86×10^{-6}
	西维因	0.98	5.24×10^{-7}	0.93	9.20×10^{-7}
三维荧光谱	百菌清	0.98	5.08×10^{-6}	0.92	8.99×10^{-6}
	西维因	0.96	6.18×10^{-7}	0.92	9.63×10^{-7}

6.1.5　海洋环境检测

随着近几十年来海水温度的持续升高，海洋中出现许多体积较大的神秘团状黏液物质，它们的出现并不仅仅让人们感到不悦，更多地暗示着海洋环境日益恶化的严峻性。黏液团是病毒和细菌滋生的热点区域，其中包括大肠杆菌，从黏液团释放出来的病原体可对人体健康构成危害。

为了研究海洋中神秘团状黏液物质如何形成，Mecozzi 等[22]人工合成了黏液物质，并采用二维红外和紫外-可见相关光谱对其形成过程进行了研究。首先研究了刺海门冬藻类人工合成黏液物质在形成不同时间段的一维红外光谱特性。研究发现，在形成开始阶段黏液聚集体小于 1 毫米，FTIR 光谱仅有少数几个峰，这些峰主要是由碳水化合物和蛋白质中的—OH 基团，肽蛋白质的—C═O 基团，碳水化合物和蛋白质中的—C—O 基团吸收所引起的。在形成第 3～5 天过程中，FTIR 光谱出现很多吸收峰，这些新出现的峰主要是脂肪酸中—C═O 基团，脂肪族中—CH、CH_2 基团，生物硅中—OH、C═C、C═N 基团，多糖中 C—O—C 基团，酰胺 II 和 III 带吸收所引起的，在这个阶段，聚集体的尺寸从开始的 1mm 长到了数厘米。在形成第 8～15 天过程中，其 FTIR 光谱图与初始阶段相似。

图 6-25 是混合黏液物质形成过程中(15 天左右)的同步二维红外相关谱(左面是从刺海门冬藻类合成，右面是棕色藻类混合合成)。两种黏液物质的形成过程在 $3350cm^{-1}$ 处都存在较强的自相关峰，其主要来自羟基—OH 基团的吸收，表明羟基在形成稳定的黏液物质过程中起着关键的作用。可以观察到，刺海门冬合成的黏液

物质在图 6-25(a)中 $1125cm^{-1}$(碳水化合物)和 $1650cm^{-1}$(蛋白质)处出现弱的自相关峰，表明碳水化合物和蛋白质对黏液物质的形成具有促进作用。同时，在(3350，1125)cm^{-1} 和(3350，1650)cm^{-1} 处出现正的交叉峰，表明氢键、碳水化合物和蛋白质基团在黏液物质的形成过程中存在正的相互作用。

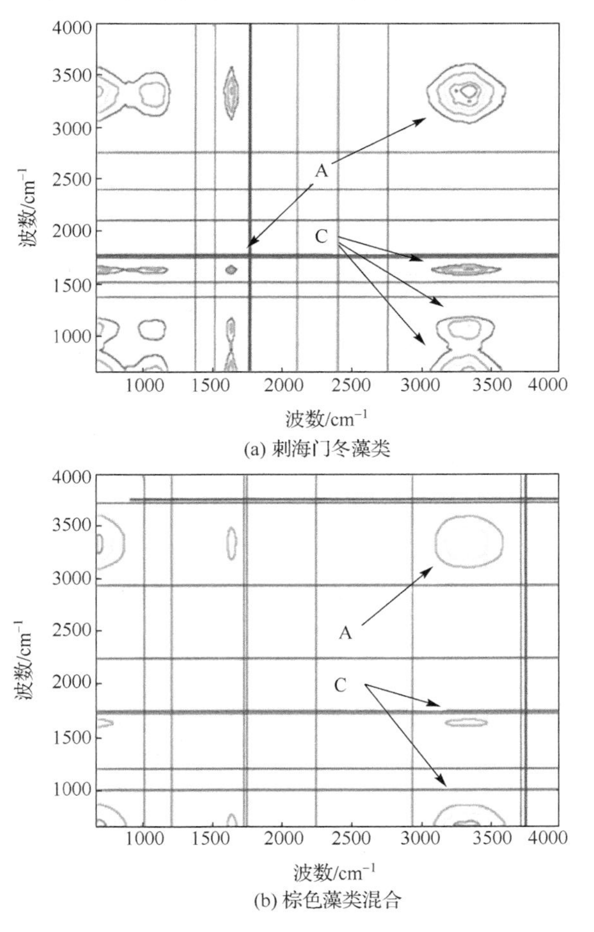

(a) 刺海门冬藻类

(b) 棕色藻类混合

图 6-25　人工合成黏液的同步二维红外相关谱

对于异步二维红外相关谱，刺海门冬藻类合成的黏液物质，在(3350，1125)cm^{-1} 处存在弱的交叉峰；棕色藻类合成的黏液物质，在(3350，1125)cm^{-1}、(3350，670)cm^{-1} 和(3350，2950)cm^{-1} 处出现弱交叉峰。这些交叉峰表明羟基基团与碳水化合物和蛋白质中的—C—O 基团，以及脂族化合物的脂肪链基团在黏液物质形成过程中并不是线性关系变化，即羟基基团起关键作用，其余基团起辅助作用。

当海水中存在铜和铅二价阳离子(浓度为 0.5mg/L)时，其与黏液中碳水化合物和蛋白质发生相互作用而被困在结构中。为了明确其相互作用机理，Mecozzi 等[22]

研究了石莼藻类人工合成黏液物质在基础浓度和高浓度铜和铅离子下的异谱二维中红外-紫外相关谱特性。同步谱，对于基础浓度，紫外 250nm 吸收峰与红外 670cm^{-1}、1120cm^{-1}、1440cm^{-1}、1650cm^{-1} 和 3350cm^{-1} 之间都存在较强的交叉峰，其中 250nm 紫外吸收峰主要是不饱和脂质结构(芳香共轭 C═C)引起。这些相关峰建立了脂类与蛋白质和糖类基团之间的关系，表明不饱和脂质与蛋白质，多糖和其他脂类化合物的脂肪链基团发生了相互作用。而对于高浓度铜和铅离子下的同步异谱二维中红外-紫外相关谱中，并未出现上述交叉峰，表明在高浓度铜和铅离子下，可能不存在上述相互作用过程。

对于基础浓度铜和铅离子作用下，异步异谱二维中红外-紫外相关谱，在(250nm，3350cm^{-1})处存在较强的交叉峰，表明芳香族和不饱和脂质结构基团与羟基基团存在非线性的相互作用；250nm 紫外吸收峰与红外 800cm^{-1}、1120cm^{-1}、1400cm^{-1}、1650cm^{-1} 和 3350cm^{-1} 处都存在弱交叉峰。对于高浓度铜和铅离子下的异步异谱二维中红外-紫外相关谱中，并未出现上述交叉峰，表明在高浓度铜和铅离子下，芳香族和不饱和脂质结构基团与蛋白质和多糖化合物基团并未发生相互作用。通过研究高浓度铜和铅离子下，石莼藻类人工合成黏液物质的二维红外不相干谱特性，3350cm^{-1} 与 1550cm^{-1}、2500cm^{-1} 之间存在较强的交叉峰，2500cm^{-1} 与 870cm^{-1}、1125cm^{-1} 和 1650cm^{-1} 之间存在弱的交叉峰，这进一步证实了上述结论。

同时，Mecozzi 等[23]在采集不同基地海洋泡沫的基础上，采用 double 二维相关谱技术研究了海洋泡沫分子结构特征及各分子基团之间的相互作用，指出不同基地海洋泡沫结构不同，主要取决于极性(氢键)基团、碳水化合物蛋白质和脂质等非极性基团(范德瓦尔斯和 π-π)之间的相互作用。

6.2 土壤环境检测

6.2.1 土壤中 PAHs 特征信息提取

土壤是人类乃至所有有机体赖以生存的基础，是经济社会可持续发展的物质基础。多环芳烃是最早被发现和研究的致癌物质，它进入土壤后经长时间累积，不仅会引起农作物减产和农产品的质量安全问题，而且也制约了土壤的可持续发展。因此，在 2016 年，国务院发布了《土壤污染防治行动计划》，明确指出：各部委要对土壤中的多环芳烃、石油烃等有机污染物进行重点监管。

由于土壤结构和性质复杂，且土壤中 PAHs 的含量较低，给 PAHs 的分析带来一定的困难。目前，已经有不少研究检测 PAHs 的方法，如气相色谱法、高效液相色谱法、气质联用技术、超临界流体层析色谱等[24]，这些方法需要复杂的预处理，操作烦琐，不仅需要大量的人力物力，而且不能保证对 PAHs 进行完全提取[25]，不能满足全面普查、动态监测土壤污染状况的需求。因此，开发一种便捷、快速直接对土壤中 PAHs 的检测方法一直是研究的焦点。

基于荧光光谱的检测方法具有便捷、简单和可实现现场检测等优势，已被应用于土壤中多环芳烃的检测[26-28]。Alarie 等[29]采用同步荧光光谱建立了土壤 PAHs 污染物定量分析的标准曲线。Lee[30]等基于激光诱导荧光光谱技术实现了土壤中 PAHs 污染物的检测分析，指出土壤的理化参数对分析结果存在较大影响。何俊等[31]采用激光诱导荧光对土壤中的蒽直接进行激发，并进行定量分析，指出该方法可以实现土壤中蒽的直接定量分析。但由于土壤体系的复杂性、PAHs 污染物的多样化和微量化，以及土壤理化参数对荧光的影响，传统的荧光光谱技术无法有效提取复杂土壤体系中相互重叠、相互覆盖的 PAHs 的特征信息[32]。

为了对复杂土壤体系中蒽和菲重叠的荧光特征信息进行解析，配置了 9 个蒽、菲混合土壤样品(浓度分布见表 6-5)。

表 6-5　样品表

样品	蒽/(0.01g/g)	菲/(0.01g/g)
No.1	0.5	4.5
No.2	1	4
No.3	1.5	3.5
No.4	2	3
No.5	2.5	2.5
No.6	3	2
No.7	3.5	1.5
No.8	4	1
No.9	4.5	0.5

为了选择最佳的激发波长，对菲和蒽单组分土壤，在 220～360nm 范围内采集了其激发光谱(见图 6-26)。为了对土壤中混合的蒽和菲同时进行有效激发，选择了 241nm 波长的光来对待分析的样品进行激发。

对菲浓度为 0.01g/g 的标准土壤，根据其激发谱，选择 241nm 波长光来进行激发，图 6-27 给出了其在 360～480nm 范围的常规一维荧光谱。从图上可以观察到，菲在 367nm、389nm、409nm 和 434nm 处存在明显的特征荧光峰。与菲在超纯水中(图 6-1)相比，菲在标准土壤中的荧光峰都发生了红移，其可能原因是菲荧光分子团所处的微环境不同引起的(当处于土壤中时，固体粉末之间是空气填充，而且还存在π-π堆积；而当处于超纯水中时，菲荧光分子间空隙被水溶剂填充)。

对浓度为 0.01g/g 的蒽土壤，根据激发谱，选择 241nm 波长光来进行激发。图 6-28 是 0.01g/g 蒽土壤在 241nm 波长光激发下的常规一维荧光谱。从图上可以看出，蒽在土壤中存在两个明显的特征荧光峰，其位置分别在 419nm 和 440nm 处。

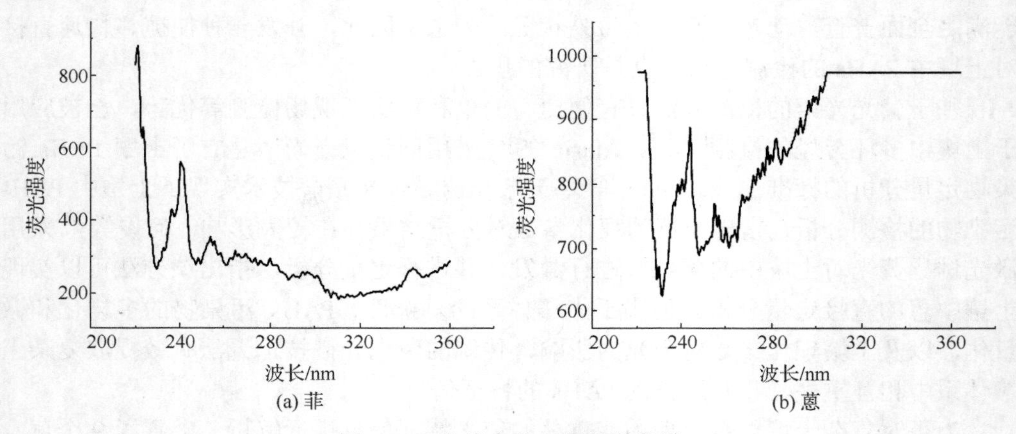

图 6-26　土壤中菲和蒽的激发谱

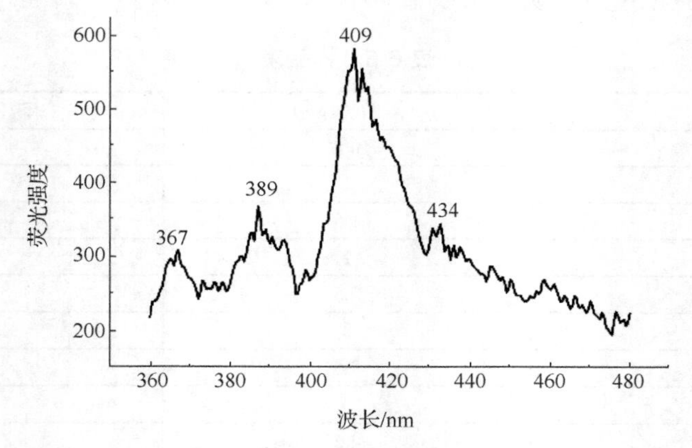

图 6-27　菲土壤的一维荧光谱

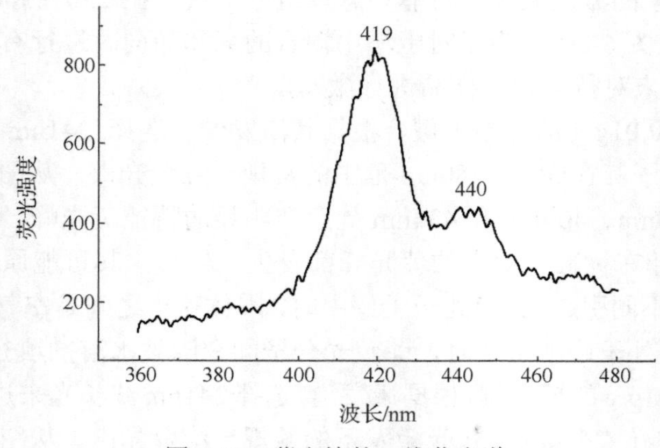

图 6-28　蒽土壤的一维荧光谱

图 6-29 给出了不同浓度菲和蒽在土壤中的常规一维荧光谱(动态光谱)，从上到下(即从样品 No.1 到样品 No.9)，蒽的浓度在增加，而菲的浓度在减小。样品 No.1 的荧光谱主要体现的是菲的荧光峰，蒽的荧光峰完全被覆盖；随着蒽浓度增大，菲浓度的减小，荧光峰不断红移；样品 No.9 的荧光谱主要体现的是蒽的荧光峰，菲的荧光峰完全被覆盖。

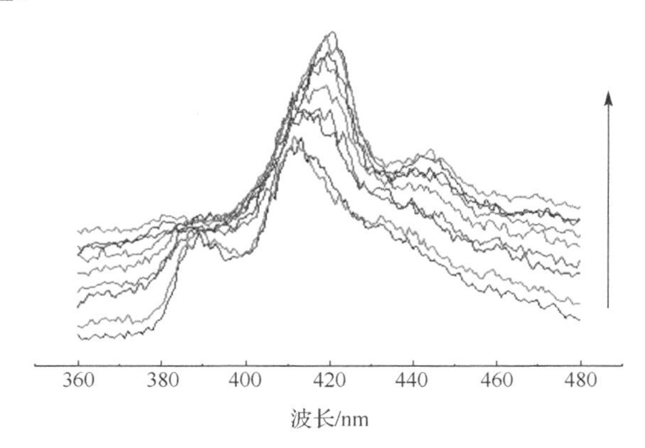

图 6-29　不同浓度菲和蒽在土壤中的荧光谱

对图 6-29 的一维动态光谱进行相关计算，得到同步和异步二维荧光相关谱。图 6-30(a)和(b)分别是其同步二维荧光相关谱和自相关谱，从图上可以看出，在同步谱主对角线上 389nm、409nm、419nm 和 434nm 处存在较强的自相关峰，在 367nm 和 463nm 处存在较弱的自相关峰，表明这些波长处荧光峰强度随土壤中蒽和菲的浓度发生变化。

表 6-6 列出了各交叉峰正负或有无。从图 6-27 和图 6-29 可以看出，389nm 处的峰来自土壤中的菲，且并没有被土壤中蒽的荧光峰覆盖，因此可以根据 389nm 处峰与其他波长处交叉峰的正负，对其他波长处的荧光峰来源进行确认。从图 6-30(a)和表 6-6 还可以看出，在主对角线外侧，(389，367) nm、(389，409) nm、(389，434) nm 和(389，463) nm 处都存在正的交叉峰，表明 367nm、409nm、434nm 和 463nm 处荧光峰强度变化方向与 389nm 处荧光峰强度变化方向相同，其来源可能相同，都来自土壤中的菲；在(389，419) nm 处存在负的交叉峰。因此，419nm 处荧光强度变化方向与 389nm 处荧光峰强度变化方向相反，其来源可能不同，从而判定 419nm 处荧光峰来自土壤中的蒽。图 6-30(c)是同步二维荧光相关谱在 389nm 处的切谱，从图上可以看到，在 367nm、389nm、409nm、434nm 和 463nm 处存在正的峰，在 419nm 存在负的峰；图 6-30(d)是同步二维荧光相关谱在 419nm 处的切谱，从图上可以看到，在 419nm 和 441nm 处存在正的峰，在 389nm、409nm 和 434nm 处存在负的峰，进一步验证了上述分析结果的正确性。

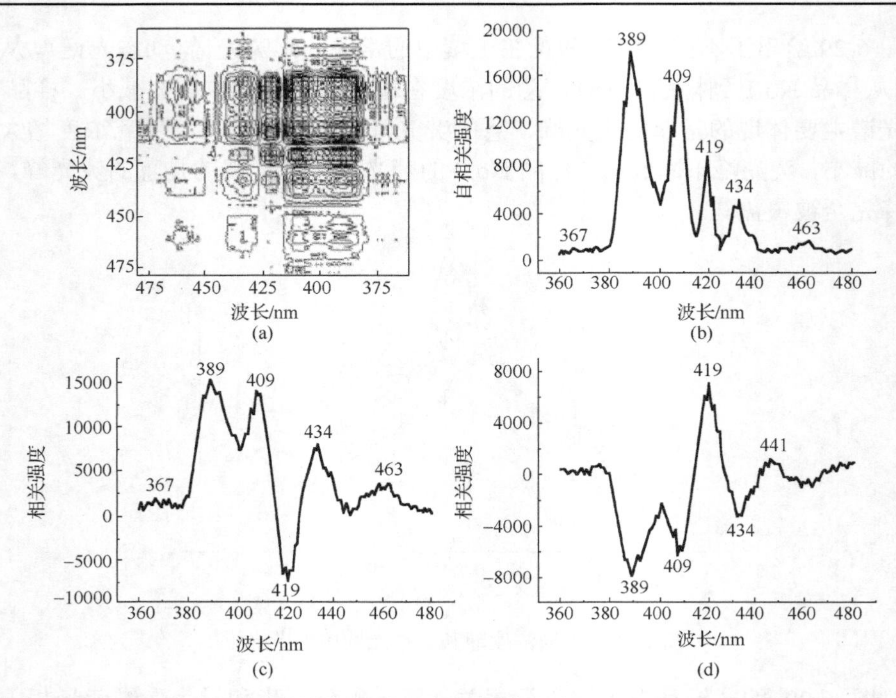

图 6-30　同步二维荧光相关谱、自相关谱、389nm 切谱和 419nm 切谱

表 6-6　同步谱相关峰情况

	367nm	389nm	409nm	419nm	434nm	441nm	463nm
367nm	+						
389nm	+	+					
409nm	+	+	+				
419nm	−	−	−	+			
434nm	+	+	+	−	+		
441nm	−	−	−	+	−	+	
463nm	+	+	+	−	+	−	+

图 6-31(a)是异谱二维荧光相关谱，可以看出(389，367)nm、(389，409)nm、(389，434)nm 和(389，463)nm 处不存在的交叉峰，说明这些荧光峰强度变化速度相同，其来源可能相同；在(419，389)nm、(419，409)nm、(419，434)nm 和(419，463)nm 处都存在交叉峰，表明 389nm、409nm、434nm 和 463nm 处荧光强度变化速率不同于 419nm 处荧光强度变化速率，其来源可能不同，表 6-7 给出了具体的分析结果。图 6-31(b)和(c)分别是异谱二维荧光相关谱在 419nm 和 389nm 处的切谱。从图 6-31(b)可以看到，在 389nm、409nm、434nm 和 463nm 处存在峰；从图 6-31(c)

可以看到，在 419nm 处存在峰，在 389nm、409nm、434nm 和 463nm 处相关强度接近 0，进一步验证了上述分析结果的正确性。

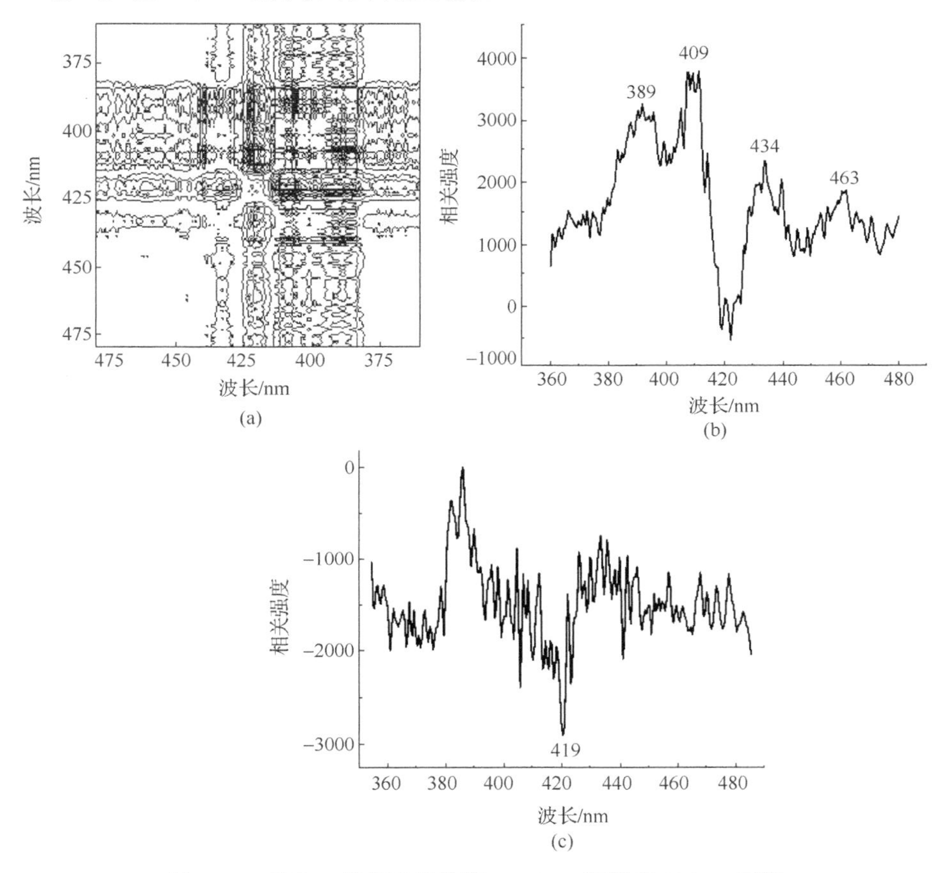

图 6-31　异步二维荧光相关谱、419nm 切谱和 389nm 切谱

表 6-7　异步谱相关峰情况

	367nm	389nm	409nm	419nm	434nm	441nm	463nm
367nm							
389nm	无						
409nm	无	无					
419nm	有	有	有				
434nm	无	无	无	有			
441nm	有	有	有	无	有		
463nm	无	无	无	有	无	有	

从上述分析可以看出，由于 PAHs 在土壤中各组分彼此光谱重叠互相干扰，只从激发或者发射光谱中无法辨别。而二维荧光相关谱相对常规荧光谱，能提供各荧光峰之间的关系，即可以根据交叉峰正负和有无实现重叠荧光峰的解析，从而快速实现土壤中多环芳烃的鉴定和分类，为该技术真正应用提供理论和实践基础。

6.2.2　土壤属性对 PAHs 荧光特性的影响

1. 土壤湿度对 PAHs 荧光强度的影响

为了研究土壤湿度对菲荧光特性的研究，对菲浓度为 0.005g/g 的土壤，配置 8 个不同湿度(5%～40%)的土壤样品。在 333nm 波长光的激发下，采集各样品在 220～700nm 范围内的荧光谱。为了去除激发光一级和二级瑞利散射光的影响，以便观察到土壤中菲荧光随湿度的变化，图 6-32 仅给出了 8 个不同湿度含量土壤样品在 350～600nm 波长范围的一维荧光谱。图中，从下到上，沿着箭头的方向，土壤的湿度从 5%递增到 40%。从图上可以看到，随着土壤中湿度的增大，菲的荧光强度也在增大。需要说明的是，菲荧光峰的位置并未随土壤湿度的变化而发生改变[33]。

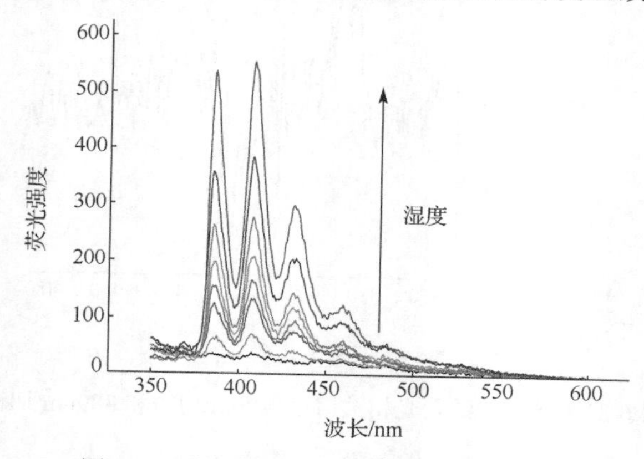

图 6-32　菲土壤在不同湿度大小的荧光谱

以土壤湿度为外扰，对图 6-32 中的动态荧光谱进行相关计算。在理想的情况下，二维荧光相关谱仅呈现的是随土壤湿度含量变化的特征信息，不变的信息不被呈现出来。由于土壤中菲的浓度保持不变，所以如果菲的荧光强度不随外扰(土壤湿度)变化的话，在同步相关谱图中不会出现菲特征荧光峰的相关信息。

同步二维荧光相关谱描述的是研究体系随土壤中湿度变化“相似性”的信息，即若两个波长处交叉峰为正，则说明两个波长处荧光强度随土壤中湿度的变化方向相同。图 6-33(a)和(b)分别是菲浓度为 0.005g/g 土壤在湿度外扰下的同步二维荧光相关谱和自相关谱。从图上可以看到，在主对角线 386nm、408nm 和 432nm 处存在较强的自相关峰，在 398nm 和 422nm 处出现较弱的自相关峰，这表明随着土壤湿度的变化，这些波长处的荧光强度发生较大的变化。同时，在主对角线外侧，(386，408) nm、(386，432) nm 和 (408，432) nm 处存在正的交叉峰，这表明 386nm、408nm 和 432nm 处荧光强度随外扰(土壤湿度)变化的方向相同，这与图 6-32 分析结果一致，即随着土壤湿度的增加，菲的荧光强度也在增加。

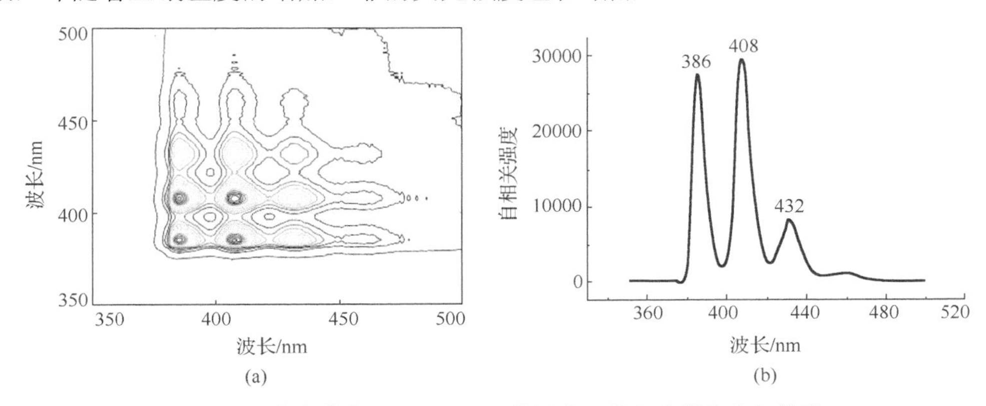

图 6-33　菲土壤在 350～500nm 的同步二维相关谱和自相关谱

异步二维荧光相关谱描述的是研究体系随土壤中湿度变化“差异性”信息，即若两个波长处荧光强度随土壤中湿度的变化速率相同，则在两波长处不会出现交叉峰。浓度为 0.005g/g 菲土壤在湿度外扰下的异步二维荧光相关谱特性也被研究，发现在 (386，408) nm、(386，432) nm 和 (408，432) nm 处并未发现交叉峰，这表明 386nm、408nm 和 432nm 处荧光强度随土壤湿度外扰变化的速率相同，差异性较小。

为了研究激发光一级瑞利散射光强度、菲荧光强度以及土壤湿度之间的关系，在荧光强度衰减 1%情况下(防止饱和)，采集了 8 个不同湿度菲土壤样品在 300～360nm 范围内的荧光谱，得到 333nm 处瑞利散射光强随湿度变化的动态谱，并将其与图 6-32 的动态谱进行同步和异步二维荧光相关谱计算(见图 6-34(a) 和 (b))。同步

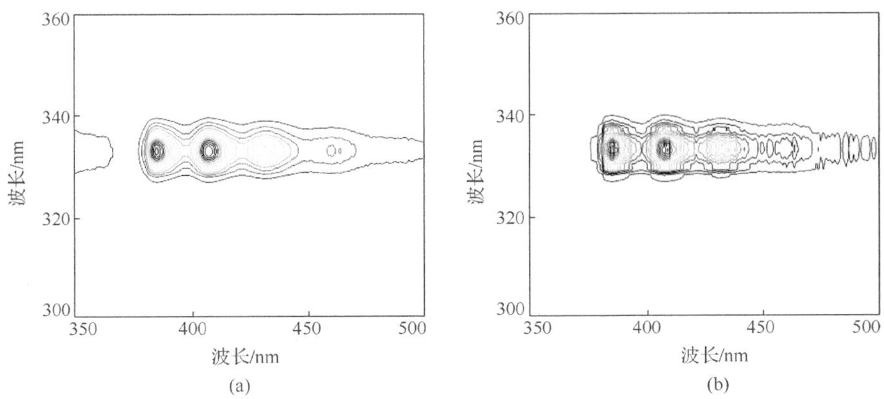

图 6-34　菲土壤在 300～360nm 与 350～500nm 的同步和异步二维相关谱

谱中，(333，386) nm、(333，408) nm 和(333，432) nm 处交叉峰为负，这表明 333nm 处瑞利散射光强度与 386nm、408nm 和 432nm 处菲荧光强度随着外扰(土壤湿度)变化方向相反，即随着土壤湿度的增大，333nm 处瑞利散射光强度在减小。异步谱中，(333，386) nm、(333，408) nm 和(333，432) nm 处都存在交叉峰，这表明 333nm 处瑞利散射光强度与菲荧光强度随着外扰(土壤湿度)变化的速率不同。上述研究结果表明，瑞利散射光强、菲的荧光强度与土壤湿度之间存在一定的关系，这样就为通过瑞利散射光实现土壤湿度对菲荧光特性影响的校正提供了可能。

2. 土壤粒径对 PAHs 荧光强度的影响

为了研究土壤粒径大小对蒽荧光特性的影响，对于浓度为 0.005g/g 蒽土壤，设计并配置了 7 个粒度大小的土壤，并在 304nm 波长光激发下，分别采集了 7 个不同粒径的蒽土壤在 220～700nm 范围的荧光谱。为了便于观察土壤中蒽荧光强度随土壤粒径大小的变化，图 6-35 仅给出了在 350～550nm 范围内，蒽荧光强度随土壤粒径大小的变化。在图 6-35 中，沿着箭头的方向(从下往上)土壤粒径从小到大变化，可以观察到，随着土壤粒径的不断增大，蒽在土壤中荧光峰的强度也在不断增大。需要说明的是，蒽在土壤中三个荧光峰所处的波长位置并未随土壤粒径大小的变化而发生改变[34,35]。

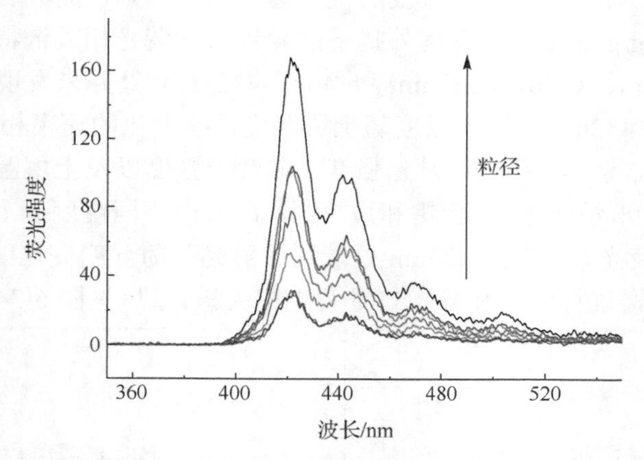

图 6-35　蒽土壤在不同粒径大小的荧光谱

以土壤粒径大小为外扰，对图 6-35 的动态一维荧光谱进行同步二维荧光相关谱计算。在理想的情况下，二维荧光相关谱仅呈现的是随土壤粒径大小变化的特征信息，不变的信息不被呈现出来。由于土壤中蒽的浓度保持不变，所以若蒽的荧光强度不随外扰(土壤粒径大小)变化的话，在同步相关谱图中不会出现蒽的三个特征荧光峰的相关信息。

图 6-36(a) 和(b) 分别是浓度为 0.005g/g 蒽土壤在土壤粒径大小外扰下的同步二

维荧光相关谱和自相关谱。从图上可以看到，在主对角线上出现较强的自相关峰，其位置分别在 421nm、442nm 和 470nm 处，表明随着土壤粒径大小的变化，这些波长处荧光强度变化较为敏感。同时，在同步谱主对角线外侧，(421，442) nm 和 (442，470) nm 处存在正的交叉峰，这表明 421nm、442nm 和 470nm 处荧光强度随外扰（土壤粒径大小）变化的方向相同，这与图 6-35 分析的结果一致，即随着土壤粒径的增加，这三个波长处的荧光强度都在增加。同时，也研究了在土壤粒径外扰下蒽土壤的异步二维荧光相关谱特性，在 (421，442) nm、(442，421) nm 和 (421，470) nm 处并未发现交叉峰出现，这表明 421nm、442nm 和 470nm 处荧光强度随土壤粒径大小外扰变化的速率相同，差异性较小。

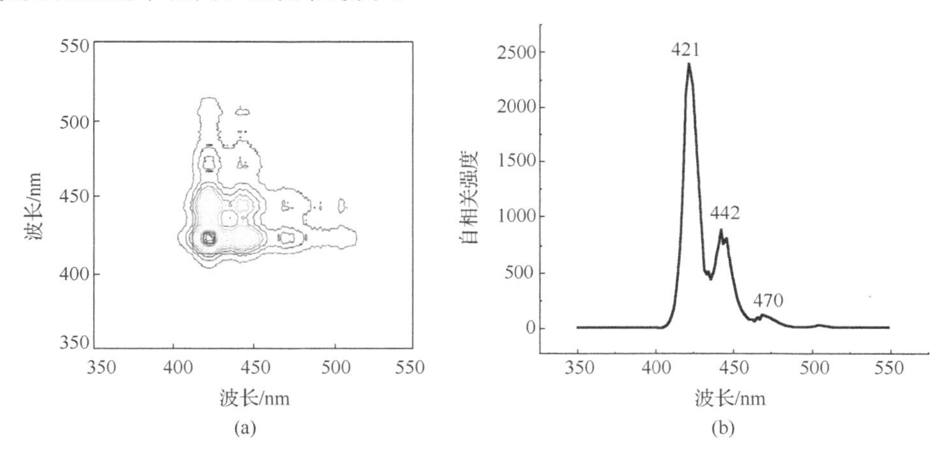

图 6-36　蒽土壤在 350～550nm 的相关同步二维相关谱和自相关谱

为了研究光源的瑞利散射光强度、蒽荧光强度以及土壤粒径大小之间的关系，在 280～340nm 与 400～480nm 区间进行同步和异步二维荧光相关谱计算（见图 6-37 (a) 和 (b)）。在同步谱中，(304，421) nm、(304，442) nm 和 (304，470) nm 处都存在正的交叉峰，这表明 304nm 处瑞利散射光强度与 421nm、442nm 和 470nm 处蒽荧光强度都随着外扰（土壤粒径）变化方向相同，即随着土壤粒径大小的增大，其强度也在增大。在异步谱中，(304，421) nm、(304，442) nm 和 (304，470) nm 处都存在负的交叉峰，这表明 304nm 处瑞利散射光强度与蒽荧光强度都随着外扰（土壤粒径）变化的速率不同。依据 Noda 所提二维相关谱理论[36]，即 $\Phi(\lambda_1,\lambda_2)\cdot\Psi(\lambda_1,\lambda_2)<0$，说明波长 λ_1 处光谱强度后于波长 λ_2 处发生，可知：304nm 处瑞利散射光强度随土壤粒径变化的速率要慢于土壤中蒽在 421nm、442nm 和 470nm 处荧光强度变化速率。上述研究结果表明，以 304nm 处瑞利散射光为桥梁，有可能实现土壤粒径大小对蒽荧光特性影响的校正。

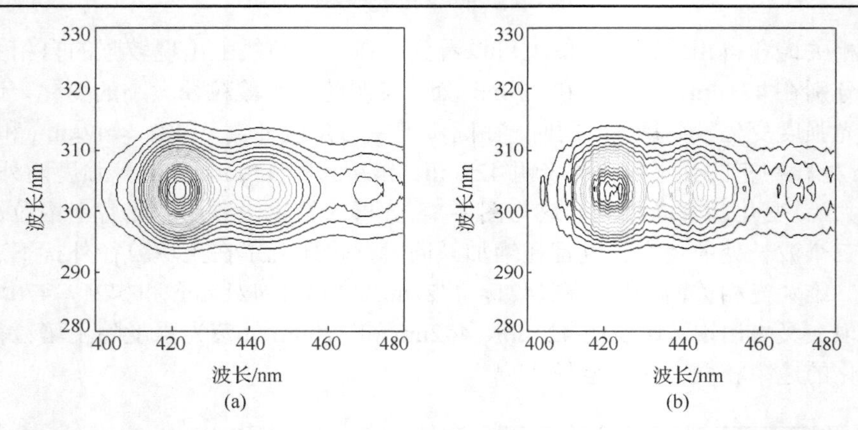

图 6-37　蒽土壤在 280～340nm 与 400～480nm 的同步和异步二维相关谱

6.2.3　土壤中 PAHs 检测

1. 仪器与样品

土壤样品的三维荧光光谱数据用 LS-55 荧光分光光度计获得。测量时将配置好的土壤样品装入仪器自带的固体附件中。仪器扫描参数：激发波长范围为 265～340nm，扫描间隔为 5nm，发射波长范围为 350～500nm，扫描间隔为 1nm，激发和发射单色仪狭缝宽度分别为 5nm 和 3nm，扫描速度为 1000nm/min。

实验所用土壤为中国标准物质网所提供的标准土壤 GBW(E)070046。菲和蒽均为分析纯，其纯度为 99%。使用电子秤分别称取 0.5g 蒽与菲分析纯粉末，再分别称取 50g 标准土壤，倒入研钵中充分研磨，配制浓度为 0.01g/g 的蒽与菲单组分土壤样品，然后分别取不同量的蒽与菲单组分土壤样品与标准土壤混合，并充分研磨，得到 38 个含不同浓度蒽和菲的土壤样品(蒽和菲的浓度范围均为 0.0001～0.01g/g)。

2. 土壤中 PAHs 荧光特性

为了提高信噪比，采用 S-G 方法对原始数据进行 5 点平滑处理，图 6-38(a)是蒽和菲浓度均为 0.005g/g 土壤样品的三维荧光光谱。从图上可以看到蒽在土壤中荧光峰的位置 Ex=285nm 和 315nm，Em=419nm，Ex=285nm，Em=444nm；菲在土壤中荧光峰位置 Ex=335nm，Em=434nm，Ex=270nm，Em=484nm。虽然三维荧光光谱技术能提供完整的待测物的特征信息，但由于蒽和菲是同分异构体，特征荧光峰相互重叠，再加上土壤是一种复杂的基质，对光具有强散射性，因此，一些特征峰并未在三维荧光谱中体现出来。

图 6-38(b)是蒽和菲浓度均为 0.005g/g 标准土壤的同步二维荧光相关谱。从图中可以看到：在主对角线 398nm、419nm、444nm 和 484nm 处存在自相关峰，表明

这些峰强度随外扰激发波长变化比较敏感，其中 398nm 和 484nm 峰来自土壤中的菲，419nm 和 444nm 的峰来自土壤中的蒽。在主对角线外侧(398，484)nm、(419，444)nm 处出现正的交叉峰，在(398，419)nm、(398，444)nm，(484，419)nm 和(484，444)nm 处出现负的交叉峰，这表明 398nm、484nm 与 419nm、444nm 处荧光峰强度随外扰变化方向相反，进一步确认前两个峰来自菲，后两个峰来自蒽。同时，在(408，434)nm 处出现正交叉峰，在(434，467)nm 处出现负交叉峰，结合参考文献[32]，可知 408nm 和 434nm 的荧光峰也来自土壤中的菲，而 467nm 荧光峰来自土壤中的蒽。可以看出，未在三维荧光谱中出现的 408nm 和 467nm 荧光峰，在二维相关谱中得以提取。因此，二维荧光相关谱技术不仅可以提供复杂研究体系中待分析组分被覆盖的、微弱的特征荧光信息，而且还可以提供这些荧光峰之间的相互作用。

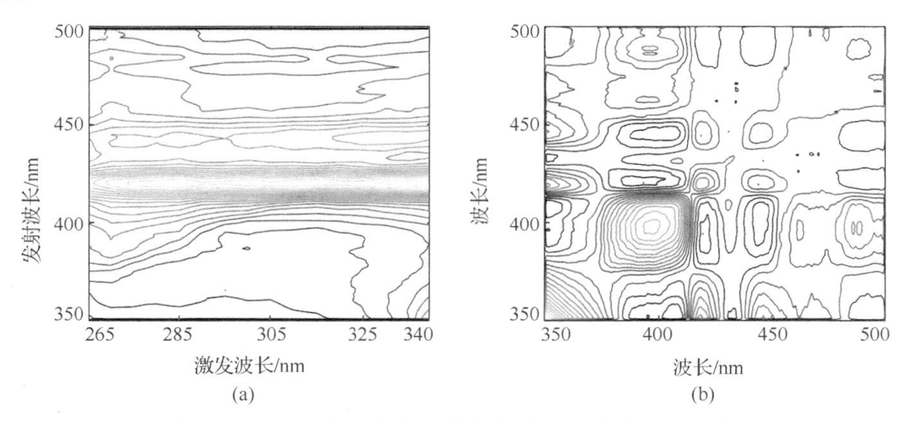

图 6-38　蒽和菲土壤的三维荧光谱和二维荧光相关谱

3. 二维荧光相关谱的 N-PLS 模型

在上述研究蒽和菲土壤荧光相关谱特性的基础上，基于同步二维荧光相关谱矩阵(38×151×151)和 N-PLS 建立定量分析土壤中蒽和菲浓度的数学模型。根据 K-S 法，从 38 个蒽和菲不同质量分数的土壤样品中选取 25 个作为校正集，余下 13 个样品作为预测集。分别计算不同主成分数下的交叉验证均方根误差(RMSECV)，选择 N-PLS 模型的最佳主成分数。

对于土壤中的蒽，基于校正集相关谱矩阵(25×151×151)，在 5 个主成分下建立定量分析蒽浓度的 N-PLS 模型。图 6-39(a)为所建模型对校正集和预测集样品预测浓度与实际浓度的线性拟合。对于校正集，相关系数 R 为 0.986，校正均方根误差(RMSEC)为 4.33×10^{-4}g/g；对于预测集，相关系数 R 为 0.985，预测均方根误差(RMSEP)为 5.55×10^{-4}g/g。对于土壤中的菲，选择 6 个主成分建立定量分析的 N-PLS 模型，图 6-39(b)是所建立 N-PLS 模型对校正集和预测集样品中菲预测浓度与实际浓度的线性拟合。对于校正集，相关系数 R 为 0.981，RMSEC 为 5.20×10^{-4}g/g；对于预测集，相关系数 R 为 0.984，RMSEP 为 4.8×10^{-4}g/g。从建模结果可以看出，将同步二维荧光相关谱与多维化学计量学结合定量分析土壤中的 PAHs 污染物是可行的[37]。

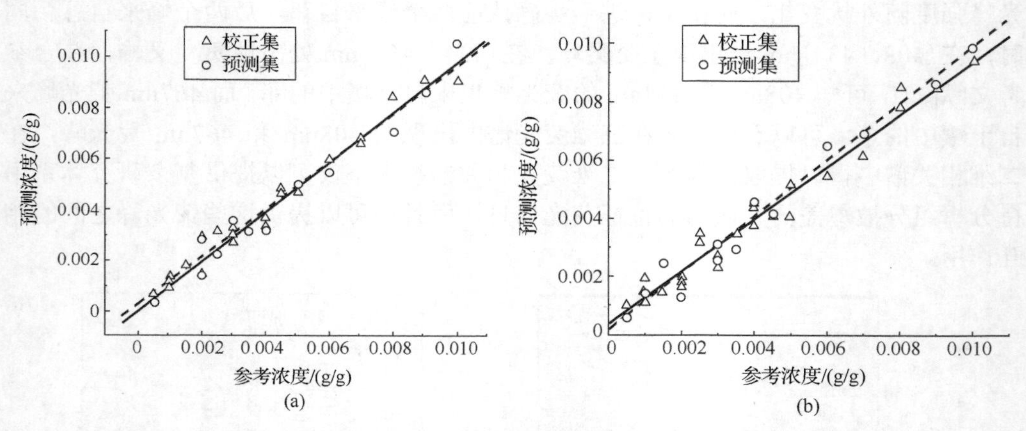

图 6-39　基于同步二维荧光相关谱蒽和菲预测浓度与实际浓度的线性拟合

4. 三维荧光谱的 N-PLS 模型

为了进一步说明基于二维荧光相关谱检测土壤中 PAHs 方法的优势，基于三维荧光谱矩阵(38×16×151)建立了定量分析土壤中蒽和菲浓度的 N-PLS 模型。对于土壤中的蒽，根据 RMSECV 选择 4 个主成分建立 N-PLS 模型，图 6-40(a)为所建模型对校正集和预测集样品预测浓度与实际浓度的线性拟合。对于校正集，相关系数 R 为 0.981，RMSEC 为 5.09×10^{-4}g/g；对于预测集，相关系数 R 为 0.972，RMSEP 为

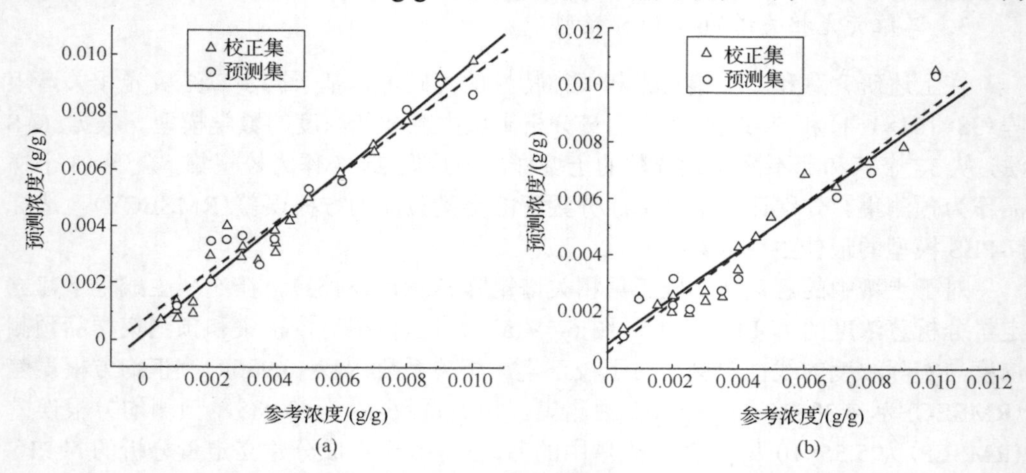

图 6-40　基于三维荧光谱蒽和菲预测浓度与实际浓度的线性拟合

6.74×10^{-4}g/g。对于土壤中的菲，在 6 个主成分建立定量分析的 N-PLS 模型，图 6-40(b)是所建立 N-PLS 模型对校正集和预测集样品中菲预测浓度与实际浓度的线性拟合。对于校正集，相关系数 R 为 0.957，RMSEC 为 7.36×10^{-4}g/g；对于预测集，相关系数 R 为 0.956，RMSEP 为 7.77×10^{-4}g/g。

表 6-8 给出了同步二维荧光相关谱与三维荧光谱的 N-PLS 模型对土壤中蒽和菲浓度的预测结果。从相关系数 R、RMSEC 和 RMSEP 性能指标来看，相对于三维荧光的 N-PLS 模型，基于同步二维荧光相关谱的 N-PLS 模型能提供更好的预测结果，其原因可能是二维荧光相关谱能提取复杂土壤体系中更多的 PAHs 特征光谱信息。

表 6-8　二维荧光相关谱与三维荧光谱的预测结果

模型	样品	因子数	校正集		预测集	
			R	RMSEC (10^{-4}g/g)	R	RMSEP (10^{-4}g/g)
二维荧光相关谱	蒽	5	0.986	4.33	0.985	5.55
	菲	6	0.981	5.20	0.984	4.80
三维荧光谱	蒽	4	0.981	5.09	0.972	6.74
	菲	6	0.957	7.36	0.956	7.77

6.2.4　土壤修复检测

恩诺沙星是一种喹诺酮类抗菌药，由于其抗菌、杀菌能力强等特点，而被广泛应用于预防和治疗动物细菌性疾病和支原体感染。药物进入动物机体后，少部分蓄积于组织和器官中，而大部分将排泄到水和土壤中，给生物生存环境带来潜在的威胁。黏土矿物质被广泛认为天然存在于土壤中，是吸附极性污染物的活性吸附剂。Yan 等[38,39]基于二维红外相关光谱技术，以 K 离子饱和并均一化处理后的蒙脱土为吸附剂，研究了不同 pH 值条件下吸附质恩诺沙星在蒙脱土界面的吸附机理。图 6-41 给出了 pH 值分别为 4.5、7 和 9 时，在 1200～1400cm^{-1} 范围内蒙脱土吸附恩诺沙星随时间变化同步和异步二维红外相关谱。对于 3 个不同 pH 值下的同步谱(图 6-41(a)，(c)，(e))，在主对角线上均出现 3 个强的自相关峰，其位置分别在 1394cm^{-1}、1302cm^{-1} 和 1264cm^{-1} 处，表明 3 个位置峰强度随吸附过程都发生了显著变化；在主对角线外侧，(1320，1394)cm^{-1}、(1264，1394)cm^{-1} 和(1264，1302)cm^{-1} 处存在正的交叉峰，表明 1264cm^{-1}、1302cm^{-1} 和 1394cm^{-1} 处峰强随吸附过程变化方向相同，其来源相同。图 6-41(b)为 pH=4.5 的异步谱，在(1302，1264)cm^{-1} 处出现正的交叉峰，在(1394，1302)cm^{-1} 处出现弱的负交叉峰，结合同步谱，根据 Noda 规则可推断，1302cm^{-1} 处峰(—NH^{+})强度先于 1264cm^{-1} (COOH)和 1394cm^{-1} (COO^{-})处发生变化，指出：在酸性条件下，恩诺沙星的质子化哌嗪氨基基团首先与吸附在扩散层中的水合质子($H(H_2O)_n^{+}$)发生阳离子交换作用，释放出水合离子而进入到吸附层，靠近蒙脱土的硅氧烷平面；图 6-41(d)为 pH=7 的异步谱，在(1394，1302)cm^{-1}处出现正的交叉峰，在(1394，1264)cm^{-1}和(1302，1264)cm^{-1}处出现负的交叉峰，结合同步谱，根据 Noda 规则可推断，1264cm^{-1}处(COOH)峰强先于 1302cm^{-1}(—NH^+)和 1394cm^{-1} (COO^-)处发生变化，1394cm^{-1} (COO^-)处先于 1302cm^{-1}(—NH^+)处发生变化，指出：在中性条件下，大部分吸附在蒙脱土硅氧烷平面的恩诺沙星是通过羧基基团首先与吸附在扩散层中的水合质子($H(H_2O)_n{}^+$)发生中和作用，释放出水分子，然后进入吸附层，另外少量恩诺沙星分子通过类似 pH 4.5 条件下的阳离子交换过程而靠近吸附面；图 6-41(f)为 pH=9 的异步谱，在(1394，1302)cm^{-1}和(1394，1264)cm^{-1}处出

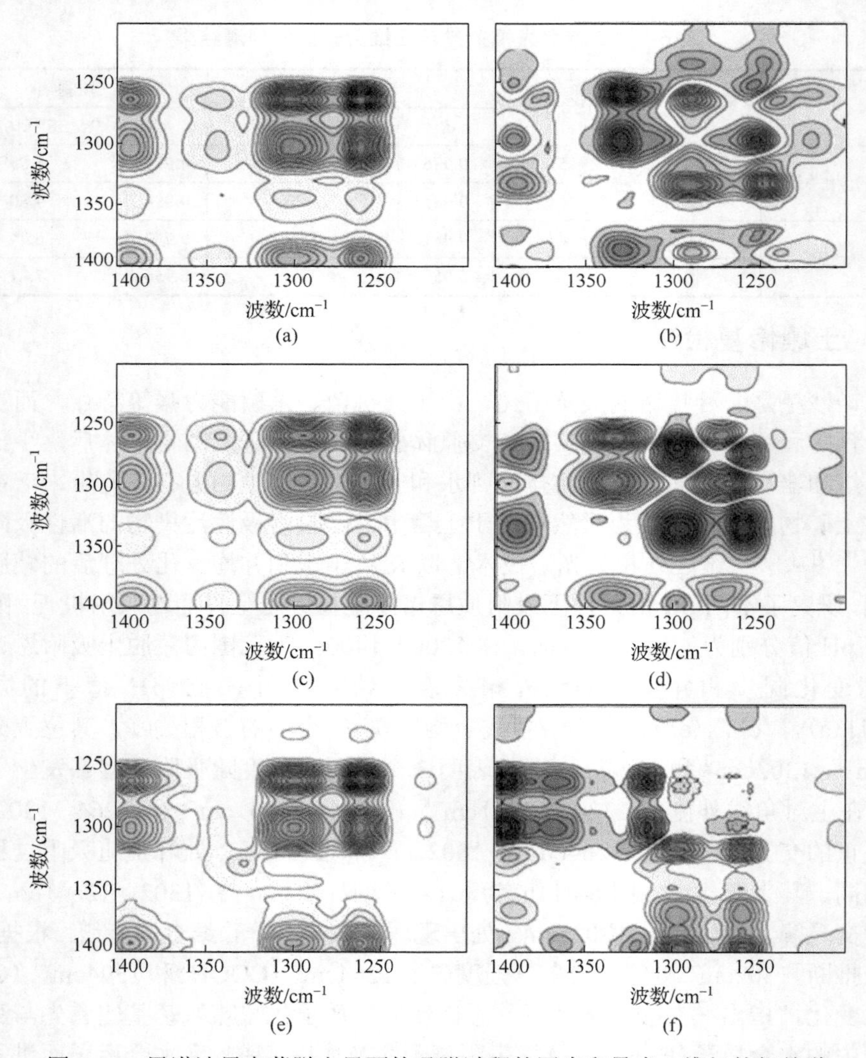

图 6-41　恩诺沙星在蒙脱土界面的吸附过程的同步和异步二维红外相关谱

现强的负交叉峰，结合同步谱，根据 Noda 规则可推断，1302cm^{-1} (—NH^+) 处峰强先于 1394cm^{-1} (COO^-) 处发生变化，1264cm^{-1} (COOH) 处先于 1394cm^{-1} (COO^-) 处发生变化，指出：在碱性条件下，由于大部分恩诺沙星的羧基部分带负电，而哌嗪氨基部分不带电，恩诺沙星首先通过哌嗪氨基与吸附层边缘的水合质子发生质子转移而进入吸附层，少量恩诺沙星两性离子直接通过蒙脱土硅氧烷平面的负电吸引靠近吸附表面。

6.2.5　土壤理化参数检测

众所周知，水分在近红外区域有很强的特征性吸收，因此水分的强吸收特征对土壤的光谱分析及含量测定形成了很强的干扰。宋海燕等[40]以土壤含水率(0%、10%、15%和 20%)为外扰，对桃园堡农田和山西农大牧场两个区域土壤进行二维相关分析，得到同步相关谱(图 6-42)，从图中可以看到，两个区域土壤的同步谱比较相似，在 2210nm 和 1929nm 出现较强的自相关峰，在 1415nm 出现较弱的自相关峰。从三处自相关峰的密集程度来看，1929nm 处以层间水为主的 H_2O 谱带对水分微扰最敏感，2210nm 处羟基伸缩振动与 Al-OH 和 Mg-OH 弯曲振动的合谱带次之，1415nm 附近的以羟基为主的羟基(—OH)带谱最不敏感。此外，从图中还可以看出，1929nm 和 1415nm 的自动峰形成了交叉峰并且为正，说明在含水率降低时，1929nm 和 1415nm 自相关峰对应的官能团是沿着相同方向振动的。

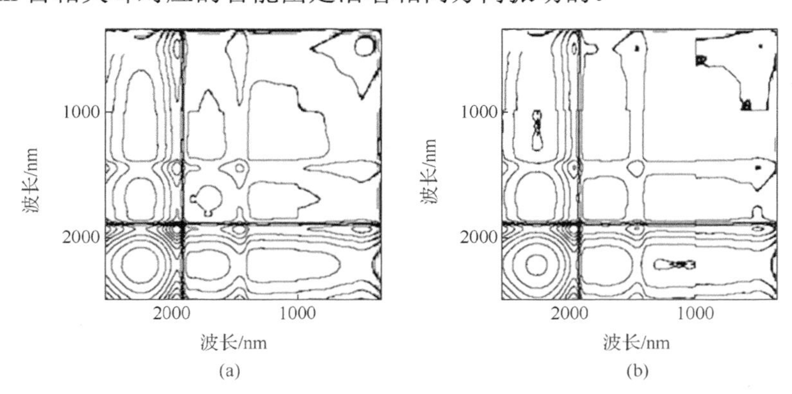

图 6-42　桃园堡农田和山西农大牧场两个区域土壤的同步二维相关谱

为了降低水分对土壤有机质含量检测的影响，建立在上述研究的基础上，采用二维相关谱技术研究了水分对土壤有机质近红外光谱特性的影响[41]。在保持土壤含水率不变的情况下，对不同有机质含量(7.92%、4.507%、3.347%、2.119%、1.116%和 0.402%)的土壤的近红外光谱进行相关计算。图 6-43 (a) 和 (b) 分别是含水率为 0%和 17%时，不同含量有机质土壤的同步二维相关谱。可以观察到，当土壤含水率为 0%时，随着土壤有机质含量的下降在可见光区波长为 600nm 左右有一很明显的强自相关峰，其次在近红外区 1660nm 左右为中心，形成了一个比较弱的自相关峰；

即当土壤为烘干土样时，600nm 和 1660nm 左右波段是表征土壤有机质含量的波段；随着含水率的增加，600nm 和 1660nm 左右的自相关峰逐渐消失，1480nm、1931nm、2200nm 左右的自相关峰逐渐产生；1440nm 和 1940nm 是水分子中 O—H 键在近红外光谱区的两个特征谱带，说明水分会影响土壤有机质含量的检测；当土壤含水率为 17%时，1931nm、2200nm 和 1480nm 均形成了强的自相关峰，且从三处自相关峰的密集程度分析，1931nm 左右的自相关峰最强，其次是以 2200nm 左右形成的自相关峰，最后是以 1480nm 左右形成的自相关峰。即土壤为潮湿土时，由于受水的影响，在可见光区域找不到可以对其进行定量分析的敏感波段，而在近红外区域由水分引起的或与 O—H 基团有关的波段掩盖了可以表征土壤有机质信息的波段，对土壤有机质的定量分析造成干扰。

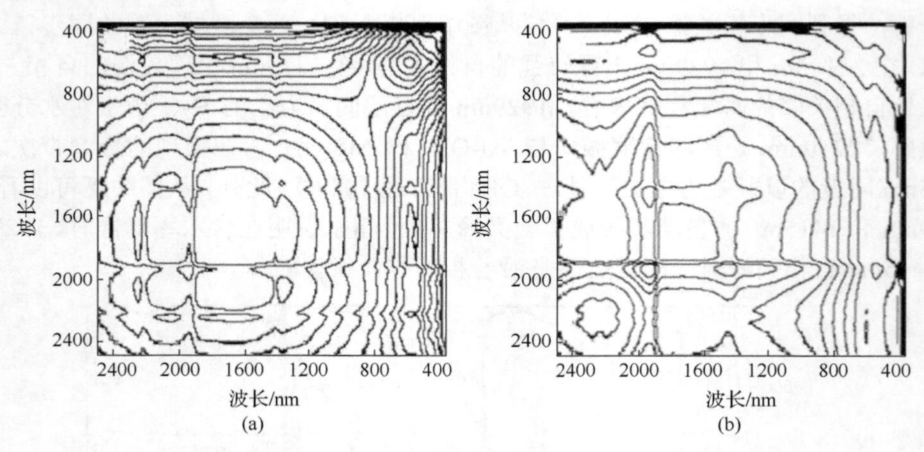

图 6-43　土壤含水率为 0%和 17%同步二维相关谱

为了消除水分影响，提高模型对不同含水率下土壤有机质的预测精度，在上述研究的基础上，将田间近似最大含水率(17%)样品参与建模，采用偏最小二乘定量分析方法在 550～650nm 和 1610～1710nm 波段内建立了抗水分干扰土壤有机质预测模型，并对不同含水率的土壤有机质进行预测，结果表明：预测样品的相关系数为 0.954、标准偏差为 0.744%、标准差为 0.8444%，预测效果明显提高，说明此方法可减少水分对土壤有机质检测的影响。

6.2.6　土壤养分检测

二维相关谱也被应用于土壤养分的分析[42]。采集新疆地区 0～20cm、20～40cm 和 40～60cm 深度的土壤，采集不同深度土壤样品在 4000～10000cm^{-1} 范围内的一维近红外光谱。对不同深度土壤样品的一维动态近红外光谱进行相关计算，分别得到三个深度范围 0～20cm、20～40cm 和 40～60cm 相对应的同步相关谱。对于 0～

20cm 的同步谱：4350cm^{-1}(氮素)和 5445.8cm^{-1}(磷素)自相关峰强度分别为 0.0031 和 0.0022；对于 20～40cm 的同步谱：4373.7cm^{-1}(氮素)和 5727.5cm^{-1}(磷素)自相关峰强度分别为 0.0043 和 0.0028；对于 40～60cm 的同步谱：4373.7cm^{-1}(氮素)、5866.4cm^{-1}和 7106.5cm^{-1}(钾素)自相关峰强度分别为 0.0023，0.0013 和 0.0017。通过比较不同深度土壤的二维相关光谱得出在 20～40cm 深度土壤内养分含量最高，0～20cm 深度土壤养分含量其次，40～60cm 深度土壤养分含量最少的结论，并与化学方法所测得的土壤养分含量进行对比，验证了该方法的有效性。

6.3　气体环境检测

6.3.1　气溶胶检测

二次有机气溶胶(secondary organic aerosol，SOA)是大气光化学反应的产物，也是城市和郊区大气中细粒子的主要成分。由于 SOA 可以影响人体健康、降低能见度、影响气候变化，通过烟雾腔实验，研究二次有机气溶胶的生长机理，对控制和防治光化学污染，有着重要的现实意义。

Ofner 等[43]研究了 Cl_2 浓度为 0.44(vol%)①和 α-pinene 浓度为 85ppm②条件下，卤素诱导气溶胶(XOA)形成过程中光化学属性变化的同步二维相关谱特性，发现 XOA 光化学特性变化对反应中气体的种类比较敏感，指出：CO_2 与 HCl 发生耦合，通过将氯添加到 C═C 双键或羰基化合物或羧酸(C═O，在 1700～1750cm^{-1})中，即气溶胶的形成与碳氯键(C—Cl)正相关。同时，结合异步谱，根据 Noda 规则，可以推断气溶胶形成过程中各分子官能团发生的顺序。在同步谱中 C—Cl 键形成与 HCl 释放成正相关，在异步谱中二者并不存在交叉峰，表明气溶胶中卤代物的形成与 HCl 释放是同步的；在同步谱中，CO_2 与 C—Cl 键形成正相关，而在异步谱中存在交叉峰，表明 CO_2 释放发生在 C—Cl 键形成和 HCl 释放之后；在异步谱 C═O 键与 CO_2 释放不存在交叉峰，表明二者是同步发生变化的。综上，在 Cl_2 浓度为 0.44(vol%)和 α-pinene 浓度为 85ppm 条件下，卤素诱导气溶胶(XOA)形成过程中分子官能团发生的顺序为：C—Cl 键形成和 HCl 释放→C═O 键和 CO_2 释放。

为了进一步明确 XOA 形成过程中光化学属性变化，作者对 Cl_2 浓度为 0.60(vol%)和 α-pinene 浓度为 116ppm 条件下，XOA 形成过程的相关谱进行了研究。同步谱，在 1700～1750cm^{-1} 范围和 720cm^{-1} 处内出现较强的自相关峰，其分别是由羰基化合物或羧酸中 C═O 吸收和碳氯键吸收所引起的，表明 XOA 光化学特性变化对气溶

① vol%指体积百分比。

② ppm 指百万分比浓度。

胶形成过程中相的变化更敏感；烯烃 C═C 双键伸缩振动吸收峰变宽，其原因可能是低聚物或复杂物种形成引起的；脂肪 C—H 伸缩振动吸收峰也变宽，其原因可能与颗粒物的形成和老化有关。将同步和异步谱结合，可推断羧酸或羰基化合物的形成落后于 C—Cl 键的形成；C═C 伸缩振动尖锐吸收（$1650cm^{-1}$）转变为在粒子相烯烃结构宽吸收发生在 C═O 键形成之前。同时，在 600～$800cm^{-1}$ 之间的交叉峰，形成宽指纹区域，这可能与低聚物和高分子结构的形成有关，或者与许多不同的有机物种有关。

6.3.2　同分异构体气体检测

在多组分混合气体尤其是烃类气体红外光谱定量分析中，由于其分析的目标气体成分吸收峰严重交叠，掺杂着同分异构体分子气体，从而造成其特征变量极其难以选择，赵安新等采用二维相关光谱和傅里叶变换红外光谱对烃类混合气体中同分异构体进行辨别[44]。

图 6-44 为 1%浓度的异丁烷和正丁烷的傅里叶变换红外吸收光谱，从图中可以看出其两种目标气体成分的吸收光谱基本相似，在全波段相互重叠，基本无法分辨特征吸收谱线。在图 6-44 子图中为该两种气体在主吸收峰区域的吸收光谱，经过放大也不易确定其特征谱线，从放大的图中只能大致确定异丁烷在 2850～$3000cm^{-1}$ 之间具有 $2870cm^{-1}$、$2880cm^{-1}$、$2893cm^{-1}$、$2916cm^{-1}$、$2953cm^{-1}$ 和 $2966cm^{-1}$ 等特征谱线；正丁烷在 2850～$3000cm^{-1}$ 之间具有 $2878cm^{-1}$、$2966cm^{-1}$ 和 $2980cm^{-1}$ 等波数特征谱线。

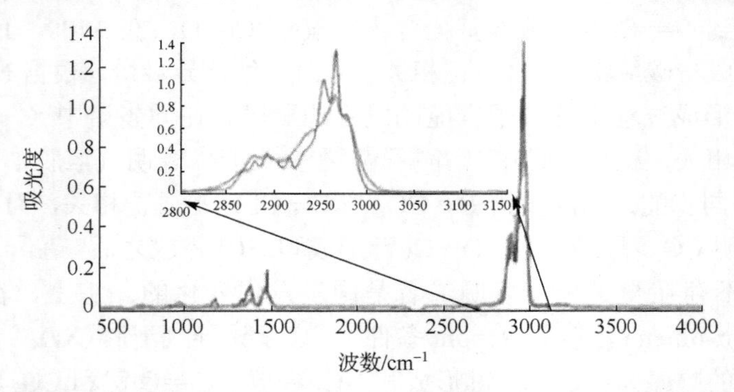

图 6-44　1%浓度的异丁烷和正丁烷的傅里叶变换红外吸收光谱

图 6-45 是以浓度为外扰下，异丁烷和正丁烷在 2800～$3050cm^{-1}$ 范围内的同步谱和异步谱。同步谱：正丁烷在 $2880cm^{-1}$、$2885cm^{-1}$、$2895cm^{-1}$、$2905cm^{-1}$、$2965cm^{-1}$ 和 $2980cm^{-1}$（横坐标）处存在特征相关峰；异丁烷在 $2875cm^{-1}$、$2880cm^{-1}$、$2885cm^{-1}$、$2893cm^{-1}$、$2911cm^{-1}$、$2917cm^{-1}$、$2923cm^{-1}$、$2945cm^{-1}$、$2954cm^{-1}$、$2960cm^{-1}$、$2967cm^{-1}$ 和 $2977cm^{-1}$（纵坐标）处存在特征相关峰。可根据 $2895cm^{-1}$ 和 $2965cm^{-1}$ 两个特征相关峰来判定正丁烷，$2893cm^{-1}$、$2954cm^{-1}$ 和 $2977cm^{-1}$ 三个特征相关峰来判定异丁烷。

异步谱：正丁烷在 2880cm^{-1}、2885cm^{-1}、2965cm^{-1} 和 2980cm^{-1} 处出现相关峰；异丁烷在 2954cm^{-1}、2960cm^{-1}、2967cm^{-1} 和 2977cm^{-1} 处出现交叉峰，可进一步实现两种气体的判定。

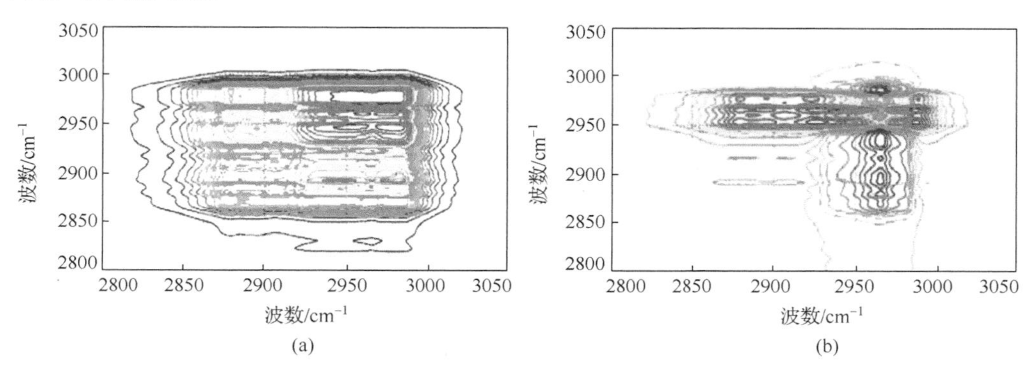

图 6-45　异丁烷和正丁烷在 2800～3050cm^{-1} 范围内的同步谱和异步谱

6.3.3　SO_2 检测

二维相关光谱技术也被应用于定量分析空气中 SO_2 浓度反演波长的选择[45]。以 SO_2 浓度为外扰，对差分光谱吸收截面数据进行同步二维相关谱计算，图 6-46(a)是其对应的自相关谱。从图上可以看到，SO_2 差分吸收截面中 289.4～292.6nm 波长范围随浓度变化最敏感，若通过计算平均值来得到吸收截面，则在这个波长范围内误差最大，因此，在实际现场测量中，不采用该波长范围。同时，以温度为外扰，对不同温度下(243K，273K，293K)①SO_2 差分吸收截面数据进行同步相关计算，图 6-46(b)是其对应的自相关谱。从图中可以看出，在 300.25～300.5nm 波长范围内，吸收

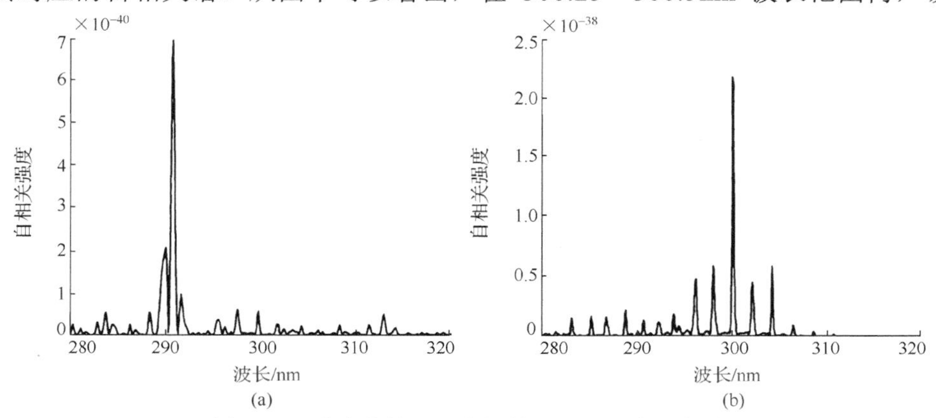

图 6-46　浓度外扰和温度外扰下的 SO_2 自相关谱

① 开氏度(K)=摄氏度+273.15

截面随温度变化敏感，因此，在实际现场测量中，应避开该波段，以减小因环境温度的变化所引起的分析误差。根据上述二维相关分析结果，优选 300.5～310nm 波长范围用于现场空气中 SO_2 气体的测定中。

将上述研究结果用于天津大学校园内空气质量检测数据分析，并与优选前 290～310nm 波长范围的结果进行对比：采用优选波长前后 24h 的平均测量误差由 22.5%减小至 9.9%，测量值和参考值的相关系数由 0.7808 提高到了 0.9496。

6.4　环境中离子间相互作用

6.4.1　重金属对 DOM 构型的影响

在垃圾填埋过程中产生了大量的渗滤液，垃圾渗滤液成分复杂，含有溶解性有机物(DOM)、重金属、无机盐和微生物等，随着垃圾填埋年限的延伸，渗滤液 pH 值和重金属浓度均发生了改变，这可能导致 DOM 分子构型改变[46]。

1. 无重金属时，pH 值对 DOM 分子构型变化

以填埋场渗滤液 pH 值为外扰(pH 值为 2～12，未添加重金属)，对不同 pH 值下的动态谱进行移动窗口二维相关谱计算，图 6-47(a)和(b)分别为填埋 3～5 年和 10 年以上滤液的移动窗口相关谱。3～5 年滤液在 pH 值为 8～10 时，在 289nm、333nm、387nm 和 452nm 处出现相关峰，且峰值逐渐降低，表明 DOM 的分子构型发生了改变，推断在这一 pH 值范围，DOM 中类蛋白物质分子构型改变最大，类富里酸物质次之，类胡敏酸物质分子构型改变最小；同时，可观察到当 pH 值为 6 时，在 333nm 处还出现了一个弱相关峰，表明在 pH 值为 6 时类富里酸物质分子构型发生了微弱改变。填埋 10 年以上垃圾渗滤液的移动窗口相关谱与填埋 3～5 年的相关

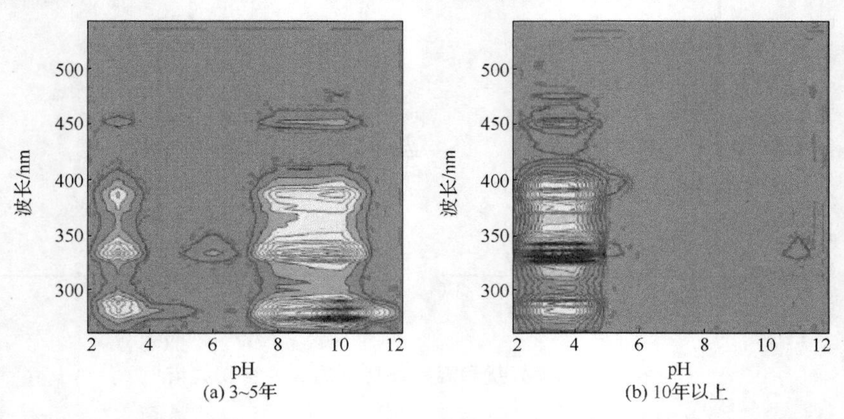

图 6-47　未添加 Hg(II)，pH 值外扰下的移动窗口二维相关谱

谱类似，在 pH 值为 3～4 范围内 289nm、333nm、387nm 和 452nm 处出现相关峰，且 333nm 和 387nm 处最强，表明 DOM 分子构型发生改变，其中类富里酸物质改变最大。

2. 重金属 Hg(II)对 DOM 分子构型变化

图 6-48(a)为不同浓度 Hg(II)下(pH 值为 7.4)填埋 3～5 年垃圾滤液的移动窗口二维相关谱。在 Hg(II)浓度为 5μmol/L 时，289nm、333nm、387nm 和 452nm 处出现相关峰，表明 DOM 中类蛋白、类富里酸和类胡敏酸物质都与 Hg(II)发生络合作用，分子构型发生变化；随着浓度的增大，289nm 处相关峰消失，当其浓度达到 20μmol/L 时，β-二羧基化合物、烯醇及部分酚羟基官能团也与 Hg(II)发生络合作用，引起 DOM 分子构型第二次发生改变。图 6-48(b)为不同浓度 Hg(II)下填埋 10 年以上垃圾滤液的移动窗口二维相关谱，可推断，在 Hg(II)浓度为 10～25μmol/L 时，DOM 中类蛋白，类富里酸和类胡敏酸物质都与 Hg(II)发生络合作用，分子构型发生变化，且当其浓度达到 30μmol/L 时，类富里酸还与 Hg(II)发生微弱的络合。

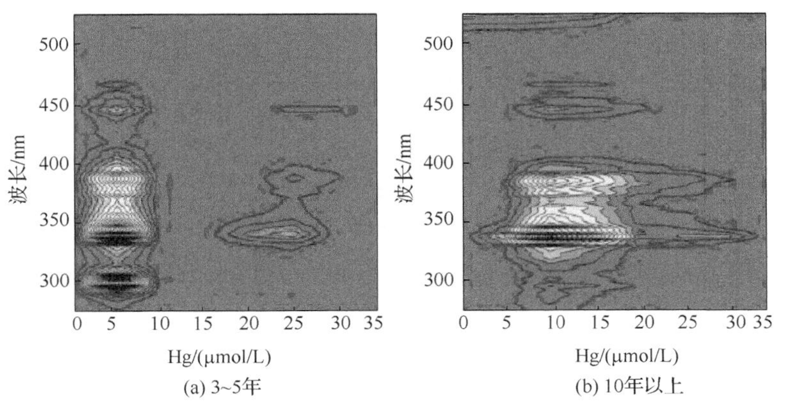

图 6-48　pH 值固定，不同浓度 Hg(II)外扰下的移动窗口二维相关谱

6.4.2 DOM 与金属离子络合作用

1. 腐殖酸与重金属离子相互作用

由于腐殖酸(HA)中基团的多样性，导致一维的同步荧光及红外光谱谱峰发生严重重叠，无法获得关于铜离子结合过程中相关基团变化的具体信息。因此，采用二维相关谱技术以增强光谱分辨率，来研究 DOM 与铜相互作用机理[47,48]。

图 6-49 为铜离子外扰下 HA 溶液的同步和异步二维红外相关谱。同步谱：在 $1685cm^{-1}$、$1620cm^{-1}$、$1360cm^{-1}$、$1100cm^{-1}$、$1020cm^{-1}$、$850cm^{-1}$ 和 $780cm^{-1}$ 处出现

较强的自相关峰，在 1260cm^{-1} 处出现一弱峰，其中 1360cm^{-1} 处峰强度变化最大，1100cm^{-1} 和 850cm^{-1} 处变化最小。异步谱：1685cm^{-1} 峰分裂为 1720cm^{-1} 和 1660cm^{-1} 两个峰，1360cm^{-1} 峰分裂为 1400cm^{-1} 和 1350cm^{-1} 两个峰。将同步和异步谱结合，根据 Noda 规则可推断：铜离子与 HA 络合结构变化的次序为：羰基、多糖基 C—O、酚基、芳基、酰胺基、酯基。红外相关谱分析表明：HA 中非荧光组分也参与了铜离子的络合，且亲水基团结合力强于疏水基团。

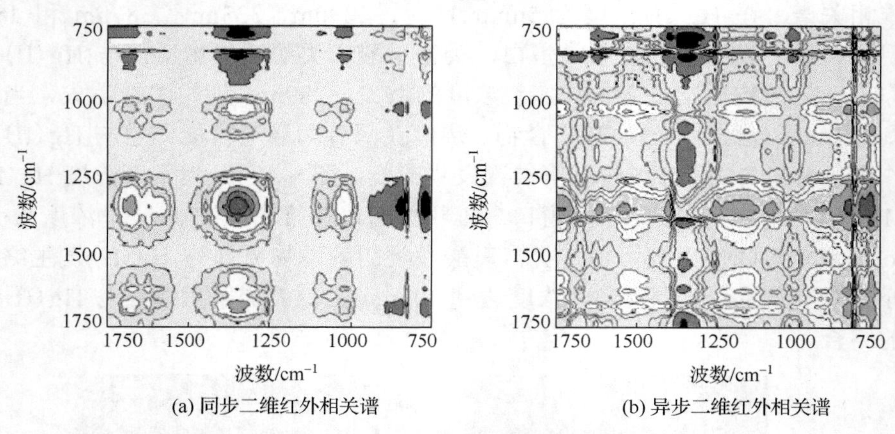

图 6-49 HA 的同步和异步二维红外相关谱

同时，Chen 等[48]也研究了铜离子浓度为外扰下，HA 溶液的同步和异步二维荧光相关谱特性，发现在 445nm、380nm 和 350nm 处存在较强的自相关峰，292nm 处存在弱的自相关峰，但其强度逐渐递减，可推断腐殖酸类组分对铜离子最敏感，富里酸类组分次之，蛋白类组分未被影响；交叉峰均为正，表明铜离子外扰所引起的各基团光谱同相变化。将同步和异步谱结合，根据 Noda 规则可知，推断铜离子对 HA 组分络合次序依次为：腐殖酸类、富里酸类和蛋白质类。

2. 植物腐解沉积物 DOM 与重金属相互作用

闻丽提取了白洋淀植物腐解沉积物中的 DOM，以镉离子浓度为外扰，进行同步和异步二维荧光相关谱计算(见图 6-50)，同步谱：在 275nm 处出现自相关峰，其主要是由类蛋白物荧光强度被重金属淬灭所引起的；异步谱：在 274nm、344nm、375nm 和 440nm 处出现正交叉峰，在 280nm 处出现负交叉峰，变化的先后次序为 352nm～399nm→298nm～352nm→251～280nm→440～450nm，可推断类富里酸区峰容易与镉离子发生络合[49]。

3. 藻类 ADOM 与重金属相互作用

Xu 等[50]将二维相关谱技术与紫外-可见吸收光谱结合，分别研究了从植物体内

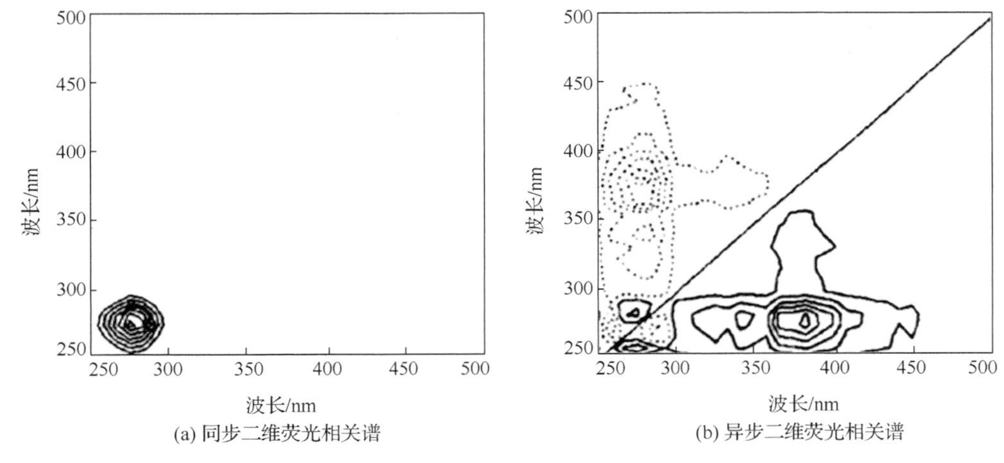

(a) 同步二维荧光相关谱　(b) 异步二维荧光相关谱

图 6-50　Cd 浓度外扰下，DOM 的同步和异步二维荧光相关谱

提取的 DOM(MDOM) 和藻类提取的 DOM(ADOM) 与重金属 Cu 和 Zn 的络合过程。通过对 Cu-ADOM、Cu-MDOM、Zn-MDOM、Zn-ADOM 四个体系同步和异步特性研究发现：四种情况下都在 201nm 处出现自相关峰，其强度按顺序 Cu-ADOM、Cu-MDOM、Zn-MDOM、Zn-ADOM 依次减小，可推断：Cu 离子比 Zn 离子更容易与多环芳香族发色团发生络合反应。对 ADOM 异步谱，在主对角线上侧仅在(201，215) nm 处出现一个较宽正的交叉峰。对 MDOM 异步谱，在主对角线上侧出现几个弱的交叉峰。将同步和异步谱结合，根据 Noda 规则，可推断重金属与 MDOM 络合的顺序为 201nm>215nm，与 ADOM 络合的顺序是 193nm>195nm>196nm>199nm>201nm>203nm>205nm>207nm>208nm>212nm >217nm，表明在低于 201nm 的短波长区域，重金属更容易与 DOM 发生络合反应。

4. HA 与 Al 离子之间相互作用

与其他金属离子相比，铝离子作为起凝剂，可以与 HA 发生配合，同时形成的 $Al(OH)_{3(s)}$ 也可吸附 HA。因此，Jin 等利用铝离子的混凝特性，基于二维相关谱技术研究了其与 HA 之间的相互作用[51,52]。

图 6-51 为 pH 值为 5 时，铝离子浓度从 0.07～0.37mmol/L 的同步和异步二维相关谱，需要说明的是铝离子在该浓度范围内，没有 $Al(OH)_3$ 形成。同步谱：在 1715cm^{-1}、1562cm^{-1}、1406cm^{-1} 和 1104cm^{-1} 处出现自相关峰，其中 1104cm^{-1} 处峰强变化最大，而 1715cm^{-1} 出峰强变化最小；在(1715，1562) cm^{-1}、(1715，1406) cm^{-1} 和(1562，1406) cm^{-1} 处存在正的交叉峰，表明 1715cm^{-1}、1562cm^{-1} 和 1406cm^{-1} 处峰强随外扰变化方向相同；同时，可观察到 1715cm^{-1}、1562cm^{-1} 和 1406cm^{-1} 处三个峰与 1104cm^{-1} 处峰为负相关，表明其峰强随外扰变化方向相反。异步谱：在(1104，1406) cm^{-1}、(1104，1562) cm^{-1}、(1406，1562) cm^{-1}、(1104，1610) cm^{-1}、(1104，

1715) cm^{-1} 和(1562，1715) cm^{-1} 处都存在正交叉峰，在(1562，1610) cm^{-1}、(1406，1715) cm^{-1} 和(1610，1715) cm^{-1} 处存在负交叉峰。结合同步和异步谱，根据 Noda 规则，可推断，在 pH 为 5 时，混凝过程中 HA 结构变化的顺序为：1715 cm^{-1}(羧酸 C═O)→1610 cm^{-1} 和 1406 cm^{-1}(COO^{-1})→1562 cm^{-1}(氨基酸 II 带 NH 变形)→1104 cm^{-1}(脂肪族羟基 C—OH)。

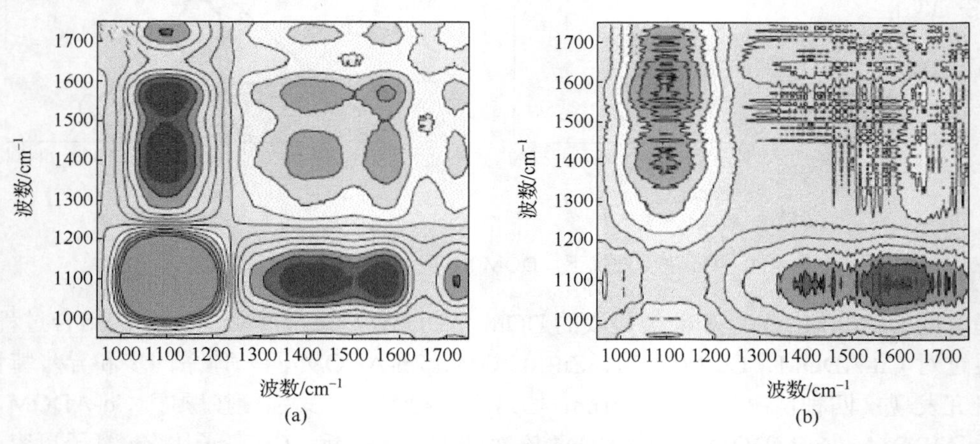

图 6-51　pH=5，HA 与铝离子相互作用的同步和异步二维红外相关谱

图 6-52 是 pH=7 时的同步和异步二维相关谱。同步谱：在 1100 cm^{-1}，1390 cm^{-1} 和 1582 cm^{-1} 处存在较强的自相关峰，其中 1582 cm^{-1} 和 1390 cm^{-1} 峰分别来自 COO^{-1} 的反对称和对称伸缩振动，1100 cm^{-1} 峰来自脂肪族羟基的伸缩振动。结合异步谱，可推断：在 pH 为 7 时，混凝过程中 HA 结构变化的顺序为：1390 cm^{-1}→1582 cm^{-1}(COO^{-1})→1065 cm^{-1}(脂肪族羟基 C—OH)。

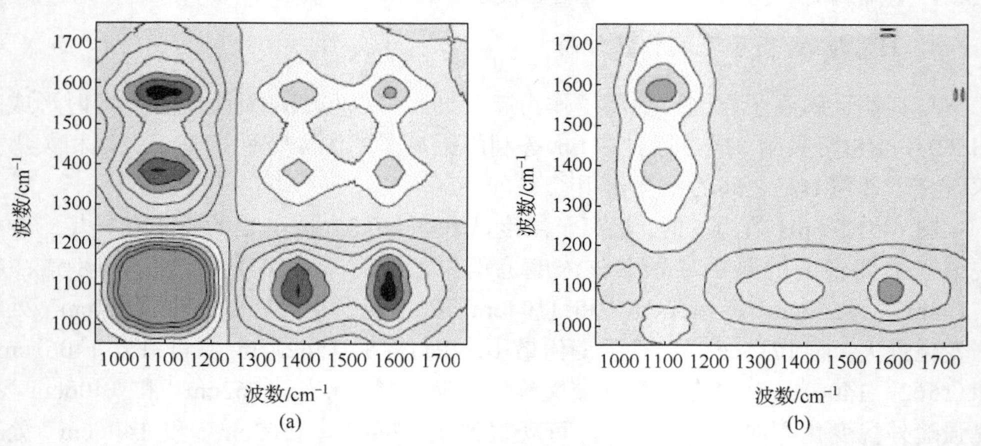

图 6-52　pH=7，HA 与铝离子相互作用的同步和异步二维红外相关谱

同时，宋吉娜[52]还研究了 pH 值=5 时，HA 随铝离子浓度变化的同步和异步二维荧光相关谱特性。同步谱：在 370nm 和 440nm 处出现较强的自相关峰，其分别来自富里酸和类腐殖质，同时，从图上还可观察到，随着铝离子浓度变化，两个波长处荧光峰强度都在降低，但 440nm 处荧光峰强度降得最快，表明类腐殖质的荧光对铝离子浓度变化敏感。异步谱：在(370，440) nm 处存在负交叉峰，结合同步谱，可推断：在 pH 为 5 时，铝混凝剂结合 HA 的顺序为：类腐殖质→富里酸。

Wen 等[53]采用二维相关谱技术对短期(3 年)和长期(22 年)施肥土壤中溶解有机质与 Al(III)的相互作用进行了研究。通过对未施肥土壤短期施肥和长期施肥土壤(施 NPK 肥土壤，施化肥+有机肥 NPKM 土壤)下的同步二维红外相关谱特性进行研究，发现：未施肥土壤、短期施 NPK 和 NPKM 肥的土壤，分别出现 4、3 和 4 个自相关峰，在(1050，1100) cm^{-1}、(1050，1380) cm^{-1} 和(1100，1380) cm^{-1} 处都出现了正的交叉峰，表明 COOH 基团中的 C—O 伸缩和 OH 变形，以及木质素和脂肪中的 C—H 变形振动与 Al(III)发生了相互作用，(1270，1550) cm^{-1} 的交叉峰，表明酰胺 II 带平面上 N—H 变形振动与 Al(III)发生了相互作用。

长期施肥土壤相关谱出现较少的自相关峰，但具有高的自相关强度，未施肥土壤在 1050cm^{-1} 和 1120cm^{-1} 处出现自相关峰，施 NPK 和 NPKM 肥土壤仅分别在 1130cm^{-1} 和 1020cm^{-1} 处出现一个自相关峰；未施肥 Control 土壤在(1050，1100) cm^{-1} 处出现正交叉峰，在(1160，1580) cm^{-1} 处出现负交叉峰，表明脂肪族 O—H 振动与酰胺 II 带平面上 N—H 变形振动负相关；施 NPK 肥土壤仅在(1110，1580) cm^{-1} 处出现一个正交叉峰，表明脂肪族 O—H 振动与酰胺 II 带平面上 N—H 变形振动正相关；施 NPKM 肥土壤并未出现交叉峰。

同时，Wen 等在研究其对应异步二维红外相关谱特性的基础上，指出对于短期施肥土壤，与 Al(III)结合能力强弱的顺序，未施肥土壤：木质素和脂肪族的 CH 基团变形振动→多糖和类多糖的 C—O 基团伸缩振动和硅酸盐杂质的 Si—O 伸缩振动(脂肪族 O—H 基团)；施 NPK 肥土壤：木质素和脂肪族的 CH 基团变形振动(脂肪族 O—H 基团)→多糖和类多糖的 C—O 基团伸缩振动和硅酸盐杂质的 Si—O 伸缩振动；施 NPKM 肥土壤：多糖和类多糖的 C—O 基团伸缩振动和硅酸盐杂质的 Si—O 伸缩振动→木质素和脂肪族的 CH 基团变形振动(脂肪族 O—H 基团)。对于长期施肥土壤，官能团与 Al(III)结合的敏感性顺序，未施肥土壤：多糖和类多糖的 C—O 基团伸缩振动和硅酸盐杂质的 Si—O 伸缩振动→脂肪族 O—H 基团；施 NPK 肥土壤：脂肪族 O—H 基团→酰胺 II 带平面上 N—H 变形振动(多糖和类多糖的 C—O 基团伸缩振动和硅酸盐杂质的 Si—O 伸缩振动)；施 NPKM 肥土壤：多糖和类多糖的 C—O 基团伸缩振动和硅酸盐杂质的 Si—O 伸缩振动→脂肪族 O—H 基团(纤维素中芳香 C—H 基团)。

6.4.3 DOM 与纳米粒子相互作用

二氧化钛纳米颗粒(TiO_2NPs)作为环境友好的添加剂及光催化剂，使得其成为能源转换和环境修复过程中很有前景的材料。当人工纳米材料进入天然水体后，水中大量存在的 DOM 可能对纳米粒子的形貌、功能、转化及潜在的环境毒性产生显著影响。因此，对溶解性有机质与 TiO_2NPs 相互作用的研究，有助于更好地理解纳米粒子在天然水环境中的归属、特性及环境效应[54]。

表 6-9 给出了以二氧化钛浓度为外扰 HA 的同步和异步谱相关峰情况。同步谱：主对角线 $1590cm^{-1}$、$1390cm^{-1}$、$1100cm^{-1}$ 和 $1030cm^{-1}$ 处出现较强的自相关峰，其分别来自 COO—的对称和非对称伸缩振动、酯基的 C—OH 伸缩振动和多糖基 C—O 伸缩振动。根据 Noda 规则，可推断 HA 与纳米粒子键合基团的亲和次序为：羧基→酯基→多糖基。

表 6-9 同步异步交叉峰情况

峰值位置/cm^{-1}	1030	1100	1390	1590
1590			+(0)	+
1390			+	
1100		+	+(+)	+(+)
1030	+	+(+)	+(+)	+(+)

为了进一步研究 HA 与二氧化钛纳米粒子之间的相互作用过程，分别在 3 个 pH 值(pH5.0，pH7.0 和 pH9.0)下，以时间为外扰，进行二维红外相关谱分析。在 pH7 条件下，结合同步和异步谱，根据 Noda 规则，可推断 HA 各基团在纳米粒子上的吸附次序为：羧基 C═O→多糖基 C—O→酚基 C—O→酰胺、醌或酮基的 C═O。在 pH5 条件下，结合同步异步谱，可推断：在酸性条件下，HA 各基团在纳米粒子上的吸附次序为：羧基 C═O→酰胺、醌或酮基的 C═O→去质子羧基 C═O→酚基 C—O。在 pH9.0 条件下，结合同步异步谱，可推断：在碱性条件下，HA 各基团在纳米粒子上的吸附次序为：酚基 C—O→酯基 C—OH→去质子羧基 C═O→酰胺、醌或酮基的 C═O。通过上述分析指出：HA 中个基团在纳米粒子上的吸附次序取决于溶液的 pH 值以及纳米粒子表面的带电情况。

6.5 堆肥高温发酵过程检测

堆肥材料来源广泛，组成复杂，其在分解转化过程中，所形成的中间产物和终产物种类更多，且难以分离，其一维红外光谱严重重叠，因此，引入二维红外相关分析，研究堆肥过程中主要官能团的变化的次序和相互关系[55]。

以堆肥发酵时间为外扰，对三种处理(CK 处理：全部菜粕，不接菌种；AA 处理：菜粕+菌种；LA 处理：菜粕+菌种+蓝藻)的堆肥样品分别在 900～1800cm^{-1} 波数区间进行二维红外相关分析。对于 CK 处理堆肥，结合同步和异步谱，可推断在 CK 处理堆肥发酵过程中化学物质降解顺序为：异质多糖>氨基酸化合物 I>氨基酸化合物 II>纤维素，即异质多糖先于蛋白质降解，蛋白质先于纤维素降解。对于 AA 处理堆肥，结合同步和异步谱，可推断在 AA 处理堆肥发酵过程中化学物质降解顺序为：纤维素>异质多糖>氨基酸化合物 II>氨基酸化合物 I，即纤维素最先降解，多糖次之，最后是蛋白质。对于 LA 处理堆肥，其同步谱与 CK 处理的同步谱相似，仅峰强度存在差异，结果表明在菜粕和蓝藻混合发酵过程中，蛋白质氨基化合物 I 降解最快，随后是异质多糖和蛋白质氨基化合物 II，推断的降解顺序与 AA 处理结果相同。

从 900～1800cm^{-1} 波数区间二维相关分析结果来看，纤维素、氨基酸和异质多糖随外扰具有协同关系，但在不同处理过程中，三种物质的降解程度和顺序不同，其原因可能为加入的微生物菌剂和蓝藻对堆体重微生物群落影响引起。微生物菌剂可加速异质多糖降解，而蓝藻抑制了异质多糖的降解。

图 6-53(a)、(c)和(e)分别是三种处理过程中堆肥在 3100～3600cm^{-1} 范围的同步谱，从图上可以看出，三种处理都在 3300cm^{-1} 处出现强的自相关峰，表明纤维素中 OH 键在堆肥过程中发生了大量降解。图 6-53(b)、(d)和(f)分别是 CK、AA 和 LA 处理堆肥的异步谱，对 CK 处理，在(3520，3460) cm^{-1}、(3460，3310) cm^{-1}、(3310，3270) cm^{-1} 和(3270，3200) cm^{-1} 处存在交叉峰，可推断各种羟基的降解顺序为：纤维素自由羟基>纤维素中的 O(3)H⋯O(6) 分子间氢键羟基>纤维素中的 O(3)H⋯O(6)分子内氢键羟基>纤维素 Iβ 相中的羟基；对 AA 处理，在(3460，3310) cm^{-1} 和(3310，3200) cm^{-1} 处存在交叉峰，可推断 AA 处理中各羟基降解顺序为：纤维素中的 O(3)H⋯O(6)分子间氢键羟基>纤维素中的 O(3)H⋯O(6)分子内氢键羟基>纤维素分子与其他物质形成氢键羟基；对 LA 处理，在(3460，3310) cm^{-1}、(3520，3460) cm^{-1} 和(3580，3460) cm^{-1} 处存在交叉峰，可推断 LA 处理中各羟基降解顺序为：吸附水>纤维素中的 O(3)H⋯O(6)分子间氢键羟基>自由水>纤维素中的 O(3)H⋯O(6)分子内氢键羟基。从上述分析可知，在三种处理中，纤维素分子中羟基降解顺序是不同的，说明堆肥中纤维素降解的程度和速度也是不同的。

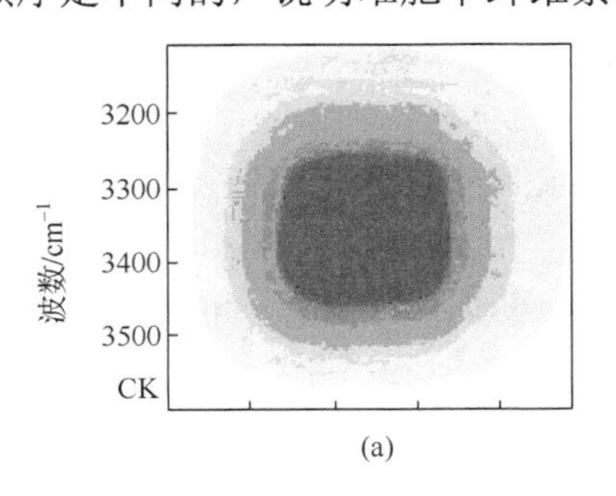

(a)

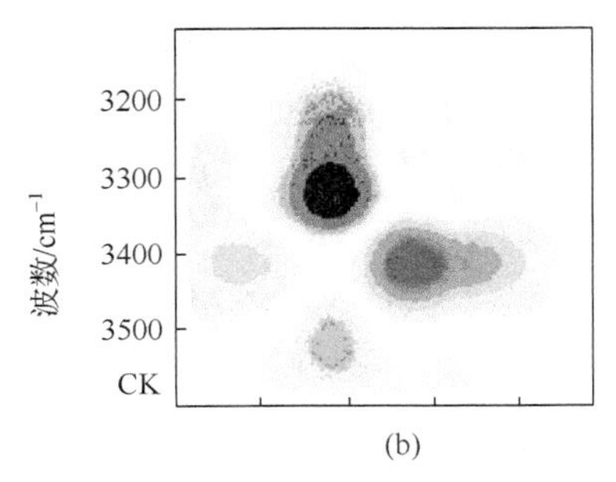

(b)

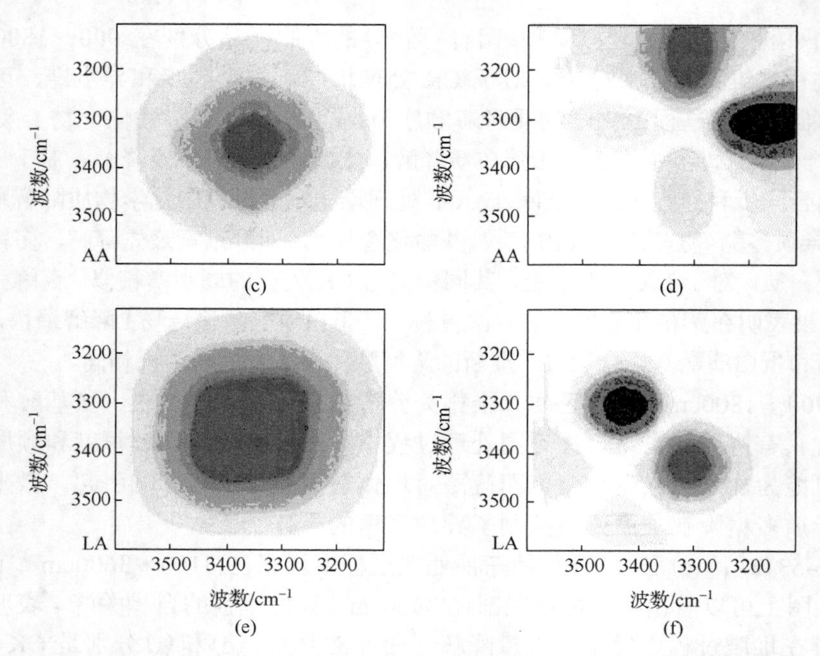

图 6-53　三种处理过程中堆肥在 3100～3600cm^{-1} 范围的同步谱和异步谱

参 考 文 献

[1] Li R, Zhu Y, Zhang Y. In situ visualization and quantitative investigation of the distribution of polycyclic aromatic hydrocarbons in the micro-zones of mangrove sediment[J]. Environmental Pollution, 2016, 219: 245-252.

[2] Ko E J, Kim Y W, Park K, et al. Spectroscopic interpretation of PAH-spectra in minerals and its possible application to soil monitoring[J]. Sensors, 2010, 10(4): 3868-3881.

[3] Keshav K, Mishra A K. Simultaneous quantification of dilute aqueous solutions of certain polycyclic aromatic hydrocarbons (PAHs) with significant fluorescent spectral overlap using total synchronous fluorescence spectroscopy (TSFS) and N-PLS, unfolded-PLS and MCR-ALS analysis[J]. Analytical Methods, 2011, 3(11): 2616-2624.

[4] 姜永海, 韦尚正, 席北斗, 等. PAHs 在我国土壤中的污染现状及其研究进展[J]. 生态环境学报, 2009, 18(3): 1176-1181.

[5] Wise S A, Sander L C, Schantz M M. Analytical methods for determination of polycyclic aromatic hydrocarbons (PAHs)—A historical perspective on the 16 US EPA priority pollutant PAHs[J]. Polycyclic Aromatic Compounds, 2015, 35(2-4): 187-247.

[6] 尚丽平, 杨仁杰. 现场荧光光谱技术及其应用[M]. 北京: 科学出版社, 2009.

[7] 许金钩, 王尊本. 荧光分析法[M]. 北京: 科学出版社, 2006.

[8] Reuben N O, Abdul M M. Determination of total petroleum hydrocarbon (TPH) and polycyclic aromatic hydrocarbon (PAH) in soils: a review of spectroscopic and non spectroscopic techniques[J]. Applied Spectroscopy Reviews, 2013, 48(6): 458-486.

[9] 杨仁杰, 尚丽平, 鲍振博, 等. 激光诱导荧光快速直接检测土壤中多环芳烃污染外物的可行性研究[J]. 光谱学与光谱分析, 2011, 8(31): 2148-2150.

[10] Nakashima K, Yasuda S, Ozaki Y, et al. Two-dimensional fluorescence correlation spectroscopy I: analysis of polynuclear aromatic hydrocarbons in cyclohexane solutions[J]. Journal of Physical Chemistry A, 2000, 104(40): 9113-9120.

[11] Nakashima K, Yuda K, Ozaki Y, et al. Two-dimensional fluorescence correlation spectroscopy III: spectral analysis of derivatives of anthracene and pyrene in micellar solutions[J]. Spectrochimica Acta Part A: Molecular and Biomolecular Spectroscopy, 2004, 60(8-9): 1783-1791.

[12] Nakashima K, Fukuma H, Ozaki Y, et al. Two-dimensional correlation fluorescence spectroscopy V: polarization perturbation as a new technique to induce intensity change in fluorescence spectra[J]. Journal of Molecular Structure, 2006, 799(1-3): 52-55.

[13] 余婧, 武培怡. 二维相关荧光光谱技术[J]. 化学进展, 2006, 18(12): 1691-1702.

[14] Liu L Y, Yang R J, Zhang J, et al. Recent progress in two-dimensional correlation spectroscopy for the environmental detection and analysis[J]. Journal of Molecular Structure, 2020, 1214: 128263.

[15] 周长宏, 赵美蓉, 杨仁杰, 等. 三种多环芳烃混合溶液二维荧光相关谱解析[J]. 光谱学与光谱分析, 2016, 36(2): 449-453.

[16] 张婧, 柳春雨, 连增艳, 等. 二维相关技术在荧光谱重叠峰解析中的应用[J]. 天津农学院学报, 2019, 26(4): 95-99.

[17] Gu C, Tang Q, Xiang B, et al. Determination of fenitrothion in water by near infrared spectroscopy and chemometric analysis[J]. Analytical Letters, 2015, 48(9): 1481-1493.

[18] Gu C, Xiang B, Xu J. Direct detection of phoxim in water by two-dimensional correlation near-infrared spectroscopy combined with partial least squares discriminant analysis[J]. Spectrochimica Acta Part A: Molecular and Biomolecular Spectroscopy, 2012, 97: 594-599.

[19] Xia M M, Gong G M, Yang R J, et al. Study on fluorescence interaction between humic acid and PAHs based on two-dimensional correlation spectroscopy[J]. Journal of Molecular Structure, 2020, 1217, 128428.

[20] Yang R, Dong G, Sun X, et al. Feasibility of the simultaneous determination of polycyclic aromatic hydrocarbons based on two-dimensional fluorescence correlation spectroscopy[J]. Spectrochimica Acta Part A: Molecular and Biomolecular Spectroscopy, 2018, 190: 342-346.

[21] Guo Z Y, Liu C Y, Yang R J, et al. Detection of pesticide in water using two-dimensional fluorescence correlation spectroscopy and N-way partial least squares[J]. Spectrochimica Acta

Part A: Molecular and Biomolecular Spectroscopy, 2020, 229, 117981.

[22] Mecozzi M, Pietroletti M, Gallo V, et al. Formation of incubated marine mucilages investigated by FTIR and UV-VIS spectroscopy and supported by two-dimensional correlation analysis[J]. Marine Chemistry, 2009, 116(1-4): 18-35.

[23] Mecozzi M, Pietroletti M. Chemical composition and surfactant characteristics of marine foams investigated by means of UV-VIS, FTIR and FTNIR spectroscopy[J]. Environmental Science and Pollution Research, 2016, 23(22): 22418-22432.

[24] 连增艳. 土壤湿度对多环芳烃荧光特性影响及校正方法研究[D]. 天津农学院硕士论文, 2019.

[25] 李爱民, 连增艳, 杨仁杰, 等. 基于三维荧光光谱直测土壤中的多环芳烃[J]. 环境化学, 2018, 37(4): 910-912.

[26] Schultze R H, Lewitzka F. On-site and in-situ analysis of contaminated solid using laser induced fluorescence spectroscopy[J]. Proc. SPIE, 2005, 5983(1): 202-211.

[27] Yang X P, Shi B F, Zhang Y H, et al. Identification of polycyclic aromatic hydrocarbons (PAHs) in soil by constant energy synchronous fluorescence detection[J]. Spectrochimica Acta Part A: Molecular and Biomolecular Spectroscopy, 2008, 69: 400-406.

[28] 张丽新, 尚丽平, 何俊, 等. 基于激光诱导荧光技术的蒽检测系统[J]. 分析仪器, 2011, 1: 20-23.

[29] Alarie J P, Watts W, Tuan V D. Field screening of polycyclic hydrocarbons contamination in soil using a portable synchronous scanning spectrofluorometer[J]. Proc. SPIE, 1995, 2504: 512-519.

[30] Lee C K, Ko E J, Kim K W, et al. Partial least square regression method for the detection of polycyclic aromatic hydrocarbons in the soil environment using laser-induced fluorescence spectroscopy[J]. Water, Air, and Soil Pollution, 2004, 158(1): 261-275.

[31] 何俊, 邓琥, 武志翔, 等. 土壤中蒽的激光诱导荧光实验研究[J]. 光电工程, 2011, 38(6): 105-109.

[32] Yang R J, Yang Y R, Dong G M, et al. Study on the fluorescence characteristic of phenanthrenes and anthracenes in soil based on two-dimensional correlation fluorescence spectroscopy[J]. 2017 10th International Symposium on Computational Intelligence and Design (ISCID), 2017, 1: 24-27.

[33] 杨仁杰, 孙雪杉, 王斌, 等. 土壤湿度对多环芳烃荧光特性的影响[J]. 光谱学与光谱分析, 2017, 37(4): 1152-1156.

[34] 杨仁杰, 董桂梅, 杨延荣, 等. 土壤粒径大小对蒽荧光特性的影响及校正[J]. 光学精密工程, 2016, 24(11): 2665-2671.

[35] 杨仁杰, 刘海学, 艾成果, 等. 减小土壤粒径对多环芳烃工作曲线影响的校正方法[P]. 天津: CN106442447A, 2017-02-22.

[36] Noda I, Ozaki Y. Two-Dimensional Correlation Spectroscopy-Applications in Vibrational and Optical Spectroscopy[M]. Chichester: Johns Wiley & Sons, 2004.

[37] 杨仁杰, 王斌, 董桂梅, 等. 基于二维相关荧光谱土壤中 PAHs 检测方法研究[J]. 光谱学与光谱分析, 2019, 39(3): 818-822.

[38] Yan W, Zhang J, Jing C. Adsorption of Enrofloxacin on montmorillonite: Two-dimensional correlation ATR/FTIR spectroscopy study[J]. Journal of Colloid and interface Science, 2013, 390(1): 196-203.

[39] 严炜, 景传勇. 利用二维红外相关光谱研究恩诺沙星在蒙脱土界面的吸附机理[C]. 中国化学会第 28 届学术年会第 2 分会场摘要集, 2012.

[40] 宋海燕, 程旭. 水分对土壤近红外光谱检测影响的二维相关光谱解析[J]. 光谱学与光谱分析, 2014, 34(5): 1240-1243.

[41] 王世芳, 程旭, 宋海燕. 水分对土壤有机质检测影响的光谱特性分析及抗水分干扰模型建立[J]. 光谱学与光谱分析, 2016, 36(10): 3249-3253.

[42] 罗雪宁, 倪明航, 孔维楠, 等. 二维相关方法在新疆土壤养分分析中的应 用与研究[J]. 中国农机化学报, 2016, 37(8): 190-193.

[43] Ofner J, Kamilli K A, Held A, et al. Halogen-induced organic aerosol (XOA): a study on ultra-fine particle formation and time-resolved chemical characterization[J]. Faraday Discussions, 2013, 165: 135-149.

[44] 赵安新, 汤晓君, 张钟华, 等. 利用 2 DCOS 进行多组分混合气体傅里叶变换红外光谱分析中同分异构体谱峰的辨别[J]. 光谱学与光谱分析, 2014, 34(10): 2623-2626.

[45] 李红莲, 魏永杰, 吕传明, 等. 应用二维相关提高 DOAS 技术的温度鲁棒性[J]. 光谱学与光谱分析, 2013, 33(9): 2383-2386.

[46] 张鹏, 何小松. 环境条件对渗滤液中溶解性有机物分子构型的影响[J]. 环境化学, 2016, 35(7): 1500-1506.

[47] 陈伟. 环境中典型化学活性有机物及其相关环境行为的分子光谱研究[D]. 中国科学技术大学, 2016.

[48] Chen W, Habibul N, Liu X Y, et al. FTIR and synchronous fluorescence heterospectral two-dimensional correlation analyses on the binding characteristics of copper onto dissolved organic matter[J]. Environmental Science & Technology, 2015, 49(4): 2052-2058.

[49] 闻丽. 白洋淀植物腐解 DOM 特性及其与重金属相互作用的研究[D]. 北京化工大学, 2014.

[50] Xu H, Yu G, Yang L, et al. Combination of two-dimensional correlation spectroscopy and parallel factor analysis to characterize the binding of heavy metals with DOM in lake sediments[J]. Journal of Hazardous Materials, 2013, 263: 412-421.

[51] Jin P, Song J, Wang X C, et al. Two-dimensional correlation spectroscopic analysis on the interaction between humic acids and aluminum coagulant[J]. Journal of Environmental Sciences,

2018, 64(2): 181-189.

[52] 宋吉娜. 腐殖酸质子化基团与铝离子在水中的迁变及凝聚行为表征[D]. 西安建筑科技大学, 2018.

[53] Wen Y, Li H, Xiao J, et al. Insights into complexation of dissolved organic matter and Al (III) and nanominerals formation in soils under contrasting fertilizations using two-dimensional correlation spectroscopy and high resolution-transmission electron microscopy techniques[J]. Chemosphere, 2014, 111: 441-449.

[54] Chen W, Qian C, Liu X Y, et al. Two-dimensional correlation spectroscopic analysis on the interaction between humic acids and TiO_2 nanoparticles[J]. Environmental Science & Technology, 2014, 48(19): 11119-11126.

[55] 王丽萍. 菜粕与蓝藻混合高温发酵过程中的物质转化及光谱学特性[D]. 南京农业大学, 2012.